化学工学

改訂第3版

―解説と演習―

化学工学会 監修
多田 豊 編

朝倉書店

■編集委員

須藤雅夫	静岡大学工学部	
岡野泰則	静岡大学創造科学技術大学院	
本多裕之	名古屋大学大学院工学研究科	
二井　晋	名古屋大学大学院工学研究科	
森　秀樹	名古屋工業大学大学院工学研究科	
多田　豊	名古屋工業大学大学院工学研究科	

■執筆者（五十音順）

入谷英司	名古屋大学大学院工学研究科	[9章]
岩田政司	鈴鹿工業高等専門学校生物応用化学科	[8章]
臼井好文	㈱三進製作所	[9章]
岡野泰則	静岡大学創造科学技術大学院	[2章]
小田昭昌	日本リファイン㈱	[4章]
加藤禎人	名古屋工業大学大学院工学研究科	[10章]
後夷光一	新東工業㈱	[8章]
坂本　進	三井化学㈱	[12章]
須藤雅夫	静岡大学工学部	[5,7章]
田川智彦	名古屋大学大学院工学研究科	[12章]
多田　豊	名古屋工業大学大学院工学研究科	[1章]
成瀬一郎	名古屋大学大学院工学研究科	[3章]
二井　晋	名古屋大学大学院工学研究科	[6章]
西沢晃一	新日本製鐵㈱	[3章]
西澤　淳	㈱三菱化学	[11章]
野村聡一	TOAエンジニアリング㈱	[5章]
橋本芳宏	名古屋工業大学大学院工学研究科	[11章]
福井良夫	㈱三菱化学	[6章]
福岡秀美	日油㈱	[1章]
本多裕之	名古屋大学大学院工学研究科	[12章]
水野元重	日本ガイシ㈱	[2章]
美保　亨	東亞合成㈱	[10章]
森　秀樹	名古屋工業大学大学院工学研究科	[4章]
脇屋和紀	㈱大川原製作所	[7章]

改訂第3版の序

　本書は1984年に，化学工学の基礎から応用までを解説し，豊富な例題と演習問題により理解を深めさせるという考えをもとに刊行されました．また，各章とも基礎的説明や問題は大学・工業高等専門学校の執筆者が担当し，応用・実用的な説明や問題は企業の執筆者が担当しました．1992年に本文内容や問題を検討し，修正あるいは追加して，新版として発行しました．

　近年，いろいろな先端分野において著しい発展がありますが，これらについてはそれぞれ専門の良書があります．化学工学の基礎や単位操作の考え方は変わるものではなく，これらをしっかりと身につけていれば，先端分野への展開も可能であろうと思われます．このような考えから，初版からの本書のねらいと方針は受け継ぎ，基礎や単位操作に重点を置き，かつ修正および新しく取り入れるべき事項を検討し，2006年に第3版を発行しました．

　このたび，第3版にあった間違いや欠落していた箇所を修正，補筆し，改訂第3版として，新たに朝倉書店から発行することになりました．冒頭にも述べましたが，本書は化学工学の基礎から応用までを対象とし，各章において，本文の解説を読み，例題を解いて理解を深め，演習問題でさらに理解を深めるという流れになっています．演習問題も基礎から応用までを含んでおり，他の文献・資料からのデータや，他の参考書・解説書の知識を必要とするものなど，企業の技術者にも役立つような現場に即したレベルの高いものも含んでいます．化学工学分野の学生や技術者の方々はもちろん，他の専門分野ではあるが化学工学の知識を必要とする学生，研究者，技術者の方々にも役立つものと思っております．

　初版以来，全国の大学や工業高等専門学校の授業，化学工学会のいくつかの支部での演習講座でテキストとして使っていただいており，御礼申し上げます．今後とも本書をご活用いただければ幸いです．

　本書を精力的に執筆された執筆者各位のご努力に感謝いたしますとともに，読者の皆様の化学工学の理解と応用に本書が役立つことを願っております．

2008年1月

編集委員長　多田　豊

新 版 序

　初版が昭和59年に出版されてすでに8年を経過した．この間，本書は化学工学会東海支部の「基礎化学工学演習講座」のテキストとして，また，東海地区のみならず全国の大学，工業高等専門学校で教科書として親しまれてきたが，最近では"5年一昔"と云われるように，化学工学の分野も大きく発展し，章立てや内容にも刷新すべき点が見受けられるようになってきた．

　そこで，この度，化学工学会東海支部に編集委員会を設立し，執筆者も大幅に交替し，章立ても一部変更して，一年間をかけて本書の改訂に取り組んできた．勿論，編集方針は初版本と何ら変わるところはない．何分300頁余りの本書に基礎から最新情報までを盛り込むことは所詮無理な話ではあったが，各執筆者に御無理なお願いをして，ここに「新版 化学工学 —解説と演習—」としてようやく纏め上げることができた．

　新版本をここまで纏め上げられた編集委員，執筆者各位の御努力に敬意を表すると共に，読者諸賢には初版本にも増して本書の御愛読・御利用と後叱正を賜われば幸いである．

平成4年10月
化学工学会東海支部長
髙橋 英夫

序

　最近では化学工学の解説とその演習を中心とした既刊書も少なくない．大学の化学工学専攻学生を対象としたものから，工専や高校生向きのものまで幅広いレベルのものがある．しかしながら，これまで出版されている大部分の解説・演習書は単位操作の基礎理論の学習には適していても，その応用に関する解説は必ずしも十分とはいえず，理論と応用の橋渡しとしての役目をはたすことのできる大学初級レベルの書の出版が待たれていた．

　また，化学工学協会東海支部ではこれまで毎年企業で活躍している初級・中級の若いエンジニアの技術力向上のために，学界，業界の第一線で御活躍の方々に講師をお願いして「基礎化学工学演習講座」を開催して大変好評を得ている．講座の内容は，単位操作から反応工学，プロセス制御，先端技術にまでわたっており，やはり初級レベルで応用を重視した講義が行われているが，この講座専用のテキストはこれまでなかった．

　そこでこの度，上記のような事情をふまえて入門書ではあっても化学工学の主要な分野を網羅し，基礎から応用までを解説した解説・演習書はできないものかといささか欲張った目標をたてて検討を重ねて出来上ったのが本書である．

　本書の最大の特色は執筆陣に多数の業界の方々に加わっていただき，装置，応用例などの解説に類書以上のページ数を割いたことである．したがって，大学初級，高専などの教科書としてのみならず，会社，工場における再教育用テキストや，若い技術者のための参考書としても十分活用できるものになっていると考える．ただし，300頁余りの本書一冊にあれこれ盛り込もうと欲張り，各執筆者には大変御無理をお願いしたので，結果として最初意図した内容をもった解説・演習書からほど遠いものになってしまったかもしれない．

　本書をここまでまとめられた編集委員，執筆者各位の努力に深甚な敬意を表すると共に，今後読者諸賢の御叱正を得て一層の工夫改訂が加えられて，より良い化学工学の解説・演習書となることを願う次第である．

　　　　　　　　　　　　　　　昭和59年1月
　　　　　　　　　　　　　化学工学協会（現在 化学工学会）東海支部長
　　　　　　　　　　　　　　　　　山　田　幾　穂

目　　次

1章　化学工学の基礎 ……………………………………………………… 1
　1.1　単位と次元 ………………………………………………………… 1
　1.2　気体の状態方程式 ………………………………………………… 10
　1.3　収　　支 …………………………………………………………… 13
　1.4　燃焼計算 …………………………………………………………… 24
　演習問題 ………………………………………………………………… 30

2章　流　　動 …………………………………………………………… 35
　2.1　流体の流れ ………………………………………………………… 35
　2.2　円管内の流れ ……………………………………………………… 39
　2.3　流体の輸送 ………………………………………………………… 46
　2.4　圧力および流速，流量の測定 …………………………………… 49
　2.5　流体輸送機器の種類と選定 ……………………………………… 52
　演習問題 ………………………………………………………………… 66

3章　伝熱・蒸発 ………………………………………………………… 71
　3.1　基本的な伝熱機構 ………………………………………………… 71
　3.2　伝導伝熱 …………………………………………………………… 71
　3.3　対流伝熱 …………………………………………………………… 79
　3.4　放射伝熱 …………………………………………………………… 84
　3.5　熱交換器 …………………………………………………………… 91
　3.6　燃焼炉設備 ………………………………………………………… 99
　3.7　蒸発装置 …………………………………………………………… 104
　演習問題 ………………………………………………………………… 111

4章　蒸　　留 …………………………………………………………… 117
　4.1　気液平衡 …………………………………………………………… 117

4.2	単蒸留とフラッシュ蒸留	120
4.3	回分精留と連続精留	123
4.4	蒸留塔の設計	127
4.5	特殊蒸留	129
4.6	蒸留装置	130
演習問題		134

5章　ガス吸収・膜分離　　137

5.1	気液平衡	137
5.2	吸収装置	138
5.3	吸収速度	141
5.4	吸収装置の設計	145
5.5	膜分離の基礎	156
5.6	気体分離	158
5.7	透析	160
5.8	限外濾過・逆浸透	161
5.9	電気透析	164
演習問題		168

6章　抽出・吸着　　172

6.1	抽出	172
6.2	吸着	180
演習問題		190

7章　調湿・乾燥　　194

7.1	調湿の基礎	194
7.2	湿度図表とその使用法	197
7.3	調湿装置	199
7.4	調湿装置の容量計算	201
7.5	乾燥の基礎	202
7.6	乾燥装置の分類と操作方式	206
7.7	乾燥装置の基本設計	207

 7.8 装置容量の計算 …………………………………………………… 209
 演習問題 ………………………………………………………………… 211

8章 粉粒体操作 …………………………………………………………… 214
 8.1 粒子の性質 ……………………………………………………… 214
 8.2 粉粒体層の性質 ………………………………………………… 223
 8.3 粒子・流体系の性質 …………………………………………… 226
 8.4 粒子の生成 ……………………………………………………… 228
 8.5 分 級 ………………………………………………………… 230
 8.6 集 塵 ………………………………………………………… 235
 演習問題 ………………………………………………………………… 240

9章 固液分離 ……………………………………………………………… 243
 9.1 沈降分離 ………………………………………………………… 243
 9.2 濾 過 ………………………………………………………… 250
 9.3 晶 析 ………………………………………………………… 259
 演習問題 ………………………………………………………………… 265

10章 攪拌・混合 …………………………………………………………… 268
 10.1 攪拌槽の構成 ………………………………………………… 268
 10.2 流動特性 ……………………………………………………… 269
 10.3 攪拌所要動力 ………………………………………………… 272
 10.4 混合性能 ……………………………………………………… 274
 10.5 スケールアップ ……………………………………………… 275
 10.6 攪拌槽伝熱 …………………………………………………… 277
 10.7 気液系の攪拌 ………………………………………………… 278
 10.8 固液系の攪拌 ………………………………………………… 280
 10.9 液液系の攪拌 ………………………………………………… 281
 演習問題 ………………………………………………………………… 283

11章 プロセス制御 ………………………………………………………… 286
 11.1 プロセス制御とは …………………………………………… 286

11.2	制御ループの構成	286
11.3	ブロック線図による解析	288
11.4	ON/OFF 制御と PID 制御	289
11.5	伝達関数による動特性の解析	290
11.6	伝達関数と過渡応答	293
11.7	システムの安定性，振動性と伝達関数の極	294
11.8	伝達関数と周波数応答	294
11.9	閉ループ系の安定判別：ナイキストの安定判別法	295
11.10	基本要素のステップ応答と周波数応答	297
11.11	内部モデル制御	298
11.12	モデル予想制御による大規模システムの制御	300
演習問題		304

12章 反応工学 ... 307

12.1	化学反応の量論と反応速度	307
12.2	反応速度式	308
12.3	反応器の分類と特徴	312
12.4	回分反応器	314
12.5	連続攪拌槽型反応器	316
12.6	流通管型反応器	317
12.7	反応器の比較	319
12.8	反応速度式の決定	320
12.9	バイオテクノロジー	321
12.10	酵素利用プロセス	321
12.11	微生物反応速度論	326
演習問題		332

演習問題解答 ... 337
付　　録 ... 345
索　　引 ... 349

第 1 章 化学工学の基礎

1.1 単位と次元

（1） 単位系　長さ，質量，時間，力，温度などの種々の物理量の大きさを客観的に表現するには，すべての人が納得して使用できる特定の量を基準にとり，その何倍の大きさに相当するかを数値の形で表現する必要がある．この特定の基準量が単位である．単位には組み合わせの基礎となる基本単位とそれらの組み合わせによって表現される誘導単位の2種類があり，すべての物理量はこれらの単位を用いてその大きさを表現することができる．しかし，同じ物理量でも基本量にどのような量を選ぶかによって単位の表し方が異なる．従来，主として使われてきた単位系には，絶対単位系，重力単位系，工学単位系の三つがあり，さらにこれらの単位系はメートル制単位とイギリス制単位に分類される．現在では，単位の混乱をさけるために国際単位系（Le Système International d'Unités，略称 SI）が国際的に広く用いられている．

化学工学の分野では，質量に関係する物理量（質量，密度，粘度など）を扱う場合には絶対単位系（MLT系）を，力に関係する物理量（力，圧力，表面張力，仕事，動力など）を扱う場合には重力単位系（FLT系）を用いる慣習があり，質量 [M]，力 [F]，長さ [L]，時間 [T] の次元をもつ四つの基本量を基に構成される工学単位系（FMLT系）がよく用いられてきた[*]．このように工学単位系では，質量と力の単位が混在して使用されるため，次元の点で不都合が生じ，次元を同じくするための単位換算が必要となる．次元を統一するには $[MLF^{-1}T^{-2}]$ の次元をもつ重力換算係数 g_c の導入が必要である．この値は国際標準の重力加速度の値（北緯 45° の海面上の値）と等しく，

---

[*]　力の単位には G や g_f（いずれもグラムフォース），Kg や kg_f（いずれもキログラムフォース），Lb や lb_f（いずれもポンドフォース）が用いられる．これらの記号は頭文字を大文字で書く，あるいは添字 f をつけることにより，質量の単位 g，kg，lb と区別される．圧力単位の俗称としての「キロ」は Kg/cm^2 あるいは kg_f/cm^2 を表す．また，m^2 と m^3 はそれぞれ平米（へいべい），立米（りゅうべい）と読むことがある．温度差や熱量が関係する物理量を取り扱う場合には，温度差 θ を基本量に加える必要がある．また熱量 H は誘導であるが，実用上基本量とみなして取り扱われる．

$$g_c = 9.80665 \text{ kg·m}/(\text{Kg·s}^2) \quad （メートル制単位）$$
$$g_c = 32.1740 \text{ lb·ft}/(\text{Lb·s}^2) \quad （イギリス制単位）$$

で与えられる．

　一般に，質量と力に関係する物理量を重力単位系と絶対単位系の間で相互に換算するには，重力換算係数 g_c をつぎのように用いればよい．

$$\text{重力単位系} \underset{g_c \text{で割る}}{\overset{g_c \text{を掛ける}}{\rightleftarrows}} \text{絶対単位系} \quad (1\cdot1)$$

　現在採用されている国際単位系は，従来の MKS 系（m, kg, s）の絶対単位系を合理的に整理して体系化したものである．その特徴は一つの物理量に対してただ一つの単位が対応することと，基本単位を用いてすべての実用的な単位が機械的に組み立てられる一貫性のある単位系であるという二点にある．

　SI 単位は 7 個の基本単位と 2 個の補助単位，およびこれらから誘導される単

表 1·1　SI 基本単位と SI 補助単位

物理量	単位の名称		単位の記号
長さ	メートル	meter	m
質量	キログラム	kilogram	kg
時間	秒	second	s
熱力学温度	ケルビン	kelvin	K
物質量	モル	mole	mol
電流	アンペア	ampere	A
光度	カンデラ	candela	cd
平面角	ラジアン	radian	rad
立体角	ステラジアン	steradian	sr

表 1·2　SI 接頭語

大きさ	名称		記号	大きさ	名称		記号
10^{-1}	デシ	deci	d	10	デカ	deca	da
10^{-2}	センチ	centi	c	10^2	ヘクト	hecto	h
10^{-3}	ミリ	milli	m	10^3	キロ	kilo	k
10^{-6}	マイクロ	micro	μ	10^6	メガ	mega	M
10^{-9}	ナノ	nano	n	10^9	ギガ	giga	G
10^{-12}	ピコ	pico	p	10^{12}	テラ	tera	T
10^{-15}	フェムト	femto	f	10^{15}	ペタ	peta	P
10^{-18}	アト	atto	a	10^{18}	エクサ	exa	E

1.1 単位と次元

表 1·3 固有の名称をもつ SI 誘導単位

物理量	単位の名称		記号	SI 基本単位による定義
力	ニュートン	newton	N	kg·m/s²
圧力	パスカル	pascal	Pa	kg/(m·s²)
エネルギー	ジュール	joule	J	kg·m²/s²
仕事量	ワット	watt	W	kg·m²/s³
周波数	ヘルツ	hertz	Hz	s⁻¹
電荷	クーロン	coulomb	C	A·s
電位差	ボルト	volt	V	kg·m²/(s³·A)
電気抵抗	オーム	ohm	Ω	kg·m²/(s³·A²)
電気容量	ファラド	farad	F	s⁴·A²/(kg·m²)
電導度	ジーメンス	siemens	S	s³·A²/(kg·m²)
インダクタンス	ヘンリー	henry	H	kg·m²/(s²·A²)
磁束	ウェーバ	weber	Wb	kg·m²/(s²·A)
磁束密度	テスラ	tesla	T	kg/(s²·A)
光束	ルーメン	lumen	lm	cd·sr
照度	ルクス	lux	lx	cd·sr/m²
放射能	ベクレル	bucquerel	Bq	s⁻¹
吸収線量	グレイ	grey	Gy	m²/s²
セルシウス温度	セルシウス度	degree celsius	°C	$t[℃]=(t+273.15)[K]$
線量当量	シーベルト	sievelt	Sv	m²/s²

位で固有の名称をもつ誘導単位から構成される．SI では，さらに数値を使いやすい大きさにするために 16 個の接頭語が定められている．これらを表 1·1〜1·3 に示す．

SI による単位記号，接頭語を使用するにあたって，以下の点に注意する必要がある．

1) 単位記号はローマ体を用い，すべて単数形で表し，単位の終わりにはピリオドをつけない．また単位の名称が固有名詞に由来する SI 単位記号は，第 1 番目の文字だけを大文字とし，その他はすべて小文字とする．

2) 誘導単位が二つ以上の単位の積の形で表されるときには N·m（中黒）あるいは N m（半字あけ）のいずれかの方法で記す．特に接頭語と同一の単位記号を用いるときには，混同を避けるための注意が必要である．たとえば，ニュートン・メートルはミリニュートン mN との混同を避けるため，N m または N·m と書くべきである．

3) 誘導単位が一つの単位を他の単位で除して表されるときには m/s あるいは m・s^{-1} のいずれかの方法で記す．ただし，どのような場合でも括弧をつけずに斜線を同一の行に二つ以上重ねてはならない．たとえば J/(mol K)，J/(mol・K)，J・mol^{-1} K^{-1} は良いが，J/mol/K は使用できない．特に J/mol・K の表現は（J/mol)K と誤解されるので必ず J/(mol・K) とする．なお，本書では，［／］を使う方法で単位を表示することにし，分子が数字の 1 となるときにのみ，たとえば［s^{-1}］と書くことにする．

4) 上記の 3）の表示方法は数値にも適用されるので（123/456)/789 は良いが 123/456/789 は不可となる．

5) 接頭語の記号は，すぐあとにつけて示す単位記号と一体になっているものとして扱うので，それらの間には空白を置かない．それらは正または負の指数をつけて新しい単位の記号としたり，さらに他の単位記号と連結して誘導単位の記号を構成することができる．たとえば 1 km^2 は 1 km^2＝1 (km)^2＝1×(10^3 m)^2＝10^6 m^2 のことであり，1 ms^{-1} は 1 ms^{-1}＝1×(10^{-3}s)$^{-1}$＝10^3 s^{-1} のことである．

6) 二つ以上の単位記号を含む誘導単位の場合，接頭語は一つだけ最初の単位記号につける．したがって，モル濃度の単位として kmol/m^3 はよいが，mol/dm^3 はよくない．

7) 2 個以上の合成した接頭語を用いてはならない．たとえば mμm でなく，nm を用いる．

8) 質量の基本単位の名称"キログラム"は，SI の接頭語キロを含んでいるので，質量の単位の 10 の整数乗倍の名称は"グラム"という語に接頭語をつけて表示する．たとえば 10^3 kg は 1 kkg ではなく，1 Mg とする．

9) 大文字と小文字の表記に注意する．例として K（ケルビン）と k（キロ），S（ジーメンス）と s（秒），C（クーロン）と c（センチ），N（ニュートン）と n（ナノ）があげられる．

10) 数値と単位記号の間には半字分程度の空白を置く．また桁数が多いときは，小数点から 3 桁目ごとに空白を置く．ただし金額の場合を除きカンマは入れない．さらに .1234×10^4 は不可であり，0.1234×10^4 とする．この場合 1.234×10^3 のほうが表示方法としてはよい．

1.1 単位と次元

表1・4 SIとの併用が認められている単位

物理量	名 称	記 号
長さ	△ オングストローム	Å
	△ 海里	n, mile
面積	△ バーン	b
	△ アール	a
体積	○ リットル	l または L
質量	○ トン	t
時間	○ 分	min
	○ 時	h (hrは不可)
	○ 日	d
速度	△ ノット	kn
加速度	△ ガル	Gal
圧力	△ バール	bar
	△ 気圧	atm
エネルギー	○ キロワット時	kWh
	○ 電子ボルト	eV
放射能	△ キュリー	Ci
放射線の強さ	△ レントゲン	R
吸収線量	△ ラド	rd
角度(平面角)	○ 度	°
	○ 分	′
	○ 秒	″

表中の○印はSIと併用される単位，△印は暫定的に許容される単位である．

11) 10の整数乗倍で表示される数値は，原則として数が0.1と1000の間に入るように選ぶ．たとえば 1.5×10^4 N は 15 kN，1500 Pa は 1.500 kPa のように表示する．

12) 表の見出しやグラフの座標軸は純粋な数（次元のない数）で表す．たとえば，縦軸を圧力 P [MPa] で，横軸を温度 T [K] で表すグラフの表記法は，縦軸に対しては P/MPa，横軸に対しては T/K とする．しかし，この表記法はまだ一般的ではないので，本書では従来通りの表記法とした．

なお，SI以外の単位で今後も併用が認められる単位，暫定的に許容される単位についても注意する必要がある．これらを表1・4に示す．

（2）**単位の換算** 現在，SI単位が国際的に広く用いられるようになったとはいっても，すでに発行されている文献，便覧類の多くは従来の慣用単位系を用いて書かれたものであり，それらに報告されている貴重な研究データや数式を

利用するには当然，単位換算が必要になる．

単位の換算には単位系は同じで単位の種類や大きさが変わる場合と，単位系そのものが変わる場合の二通りがある．単位系が同じ場合には基本単位間の換算率をもとに単位換算すればよい．単位系が異なる場合の単位換算は重力換算係数 g_c を (1・1) 式のように用いて行えばよい．

数式の単位換算では，左右両辺の各項の次元が等しい式，すなわち次元的に健全な式であるかどうかが問題になる．物理法則に基づいて理論的に導かれる理論式の場合には，次元的に健全な式になるので，統一した単位系を用いるかぎり，単位系の変換には何ら係数の変換を必要としない．しかし，実験式の中には両辺の次元が一致しない次元的に不健全な式がある．このような式では各項の次元が異なっており，式中に含まれる物理量の単位の種類，大きさ，単位系を変えれば式中の係数の値が変化するので，単位換算が必要である．

次元的に不健全な式の単位換算にはいくつかの方法があるが，次元を統一するために係数自身に架空の次元を与えて，次元的に健全な式と同等に扱い，この架空の次元をもった係数の単位換算を数値の単位換算と同様の方法で行うのがもっとも簡便である．

摂氏温度 t[℃] や華氏温度 t'[℉] とそれらの絶対温度 T[K] と T'[R] の間の換算は加減計算が加わり，次式となる．

$$t = (t' - 32)/1.8, \quad T = t + 273.15, \quad T' = t' + 459.67, \quad T = T'/1.8 \qquad (1\cdot2)$$

例題 1・1　303 K (30 ℃) におけるメタノールの粘度は 0.51 cP，表面張力は 2.217×10^{-3} Kg/m である．これらを SI 単位に換算せよ．

(解)　1 cP $= 0.01$ P $= 0.01$ g/(cm·s) であるから，

粘度：　$0.51 \text{ cP} = (0.51)(0.01)(10^{-3} \text{kg})/[(10^{-2} \text{m})(\text{s})]$
$= 5.1 \times 10^{-4} \text{ kg/(m·s)} = 5.1 \times 10^{-4} \text{ Pa·s} = 0.51 \text{ mPa·s}$

表面張力：　$2.217 \times 10^{-3} \text{ Kg/m} = (2.217 \times 10^{-3} \text{ Kg/m})[9.80665 \text{ kg·m/(Kg·s}^2)]$
$= 2.174 \times 10^{-2} \text{ kg/s}^2 = 2.174 \times 10^{-2} \text{ N/m} = 2.174 \text{ cN/m}$

例題 1・2　管内を流れる空気に対する伝熱係数の実験式として下記の式が提出されている．

$$h = 0.0741 c_p G^{0.8}/d^{0.2} \qquad (1\cdot3)$$

ここで h は伝熱係数 [Btu/ft²·s·℉]，c_p は比熱 [Btu/(lb·℉)]，d は管の外径 [ft]，G はガス流量 [lb/(ft²·s)] である．この実験式を SI 単位の式に変換せよ．

(**解 1**) (1・3) 式の定数を k で表すと $h=kc_\mathrm{p}G^{0.8}/d^{0.2}$ となる．この式を次元的に健全な式とみなした場合の定数 k の次元は質量，長さ，時間，温度差，熱量を M，L，T，θ，H で表すと

$$(\mathrm{HL}^{-2}\mathrm{T}^{-1}\theta^{-1})=k(\mathrm{HM}^{-1}\theta^{-1})(\mathrm{ML}^{-2}\mathrm{T}^{-1})^{0.8}/(\mathrm{L})^{0.2}$$

から求められる．すなわち，$k=(\mathrm{ML}^{-1}\mathrm{T}^{-1})^{0.2}$ である．

したがって，k の単位は $[\mathrm{lb}/(\mathrm{ft}\cdot\mathrm{s})]^{0.2}$ である．そこで，k の値を SI 単位に換算するには，$1\,\mathrm{lb}=0.4536\,\mathrm{kg}$，$1\,\mathrm{ft}=0.3048\,\mathrm{m}$ の関係を用いればよい．

$$k=0.0741[\mathrm{lb}/(\mathrm{ft}\cdot\mathrm{s})]^{0.2}=(0.0741)[(0.4536\,\mathrm{kg})/(0.3048\,\mathrm{m})(\mathrm{s})]^{0.2}$$
$$=8.023\times10^{-2}[\mathrm{kg}/(\mathrm{m}\cdot\mathrm{s})]^{0.2}$$

したがって (1・3) 式は SI を用いると次式のように表される．

$$h=8.023\times10^{-2}c_\mathrm{p}G^{0.8}/d^{0.2} \qquad (1\cdot4)$$

(**解 2**) 単位換算表によれば $1\,\mathrm{J}=9.478\times10^{-4}\,\mathrm{Btu}$，$1\,\mathrm{m}=3.281\,\mathrm{ft}$，$1\,\mathrm{K}$ (温度差)$=1.8\,°\mathrm{F}$ (温度差)，$1\,\mathrm{kg}=2.205\,\mathrm{lb}$

$$h[\mathrm{Btu}/(\mathrm{ft}^2\cdot\mathrm{s}\cdot°\mathrm{F})]=h'[\mathrm{J}/(\mathrm{m}^2\cdot\mathrm{s}\cdot\mathrm{K})]$$
$$=h'[(9.478\times10^{-4}\,\mathrm{Btu})/(3.281\,\mathrm{ft})^2(\mathrm{s})(1.8\,°\mathrm{F})]$$
$$=4.891\times10^{-5}h'[\mathrm{Btu}/(\mathrm{ft}^2\cdot\mathrm{s}\cdot°\mathrm{F})]$$

よって，
$$h=4.891\times10^{-5}h' \qquad (1\cdot5)$$

$$c_\mathrm{p}[\mathrm{Btu}/(\mathrm{lb}\cdot°\mathrm{F})]=c_\mathrm{p}'[\mathrm{J}/(\mathrm{kg}\cdot\mathrm{K})]$$
$$=c_\mathrm{p}'[(9.478\times10^{-4}\,\mathrm{Btu})/((2.205\,\mathrm{lb})(1.8\,°\mathrm{F}))]$$
$$=2.388\times10^{-4}c_\mathrm{p}'[\mathrm{Btu}/(\mathrm{lb}\cdot°\mathrm{F})]$$

よって，
$$c_\mathrm{p}=2.388\times10^{-4}c_\mathrm{p}' \qquad (1\cdot6)$$

$$G[\mathrm{lb}/(\mathrm{ft}^2\cdot\mathrm{s})]=G'[\mathrm{kg}/(\mathrm{m}^2\cdot\mathrm{s})]$$
$$=G'[2.205\,\mathrm{lb}/((3.281\,\mathrm{ft})^2(\mathrm{s}))]=0.2048\,G'[\mathrm{lb}/(\mathrm{ft}^2\cdot\mathrm{s})]$$

よって，
$$G=0.2048\,G' \qquad (1\cdot7)$$

$$d[\mathrm{ft}]=d'[\mathrm{m}]=d'[3.281\,\mathrm{ft}]=3.281\,d'[\mathrm{ft}]$$

よって，
$$d=3.281\,d' \qquad (1\cdot8)$$

(1・5)～(1・8) 式を (1・3) 式に代入すると

$$4.891\times10^{-5}h'=(0.0741)(2.388\times10^{-4}c_\mathrm{p}')(0.2048\,G')^{0.8}/(3.281\,d')^{0.2}$$

まとめると
$$h'=8.023\times10^{-2}c_\mathrm{p}'(G')^{0.8}/(d')^{0.2} \qquad (1\cdot9)$$

なお，この例題とは関係ないが，式が和や差の形で表され，異なる架空の単位をもつ係数が同時に含まれる場合には (解2) の方が間違いが少なく簡単である．

例題 1・3 内径 8.0 cm の水平な平滑円管内を 293 K (20℃) の水が 2.5 cm～2.5 m の平均流速で流れる場合の，壁面摩擦応力 (管内壁単位面積にかかる摩擦力) τ_w [Kg/cm^2] と水の平均流速 U [cm/s] との間には次式の関係が成立する．

$$\tau_w = 7.58 \times 10^{-9} U^{1.75} \tag{1・10}$$

この実験式を Pa, m, s の単位を用いて表される式に変換せよ．

（解）　(1・10) 式の定数を k で表すと $k = \tau_w/U^{1.75}$ となる．この式を次元的に健全な式とみなした場合の定数 k の次元は力，長さ，時間を F, L, T で表すと

$$k = FL^{-3.75}T^{1.75}$$

である．

したがって k の単位は $Kg \cdot s^{1.75}/cm^{3.75}$ である．

$$\begin{aligned}
k &= 7.58 \times 10^{-9} \, Kg \cdot s^{1.75}/cm^{3.75} \\
&= 7.58 \times 10^{-9}(Kg)[9.80665 \, kg \cdot m/(Kg \cdot s^2)](s)^{1.75}/(10^{-2}m)^{3.75} \\
&= 2.35(kg \cdot m/s^2)(s^{1.75}/m^{3.75}) \\
&= 2.35 \, Pa(s/m)^{1.75}
\end{aligned}$$

したがって (1・10) 式は Pa, m, s を用いると次式のように表される．

$$\tau_w = 2.35 \, U^{1.75} \tag{1・11}$$

（3）次元解析と無次元数　工学の分野では現象が複雑で理論的解析の困難なものが少なくない．このような場合でも，この現象に関与する因子が明らかであれば，影響因子となる物理量の相互関係をある程度予測することができる．この方法を次元解析という．

いま問題となっている現象に関与する物理量と次元定数の合計が n 個あり，$\phi_1, \phi_2, \cdots, \phi_n$ とすると，これらの間には

$$f(\phi_1, \phi_2, \cdots, \phi_n) = 0 \tag{1・12}$$

の関係が成立する．(1・12) 式が次元的に健全な式であれば，$\phi_1, \phi_2, \cdots, \phi_n$ の組み合わせで得られる p 個の無次元項 $\pi_1, \pi_2, \cdots, \pi_p$ を用いて次式の形に変形できる．

$$F(\pi_1, \pi_2, \cdots, \pi_p) = 0 \tag{1・13}$$

ここで採用した単位系における基本量の数を m とすると，無次元項の数 p は $(n-m)$ に等しい，これを π 定理という．

ある現象に関係する物理量の相互関係を次元解析の手法を使って無次元項の形でまとめ，実験データを基に適用性の広い実験式を作成することができれば，工学上好都合である．

表 1・5 に化学工学でよく用いられる無次元数を示す．

例題 1・4　内径 D の平滑円管内を密度 ρ，粘度 μ の流体が平均流速 U で流れてい

る．管内壁面の摩擦応力（管内壁単位面積にかかる摩擦力）τ_w を次元解析によって求めよ．なお，単位系は SI を用いるものとする．

（解）この問題では変数（τ_w，D，U，ρ，μ）の数が $n=5$，基本量の数が $m=3$ となるので，π 定理によれば物理量相互間の関係 $p=5-3=2$ 個の無次元項で表される．

そこで，τ_w が次式のように表されると仮定する．

$$\tau_w = kD^{a_1}U^{a_2}\rho^{a_3}\mu^{a_4} \qquad (1\cdot14)$$

ただし k は無次元定数である．

(1・14) 式を次元式の形で表すと

表 1・5　化学工学でよく用いられる無次元数

名　称	記号	定　義
ビオー数	Bi	hL_m/k
オイラー数	Eu	$P/(\rho u^2)$
摩擦係数	f	$\Delta Pd/(2\rho u^2 L)$
フーリエ数	Fo	$k\theta/(\rho c_p L^2)$
フルード数	Fr	$u^2/(gL)$
ガリレイ数	Ga	$L^3 g\rho^2/\mu^2$
グラスホフ数	Gr	$L^3\rho^2 \beta g\Delta T/\mu^2$
グレーツ数	Gz	$wc_p/(kL)$
ヌッセルト数	Nu	hd/k
ペクレ数	Pe	$u\rho c_p L/k$ または $uL/\mathcal{D}$
プラントル数	Pr	$c_p\mu/k$
レイノルズ数	Re	$Du\rho/\mu$
シュミット数	Sc	$\mu/(\rho\mathcal{D})$
シャーウッド数	Sh	$k_m L/\mathcal{D}$
スタントン数	St	$h/(c_p u\rho)$
ウェーバー数	We	$\rho u^2 L/\sigma$

$$[\mathrm{ML^{-1}T^{-2}}]=[\mathrm{L}]^{a_1}[\mathrm{LT^{-1}}]^{a_2}[\mathrm{ML^{-3}}]^{a_3}[\mathrm{ML^{-1}T^{-1}}]^{a_4} \qquad (1\cdot15)$$

(1・14) 式が次元的に健全な式であれば両辺の次元は一致するので，(1・15) 式から次式の関係が得られる．

$$\begin{aligned} M&: \quad 1=a_3+a_4 \\ L&: \quad -1=a_1+a_2-3a_3-a_4 \\ T&: \quad -2=-a_2-a_4 \end{aligned} \qquad (1\cdot16)$$

未知数の数が 4 個に対して方程式は 3 個しかないので，a_1, a_2, a_3 を a_4 で表すことにする．(1・16) 式より $a_1=-a_4$, $a_2=2-a_4$, $a_3=1-a_1$ を得る．この結果を (1・14) 式に代入すると

$$\tau_w = kD^{-a_4}U^{2-a_4}\rho^{1-a_4}\mu^{a_4}=k(U^2\rho)(DU\rho/\mu)^{-a_4} \qquad (1\cdot17)$$

すなわち，

$$\tau_w/(U^2\rho)=k(DU\rho/\mu)^{-a_4} \qquad (1\cdot18)$$

となる．この式中の $\tau_w/(U^2\rho)$ と $DU\rho/\mu$ は無次元数であって，その数は π 定理で予測した数と一致する．ここで k および a_4 は実験により決定すべき定数である．

なお，(1・18) 式の右辺を $2f$ とおくと次式のように変形できる．

$$\tau_w = 4f(\rho U^2/2) \qquad (1\cdot19)$$

f は摩擦係数であり，実際には $f=f(DU\rho/\mu, \varepsilon/D)$ となり，管内面の粗さ ε [m] にも依存する．(1・19) 式を Fanning の式という（第 2 章参照）．

1.2 気体の状態方程式

気体は液体や固体に比べて圧力，温度に対する体積変化が大きく，気体に対する P-V-T 関係は流体操作が主となる化学工学では，とくに重要である．一定量の物質の状態は，圧力 P，体積 V，温度 T のうち任意の二つを指定すれば決定することができる．この関係を式で表したものを状態方程式という．

（1）理想気体 Boyle は温度一定の条件で一定量の気体の体積が圧力に逆比例することを，Charles と Gay-Lussac は圧力一定の条件で一定量の気体の体積が絶対温度に比例して増加することを見いだした．また，Avogadro は温度と圧力一定の条件で同数の分子数（モル数 n で表す）の占める体積が，気体の種類に関係なく同じになることを明らかにした．これらの関係を基に n モルの気体の P-V-T 関係は，

$$PV = nRT \quad \text{あるいは} \quad PV_\mathrm{m} = RT \tag{1・20}$$

で表される．この式は，理想気体の状態方程式といわれる．ここで，V_m はモル体積 (V/n)，R はガス定数とよばれ，$R = 8.314 \mathrm{~J/(mol \cdot K)}$ の値を有する．

（2）実在気体

a) van der Waals の状態方程式

低圧，高温の条件下では，(1・20) 式は気体の状態をよく表しているが，温度が低くなるほど，また高圧になるほど，この式からのずれが目立ってくる．そこで，van der Waals は，ずれの原因が分子間力と気体分子自身の占める体積の無視にあると考え，実在気体の状態方程式として (1・20) 式の左辺の P と V に，それぞれの補正項を加えたvan der Waals 式（(1・21) 式）を提出した．

$$\left(P + \frac{a}{V_\mathrm{m}^2}\right)(V_\mathrm{m} - b) = RT \tag{1・21}$$

あるいは

$$P = \frac{RT}{V_\mathrm{m} - b} - \frac{a}{V_\mathrm{m}^2} \tag{1・21′}$$

ここで，a および b は気体の種類によって異なる定数を表しており，これらの値は臨界定数の値から $a = 27 R^2 T_c^2/(64 P_c)$，$b = RT_c/(8P_c)$ の式を用いて算出できる．van der Waals 式ではモル体積 V_m と温度 T から圧力 P を求めることは容易

であり，V_m の 3 次方程式であるため，P と T から V_m も解析的に求めることができ，さらに，気液 2 相領域と臨界点を表すことができる．しかし，実際の P-V-T 関係のデータとの一致は良好とはいえず，とくに，高密度領域において誤差が著しい．

b） Redlich-Kwong の状態方程式

van der Waals 式の P-V-T 関係を良くするために，数多くの修正が試みられている．ここでは V_m の 3 次方程式であるという特徴を残した Redlich-Kwong 式[*]（(1・22) 式）を紹介する．この式では分子間引力による補正項（(1・21′) 式右辺第 2 項）の表現を改良したもので，比較的精度の高い状態方程式として知られている．

$$P = \frac{RT}{V_m - b} - \frac{a}{T_m^{1/2} V_m (V_m + b)} \tag{1・22}$$

なお，a および b は臨界定数の値を基に $a = 0.4278\,R^2 T_c^{2.5}/P_c$，$b = 0.0867\,RT_c/P_c$ の式を用いて算出できる．(1・22) 式で気液平衡状態を表せるようにするために，さらにいくつかの式が提案されている．3 次方程式としては，Redlich-Kwong 式を改良した Soave-Redlich-Kwong 式[**] や分子間引力による補正項が異なる Peng-Robinson 式[***] があるが，ここでは原著論文文献のみを脚注に示す．近年のコンピュータの急速な発達にともない，解析的に解けるこれらの 3 次状態方程式は，P-V-T 関係や気液平衡の計算によく使用されるようになった．

c） Virial の状態方程式

Virial の状態方程式は理想気体を基準にして物質の P-V-T 関係を表したもので，ここでは圧力の展開系である Berlin 型の式を次に示す．

$$z = 1 + BP + CP^2 + \cdots \tag{1・23}$$

ここで，z は $PV/(nRT)$ または $PV_m/(RT)$ を表し，B および C はそれぞれ第 2 Virial 係数，第 3 Virial 係数とよばれ，物質によって異なる定数で温度に依存する．

d） 圧縮係数を補正係数とした状態方程式

理想気体の状態方程式に補正係数 z を導入した式は，実在気体に対する簡単な

---

[*] Redlich, O. and L. N. S. Kwong: *Phys. Rev.*, **44**, 233 (1949).
[**] Soave, G.: *Chem. Eng. Sci.*, **27**, 1197 (1972).
[***] Peng, D. Y. and D. B. Robinson: *Ind. Eng. Chem. Fund.*, **15**, 59 (1976).

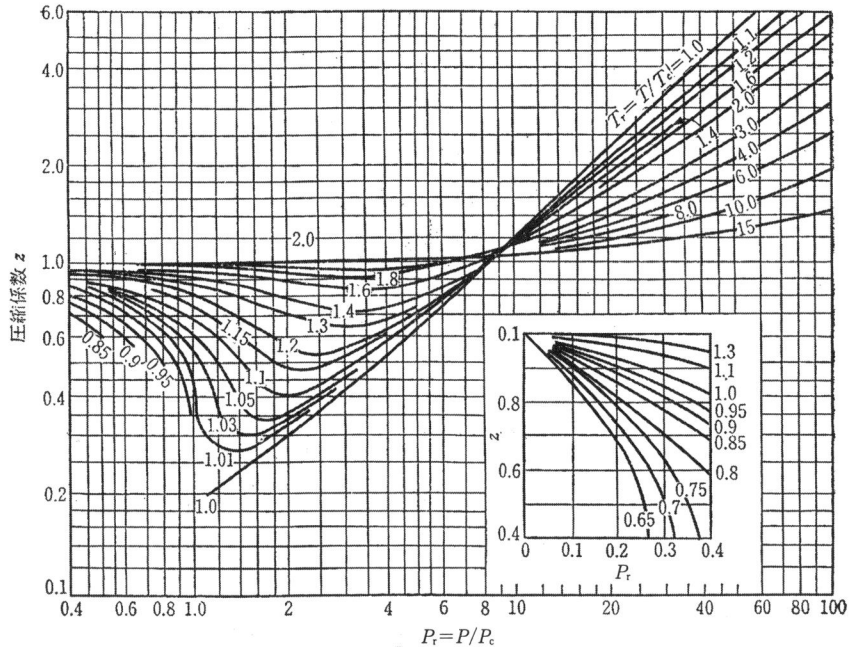

図 1・1 圧縮係数 z 線図

状態方程式として便利である．

$$PV_m = zRT \qquad (1\cdot24)$$

ここで，z は圧縮係数とよばれ，理想気体では $z=1$ であり，この値の 1 からのへだたりは理想気体からのずれの程度を表す．(1・23)式からも明らかなように，z は気体の種類，温度，圧力によって変化するが，対臨界温度 $T_r(=T/T_c)$，対臨界圧力 $P_r(=P/P_c)$ を用いると多くの気体ではその種類に関係なく，図 1・1 のように表現することができる．この線図を z 線図といい，この図を用いて補正係数 z を求めることができる．コンピュータの発達により，最近ではプログラムに組み込める Redlich-Kwong 式のような状態方程式がよく用いられるが，手計算で簡単に求めたい場合は z 線図が用いられる．

例題 1・5 1.0 kg の He ガスが 1 m³ の容器内に封入されている．温度を 273 K (0 ℃)としたときの容器内の圧力を次の方法で求めよ．

（i）理想気体の状態方程式, （ii）Redlich-Kwong の状態方程式
ただし，He ガスの臨界定数は $T_c=5.2\,\mathrm{K}$, $P_c=227\,\mathrm{kPa}$, 分子量は 4.0 g/mol とする．
（解） 1 kg の He ガスのモル数 n は， $n=1.0\times10^3/4.0=250\,\mathrm{mol}$
（i） （1・20）式より $P=nRT/V=(250)(8.314)(273)/1=5.67\times10^5\,\mathrm{Pa}=567\,\mathrm{kPa}(5.60\,\mathrm{atm})$
（ii） $a=0.4278\,R^2T_c^{2.5}/P_c=(0.4278)(8.314^2)(5.2^{2.5})/227\times10^3=8.03\times10^{-3}\,\mathrm{m^3\cdot Pa/mol}$,
$b=0.0867\,RT_c/P_c=(0.0867)(8.314)(5.2)/227\times10^3=1.65\times10^{-5}\,\mathrm{m^3/mol}$,
モル容積 V_m は $V_m=V/n=1/250=4.0\times10^{-3}\,\mathrm{m^3/mol}$, （1・22）式より
$P=RT/(V_m-b)-a/[T^{0.5}V_m(V_m-b)]$
$=(8.314)(273)/(4.0\times10^{-3}-1.65\times10^{-5})-8.03\times10^{-3}/[(273^{1/2})(4.0\times10^{-3})(4.0\times10^{-3}-1.65\times10^{-5})]=570\,\mathrm{kPa}(5.63\,\mathrm{atm})$

1.3 収　　　支

（1） 収支の概要　　化学プラントを操作設計する際，物質，エネルギーが内部でどのような動きをしているのか，また，どのようにあるべきかを知っておくことは極めて大切なことである．既設プラントでは，流量，温度，圧力などの操作因子を測定することによりかなりの部分の把握ができるものの，これら測定だけですべての流れが明確になるわけではない．また，設計段階では通常出口側条件，すなわち製品サイドの要求が決まっているのみであり，その条件から入口側，すなわち原料サイドの条件を決めていかなければならない．このため規模の大小に関りなく対象としている範囲（プラント全体でもよいし，その一部であってもよい）に対し，質量保存則またはエネルギー保存則を適用することにより，既知のものから未知の事象を推定することとなる．質量にしろ，エネルギーにしろ，保存されるので形が変わることはあってもそれ自体創造されることもなければ消滅することもないわけで，式で示せば次のとおりである．

$$\text{入量}=\text{出量}+\text{蓄積量} \qquad (1\cdot25)$$

この式を収支式という．この式を物質に適用し，その流れを調べることを物質収支をとるといい，エネルギーの場合をエネルギー収支をとるという．安定した連続操作では蓄積量の時間的変化はなく，ある時間内に系内に入ったものはすべて系外に放出されるはずである．このような状態を定常状態といい，収支式は次のように簡略化される．

$$\text{入量}=\text{出量} \qquad (1\cdot26)$$

収支のとり方としては特に定まったものがあるわけではないが，経験上，次の手順で行うのが間違いが少ないと思われる．

a) 収支をとる系の範囲の明確化　収支式は系の大小にかかわりなく成立するので，工場全体を一つの系とみなすこともできる．単一機器のそのまた一部を系としてもよい．ただし，最初設定した系を計算途中で変更するようなことがあってはならない．収支式は設定された系の範囲内でのみ成立することを理解すべきである．

b) 既知量，未知量の明確化　収支系が決まったら，その系に出入りする物質あるいはエネルギーの流れを整理し，それをブロック図の形式にまとめるのがよい．この場合，系に入るものは入る方向への矢印，出るものに対しては出る方向の矢印を記し，さらに既知のものはその数値を，未知のものは記号にて図内に記す．これによって既知量，未知量およびそれらの出入関係が明確となり，整理途中で"落ち"がないようにすることができる．

c) 基準の選定　収支計算は統一した基準でなされるべきであり，この基準は収支をとるのに好都合なものを選べばよい．回分操作にあっては1バッチ当り，連続操作にあっては単位時間当りを基準にとるのが一般的であるが，製品あるいは原料の単位重量，場合によっては単位容量，単位面積なども基準となり得る．一方，収支計算に用いるデータの基準にも注意を向けなければならない．とくに，エンタルピーは文献によってまちまちの基準をとっており，使用する際には必ず確認が必要である．

d) 収支式の作成と解　a)〜c)より各保存則にのっとり具体的な収支式を作成し，これを数学的に解く．

（2）物理的操作における物質収支　化学プロセスは化学反応をともなう操作と物理的操作（単位操作）との組み合わせによって構成されている．物理的操作には流動，伝熱，蒸発，蒸留，抽出，吸収，調湿，濾過，混合などの操作が含まれているが，これら操作の詳細については本書の各章において説明される．ここでは，これらのうちのいくつかの代表的操作を取り上げ，物質収支の具体的計算の仕方について述べる．

例題 1・6（混合操作）　2インチ管（内径 0.0529 m）中を水が流れている．この水の

管内流速を知るために 15 wt% の食塩水を 50 kg/h の速度で管内に注入したところ下流で 0.1 wt% の食塩濃度として検出された．水の管内流速を求めよ．ただし，最初の水には食塩は含まれておらず，水の密度は 10^3 kg/m^3 とする．

（解）　基準：　1時間の間に出入りする量

収支を示すブロック図は図 1·2 のようになり，系への入量，出量，蓄積量は表のようにまとめられる．

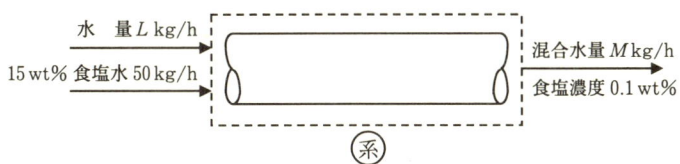

図 1·2　混合操作における物質の出入り

(単位：kg/h)

	入　量	出　量	蓄積量
全量収支	水　量　　L 食塩水量　　50	混合水量　　M	
	合　計　$L+50$	合　計　　M	0
成分収支 (食塩収支)	食塩水中の食塩 　$=0.15\times 50$ 　$=7.5$	混合水中の食塩 　$=0.001M$	0

全量収支，成分収支のいずれにおいても質量保存則は成立するので，下記の収支式が導かれる．

全量収支より	$L+50=M$	(1·27)
成分収支より	$7.5=0.001M$	(1·28)
この2式を解くと	$M=7500$ kg/h	(1·29)
	$L=7450$ kg/h	(1·30)

2インチ管の断面積　A[m^2] は $A=(\pi/4)(0.0529)^2=2.2\times 10^{-3}$ m^2，水の密度は 10^3 kg/m^3 であるから管内流速 u[m/s] は

$$u=(L/10^3)/(A\times 3600)=(7450/10^3)/(2.2\times 10^{-3}\times 3600)=0.94 \text{ m/s}$$

例題 1·7　(蒸留操作)　ある成分Aを重量分率で x_F 含む溶液を毎時 F[kg] 蒸留塔に供給する．これを濃縮して濃度 x_W とし，缶出液として取り出したい．この場合成分Aの缶出側の回収率を α としたときの缶出液量 W[kg/h]，留出液量 D[kg/h] はいくらか．また，留出液中のA成分の濃度 x_D を重量分率で示せ．

(**解**) 基準: 1時間の間に出入りする量

収支を示すブロック図は図1・3のとおりであり,回収率は次式で定義される.

$$\alpha = Wx_W/Fx_F \tag{1・31}$$

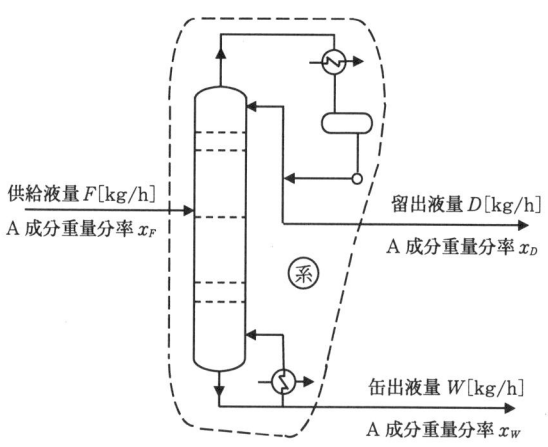

図1・3 蒸留操作における物質の出入り

(単位: [kg/h])

	入 量	出 量	蓄積量
全量収支	供給液 F	留出液 D 缶出液 W 合 計 $D+W$	0
成分収支 (A成分)	供給液 Fx_F	留出液 Dx_D 缶出液 Wx_W 合 計 Dx_D+Wx_W	0

ここで,既知数は F, x_F, x_W および α であり,あとはすべて未知数である.全量および成分収支より次の収支式が導かれる.

全量収支より $\quad F = D + W \tag{1・32}$

成分収支より $\quad Fx_F = Dx_D + Wx_W \tag{1・33}$

A成分の回収率が決まっていることから $\quad W = \alpha Fx_F/x_W \quad [\mathrm{kg/h}]$

全量収支の式に代入し $\quad D = F - W = F(x_W - \alpha x_F)/x_W \quad [\mathrm{kg/h}]$

D, W を成分収支式に代入すると $\quad x_D = (Fx_F - Wx_W)/D = (1-\alpha)x_F x_W/(x_W - \alpha x_F)$

例題 1・8(乾燥操作) 重量分率0.15の水分を含む固体を毎時500 kg の割合で乾燥機に供給し,これを重量分率にして0.02の水分含有固体にまで乾燥したい.この乾燥

用に絶対湿度 0.006 kg-水/kg-乾燥空気の温空気を送風する．空気の出口絶対湿度が 0.05 kg-水/1 kg-乾燥空気である場合，最小何 kg/h の入口空気が必要か．

（解）　基準：　1 時間に出入りする量

収支を示すブロック図は図1・4 に示すとおりであり，系への入量，出量，蓄積量をまとめると次表のようになる．（単位：kg/h）

図1・4　乾燥操作における物質の出入り

	入　　量	出　　量	蓄積量
全量収支	固体量　　500 空気量　　N_1 合　計　$500+N_1$	固体量　　W_2 空気量　　N_2 合　計　W_2+N_2	0
成分収支 （水分収支）	固体より　$500 \times 0.15 = 75$ 空気より　$0.006 N_1/1.006$ 合　計　$75+0.006 N_1/1.006$	固体より　　$0.02 W_2$ 空気より　$0.05 N_2/1.05$ 合　計　$0.02 W_2 + 0.05 N_2/1.05$	0
乾燥空気収支	$N_1/1.006$	$N_2/1.05$	0
乾燥固体収支	$500 \times 0.85 = 425$	$0.98 W_2$	0

上記表より次の4収支式が導かれる．

全量収支より　　　　　$500 + N_1 = W_2 + N_2$　　　　　　　　　　　　　　　　(1・34)

水分収支より　　　　　$75 + 0.006 N_1/1.006 = 0.02 W_2 + 0.05 N_2/1.05$　　(1・35)

乾燥空気収支より　　　$N_1/1.006 = N_2/1.05$　　　　　　　　　　　　　　　(1・36)

乾燥固体収支より　　　$425 = 0.98 W_2$　　　　　　　　　　　　　　　　　　(1・37)

未知数3個に対し式が4個でているが，そのうち1個は従属式であり，計算は4個の式の中から計算に簡便な3個の式を任意にとって行えばよい．結果は以下のようになる．

$$W_2 = 434 \text{ kg/h}$$
$$N_2 = 1581 \text{ kg/h}$$
$$N_1 = 1515 \text{ kg/h}$$

これから 1515 kg/h が最小必要空気量となる．

（3）　**反応をともなう操作における物質収支**　　化学プラントでは前に述べたように何らかの化学反応をともなうのが普通であり，この収支をとる場合，供給

した物質が形を変えて出てくるが，化学反応による質量の増減があるわけではなく，物理的操作での収支式（1・25）に反応に伴う生成量と消費量を加えた（1・38）式*)を考えればよい．

$$\text{入量}+\text{生成量}=\text{出量}+\text{消費量}+\text{蓄積量} \tag{1・38}$$

化学反応は化学反応式に基づいて化学量論的に反応するが，一般に，すべての原料を化学量論量しか用いないということはなく，そのうちのいくつかを量論量以上に加えて反応を速めたり，歩留りを上げたりする．この場合，量論量供給した物質を限定物質とよんでいる．化学反応は限定物質量によって制限され，その他の物質は未反応のまま残る．

例題1・9 15wt%の塩酸400gと15wt%の水酸化ナトリウム400gを混合し，反応させた場合，どちらが限定物質か．

（解） 塩酸と水酸化ナトリウムの反応は次の反応式で示されるように等モル反応である．

$$HCl+NaOH \rightarrow NaOH+H_2O$$

15wt% 塩酸中の純塩酸量 　　$400 \times 0.15/36.5 = 1.64 \text{ mol}$
15wt% 水酸化ナトリウム中の純水酸化ナトリウム量 　　$400 \times 0.15/40 = 1.50 \text{ mol}$
（塩酸の分子量36.5g/mol，水酸化ナトリウムの分子量40g/mol）

反応は等モル反応であるから，水酸化ナトリウムが限定反応物質である．

例題1・10 あるプラントから15wt%の水酸化ナトリウムを含む排水が毎時400kg出ている．これを98wt%の濃硫酸で中和した後，さらに中和後析出するであろう反応生成物の硫酸ナトリウム（芒硝）を水で溶解し系外に排出したい．中和に必要な濃硫酸量および芒硝の溶解に必要な加水量を求めよ．ただし芒硝の水への溶解度は0.13 kg-芒硝/kg-水とする．ここで水酸化ナトリウムの分子量は40g/mol，硫酸の分子量は98g/mol，芒硝の分子量は142g/mol，水の分子量は18g/molとする．

（解） 基準： 1時間の収支
水酸化ナトリウムと硫酸の反応は

$$2NaOH+H_2SO_4 \rightarrow Na_2SO_4+2H_2O$$

排水中の純水酸化ナトリウム量は

$$400 \times 0.15/(40 \times 10^{-3}) = 1500 \text{ mol}$$

反応式より水酸化ナトリウム2molと硫酸1molが反応し，芒硝1molと水2molを生成することから

---
*) 生成量を負の消費量として右辺の消費量に含めた次のような表し方もある．
　　入量＝出量＋消費量(生成量の場合は負とする)＋蓄積量

必要な硫酸量は　　　　(1/2)(1500)(98×10⁻³)＝73.5 kg/h
生成する芒硝量は　　　(1/2)(1500)(142×10⁻³)＝106.5 kg/h
生成する水量は　　　　(1500)(18×10⁻³)＝27.0 kg/h
中和に必要な濃硫酸量はその濃度が98 wt％であることから
　　　　　　　　　73.5/0.98＝75 kg/h
この反応によって生じた芒硝を溶解するのに必要な全水量は
　　　　　　　　　106.5/0.13＝819.2 kg/h
すでに系内に存在する水の量は
　原排水中に存在する水　(400)(1－0.15)＝340 kg/h
　濃硫酸中の水　　　　75－73.5＝1.5 kg/h
　反応により生じた水　　27 kg/h
　合　　計　　　　　　368.5 kg/h
したがって加水すべき水の量は　819.2－368.5＝450.7 kg/h

実際には，これだけの加水では送液配管中の温度が下がると管内で芒硝の晶析が起こるおそれがあり，この2〜3倍の量の水を投入することになる．

(4) エンタルピーと反応熱　定圧下で温度 T_1 の固体物質に徐々に熱を加えて，物質の温度変化と相変化を調べると，図1・5のようになる．まず，Aの状態（温度 T_1）で固体に一定の割合で熱を与え始めると，物質の温度もほぼ一定の割合で上昇する．Bの状態（温度 T_2）に達すると温度上昇が止まり，物質が融解を始める．このときの温度が融点である．物質がすべて液体となったCの状態（温度 T_2）から再び温度が上昇し，Dの状態（温度 T_3）で液体が沸騰する．これが沸点である．そして，すべて蒸気となったEの状態（温度 T_3）から温度はまた上昇する．

以上の過程でのエンタルピー変化を考えてみよう．Aの状態からFの状態への過程におけるエンタルピーの増加量 ΔH は

$$\Delta H = \Delta H_{AB} + \Delta H_{BC} + \Delta H_{CD} + \Delta H_{DE} + \Delta H_{EF}$$
$$= H_F - H_A \quad\quad (1\cdot39)$$

となる．ここで ΔH_{AB} はAからBの状態へ変化した際のエンタルピー増加分，ΔH_{BC} 以下も同様である．H_F は状態Fでのエンタルピー，H_A は状

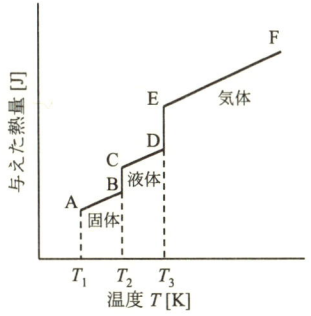

図1・5　物質の状態変化

態 A でのエンタルピーを表す．これらのうち，ΔH_{AB}，ΔH_{CD}，ΔH_{EF} は固体，液体，気体での相変化をともなわない温度上昇だけに必要なエネルギーで，顕熱という．これに対し，ΔH_{BC}，ΔH_{DE} は一定温度のまま相変化を行うのに必要なエネルギーで，潜熱という．潜熱には，この融解熱，蒸発熱の他に，固体から気体への昇華熱，結晶態の転移の際の転移熱などがある．

例題 1・11 101.3 kPa(1 atm) で 253 K(−20℃) の氷 100 g に 55 kJ の熱を与えたら 293 K(20℃) の水となった．氷の比熱を 2.029 kJ/(kg・K)，水の比熱を 4.186 kJ/(kg・K) とし，熱損失がないものと仮定して，氷の融解熱を求めよ．また，氷の融解熱を 6.008 kJ/mol とした場合，全体の熱損失は何％となるか．

（解）　与えられた水 100 g を基準とする．

　　入熱量：　$\Delta H = 55$ kJ

　　出熱量：　氷を加熱して 253 K から 273 K まで温度を上げるのに必要な熱量を ΔH_1 とすると

$$\Delta H_1 = (0.1)(2.029)(273-253) = 4.058 \text{ kJ}$$

氷の融解熱を ΔH_m[kJ/mol] とすると，氷を融解するために必要な熱量 ΔH_2 は

$$\Delta H_2 = \frac{100}{18} H_m \text{ [kJ]}$$

水を加熱して 273 K から 293 K まで温度を上げるのに要する熱量 ΔH_3 は

$$\Delta H_3 = (0.1)(4.186)(293-273) = 8.372 \text{ kJ}$$

入熱量と出熱量とは等しいから

$$55 = 4.058 + \frac{100 H_m}{18} + 8.372 \text{ kJ}$$

$$H_m = 7.663 \text{ kJ/mol}$$

熱損失がないと仮定した場合，氷の融解熱は 7.663 kJ/mol と計算される．ここで，氷の融解熱は 6.008 kJ/mol であるので，実際に融解に必要なエネルギーは

$$\Delta H_2 = \left(\frac{100}{18}\right)(6.008) = 33.378 \text{ kJ}$$

したがって，出熱量の合計は

$$\Delta H = 4.058 + 33.378 + 8.372 = 45.808 \text{ kJ}$$

これより全体の熱損失は

$$\left(1 - \frac{45.808}{55}\right)(100) = 16.7\%$$

エンタルピーの計算に必要な比熱は，圧力一定のもとでの比熱 c_p と，体積一

定のもとでの比熱 c_v がある．固体と液体の場合，c_p と c_v にほとんど差はなく，また温度が変化しても比熱はあまり変わらない．したがって，考えている温度範囲があまり大きくなければ，その温度範囲での平均比熱 c_p を用いて，$c_p \cdot \Delta T$ でエンタルピー変化は計算できる．一方，気体の場合は，c_p と c_v にかなりの差があるが，測定しやすいために実測値の多い c_p が一般に使われている．この c_p は温度の関数となる次のような実験式で表されることが多い．

$$c_p = a + bT + cT^2 + dT^3 \tag{1・40}$$

定数 a, b, c, d については「化学工学便覧」などを参照されたい．

化学反応をともなうプロセスでは，一般に必ず熱の出入りがある．反応において発生または吸収する熱，すなわちエネルギーを考えることは重要である．たとえば，エネルギーの変化で反応状態を知ることもあるし，逆にエネルギーを与えたり奪ったりして反応を制御することもある．エンタルピー収支では必ずしも反応熱をともなうわけではないが，この反応熱を中心に考えるのを熱化学という．

熱化学では「化学反応において生じる熱量は，生成物質と反応物質およびそれらの状態が同じであれば，途中の過程に関係なく同じである」という Hess の法則が基本となっている．そして，反応熱はこの法則をもとに推算することができる．すなわち，反応熱は生成物質と反応物質の標準生成熱（101.3 kPa（1 atm），298 K（25℃）で，生成物質 1 mol を単体元素から生成させるのに必要な熱量）の差として与えられる．反応系のエンタルピー変化を ΔH_r，反応物質の標準生成熱を $(\Delta H_f^\circ)_R$，生成物質の標準生成熱を $(\Delta H_f^\circ)_P$ とすると

$$\Delta H_r = \sum (\Delta H_f^\circ)_P - \sum (\Delta H_f^\circ)_R \tag{1・41}$$

で表される．ここで，$\sum$ は反応に関与している物質に関する和を表す．また，標準生成熱と同様に，標準燃焼熱（101.3 kPa（1 atm），298 K（25℃）で，可燃性物質 1 mol と酸素との反応によって生じる熱量）を ΔH_c° とすれば

$$\Delta H_r = \sum (\Delta H_c^\circ)_R - \sum (\Delta H_c^\circ)_P \tag{1・42}$$

で表すことができる．無機化合物に対しては標準生成熱の実測値が，有機化合物に対しては標準燃焼熱の実測値が多く見られる．

ここで注意を要するのは，発熱反応では ΔH_r の値が負となり，吸熱反応では ΔH_r の値が正になるということである．

例題 1・12 エタンの熱分解が $C_2H_6 \rightarrow C_2H_4 + H_2$ で進むとした場合，101.3 kPa（1 atm），298 K（25 ℃）の標準状態での反応熱を求めたい．標準生成熱，標準燃焼熱を用いてそれぞれ反応熱を計算し，両者がほぼ一致することを確認せよ．

	C_2H_6	C_2H_4	H_2
標準生成熱 [kJ/mol]	−84.5	52.3	0
標準燃焼熱 [kJ/mol]	−1428	−1323	−242

（解） 標準生成熱より
 生成物質： $\sum(\Delta H_f^\circ)_P = 52.3 + 0 = 52.3 \, \text{kJ/mol}$
 反応物質： $\sum(\Delta H_f^\circ)_R = -84.5 \, \text{kJ/mol}$
 反 応 熱： $\Delta H_r = 52.3 - (-84.5) = 136.8 \, \text{kJ/mol}$
標準燃焼熱より
 生成物質： $\sum(\Delta H_c^\circ)_P = -1323 + (-242) = -1565 \, \text{kJ/mol}$
 反応物質： $\sum(\Delta H_c^\circ)_R = -1428 \, \text{kJ/mol}$
 反 応 熱： $\Delta H_r = -1428 - (-1565) = 137 \, \text{kJ/mol}$
137 kJ/mol の吸収熱で一致する．

（5）エネルギー収支 化学工学でエネルギー収支をとる場合には，運動エネルギー，位置エネルギー，エンタルピー，外部からの仕事や熱を考えなくてはならない．収支式は

$$gz_1 + \frac{1}{2}u_1^2 + H_1 + W + Q = gz_2 + \frac{1}{2}u_2^2 + H_2 \tag{1・43}$$

で表される．しかし，化学プロセスでは，位置エネルギー，運動エネルギー，仕事などによるエネルギー変化量が，エンタルピーや熱エネルギーの変化量に比べて極めて小さいことが多い．この場合，単に次式に示すような熱収支を考えれば十分となる．

$$H_2 - H_1 = Q \tag{1・44}$$

熱収支の考え方は，基本的に物質収支の場合と同様であるが，特に基準温度のとり方に注意を要する．

例題 1・13 熱交換器を用いて，423 K（150 ℃），0.4 kg/s で流れている油を 313 K（40 ℃）まで冷却したい．冷却水を 293 K（20 ℃），4 kg/s で供給したときの，冷却水の戻り温度を求めよ．ただし油の比熱は 2.093 kJ/(kg・K)，水の比熱は 4.186 kJ/(kg・K)

とし、熱損失は考えない.

（解）　基準温度として 293 K (20 ℃) をとる. また，冷却水の戻り温度を T [K] とする. 図 1・6 を見ながら入熱量と出熱量を計算する.

入熱量：　油　$(0.4)(2.093)(423-293) = 108.84$ kJ/s
　　　　　水は基準温度で供給されるので　0

出熱量：　油　$(0.4)(2.093)(313-293) = 16.74$ kJ/s
　　　　　水　$(4)(4.186)(T-293)$
　　　　　　　$= 16.744(T-293)$ kJ/s

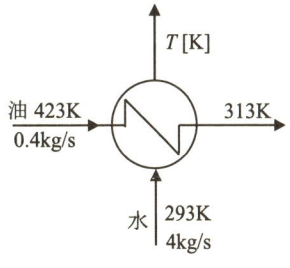

図 1・6　熱交換器における収支

熱交換器内に熱の蓄積はないから，入熱量＝出熱量.

∴　$108.84 = 16.74 + 16.744(T-293)$
　　$T = 299$ K (26 ℃)

例題 1・14　473 K (200 ℃)，900 kPa (8.88 atm) の過熱水蒸気をボイラーで 3.6 Mg/h (3.6 t/h) 発生させたい. 使用する重油の発熱量を 43.1 MJ/kg とすれば，どれだけの重油が必要となるか. ただし供給される水は 323 K (50 ℃)，空気と重油は 293 K (20 ℃) とする. 900 kPa (8.88 atm) では，水は 448 K (175 ℃) で蒸気となり，そのときの蒸発潜熱は 2.030 MJ/kg とする. 293 K (20 ℃) から 323 K (50 ℃) までの水の平均比熱は 4.186 kJ/(kg・K)，293 K (20 ℃) から 448 K (175 ℃) までの水の平均比熱は 4.246 kJ/(kg・K)，448 K (175 ℃) から 473 K (200 ℃) までの過熱水蒸気の平均比熱は 2.40 kJ/(kg・K) とし，排ガスなどによる熱損失のため，熱効率は 60% とする.

（解）　基準温度として 293 K (20 ℃) をとる. また重油の供給量を W [kg/h] とする. 図 1・7 をもとにして入熱量と出熱量を計算する.

入熱量：　重油発熱量　$43.1 W$ [MJ/h]

　　　　　供給水顕熱

　　　　　$(3600)\left(\dfrac{4.186}{1000}\right)(323-293)$

　　　　　$= 452.1$ MJ/h

　　　　　空気と重油は基準温度で供給されるので顕熱 0

出熱量：　水蒸気保有エンタルピーは基準温度 293 K (20 ℃) から 448 K (175 ℃) までの水の顕熱，448 K (175 ℃) での蒸発潜熱，448 K (175 ℃) から 473 K (200 ℃) までの水蒸気の顕熱の和であるから

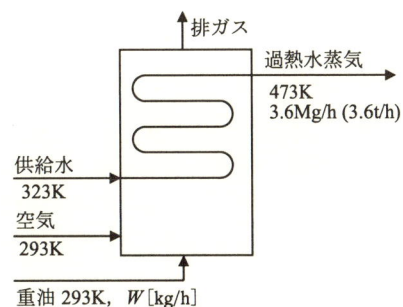

図 1・7　ボイラーにおける収支

$$(3600)\left[\left(\frac{4.246}{1000}\right)(448-293)+2.030+\left(\frac{2.40}{1000}\right)(473-448)\right]$$
$$=9893\,\mathrm{MJ/h}$$

熱損失　　$(1-0.6)(43.1\,W+452.1)=0.4(43.1\,W+452.1)\,\mathrm{MJ/h}$

熱収支をとって
$$43.1\,W+452.1=9893+0.4(43.1\,W+452.1)$$
よって，
$$W=372\,\mathrm{kg/h}$$

（注）　水蒸気表があれば，上記の計算は少し簡単となる．水蒸気表より 473 K (200 ℃)，900 kPa (8.88 atm) での過熱水蒸気のエンタルピーは 2.832 MJ/kg．ただし，この値は 273 K (0 ℃) 基準であるから，これを 293 K (20 ℃) 基準に補正する．水蒸気保有エンタルピーは

$$(3600)\left[2.832-\left(\frac{4.186}{1000}\right)(293-273)\right]=9893\,\mathrm{MJ/h}$$

あとは上記の解と同様にして，　$W=372\,\mathrm{kg/h}$

1.4　燃焼計算

　燃焼とは，可燃物と空気または酸素とが高温で反応し，熱が発生する化学反応である．一般には，この熱を得ることを目的とするので，エネルギー収支としての計算が基本となる．燃焼計算は先に述べた Hess の法則に従って，燃焼用に供給される燃料，空気と，最終的に生成される燃焼ガス間の物質の量的関係，およびその結果として発生した熱量を知ることが目的となる．収支計算の応用として最適であり，またエネルギー管理士となるためにも重要である．

　（1）発熱量　　燃料の単位量（固体，液体燃料では 1 kg[*]，気体燃料[**]では 1 m³）が完全に燃焼するときに発生する熱量を発熱量といい，熱量計で測定される．熱量計で測定した熱量は高発熱量 H_h で，水蒸気の凝縮潜熱を含んでいる．しかし，実際の燃焼装置では高温で燃焼ガスが排出されるため，この凝縮潜熱は利用できない．したがって，この凝縮潜熱を控除した低発熱量 H_l が利用される．

---

[*] 純物質の燃焼熱データは 1 mol 基準の値として与えられることが多い．しかし，一般に固体，液体燃料は混合物であり，その元素組成は与えられても，成分としてのモル組成はわからないことが多く，その燃料のモル数を与えることが難しいので，質量を単位量の基準とすることが多い．
[**] 本節では気体の容積は，ことわらない限り標準状態での容積を意味する．

この高発熱量 H_h と低発熱量 H_l の関係は，固体および液体燃料では次のように示される．すなわち，1 kg の H_2 からは 9 kg の H_2O が生成され，273 K(0 ℃) における H_2O 1 kg の凝縮潜熱は 2.51 MJ であるから

$$H_l = H_h - 2.51(9h + w) \text{[MJ/kg-燃料]} \quad (1\cdot45)$$

となる．ここで h および w は燃料 1 kg 中の水素および水の量 [kg/kg-燃料] である．

気体燃料の場合，発熱量は各成分ガスの発熱量と各成分ガスの割合が明らかであれば計算でき，代表的には次式で示される．

$$H_h = 12.6\,co + 12.8\,h_2 + 39.9\,ch_4 + 70.55\,c_2h_6 + 64.0\,c_2h_4$$
$$+ 101.2\,c_3h_8 + 133.1\,c_4h_{10} \text{[MJ/m}^3\text{-燃料]} \quad (1\cdot46)$$

ここで，co, h_2, ch_4, c_2h_6, c_2h_4, c_3h_8, c_4h_{10} は一酸化炭素，水素，メタン，エタン，エチレン，プロパンおよびブタンの体積割合であり，各係数の値は各純ガスの燃焼熱 [MJ/m^3] である．また，低発熱量は次のように示される．

$$H_l = H_h - 2.02(h_2 + 2\,ch_4 + 3\,c_2h_6 + 2\,c_2h_4$$
$$+ 4\,c_3h_8 + 5\,c_4h_{10}) \text{[MJ/m}^3\text{-燃料]} \quad (1\cdot47)$$

ここで係数 2.02 は 273 K(0 ℃) における水蒸気 1 m^3 の凝縮潜熱 [MJ/m^3] であり，( ) 内の係数の値は各純ガスが 1 mol あるいは 1 m^3 燃焼したときに生成する水蒸気のモル数あるいは体積 [m^3] である．

例題 1·15 CH_4 70%, CO 20%, H_2 10% の組成の気体燃料を 10 m^3 燃焼させるとき，発生する熱量を求めよ．

（解）（1·46）式および（1·47）式から 1 m^3 当たりの発熱量を求める．

$$H_h = (12.6)(0.2) + (12.8)(0.1) + (39.9)(0.7) = 31.7 \text{ MJ/m}^3\text{-燃料}$$
$$H_l = 31.73 - (2.02)[0.1 + (2)(0.7)] = 28.7 \text{ MJ/m}^3\text{-燃料}$$

10 m^3 であるから

高発熱量基準の場合： $H_h = (10)(31.7) = 317 \text{ MJ}$

低発熱量基準の場合： $H_l = (10)(28.7) = 287 \text{ MJ}$

（2）固体，液体燃料の燃焼計算 固体，液体燃料は炭素，水素，酸素，硫黄，窒素，水分，灰分などからなり，これらの組成割合を c, h, o, s, n, w, a [kg/kg-燃料] で表す．このうち，窒素，水分，灰分は燃焼反応に関与しないので，計算では炭素，水素，硫黄を可燃成分と考える．燃焼計算では，これ

ら可燃成分を完全燃焼させるために最小限必要な空気量を知る必要があり,この空気量を標準状態で表したものを理論空気量 A_0 [m³/kg-燃料] という.上記の燃料組成の中で酸素については,燃料中の炭素,水素,硫黄との結合如何にかかわらず,その分を燃焼に必要な酸素量から控除してやればよい.炭素,水素,硫黄の燃焼反応式は次のようになり,

$$C + O_2 \to CO_2$$
$$H_2 + (1/2)O_2 \to H_2O$$
$$S + O_2 \to SO_2$$

炭素,水素,硫黄を各 1 mol 燃焼させるには,酸素がそれぞれ 1 mol, 0.5 mol, 1 mol 必要となる.燃料 1 kg 中に炭素,水素,硫黄,酸素はそれぞれ $c/12$ kmol, $h/2$ kmol, $s/32$ kmol, $o/32$ kmol 存在するから,理論酸素量は

$$\frac{c}{12} + \frac{h}{2}(0.5) + \frac{s}{32} - \frac{o}{32} \text{ kmol/kg-燃料}$$

となり,空気中の酸素のモル分率を 0.21 とすると,理論空気量は

$$A_0 = \left[\frac{c}{12} + \frac{h}{2}(0.5) + \frac{s}{32} - \frac{o}{32}\right](22.4)\left(\frac{100}{21}\right)$$
$$= 8.89c + 26.7h + 3.33s - 3.33o \text{ m}^3\text{-kg-燃料} \qquad (1\cdot 48)$$

となる.

例題 1・16 炭素 86%,水素 13%,硫黄 1% の重油の燃焼に必要な理論空気量を求めよ.ただし,空気中の酸素の容積割合は 0.21 とする.

(解) 与えられた重油の組成を (1・48) 式に代入して
$$A_0 = (8.89)(0.86) + (26.7)(0.13) + (3.33)(0.01) = 11.15 \text{ m}^3/\text{kg}$$

実際の燃焼装置においては,理論空気量だけではどうしても不完全燃焼になるので,理論空気量より多い空気量を供給する.この実際に供給される空気量と,理論空気量の比を空気過剰係数または空気比といい,m で表す.実際の空気量を A [m³/kg-燃料] とすると

$$A = mA_0 \qquad (1\cdot 49)$$

で表され,過剰空気量は $(m-1)A_0$ となる.

(3) 気体燃料の燃焼計算 気体燃料は一酸化炭素,水素,およびメタンなどの炭化水素ガスなどの混合物である.したがって,燃焼計算は個々の純ガスに

1.4 燃焼計算

表 1·6 純ガスの燃焼表

燃料		燃焼方程式	燃料 $1m^3$ に対する			
			理論空気量 [m^3]		燃焼ガス量 [m^3]	
			O_2	N_2	CO_2	H_2O
水素	H_2	$H_2+(1/2)O_2 \rightarrow H_2O$	0.5	1.88	—	1
一酸化炭素	CO	$CO+(1/2)O_2 \rightarrow CO_2$	0.5	1.88	1	—
メタン	CH_4	$CH_4+2O_2 \rightarrow CO_2+2H_2O$	2	7.52	1	2
エタン	C_2H_6	$C_2H_6+(7/2)O_2 \rightarrow 2CO_2+3H_2O$	3.5	13.17	2	3
エチレン	C_2H_4	$C_2H_4+3O_2 \rightarrow 2CO_2+2H_2O$	3	11.28	2	2
アセチレン	C_2H_2	$C_2H_2+(5/2)O_2 \rightarrow 2CO_2+H_2O$	2.5	9.40	2	1
プロパン	C_3H_8	$C_3H_8+5O_2 \rightarrow 3CO_2+4H_2O$	5	18.81	3	4
ブタン	C_4H_{10}	$C_4H_{10}+(13/2)O_2 \rightarrow 4CO_2+5H_2O$	6.5	24.45	4	5
一般炭化水素	C_mH_n	$C_mH_n+[m+(n/4)]O_2$ $\rightarrow mCO_2+(n/2)H_2O$	$m+(n/4)$	$3.76 \times [m+(n/4)]$	m	$n/2$

ついて必要空気量などを計算すればよい．気体燃料を構成する純ガスの燃焼表を表 1·6 に示す．表中の燃焼ガスとは，燃料が燃焼して生成する高温のガスをいう．燃焼ガスは水蒸気を含んでいるが，計算の便宜上，水蒸気を除外した状態で考える場合が多い．これを乾き燃焼ガスという．

例題 1·17 プロパン $1m^3$ を酸素の容積割合が 25% の酸素富化空気によって，空気比 1.1 で完全燃焼させる．このときの乾き燃焼ガス量を求めよ．

（解） 表 1·6 より CO_2 生成量は $3m^3$ である．必要酸素量は $5m^3$ であるから，空気比 1.1 による過剰 O_2 量は

$$(5)(1.1-1) = 0.5 m^3$$

供給された空気中の N_2 量は

$$(0.75/0.25)(5+0.5) = 16.5 m^3$$

したがって，乾き燃焼ガス量は

$$3+0.5+16.5 = 20 m^3$$

（4） 燃焼ガス温度 燃焼装置では，燃焼装置により発生する熱の利用ばかりでなく，燃焼ガスの高い温度も利用している．燃焼ガスの温度は，燃料の発熱量，燃料および空気の顕熱を入熱とし，燃焼ガスの顕熱，燃えがらおよび燃焼ガス中の未燃分の損失，外界への放射損失などを出熱として，この両者から求めることができる．

273 K (0 ℃) の燃料が 273 K (0 ℃) の理論空気量で完全燃焼し，かつ外界への

熱損失がまったくないと仮定した場合，到達する燃焼ガス温度を理論燃焼温度 t_{th} という．燃焼により発生した熱量（燃料の低発熱量）は，燃焼ガスが 273 K (0 ℃) から理論燃焼温度 t_{th} [K] になるのに要した熱量と等しいから，次式が成り立つ．

$$H_l = G_0 \cdot c_{pm}(t_{th} - 273) \quad (1 \cdot 50)$$

ここで，H_l は燃料の低発熱量，G_0 は燃焼ガス量，c_{pm} は 273 K (0 ℃) から t_{th} [K] までの燃焼ガスの平均定圧比熱である．(1・50) 式より理論燃焼温度は次式で表されることになる．

$$t_{th} = \frac{H_l}{G_0 \cdot c_{pm}} + 273 \quad (1 \cdot 51)$$

例題 1・18 プロパンガスの理論燃焼温度を求めよ．ただし，高発熱量は 101.2 MJ/m³，燃焼ガスの比熱は 1.84 kJ/(m³·K)，N_2 の比熱は 1.76 kJ/(m³·K) とし，燃料，空気共に基準温度 273 K (0 ℃) で供給されるとする．

（解） 与えられた発熱量は高発熱量であるから，まず低発熱量を求める．(1・47) 式から

$$H_l = H_h - (2.02)(4)$$
$$= 101.2 - 8.08 = 93.12 \, \text{MJ/m}^3$$

燃焼ガスは，プロパンガス 1 m³ 当たり CO_2 3 m³，H_2O 4 m³，残存 N_2 18.81 m³ であるから，(1・51) 式より

$$t_{th} = \frac{(93.12)(1000)}{(1.84)(3+4) + (1.76)(18.81)} + 273$$
$$= 2299 \, \text{K}$$

使 用 記 号

c_p：定圧比熱　　[J/(kg·K)]
c_v：定容比熱　　[J/(kg·K)]
D：拡散係数　　[m²/s]
d：直径　　[m]
g：重力加速度　　[m/s²]
H：エンタルピー　　[J/kg]
h：伝熱係数　　[W/(m²·K)]
k：熱伝導度　　[W/(m·K)]
k_m：物質移動係数　　[m/s]
L：代表長さ　　[m]
L_m：中心から表面までの距離　　[m]
n：モル数　　[mol]
P：圧力　　[Pa]
Q：系外から加えられた熱量　　[J/kg]

R：ガス定数　　[J/(mol·K)]
T：温度　　[K]
u：線速度　　[m/s]
V：体積　　[m³]
V_m：モル容積　　[m³/mol]
W：系外からなされた仕事　　[J/kg]
w：質量流量　　[kg/s]
z：管の長さ，高さ　　[m]
β：体膨張係数　　[K⁻¹]
θ：時間　　[s]
μ：粘度　　[Pa·s]
ρ：密度　　[kg/m³]
σ：表面張力または界面張力　　[N/m]
ΔT：温度差　　[K]

演 習 問 題

1・1 次の数値を SI 単位に換算せよ.
（ⅰ）0.1 atm, （ⅱ）2.4 Kg/cm², （ⅲ）10 dyn/cm, （ⅳ）5 Lb/ft,
（ⅴ）$1.8×10^{-4}$ ft²/h, （ⅵ）150 lb/(ft²・s), （ⅶ）1 cal/(g・℃),
（ⅷ）9.4 Btu/(ft・h・°F), （ⅸ）200 kcal/(m²・h・℃)

1・2 次の SI 単位の数値を [ ] 内の単位に換算せよ.
（ⅰ）900 hPa [atm], （ⅱ）4 kJ/(kg・K) [cal/(g・℃)], （ⅲ）1 Pa・s [P]
（ⅳ）3 W/(m・K) [cal/(cm・s・℃)], （ⅴ）50 W/(m²・K) [Btu/(ft²・h・℃)]

1・3 ガス定数 $R=10.73$ psi・ft³/(R・lb-mol) を SI 単位で示せ. なお, 1 psi (pounds per square inch) とは 1 Lb/in² を意味する.（参考：psia は絶対圧を, psig は大気圧との差であるゲージ圧を表す.）

1・4 水平管の管壁から自然対流によって熱移動が行われる場合の伝熱係数 h [Btu/(ft²・h・°F)] は, 次の実験式で表される.
$$h = 0.22 (\Delta t/d)^{0.25}$$
ここで Δt は, 管壁と外気との温度差 [°F], d は管の外径 [ft] である. これを SI 単位の式に変換せよ.

1・5 円管内の流れが乱流のときの水の境膜伝熱係数 h [kcal/(m²・h・℃)] は水の温度 t [℃], 流速 u [m/s], 管の内径 D [cm] を用いて次式で表される.
$$h = (3210+43t)(u)^{0.8}/(D)^{0.2}$$
この式を SI 単位に変換せよ.

1・6 気体の常圧における熱伝導度の推算式として Eucken の式がある.
$$k = 360\mu(c_p + 2.48)/M$$
k：熱伝導度 [kcal/(m・h・℃)], μ：粘度 [g/(cm・s)],
c_p：定圧モル比熱 [cal/(mol・℃)], M：分子量 [g/mol]
SI 単位の式に変換せよ.

1・7 円管内の強制対流伝熱における境膜伝熱係数 h [W/(m²・K)] が, 平均流速 u [m/s], 流体の密度 ρ [kg/m³], 粘度 μ [kg/(m・s)], 定圧比熱 c_p [kJ/(kg・K)], 熱伝導度 λ [W/(m・K)], 管の内径 D [m] で表されるものとして次元解析を行え.

1・8 静止液体中に挿入されたノズルの尖端から発生する液滴の容積 V [m³] はノズル径 d_N [m], 滴となる液体の密度 ρ [kg/m³], 両液体の密度差 $\Delta\rho$ [kg/m³], 界面張力 σ [kg/s²] および重力加速度 g [m/s²] の関数で表されるものとして次元解析を行え.

1・9 ガス吸収における移動単位高さ H_L [m] が液の質量流束 L [kg/(m²・s)], 液粘

度 μ [Pa·s], 液密度 ρ [kg/m³], ガスの拡散係数 D [m²/s] で表されるものとして次元解析を行え.

1・10* 分子が吸着剤粒子に吸着するときの物質移動係数 k_f [m/s] が粒子充塡層の空隙率 ε [m³/m³], 流体の空塔速度 u [m/s], 流体粘度 μ [Pa·s], 流体密度 ρ [kg/m³], 吸着剤粒子粒径 d_p [m], 拡散係数 D [m²/s] で表されるものとして次元解析を行え.

1・11 内径 D [m] の攪拌槽内に密度 ρ [kg/m³], 粘度 μ [kg/(m·s)] の液体を高さ H [m] まで満たし, 翼径 d [m], 幅 b [m] のパドル型攪拌翼を槽底から高さ h [m] の位置にセットし, 回転数 n [s⁻¹] で回転させた. このときの所要動力 P [kg·m²/s³] を次元解析によって求めよ.

1・12* 182 K (−91 ℃), 3.10 MPa (30.6 atm) における CH₄ ガスの密度を次の方法で求めよ. ただし, CH₄ の臨界温度 T_c=190.6 K, 臨界圧力 P_c=4.60 MPa, 分子量 M は 16.0 g/mol とする.

　　（ⅰ）理想気体の状態方程式
　　（ⅱ）Redlich-Kwong の状態方程式
　　（ⅲ）z 線図を利用する方法

（参考: 実測値は　50.3 kg/m³）

1・13* 温度 320 K の炭酸ガスを 0.1 m³ の高圧容器内に充塡後, 容器内の圧力を測定したところ 15 MPa であった. 充塡された炭酸ガスは何 kg か. また, 理想気体とした場合の値と比較せよ.

1・14* 温度 310 K, 圧力 5.0 MPa において容積 100 m³ の酸素ガスを, 温度 183 K において圧力 101.3 MPa まで圧縮したときの容積を計算せよ.

1・15 エタノール 40 wt%, 水 60 wt% の混合液を毎時 500 kg 連続的に精留塔に供給し, エタノール組成で 95 wt% の留出液と 3 wt% の缶出液とに分離したい. 留出液, 缶出液の総量とそれぞれの液の成分量を求めよ.

1・16 メタノール 50 mol%, 水 50 mol% の混合液 100 mol をフラスコに仕込み, 101.3 kPa のもとで回分単蒸留し, 原液の 1/3 を留出させたところ, フラスコ内の液（缶内液）のメタノール組成は 37.4 mol% であった. 留出液量ならびに留出液中のメタノール組成を求めよ.

1・17 酢酸 50 wt% を含むベンゼン溶液（原料液）100 kg に水（抽剤）を加えて抽出操作を行った結果, 抽出後のベンゼン溶液（抽残液）中の酢酸濃度は 10 wt% に低下し, その溶液の重量は 52.2 kg になった. 一方, 抽出後の水溶液（抽出液）中の酢酸濃度は 50 wt% であった. 抽出液量ならびにこの抽出操作に必要な抽剤量を求めよ.

1・18 5 wt% の酢酸水溶液 300 kg を 25 wt% の苛性ソーダ水溶液で中和する. 中和に必要な苛性ソーダ量と生成した塩濃度を求めよ.

1・19** 過酸化ベンゾイルは，次の反応式により合成される．

$$2\ \mathrm{C_6H_5{-}COCl} + 2\,\mathrm{NaOH} + \mathrm{H_2O_2} \rightarrow \mathrm{C_6H_5{-}CO{-}OO{-}CO{-}C_6H_5} + 2\,\mathrm{NaCl} + 2\,\mathrm{H_2O}$$

各原料を連続で仕込む場合の時間当りの安息香酸，NaCl の生成量および H_2O_2 の消費量を算出せよ．ただし，塩化ベンゾイルの転化率を 100% とし，主反応の反応選択率は 99% とする．また，各原料の仕込流量は，塩化ベンゾイル 220 kg/h，10% 水酸化ナトリウム水溶液 700 kg/h，50% 過酸化水素水溶液 70 kg/h とする．

なお，副反応は次式で表され，その他の副反応は無いものとする．

$$\mathrm{C_6H_5{-}COCl} + \mathrm{NaOH} \rightarrow \mathrm{C_6H_5{-}COOH} + \mathrm{NaCl}$$

1・20 演習問題 1・19 において，反応熱の除去を目的として熱交換器を設置し，ブラインで冷却する．各原料は反応温度と同温度で仕込まれ，また各原材料の希釈熱は無視できるものとする．

（ⅰ）反応熱を主反応 130 kJ/mol-塩化ベンゾイル，副反応 200 kJ/mol-塩化ベンゾイルとした場合の熱交換器の熱負荷を求めよ．

（ⅱ）熱交換器におけるブライン出入口温度差を 5℃ とした場合のブライン流量を求めよ．ただし，ブラインの比熱は 3.0 kJ/(kg・K) とする．

1・21* 製品（ポリマービーズが主成分）を固液分離・乾燥するプラントがある．

（ⅰ）遠心分離機で，遠心力 1000 G にて 1000 kg のスラリーを固液分離したところ 284 kg のケークが得られ，スラリー，ケークおよび分離液の組成は下表のようになった．

	組成 [wt%]		
	スラリー	ケーク	分離液
ポリマービーズ	26.0	90.0	ウ
スチレン	0.6	ア	0.1
分散剤	0.1	0.1	エ
水	73.3	イ	オ
計	100.0	100.0	100.0

表中のア〜オの値を求めよ．また，固液分離によるポリマービーズの損失率を求めよ．ただし，機器への付着分および系外への損失分は無視できるものとする．

（ⅱ）遠心分離機にて固液分離されたケークを，真空乾燥機に投入して乾燥を行う．

乾燥終了後の製品中のポリマービーズ濃度は 98.9% であった．乾燥時において，ポリマービーズの損失分は無いものとして，製品量および揮発分量を求めよ．

（iii）乾燥後の製品中に含まれる水分は，0.1% であることが判明した．ケーク中に含まれる分散剤は全量製品中に含まれるものとして，製品組成および揮発分組成を求めよ．

1・22 100 kg の空気を 101.3 kPa の定圧で 300 K から 500 K まで加熱したい．必要なエネルギー量を求めよ．ただし，放熱による熱損失はなく，酸素と窒素の定圧比熱は次式で表される．

$$O_2: c_p = 0.9524 - 2 \times 2.811 \times 10^{-4}T + 3 \times 6.552 \times 10^{-7}T^2 \\ - 4 \times 4.523 \times 10^{-10}T^3 + 5 \times 1.088 \times 10^{-13}T^4$$

$$N_2: c_p = 1.068 - 2 \times 1.341 \times 10^{-4}T + 3 \times 2.156 \times 10^{-7}T^2 \\ - 4 \times 0.7863 \times 10^{-10}T^3 + 5 \times 0.06985 \times 10^{-13}T^4$$

ここで，c_p [kJ/(kg·K)]，T [K] とする．

1・23 プロパンの反応熱 ΔH_r をプロパン，炭素，水素の標準燃焼熱を用いて求めよ．ただし，標準燃焼熱は $(\Delta H_c^\circ)_{C_3H_8} = -2044$ kJ/mol，$(\Delta H_c^\circ)_C = -393$ kJ/mol，$(\Delta H_c^\circ)_{H_2} = -242$ kJ/mol とする．

1・24 熱交換器を用いて毎時 50 kg の油を 393 K (120℃) から 303 K (30℃) まで冷却したい．冷却水の入口温度 288 K (15℃)，出口温度 298 K (25℃) のときに必要な冷却水量を求めよ．ただし，油の比熱は 2.093 kJ/(kg·K)，水の比熱は 4.186 kJ/(kg·K) とし，熱損失はないものとする．

1・25 凝縮加熱器により 423 K の飽和蒸気を用いて，1 kg/s の空気を 298 K から 373 K まで加熱したい．加熱に必要な飽和蒸気量を求めよ．298 K から 373 K までの空気の平均定圧比熱は 1.013 kJ/(kg·K) とし，加熱器からの熱損失は 7 kW とする．飽和蒸気は凝縮後，その飽和温度で加熱器を去るものとする．

1・26* 省エネを目的としてガス焚きボイラーのスチーム圧力をこれまでの 0.7 MPag（g はゲージ圧であることを表す）から 0.5 MPag へ変更する．これにより，配管である長さ 300 m の 100 A 鋼管（外径 0.114 m）からの放熱量を低減させる．ボイラーが 24 時間運転とした時の 1 日の消費ガス削減量を求めよ．

ただし，断熱材厚み 15 mm，保温材表面から外気への伝熱係数 $h=11.6$ W/(m²·K)，保温材の熱伝導度 $k=0.0581$ W/(m·K)，外気温度 293.2 K (20.0℃)，ガスの低発熱量 41.7 MJ/m³$_N$（m³$_N$ は標準状態での体積であることを示し，ノルマル立米（りゅうべい）あるいはノルマル m³ と読む），ボイラー運転効率 96% とする．また，蒸気温度は 0.7 MPag の時，443.6 K (170.4℃)，0.5 MPag の時，432.0 K (158.8℃) とする．なお，放熱量は次式により計算される．

$$Q = 2\pi(t_1 - t_2)/[2/(d_2 \cdot h) + (1/k)\ln(d_2/d_1)]$$

t_1: 配管温度 [K], t_2: 外気温度 [K], d_1: 配管外径 [m], d_2: 保温材外径 [m]

1・27 メタン 40 vol%, ブタン 60 vol% からなる燃料ガス 10 m³ を空気比 1.5 で完全燃焼させるときの乾き燃焼ガス量と発生する熱量（低位発熱量）を求めよ．

1・28 炭素 80 wt%, 水素 2.3 wt%, 酸素 0.7 wt%, 硫黄 1.0 wt%, 水分 1.0 wt%, 灰分 15 wt% の組成からなるコークス 1 kg を完全燃焼させるために要する理論空気量を求めよ．ただし，空気中の酸素の容積割合は 0.21 とする．

1・29 炭素 86 wt%, 水素 11 wt%, 硫黄 3 wt% の組成の重油 1000 kg/h を燃焼させたところ，このときのガス分析値は $CO_2 + SO_2$ 13 wt%, O_2 3 wt%, CO 0 wt% であった．乾き燃焼ガス中の SO_2 濃度を求めよ．また，1時間当たりの SO_2 の発生量を求めよ．

1.30 炭素 71.0 %, 水素 5.4 %, 窒素 1.2 %, 酸素 7.5 %, 硫黄 0.9 %, 灰分 14.0 % の石炭を空気比 1.24 で完全燃焼させた．このとき，乾き燃焼ガス中の CO_2 および SO_2 濃度を求めよ．ただし，燃焼ガス中の CO および NO_x 濃度は無視できるものとする．

1・31* 炭素 86 wt%, 水素 11 wt%, 硫黄 3 wt% の組成の重油を空気比 1.1 で燃焼させた．炭素の CO への転化率を 3 % とした場合の乾き燃焼ガス組成を求めよ．ただし，乾き燃焼ガス中には CO_2, CO, O_2, N_2, SO_2 が含まれるものとする．

1・32 273 K（0 ℃）のエチレンガスが 273 K（0 ℃）の理論空気量で完全燃焼したときの理論燃焼温度を求めよ．ただし，高発熱量は 62.97 MJ/m³, 燃焼ガスの比熱は 1.88 kJ/(m³·K), N_2 の比熱は 1.76 kJ/(m³·K) とする．

1・33 ブタン 1 kg を空気比 1.4 で完全燃焼させたときの燃焼温度を求めよ．燃料ガスと空気は 293 K で供給され，燃焼ガス（二酸化炭素，酸素，窒素および水蒸気を含む）の 293 K から燃焼温度までの平均比熱は 1.21 kJ/(kg·K) とし，熱損失は 12.0 MJ/kg-ブタンガス とする．

1・34 プロパンガスの理論燃焼温度（273 K 基準）は 2400 K である．そこで，空気をある温度まで予熱してから供給したとして計算すると，2578 K となった．この空気は何度まで予熱してから供給されたのか求めよ．なお，予熱される空気の比熱は 1.31 kJ/(m^3_N·K) で一定とする．ただしプロパンガスの高発熱量は 101.2 MJ/m³ とする．

第2章 流　　　　動

2.1 流体の流れ

(1) Newton の粘性の法則　　図2・1は，流体（気体や液体の総称）の中に距離 Y [m] 離して置いた面積 A [m^2] の平行な2枚の板を示している．下の板を固定し，上の板を一定の速度 U_w [m/s] で動かす．流体の速度 u [m/s] は，流体が板に付着しているので上端 ($y=Y$) で $u=U_w$，下端 ($y=0$) で $u=0$，内部では直線的な分布となる．上の板を動かすための力は，板の

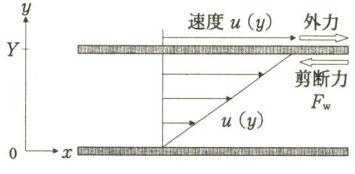

図2・1　二つの平行平板間の流れ

面積や2枚の板の速度差に比例し，距離に反比例する．

（板に加える力）∝（板の面積）（板の速度差）/（板の間隔）

このとき，流体内には粘性の作用によって板の動きを妨げようとする抵抗力（剪断力，摩擦力）が逆向きに働くので，マイナス（－）記号をつけて次のように表される．

$$\frac{F_w}{A} = -\mu \frac{u(Y)-u(0)}{Y-0} = -\mu \frac{U_w}{Y} \tag{2・1}$$

すなわち，剪（せん）断応力（shear stress）F_w/A [Pa] は速度勾配 U_w/Y [s^{-1}] に比例し，その比例定数 μ [Pa・s] は粘度（粘性係数）と呼ばれる．一般に，速度分布は必ずしも直線ではなく，(2・1)式は次のように表される．

$$\tau_{yx} = -\mu \frac{du}{dy} \tag{2・2}$$

これを Newton の粘性法則という．粘度は流体の種類，温度および圧力によって変化するが，速度勾配 du/dy に依存しない流体を Newton 流体という．

ここで剪断応力 τ_{yx} をずり応力，速度勾配 du/dy を剪断速度（ずり速度）ともいう．τ_{yx} の第1の添え字 y は剪断応力が作用する面が y 軸と直交していることを示し，第2の添え字 x は応力が作用する方向を表している．

粘度 μ [Pa·s] を流体の密度 ρ [kg/m³] で割った値を動粘度（kinematic viscosity）ν [m²/s] とよぶ．

$$\nu = \mu/\rho \tag{2·3}$$

したがって（2·2）式は次のように書くことができる．

$$\tau_{yx} = -\nu \frac{d(\rho u)}{dy} \tag{2·4}$$

ρu は流体単位体積当たりの運動量を意味し，運動量濃度 [(kg·m/s)/m³] とも呼ばれ，動粘度 ν は物質の拡散係数と同じ単位である．（2·4）式は単位時間，単位面積当たりに移動する運動量 [(kg·m/s)/(s·m²)]，すなわち運動量流束を表す．流体中に速度勾配が存在すると，流体の粘性によって剪断応力が働き，速度勾配と反対方向に（速度の大きいほうから小さいほうに向かって）運動量が輸送されることを意味する．

例題 2·1 粘度の単位として，ポイズ（poise, P）が用いられることがある．1 Pa·s は何 P か．ただし，1 P = 1 g/(cm·s) である．

（解） 1 Pa·s = 1 (N/m²)·s = 1 (kg·m/s²)·s/m² = 1 kg/(m·s) = 10 g/(cm·s) = 10 P．1 mPa·s = 10⁻² P = 1 cP（センチポイズ）．

(2) 非 Newton 流体 図 2·2 のように，剪断応力 τ_{yx} [Pa] と剪断速度 du/dy [s⁻¹] との関係を図示したものを流動曲線とよぶ．Newton 流体は原点を通る直線で表され，その勾配が粘度 μ となる．流体の粘度は流体の種類，温度および圧力によって変化するが，剪断速度 du/dy にも依存するものがあり，これを非 Newton 流体という．Bingham 流体（塑性流体）は降伏応力 τ_0 以下では流動せず，これ以上で流動曲線がほぼ直線となるものである．擬塑性流体の流動曲線は原点を通るが，上に凸状となり，反対に流動曲線が下に凸状になるダイラタント流体もある．

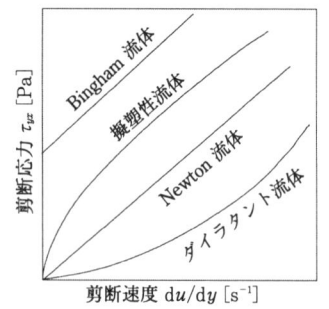

図 2·2 いろいろな流体の流動曲線

(3) 層流と乱流 流れは，層流（laminar flow）と乱流（turbulent flow）に大別される．Reynolds は円管内の水の流動状態を観察するため，図 2·3 に示

すように細い管からインクを注入した．水の流量が少ない場合，(a)のようにインクは線状になって流れる．これは流体が混じり合うことなく，整然とあたかも層をなして流れているからであり，層流という．水の流量を大きくすると(b)のようにインクの流れは乱れ，渦によって流体が混合される様子が観察される．この状態を乱流という．

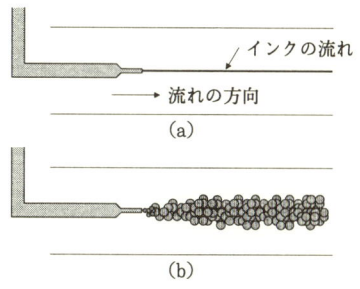

図2・3 円管内の層流と乱流の流れの可視化

Reynolds は流体の種類（密度 ρ [kg/m^3]，粘度 μ [Pa·s]，動粘度 ν [m^2/s]），平均速度 U [m/s]，管の直径 D [m] などを変え，層流から乱流への移行は，

$$Re = DU\rho/\mu = DU/\nu \tag{2・5}$$

なる無次元数 [－] によって判定できることを見出した．この無次元数を Reynolds 数とよび，Re または N_{Re} で表す．

流動状態の移行が起きる Re を臨界 Reynolds 数とよぶ．管壁を極めて滑らかにした場合，$Re=5000$ までは層流状態を保つことができるともいわれているが，通常の滑らかな円管では以下のように表される．

$$\left. \begin{array}{l} 層流範囲： Re \leq 2300 \\ 過渡範囲：2300 < Re < 4000 \\ 乱流範囲：4000 \leq Re \end{array} \right\} \tag{2・6}$$

ここで，過渡範囲は層流と乱流が共存する範囲である．

Re は，流体の慣性による運動エネルギーと粘性によって失われるエネルギーの比を表すと考えてよく，層流では粘性が，乱流では慣性が流れを支配している．

例題 2・2 15 A 鋼管内を 293 K（20℃）の水が 2 m^3/h で輸送されているときの流れは，層流か乱流か．

(解) 表 2・1 より 15 A 鋼管の内径 $D=0.0161$ m，断面積 $S=\pi D^2/4$ [m^2]，水の密度 $\rho=1000$ kg/m^3，粘度 $\mu=1.0$ mPa·s．体積流量 Q [m^3/s] のとき，平均速度は $U=Q/S$ [m/s] と表される．以上を (2・5) 式に代入すると

$$Re = \frac{DU\rho}{\mu} = \frac{DQ\rho}{S\mu} = \frac{4Q\rho}{\pi D\mu} = \frac{(4)(2/3600)(1.0\times 10^3)}{(3.14)(0.0161)(1.0\times 10^{-3})} = 4.40\times 10^4$$

となり，(2・6) 式により乱流であることがわかる．

表2・1 配管用炭素鋼鋼管（JIS規格）

管のよび方 (A)	管のよび方 (B)	外径 [mm]	厚さ [mm]	近似内径 [mm]	管のよび方 (A)	管のよび方 (B)	外径 [mm]	厚さ [mm]	近似内径 [mm]
6	1/8	10.5	2.0	6.5	80	3	89.1	4.2	80.7
8	1/4	13.8	2.3	9.2	90	3 1/2	101.6	4.2	93.2
10	3/8	17.3	2.3	12.7	100	4	114.3	4.5	105.3
15	1/2	21.7	2.8	16.1	125	5	139.8	4.5	130.8
20	3/4	27.2	2.8	21.6	150	6	165.2	5.0	155.2
25	1	34.0	3.2	27.6	175	7	190.7	5.3	180.1
32	1 1/4	42.7	3.5	35.7	200	8	216.3	5.8	204.7
40	1 1/2	48.6	3.5	41.6	225	9	241.8	6.2	229.4
50	2	60.5	3.8	52.9	250	10	267.4	6.6	254.2
65	2 1/2	76.3	4.2	67.9	300	12	318.5	6.9	304.7

（4）相当直径 流路の断面が円でないときは，次式で定義される相当直径 D_e [m] を用いる．

$$D_e = 4 \times \frac{\text{流路の断面積 [m}^2\text{]}}{\text{流路の濡れ辺長 [m]}} \quad (2 \cdot 7)$$

ここで，濡れ辺長とは流体に接する流路壁面の周囲長を示す．

液体が図 2・4 の (a) 環状路（2重管の隙間を流れる），(b) 四角形開溝（上部が大気に開放されている），(c) 濡れ壁塔（中央部は気体の流路である）を流れているときの相当直径は次のようになる．

(a) 環状路： $D_e = (D_1^2 - D_2^2)/(D_1 + D_2) = D_1 - D_2$

(b) 開　溝： $D_e = 4ab/(2a + b)$

(c) 濡れ壁塔： $D_e = (D_1^2 - D_2^2)/D_1 = (D_1 - D_2)(D_1 + D_2)/D_1$
$\qquad\qquad\quad \fallingdotseq 2(D_1 - D_2) \quad (D_1 \fallingdotseq D_2$ より $(D_1 + D_2)/D_1 \fallingdotseq 2)$

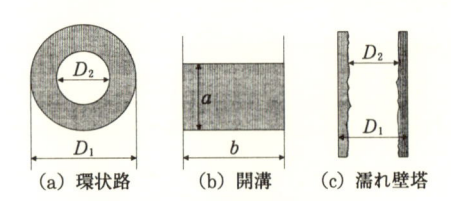

(a) 環状路　　(b) 開溝　　(c) 濡れ壁塔

図 2・4　いろいろな非円形管

例題 2・3 幅 0.4 m，高さ 0.3 m の長方形断面を持つダクトを 293 K（20℃）の空気が 0.24 m³/s で輸送されているときの流れは，層流か乱流か．

（解） この場合は図 2・4 (b) と異なり，長方形の 4 辺すべてが濡れ辺長となるので相当直径 $D_e = 4ab/2(a+b) = 0.343$ m，断面積 $S = ab = 0.12$ m²．空気の密度 $\rho = 1.204$

kg/m³, 粘度 $\mu=1.81\times10^{-5}$ Pa·s, 体積流量 Q [m³/s] のとき, 平均速度 $U=Q/S$ [m/s]. (2·5) 式に代入すると

$$Re=\frac{D_eU\rho}{\mu}=\frac{D_eQ\rho}{S\mu}=\frac{(0.343)(0.24)(1.204)}{(0.12)(1.81\times10^{-5})}=4.56\times10^4$$

(2·6) 式により乱流である. 例題 2·2 と流体の種類, 流路の形状, 流速などが異なるにもかかわらず, Re が一致した. Re が等しいとき流れは互いに相似であるという.

2.2 円管内の流れ

（1） 連続の式　時間とともに変化しない流れを定常流という. この場合, 図 2·5 に示すような断面積が変化する流路であっても, 断面①, ②を単位時間に流れる質量（質量流量）w [kg/s] は変化しない. 体積流量を Q [m³/s], 断面積を S [m²], 平均速度を U [m/s], 密度を ρ [kg/m³] とすれば, 以下が成り立つ.

$$w=\rho Q=\rho US=一定（定常流）\quad(2\cdot8)$$

(2·8) 式を連続式という.

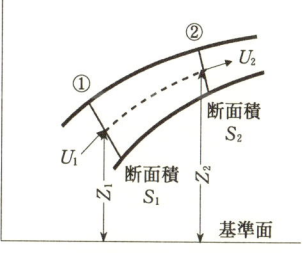

図 2·5　断面積が変化する流路

単位時間, 単位断面積を流れる質量 G [kg/(s·m²)] を質量速度とよぶ.

$$G=w/S=\rho Q/S=\rho U \quad(2\cdot9)$$

密度 ρ が一定である流体を非圧縮性流体とよび, (2·8) 式は次式となる.

$$Q=US=一定（非圧縮性・定常流）\quad(2\cdot10)$$

例題 2·4　1B 鋼管に 2B 鋼管が接続されている. 1B 鋼管内を 293 K（20℃）の水が速度 $U_1=0.1$ m/s で流れているとき, 2B 鋼管内の速度 U_2 はいくらか. また, それぞれの管内の流れの状態は何か.

（解）液体は非圧縮性として扱えるので, (2·10) 式から
$U_2=U_1(S_1/S_2)=U_1(D_1/D_2)^2=(0.1)(27.6/52.9)^2=0.0272$ m/s. 例題 2·2 に示した水の物性値を用い, 1B 鋼管では $Re_1=(0.0276)(0.1)(1000)/(0.001)=2760$（過渡流）. 2B 鋼管では $Re_2=Re_1(D_1/D_2)=(2760)(27.6/52.9)=1440$（層流）.

（2） 円管内の層流速度分布　図 2·1 に示したように, 物体に力が作用すると流れが生じ, 流れを持続するために力は作用し続けなければならない. 円管内を流れる定常流にどのような力が作用し, 速度がどのように分布しているかを導いたハーゲン・ポアズイユ（Hagen-Poiseuille）の法則について述べる.

図2・6に示すように断面積が一定の円管内を左から右へと流れる定常流を考える．円管内の流れの一部に半径 r，長さ L の円筒形の部分を考え，そこに働く力の釣り合いを考える．

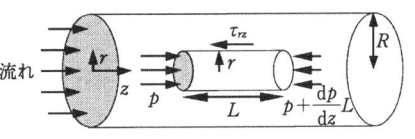

図2・6 円管内層流に働く力

z 軸の正方向に働く力： 円筒の左端部に働く圧力　pS [N]

z 軸の負方向に働く力： 円筒の右端部に働く圧力　$\left(p+\dfrac{\mathrm{d}p}{\mathrm{d}z}L\right)S$ [N]

円筒の側面に働く剪断力　$A\tau_{rz}$ [N]

ただし，円筒の側面積 $A=2\pi rL$ [m²]，円筒の断面積 $S=\pi r^2$ [m²] である．

定常流では，速度が時間に対して一定（加速度＝0）で，慣性は働かない．即ち力の釣り合いより

$$p\pi r^2-\left(p+\dfrac{\mathrm{d}p}{\mathrm{d}z}L\right)\pi r^2-\tau_{rz}2\pi rL=0 \tag{2・11}$$

が成立する．(2・11) を整理し，

$$\tau_{rz}=\dfrac{r}{2}\left(-\dfrac{\mathrm{d}p}{\mathrm{d}z}\right) \tag{2・12}$$

を得る．一方 (2・2) 式と同様，剪断応力 τ_{rz} は

$$\tau_{rz}=-\mu(\mathrm{d}u/\mathrm{d}r) \tag{2・13}$$

と表すことができるので，

$$-\mu\dfrac{\mathrm{d}u}{\mathrm{d}r}=\dfrac{r}{2}\left(-\dfrac{\mathrm{d}p}{\mathrm{d}z}\right) \tag{2・14}$$

壁 ($r=R$) では $u=0$ であることを考慮し (2・14) 式を積分する．

$$\int_0^u \mathrm{d}u=-\dfrac{1}{2\mu}\left(-\dfrac{\mathrm{d}p}{\mathrm{d}z}\right)\int_R^r r\,\mathrm{d}r$$

以上より，速度 u [m/s] は

$$u=-\left(\dfrac{\mathrm{d}p}{\mathrm{d}z}\right)\dfrac{R^2}{4\mu}\left[1-\left(\dfrac{r}{R}\right)^2\right] \tag{2・15}$$

また圧力勾配 $\mathrm{d}p/\mathrm{d}z$ は円筒の左右における圧力損失 $\varDelta P$ [Pa]（$=p_2-p_1$）を用い，$\mathrm{d}p/\mathrm{d}z=\varDelta P/L$ とも表される．(2・15) 式は，円管の中心部（$r=0$）で速

度が最大速度 u_{max} [m/s] となる.

$$u_{max} = -\left(\frac{dp}{dz}\right)\frac{R^2}{4\mu} \tag{2・16}$$

また最大速度 u_{max} [m/s] を用いると,円管内の速度分布は以下のように表される.

$$\frac{u}{u_{max}} = 1 - \left(\frac{r}{R}\right)^2 \tag{2・17}$$

これは,円管内を流れる層流の速度分布が放物線であることを示している.

円管内を流れる平均速度 U [m/s] と圧力損失 ΔP [Pa] は

$$U = \frac{1}{\pi R^2}\int_0^R u \cdot 2\pi r dr = \frac{u_{max}}{2} \tag{2・18}$$

$$\Delta P = \frac{8\mu L U}{R^2} \tag{2・19}$$

剪断応力 τ_{rz} は (2・11) 式より中心軸 ($r=0$) で0,壁面 ($r=R$) で最大値 $\tau_{rz,max}$ となる.したがって,壁面における剪断応力 τ_w [Pa] は

$$\tau_w = \tau_{rz,max} = -\mu \frac{du}{dr}\bigg|_{r=R} = \frac{R\Delta P}{2L} = \frac{4\mu U}{R} \tag{2・20}$$

例題 2・5 円管内層流において平均速度と等しい速度となるのはどの位置か.
(解) (2・18) 式より,平均速度 $U = u_{max}/2$.(2・17) 式に $u = U = u_{max}/2$ を代入し $1-(r/a)^2 = 1/2$ を解けば,$r = R/\sqrt{2} \fallingdotseq 0.7a$ の位置になる.

(3) 円管内の乱流速度分布 乱流は図2・3 (b) で観察したような渦を発生し,速度は時間的に変動しており,図2・7 に示すように速度は $u = \bar{u} + u'$ で表される.ここで,$\bar{u}$ は時間的に平均した速度,u' は速度変動(平均速度 $\bar{u}$ からのずれ)を示す.

円管内を流れる乱流に対し (2・15) 式は成立せず,乱流に関する理論式や経験式が多数提案されているが,実用的な対数法則と指数法則の結果を述べる.

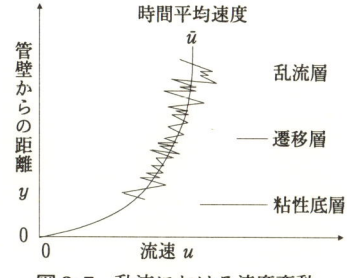

図2・7 乱流における速度変動

対数法則 Prandtl の混合距離理論を基に Re 数に無関係な速度分布式が得られた.

粘性底層： $y^+ \leq 5$, $u^+ = y^+$ (2・21a)

遷移域： $5 \leq y^+ \leq 30$, $u^+ = -3.05 + 5.0 \ln y^+$ (2・21b)

乱流域： $30 \leq y^+$, $u^+ = 5.5 + 2.5 \ln y^+$ (2・21c)

ここで，$\bar{u}^+ = u/u^*$, $y^+ = yu^*/\nu$, 摩擦速度 $u^* = \sqrt{\tau_w/\rho}$, 壁面から距離 $y = R - r$, 壁面剪断応力 τ_w である.

(2・21a) 式は，壁の近くでは流体粘性の影響を強く受け，流れが層流になっている粘性底層とよばれる領域で成り立つ．粘性底層の厚みは $Re = 10^4$ で，円管の半径 R の 1.6% 程度ときわめて薄い．中心部の乱流域で (2・21c) 式が成り立ち，粘性底層から乱流域に遷移する領域の速度分布は (2・21b) 式となる．図 2・8 は，実測された速度分布と (2・21) 式による計算結果を示している．

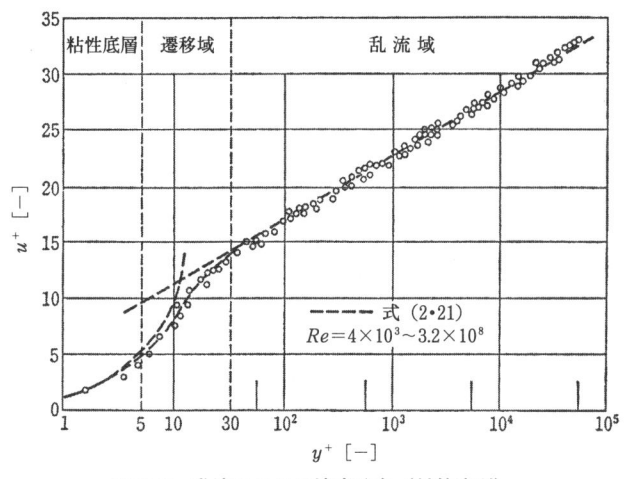

図 2・8 乱流における速度分布（対数法則）

指数法則（1/7乗則） (2・21) 式から u^+ は y^+ の関数であり，したがって時間平均速度 $\bar{u}$ は (τ_w/ρ) と (y/ν) の関数となり，次のように指数関数で表されるものと近似する．

$$\bar{u} = C(\tau_w/\rho)^m (y/\nu)^n \quad (2・22)$$

両辺の次元が一致するように検討した結果，指数 $m = 4/7$, $n = 1/7$ を得た．また，管中心 ($y = R$) で最大速度 $\bar{u}_{max}$ となるので，

$$\bar{u} = \bar{u}_{max}(y/R)^{1/7} = \bar{u}_{max}(1 - r/R)^{1/7} \quad (2・23)$$

これを 1/7 乗則といい，(2・21) 式と異なり，粘性底層や遷移域のことは考慮されていない．実際の速度分布は Re の影響を受け，(2・22) 式の指数は表 2・2 に

表 2・2　指数法則の指数 n と Re の関係

n	1/6	1/7	1/8	1/9	1/10
Re_T	$\sim 4\times 10^3$	$\sim 3\times 10^3$	$\sim 1.2\times 10^5$	$\sim 3.5\times 10^5$	$\sim 3\times 10^6$

示すように Re の範囲によって変化する．図 2・9 は，指数法則による乱流の速度分布を示したものである．

例題 2・6　円管内乱流において 1/7 乗則が成り立つとき，断面平均速度 $\bar{U}$ は $\bar{u}_{max}$ の何倍か．また，$\bar{U}$ と等しい速度となるのはどの位置か．

(解)　平均速度は (2・18) 式と同様に

$$\bar{U}=\frac{1}{\pi R^2}\int_0^R \bar{u}\cdot 2\pi r dr$$

$$=\frac{2\bar{u}_{max}}{R^{15/7}}\int_0^R y^{1/7}(R-y)dr=\frac{49}{60}\bar{u}_{max}$$

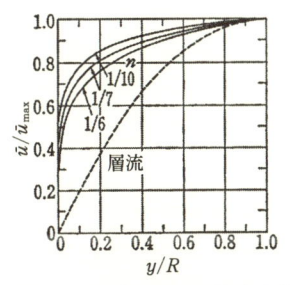

図 2・9　乱流における速度分布（指数法則）

平均速度は最大速度の約 82% であり，その半径位置は約 $0.76R$ となる．

(4) Fanning の摩擦係数　円管内の流れに限らず，一般に流れの中に固体があるとその表面（面積 A [m²]）に摩擦力 F_w [N] が働き，単位体積当たりの運動エネルギー K [J/m³] と次の関係にある．

$$F_w=AKf \qquad (2\cdot 24)$$

$$F_w/A=Kf=\tau_w \qquad (2\cdot 24)'$$

平均速度 U を使って表すと，$K=\rho U^2/2$ より壁面摩擦応力 τ_w [Pa] は

$$\tau_w=(\rho U^2/2)f \qquad (2\cdot 24)''$$

ここに，f は無次元量で，**摩擦係数** [-] とよばれ，Re と固体表面の形状によって変化する．

壁面摩擦応力 τ_w に相当する圧力損失 ΔP は，(2・20) 式より

$$\Delta P=(A/S)\tau_w=4(L/D)\tau_w \qquad (2\cdot 21)'$$

これに (2・24)″ 式を代入して次式を得る．

$$\Delta P=4f(L/D)(\rho U^2/2) \qquad (2\cdot 25)$$

これを Fanning の式という．

一方，第1章1.1節（3）の次元解析を適応し，次式を得る．

$$\Delta P = \lambda (L/D)(\rho U^2/2)$$

無次元係数 λ [－] を摩擦係数ということもあり，いずれの摩擦係数を指すか，注意を要する．両摩擦係数には次の簡単な関係がある．

$$\lambda = 4f \qquad (2\cdot 26)$$

円管内層流の場合　円管内を層流で流れるとき，圧力損失 ΔP は（2・19）式で求められ，これを（2・25）式に代入すると次式になる．

$$f = 16/Re \qquad (2\cdot 27)$$

円管内乱流の場合　円管内を乱流で流れるとき，管表面の粗さ（最大高さ ε [m]）も摩擦係数に関係し，最大粗さと管径の比 ε/D [－] を粗度（粗滑度，相対粗滑度）という．代表的な相関式として，次の式がある．

$$\frac{1}{\sqrt{f}} = 3.48 - 4.0 \log \left\{ 2\left(\frac{\varepsilon}{D}\right) + \frac{9.35}{Re\sqrt{f}} \right\} \qquad (2\cdot 28)$$

平滑管（$\varepsilon = 0$）の場合，（2・28）式より，

$$1/\sqrt{f} = 4.0 \log(Re\sqrt{f}) - 0.4 \qquad (2\cdot 29)$$

平滑管に対する Blasius の式もある．

$$f = 0.079\, Re^{-1/4} \quad (2\times 10^3 < Re < 2\times 10^5) \qquad (2\cdot 30)$$

Moody チャート　（2・27）および（2・28）式をもとに $f - Re$ の関係および主な輸送管の粗さ ε [m] の概略値を図 2・10 に示した．

例題 2・7　3 B 鋼管内を 293 K の水が 2.0 m/s で輸送されている．次の（i），（ii）の場合の壁面摩擦応力 τ_w，壁面摩擦力 F_w，圧力損失 ΔP，圧力降下 Δp を求めよ．
（i）全長 10 m の水平管，（ii）全長 10 m の垂直管（上昇流）
（解）　Reynolds 数　$Re = (0.0807)(2.0)(1000)/(0.001) = 1.61\times 10^5$（乱流）．図 2・10 より最大粗さ $\varepsilon = 0.00005$ m，粗度 $\varepsilon/D = 0.00005/0.0807 = 6.2\times 10^{-4}$．図 2・10 および（2・28）式より摩擦係数 $f = 0.0049$．運動エネルギー $K = \rho U^2/2 = (1000)(2.0)^2/2 = 2000$ J/m³．（2・24）″式より壁面摩擦力 $\tau_w = (2000)(0.0049) = 9.8$ Pa．（2・24）式より長さ 10 m の管壁面に働く摩擦力 $F_w = \pi DL\tau_w = (3.14)(0.0807)(10)(9.8) = 24.8$ N．（2・25）式より圧力損失 $\Delta P = (4)(0.0049)(10/0.0807)(2000) = 4.86$ kPa．

垂直上昇流の圧力降下 Δp は，$\Delta p = p_1 - p_2 = \Delta P + \rho gL$ と，圧力損失 ΔP と重力に逆らって上方に距離 L だけ輸送するための圧力 ρgL の和となる．水平管の場合は，重力の影響を受けず，圧力降下と圧力損失は等しい（$\Delta p = \Delta P$）．結果をまとめると表のよ

2.2 円管内の流れ

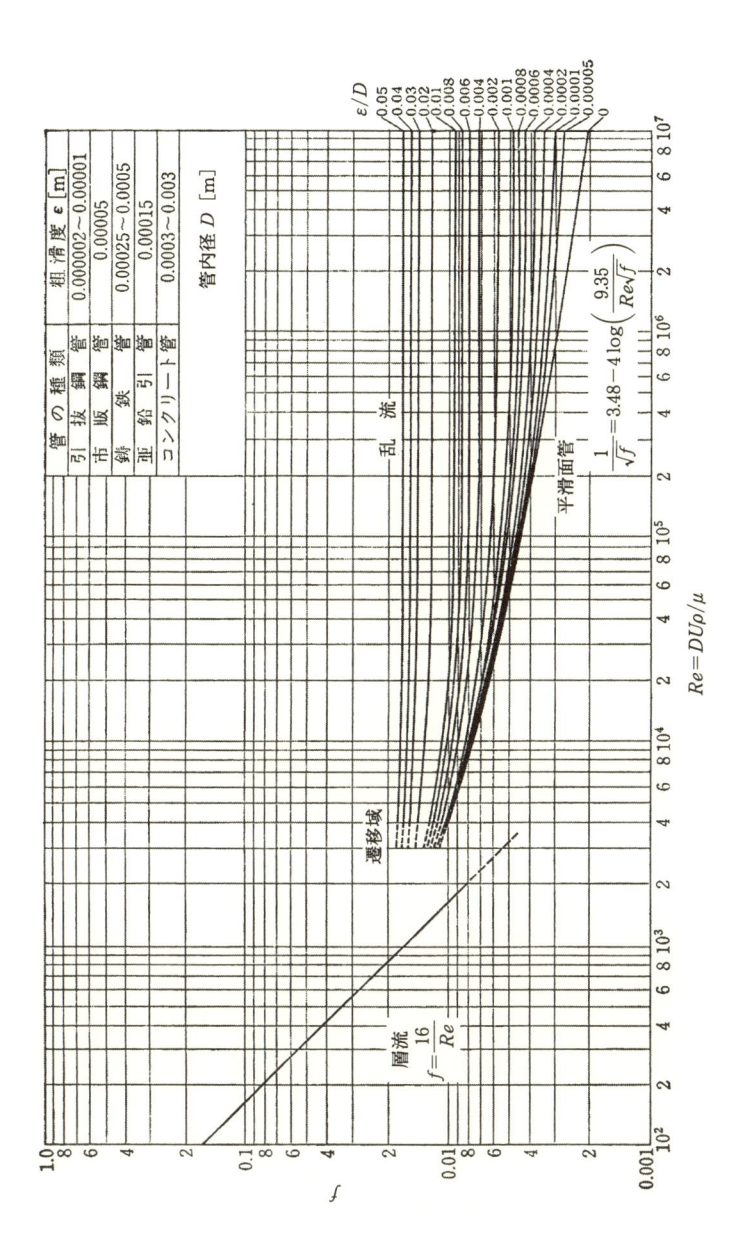

図 2·10 Moody チャート (f-Re の関係)

うになる．

	壁面摩擦応力 τ_w [Pa]	壁面摩擦力 F_w [N]	圧力損失 ΔP [kPa]	圧力降下 Δp [kPa]
（ⅰ）水平管	9.8	24.8	4.86	4.86
（ⅱ）垂直管	9.8	24.8	4.86	102.86

2.3 流体の輸送

（1） Bernoulli の式　非粘性流体（$\mu=0$）の定常流では，単位時間当たりに任意の流路断面において運動エネルギー，位置エネルギー，圧力エネルギーの総和［W］が一定である（ベルヌーイ：Bernoulli の定理）．

$$\int_S \left(\frac{1}{2} u^2 \cdot \rho u dS + gz \cdot \rho u dS + p \cdot u dS \right) = 一定 \tag{2・31}$$

図 2・5 に示す断面①，②でこの関係を表せば，

$$\frac{1}{2}\rho_1 \langle u^3 \rangle_1 S_1 + \rho_1 g z_1 U_1 S_1 + p_1 U_1 S_1 = \frac{1}{2}\rho_2 \langle u^3 \rangle_2 S_2 + \rho_2 g z_2 U_2 S_2 + p_2 U_2 S_2 \tag{2・31}'$$

ここで，$\langle u^3 \rangle$ は各断面における速度 u の3乗平均値であり

$$\langle u^3 \rangle = \alpha U^3 \tag{2・32}$$

とおくと，層流では $\alpha=2$，乱流では $\alpha \fallingdotseq 1$ となる（例題 2・8 参照）．

非圧縮性流体（$\rho_1=\rho_2=\rho$）の場合，連続の式（(2・10) 式，$U_1 S_1 = U_2 S_2$）より

$$\frac{\alpha \rho U_1^2}{2} + \rho g z_1 + p_1 = \frac{\alpha \rho U_2^2}{2} + \rho g z_2 + p_2 \tag{2・33}$$

各項は圧力［Pa］の次元を持ち，$\rho U^2/2$ を動圧（dynamic pressure），p を静圧（static pressure），両者の和を全圧（総圧，total pressure）とよぶ．

$$\frac{\alpha U_1^2}{2} + g z_1 + \frac{p_1}{\rho} = \frac{\alpha U_2^2}{2} + g z_2 + \frac{p_2}{\rho} \tag{2・33}'$$

各項は流体単位質量当たりのエネルギー［J/kg］を表し，$U^2/2$ を運動エネルギー，gz を位置エネルギー，p/ρ を圧力エネルギーとよぶ．

$$\frac{\alpha U_1^2}{2g} + z_1 + \frac{p_1}{\rho g} = \frac{\alpha U_2^2}{2g} + z_2 + \frac{p_2}{\rho g} \tag{2・33}''$$

各項はエネルギーを長さ［m］の次元で表したもので，ヘッド（頭，head）という．

例題 2・8　(2・32) 式の補正係数 α が，円管内層流では 2，円管内乱流では約 1.06 になることを示せ．

（解） 3 乗平均速度 $\langle u^3 \rangle$ は (2・18) 式と同様，次式を積分して求める．

$$\langle u^3 \rangle = \frac{1}{\pi R^2} \int_0^R u^3 \cdot 2\pi r dr$$

速度 u の分布式として，層流の場合は (2・17) 式，乱流の場合は 1/7 乗則の (2・23) 式を用いる．また，平均速度 U は，層流の場合は (2・18) 式より $u_{max}/2$，乱流の場合は例題 2・6 より $(49/60)\bar{u}_{max}$ であることも考慮する．

（2）輸送管の機械的エネルギー収支　実際の流体輸送系では，図 2・11 に示すようにバルブ，管継ぎ手などが用いられ，管壁と同様に流体の粘性によるエネルギーの損失が生じるので，これらに打ち勝って流体を輸送するためにポンプなどを用いる．Bernoulli の式 (2・33)′ を拡張し，断面①，②で流体単位質量当たりの機械的エネルギー [J/kg] の収支をとれば

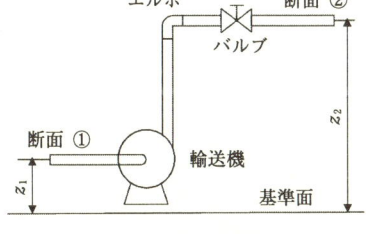

図 2・11　流体の輸送系

$$\frac{\alpha U_1^2}{2} + gz_1 + \frac{p_1}{\rho} + W = \frac{\alpha U_2^2}{2} + gz_2 + \frac{p_2}{\rho} + \sum F \tag{2・34}$$

ここで，W は流体輸送機によって外部から加えられた正味の仕事量 [J/kg]，$\sum F$ は①－②間における機械的エネルギー損失の総和 [J/kg] をさす．

（3）輸送中のエネルギー損失　おもなエネルギー損失の原因としては，輸送管によるもの (F_s)，流路が急に拡大することによるもの (F_e)，流路が急に縮小することによるもの (F_c)，管継ぎ手やバルブによるもの (F_a) などがある．

$$\sum F = F_s + F_e + F_c + F_a \tag{2・35}$$

直管によるエネルギー損失 F_s　直管内の流れによるエネルギー損失 F_s [J/kg] は，(2・36) 式で求められる．

$$F_s = 4f(L/D)(U^2/2) \tag{2・36}$$

摩擦係数 f は，層流のとき (2・27) 式，乱流のとき (2・28)～(2・30) 式，あるいは図 2・10 を用いて求める．

管路の急拡大・急縮小によるエネルギー損失 F_e，F_c　図 2・12 に示すように，

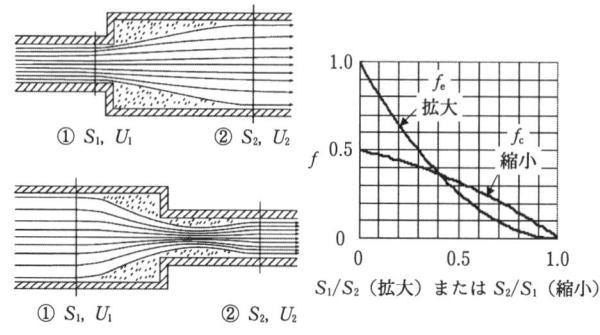

図 2・12 管路の急拡大・急縮小によるエネルギー損失

管路が急に拡大あるいは縮小すると流れが管路に沿って流れず，エネルギー損失 F_e あるいは F_c [J/kg] をもたらす．

$$F_e \fallingdotseq (U_1-U_2)^2/2=(1-S_1/S_2)^2 U_1^2/2=f_e U_1^2/2 \qquad (2\cdot37)$$

同様に

$$F_c=f_c U_2^2/2 \qquad (2\cdot38)$$

ここで，f_e, f_c は損失係数であり，図 2・12 に示されている．

管継ぎ手やバルブ類によるエネルギー損失 F_a　管継ぎ手などによるエネルギー損失 F_a [J/kg] は，表 2・3 に示す損失係数 f_a を用いると

$$F_a=f_a U^2/2 \qquad (2\cdot39)$$

相当長さ $L_e=nD$ [m] を用いると次式で表される．

$$F_a=4f(L_e/D)(U^2/2) \qquad (2\cdot39)'$$

おもな継ぎ手などの相当長さの係数 n を表 2・3 に示した．

表 2・3　管継ぎ手，弁類の損失係数，相当長さ

継手，弁	f_a	n	継手，弁	f_a	n
45°エルボ（標準）	0.45	15	球　形　弁（全開）	6.0	300
90°エルボ（標準）	0.75	32	ゲート弁（全開）	0.17	7
90°ベンド（曲率半径/D=3）	0.35	24	〃　　　（3/4 開）	0.9	40
〃　　（曲率半径/D=4）	0.3	10	〃　　　（1/2 開）	4.5	200
180°ベンド	1.5〜1.7	75	〃　　　（1/4 開）	24.0	800
ティ（直進〜直角）	1.0〜1.8	40〜80	アングル弁（全開）	3.0	170
ユニオンカップリング	0.04	0	フート弁（全開）	15.0	420

（4） 流体輸送に必要な動力　図 2・11 に示す断面①から断面②までの流体を輸送するのに必要な正味の仕事量 W [J/kg] は，(2・34) 式を用いて求めることができる．

実際の場合，流体輸送機器に投入する仕事量 W_0 [J/kg] がすべての正味の仕事に使われず，効率 η [％] が次式で定義される．

$$\eta = 100(W/W_0) \tag{2・40}$$

流体輸送機器の種類と選定については，2.5 節で詳しく述べる．

例題 2・9　大気に開放されているタンクから，同じく大気に開放されている 5 m 上方のタンクへ 293 K の水 43.2 m³/h が，3 B 鋼管を通してポンプで送られている．鋼管の全長 20 m，途中に 90°エルボが 2 個使用されており，ポンプ効率が 70 ％ のとき，ポンプの所要動力を求めよ．

（解） 体積流量 $Q = 43.2/3600 = 1.2 \times 10^{-2}$ m³/s，管断面積 $S = (3.14)(0.0807)^2/4 = 5.11 \times 10^{-3}$ m²，平均流速 $U = Q/S = 2.35$ m/s，Reynolds 数 $Re = (0.0807)(2.35)(1000)/(0.001) = 1.90 \times 10^5$（乱流）．図 2・10 より摩擦係数 $f = 0.004$．

90°エルボの相当長さの係数は表 2・3 より $n = 32$，2 個分の相当長さ $L_e = (2)(32)(0.0807) = 5.16$ m．全エネルギー損失は (2・36)，(2・39)′式を (2・35) 式に代入し

$$\sum F = F_s + F_a = 4f \frac{L+L_e}{D} \frac{U^2}{2} = \frac{(4)(0.004)(20+5.16)(2.35)^2}{(0.0807)(2)} = 13.8 \text{ J/kg}$$

水が下のタンクに常に補給されており，液面が一定とすれば，(2・34) 式で $U_1 = 0$，$U_2 = U = 2.35$ m/s．タンクはともに大気に開放されているので $p_1 = p_2$．垂直上昇距離 $z_2 - z_1 = 5$ m，$\sum F = 13.8$ J/kg，$\alpha = 1$（乱流）．

正味の仕事量 $W = U_2^2/2 + g(z_2 - z_1) + \sum F = (2.35)^2/2 + (9.80)(5) + 13.8 = 65.6$ J/kg．

ポンプの効率 $\eta = 70$ ％ により，ポンプに投入すべき仕事量 $W_0 = (65.6)/(0.70) = 93.7$ J/kg．質量流量 $w = \rho Q = (1000)(1.2 \times 10^{-2}) = 12$ kg/s を送り続けるには，ポンプ動力 $P = wW = (12)(93.7) = 1124$ W $= 1.51$ HP（馬力）が必要になる．

2.4　圧力および流速，流量の測定

（1） 圧力の測定　通常，圧力の測定にはブルドン管圧力計が用いられ，その針が示す圧力はゲージ圧とよばれる．真の圧力 p を絶対圧ともいい，次の関係がある．

$$\text{ゲージ圧} = \text{絶対圧 } p - \text{大気圧 } p_0 \tag{2・41}$$

ゲージ圧で 100 Pa～100 kPa（約 0.01～1 atm）程度の圧力の測定には，図 2·13 (a) に示す U 字管圧力計（マノメーター）が用いられ，U 字管内に密度 ρ' [kg/m³] の液を封入する．U 字管の両端につながる液体の密度 ρ_1，ρ_2 [kg/m³]，

(a) U 字管マノメーター　　(b) 傾斜マノメーター

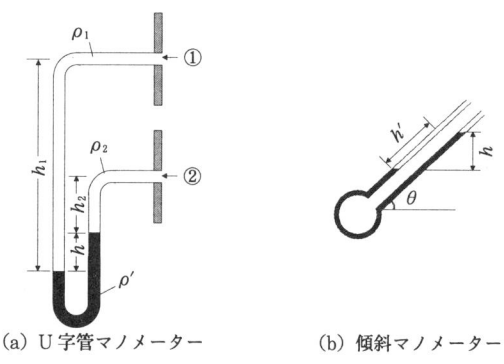

図 2·13　圧力の測定

圧力 p_1，p_2 [Pa]，封液と圧力測定端（タップ）の垂直距離 h_1，h_2 [m]，封液の垂直距離 h [m] とすれば

$$p_1 + \rho_1 g h_1 = p_2 + \rho_2 g h_2 + \rho' g h \qquad (2\cdot42)$$

U 字管の一端②が大気（大気圧 p_0）に開放されているとき

$$p_1 - p_0 = \rho' g h - \rho_1 g h_1 \qquad (2\cdot43)$$

これは，圧力タップ①のゲージ圧を示す．さらに，気体の圧力を測定するとき，一般に $\rho_1 \ll \rho'$ より (2·43) 式の右辺第 2 項を無視してもよい．

ゲージ圧で 100 Pa 以下の圧力（微圧）測定には，図 2·13 (b) に示すように U 字管を傾斜させ（角度 θ），封液の長さ h' [m] を読みとり易くする．

$$h = h' \sin\theta \qquad (2\cdot44)$$

例題 2·10　例題 2·7 の条件では，水平に 10 m 流れる間の圧力降下 Δp が 4.86 kPa であった．これを確かめるため，図 2·14 に示すように，10 m 離れた 2 点に圧力タップを設け，次の 2 種類の測定を行った．それぞれの高さ h_a，h_b を求めよ．

(i) 圧力タップにガラス管をつなぎ，他端を大気に開放したところ，管内を流れる水がガラス管を上昇し，高さの差が h_a であった．

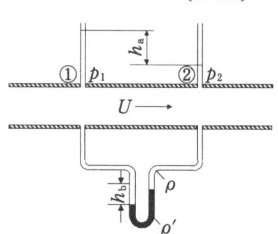

図 2·14　水平輸送管の圧力損失測定

（ii）U字管水銀マノメーターをつないだとき，水銀の高さの差が h_b であった．

（解）（2・42）式より，$\Delta p = p_1 - p_2$ とおくと，封液高さの差 h [m] は
$$h = \Delta p/(\rho' g) + (\rho_1 h_1 - \rho_2 h_2)/\rho' \quad (2\cdot 42)'$$
液体の密度が一定（$\rho_1 = \rho_2 = \rho$），圧力タップの取り付け高さが同じ（$h_1 = h_2 + h$）とき
$$h = \frac{\Delta p}{(\rho' - \rho)g} \quad (2\cdot 45)$$

（i）密度 [kg/m³] は，水 $\rho' = 1.0 \times 10^3$，空気 $\rho = 1.21$（大気圧）
$$h_a = (4.86 \times 10^3)/(1.0 \times 10^3 \times 9.80) = 0.496 \text{ m} = 496 \text{ mm}$$

（ii）密度 [kg/m³] は，水銀 $\rho' = 13.5 \times 10^3$，水 $\rho = 1.0 \times 10^3$
$$h_b = (4.86 \times 10^3)/((13.5 - 1) \times 10^3 \times 9.80) = 0.0367 \text{ m} = 36.7 \text{ mm}$$

（2）流速の測定（ピトー管） 流速を測定するのに，図2・15に示すピトー管を流れに向かって平行に置く．先端の孔①に向かってきた流体は流れがせき止められ，マノメーターの封液に全圧（$\rho u^2/2 + p_1$）が作用し，側面の孔②の流速は0であり，静圧（p_2）のみが封液に作用する．孔①，②における静圧は等しく（$p_1 = p_2$），ピトー管に接続されたマノメーターの封液高さの差 h は動圧（$\rho u^2/2$）に相当するヘッドを示す．(2・45)式で Δp のかわりに $\rho u^2/2$ を代入すると，流速 u [m/s] は

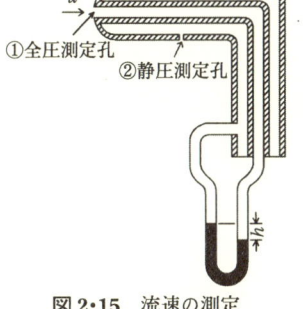

図2・15 流速の測定（ピトー管）

$$u = \sqrt{2hg\left(\frac{\rho'}{\rho} - 1\right)} \quad (2\cdot 46)$$

（3）流量の測定（オリフィスメーター） 図2・16に示すように管路（内径 D，断面積 S）の途中にオリフィスとよばれる孔（孔径 d_0，断面積 S_0）のあいた薄い板を置き，その前後の圧力降下より流量を測定する．管内の流れは位置①で収縮を始め，位置②で最小断面（縮流部）になる．縮流部の断面積 S_2 を測定することは困難であり，$S_2 = C_c S_0$ とおき，C_c を縮流係数という．断面積の比 $m = S_0/S = (d_0/D)^2$ を開孔比（絞り比）とよぶ．位置①，②で $U_1 = U$，$U_2 = U/(mC_c)$，$z_1 = z_2$ となり，(2・33)式に代入する．(2・45)式と体積流量 $Q = US = US_0/m$ [m³/s] の関係を使えば

$$Q = C_0 S_0 \sqrt{2hg\left(\frac{\rho'}{\rho}-1\right)} \qquad (2\cdot47)$$

ここで，流量係数 C_0 [－] は開孔比 m や Reynolds 数 $Re = DU\rho/\mu$ により決まる．$Re > Re_T$（限界 Reynolds 数）のとき，C_0 は m のみの関数となり，JIS 基準のオリフィスに対して次式で求められる．

$$C_0 = 0.597 - 0.011\,m + 0.432\,m^2 \qquad (2\cdot48)$$

例題 2・11 3B 鋼管で輸送中の水（293 K）の流量を，開孔比 $m=0.6$ のオリフィスメーターで測定する．U 字管水銀マノメーターの読みが 185 mm のときの流量を求めよ．

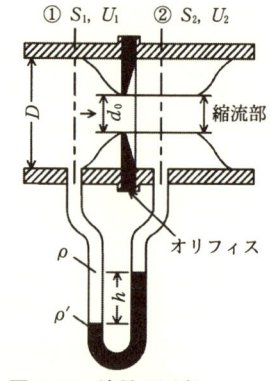

図 2・16 流量の測定（オリフィスメーター）

表 2・4 オリフィスメーターの限界 Reynolds 数

m	0.05	0.1	0.2	0.3	0.4	0.5	0.6	0.7
Re_T	2×10^4	3×10^4	5×10^4	8×10^4	1.25×10^5	1.70×10^5	2.25×10^5	3×10^5

（解） 3B 鋼管の内径 $D=0.0807$ m，断面積 $S=5.11\times10^{-3}$ m^2，オリフィスの断面積 $S_0 = mS = 3.07\times10^{-3}$ m^2，密度 [kg/m^3] は，水 $\rho=1.0\times10^3$，水銀 $\rho'=13.5\times10^3$．

Re が未知であるが，仮に $Re > Re_T$ であるとして，(2・48) 式より流量係数 $C_0 = 0.746$．(2・47) 式より体積流量 $Q = (0.746)(3.07\times10^{-3})\sqrt{(2)(0.185)(9.8)(12.5)} = 1.54\times10^{-2}$ m^3/s．平均流速 $U = (1.54\times10^{-2})/(5.11\times10^{-3}) = 3.01$ m/s．

$Re = (0.0807)(3.01)(1.0\times10^3)/(1.0\times10^{-3}) = 2.45\times10^5$．表 2・4 より，$m=0.6$ のときの限界 Reynolds 数 $Re_T = 2.25\times10^5$ で，$Re > Re_T$ が成り立っており，先に求めた流量 1.54×10^{-2} m^3/s でよいことが確認された．

2.5 流体輸送機器の種類と選定

（1） 流体輸送機器の種類 流体（液体，気体）を輸送するには，流体の種類，輸送目的に応じて適切な機器を選定する必要がある．液体を輸送する機器は一般にポンプとよばれ，また気体を輸送する機器は圧縮比が 1.1 未満をファン，1.1〜2 をブロア，2 以上を圧縮機とおおよそ区分され，それぞれ表 2・5 のような型式がある．非容積式の輸送機器は，インペラなどにより流体に圧力と速度の両エネルギーを与え，渦巻き室を通過する間に速度エネルギーを圧力に変換する構成であり，固定部分である渦巻き室と可動部分であるインペラが接触していない

2.5 流体輸送機器の種類と選定　　　　53

表 2・5　流体輸送機器の分類

流体輸送機器
- 液体輸送
  - 非容積式： 遠心型, 斜流型, 軸流型
  - 容 積 式： 往復型, ベーン型, スクリュー型
  - その他： 気泡型, 噴流型
- 気体輸送
  - 非容積式： 遠心型, 軸流型, ナッシュ型
  - 容 積 式： ルーツ型, ベーン型, スクリュー型
  - その他： エジェクタ型

ので故障が少なく取り扱いが容易である．一方，容積式の輸送機器は固定部分と可動部分が接触して常に一定の輸送容積を確保しているので，吐出し量は吐出し圧力による影響をほとんど受けなく定量輸送が可能であるが，摺動する部分があるため部品の保守が必要となる．

　ここでは，必要な吐出し量・吐出し圧力に対応可能な多様な機種が準備され，広く液体輸送，気体輸送に使用されている遠心型について説明する．

（2）**遠心型ポンプ**　　遠心型ポンプ（以下，単にポンプと称す）の構造を接液部がセラミックス製のポンプを例に，図2・17に示す．

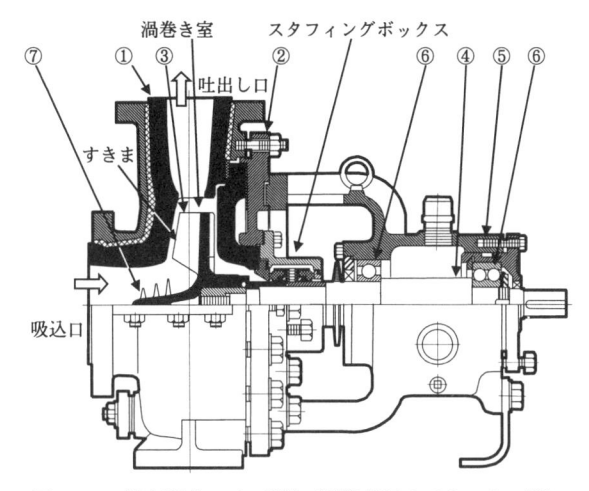

図 2・17　遠心型ポンプの構造（黒色部はセラミックス製）

　ケーシング①とカバー②で形成される渦巻き室の中にインペラ③があり，インペラ③はフレーム⑤に対し2箇所のボールベアリング⑥で支えられた主軸④に接続されている．ケーシング①とインペラ③の間のすきまはできるだけ小さく保た

れ，ここからの漏れを最少としている．主軸④が貫通しているカバー②の中心部分はスタフィングボックスと呼ばれ，メカニカルシールや編組されたパッキンなどが取り付けられ，ポンプ外部への流体の漏れを防止している．ケーシング①の吸込口から流入した流体はインペラ③によりエネルギーを与えられ，ケーシング①内で圧力に変換されて吐出し口から吐出し配管に圧送される．以上の構造は，気体を輸送する遠心型ファンあるいはブロアでも同様である．

スタフィングボックスからの漏れが許容できない強腐食液，毒性液，高価な液などを輸送する場合，あるいはプロセス装置などに組み込まれるポンプでスタフィングボックスのメンテナンスが困難となる場合には，キャンドモータ型ポンプ，あるいは図2・18に示すようなマグネットドライブ型ポンプなどの無漏洩ポンプの採用が増加している．両型式ともポンプ内部のインペラを含む回転部分は，セラミックスなどを使用した液中軸受で支えられている．

（3） ポンプ計画上の諸元　ポンプの設備計画時には吐出し量，全揚程をまず決定し，一般的にはメーカが標準的に製造する各種ポンプの中より使用条件に対応可能な機種を

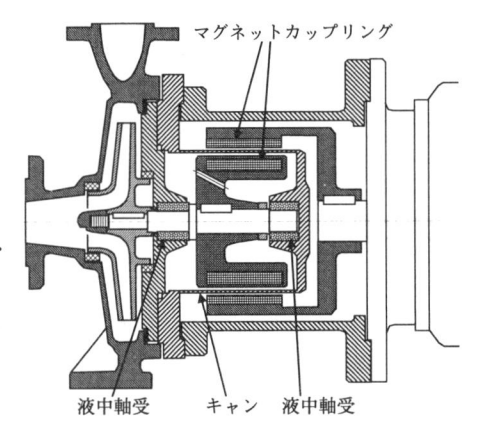

図2・18　マグネットドライブ型ポンプの構造

選定し，ポンプの回転数，必要動力が決定される．ポンプの大きさは，吸込口・吐出し口の口径とインペラ径により表示される．

吐出し量　ポンプの吐出し量は $[m^3/h]$ または $[m^3/min]$ の単位で表示される．ポンプは一般に吸込口より吐出し口の口径が小さくなっているので，ポンプの口径を決定する場合は，吐出し口の流速に配慮する必要がある．

各種流体に対する流速の目安は表2・6に示す範囲である．流速を速くすると摩擦損失が大きくなり，固形物を含む液体の場合はポンプ部品の損耗を早める．一方，流速を遅くすると口径が大きくなり不経済となる．また吸込口に関しても，高粘性液や吸込揚程が高い場合は流速を遅くし，キャビテーションの発生を防止

2.5 流体輸送機器の種類と選定

表 2・6　管内標準流速 u [m/s]

液　　体		気　　体	
上　水	0.61	空気またはガス	10～15
工業用水	1～2.5	圧 縮 空 気	7～14
ポンプ配管	2～3	ス チ ー ム	15～20
低粘度流体	1.5～3	過熱スチーム	30～50
高粘度流体	0.5～3	燃焼排ガス（ダクト内）	2～3
泥状混合物 (15%)	2.5～3	（煙　突）	4～7
(25%)	3～4		

する必要がある．

全揚程　ポンプによって液体が得た全ヘッド（全水頭ともいう）の増加量を全揚程 H [m] といい，また吐出し側液面と吸込側液面との水位差を実揚程 z [m] という．ポンプの全揚程を決定する場合には，実揚程に所定吐出し量における吸込配管および吐出し配管の損失ヘッドと速度ヘッドを加味し，以下を満足する必要がある．（図 2・19 参照）

$$H \geq z + \Delta h_d + \Delta h_s + \frac{1}{2g}(u_d^2 - u_s^2) \tag{2・49}$$

ここで Δh_d, Δh_s は，それぞれ吐出し配管，吸込配管の損失ヘッド [m] を，また u_d, u_s は吐出し配管，吸込配管の流体速度 [m/s] を示す．

例題 2・12　図 2・19 に示す系で吸込配管の内径は ϕ 80 mm，吐出し配管の内径は ϕ 53 mm である．吐出し量が 1.0 m³/min の時の吐出し側圧力計の読みは 274 kPaG，吸込側圧力計の読みは -59 kPaG，両圧力計の中心位置の差は 0.5 m であった．流体は密度 1000 kg/m³ の水であり，ポンプ吸込口と吸込側圧力計の間，吐出し口と吐出し側圧力計の間の配管の摩擦損失は無視できるものとして，前記吐出し量の時の全揚程を求めよ．

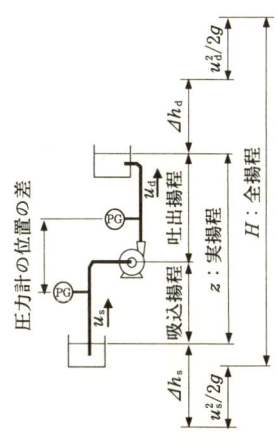

図 2・19　ポンプの揚程

（**解**）　$H = (10)(274 \times 10^3)/(9.80 \times 10^4) - (10)(-59 \times 10^3)/(9.80 \times 10^4) + \{1/(2 \times 9.80)\}\{(1.0/60)/(53/2000)^2\pi\}^2 - \{1/(2 \times 9.80)\}\{(1.0/60)/(80/2000)^2\pi\}^2 + 0.5 = 36.8 \text{ m}$

動力　理論動力 P [kW] は液密度 ρ [kg/m³]，吐出し量 Q [m³/min]，全揚程 H [m] に対し，以下のように表される．

$$P = \frac{\rho}{1000} g \frac{Q}{60} H \qquad (2 \cdot 50)$$

ポンプ運転時には，さらにインペラが渦巻き室内で回転することによる流体摩擦損失，軸受摩擦損失，軸封部摩擦損失などが発生し，これら損失を含む動力をポンプの軸動力 P_0 [kW] といい，理論動力と軸動力の比をポンプ効率 η [%] という．

$$\eta = (P/P_0) 100 \qquad (2 \cdot 51)$$

一般にポンプ効率は吐出し量が大きくなるに従い向上するが，ポンプの構造，大きさにより異なり計算で求めることは困難なため，実験値をもとに決定された図 2·20 などを選定時の参考にしている．詳細はポンプメーカの作成したそれぞれのポンプの性能曲線に示されている値を使用する．

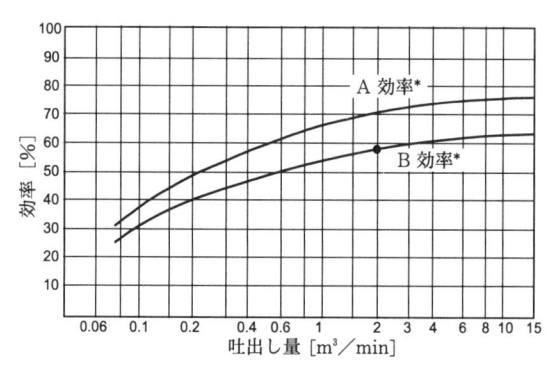

図 2·20 ポンプ効率（JIS B 8313 付図 3 より）

例題 2·13 密度が 1200 kg/m³ の液体を全揚程 30 m，吐出し量 2.0 m³/min のポンプにて送液したい．ポンプに必要な動力を求めよ．

（解）ポンプ効率は，図 2·20 より 59 % であるから，(2·50) と (2·51) 式より
$P_0 = P(100/\eta) = (1200/1000)(9.80)(2.0/60)(30)(100/59) = 20$ kW

ポンプの性能曲線は液体を密度 1000 kg/m³ の水とし，一定回転数において横軸に吐出し量を，縦軸に全揚程，軸動力，効率，NPSHr（Net Positive Suction Head required：必要有効吸込ヘッド）をとり，図 2·21 の例のように示される．ポンプ選定にあたっては，各種ポンプの性能曲線より必要仕様を満足するかどう

---

*）当該ポンプの最高効率値は，計画運転点の吐出し量におけるA効率以上であること．また計画運転点の吐出し量におけるポンプ効率はB効率以上であること（JIS B 8313 の規定より）

かを調査し機種を選定する．

（4） ポンプの運転　ポンプの使用時には，適正な配管設計と吐出し量，全揚程の調節を行い，安定した運転を行う必要がある．

ポンプの吐出し量調節　ポンプの吐出し量調節は，配管中にバルブを設置して開度調整により配管抵抗曲線（図2・22中の破線）を変化させて行う方法が採用されている．この場合，ポンプの全揚程の曲線と配管抵抗曲線の交点がポンプの能力と配管の全抵抗がバランスした点となり，ポンプはこの状態で安定して運転される．流量調節用のバルブは必ず吐出し配管中に，さらにサージング（ポンプ吐出し量と全揚程の周期的変動）を防止するためにもポンプの吐出し口直後の配管中に設置する必要がある．吸込配管中に設置することはポンプの吸込圧力が減少し，キャビテーションを発生する原因となるので避けねばならない．

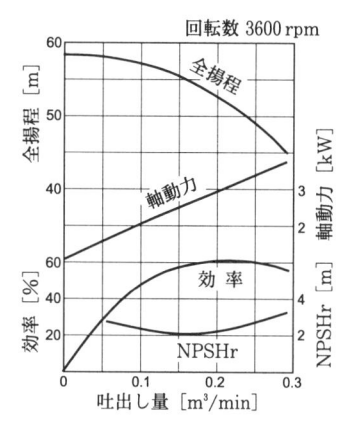

図2・21　ポンプの性能曲線

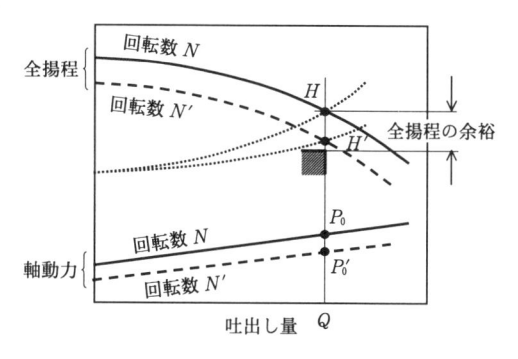

図2・22　ポンプの運転

ポンプの全揚程調節　近年，運転エネルギーの低減のため，ポンプを駆動する電動機の回転数制御（インバータ制御）が普及してきており，この場合のポンプ性能には次の関係がほぼ成立する．

$$\frac{Q'}{Q}=\frac{N'}{N}, \quad \frac{H'}{H}=\left(\frac{N'}{N}\right)^2, \quad \frac{P_0'}{P_0}=\left(\frac{N'}{N}\right)^3 \qquad (2\cdot52)$$

ここで N は基準回転数，N' は変更後の回転数を示す．

ポンプの計画運転点に対して，実際のポンプ全揚程は図2・22に示すように吐出し量 Q に対して，ポンプ形式によっては最大20％程度の余裕をもつ場合が

ある．回転数制御によりポンプの回転数を変えると全揚程曲線は図 2・22 に示す回転数 N の曲線から計画運転点に近い H' を通る回転数 N' の曲線になる．これにより配管抵抗曲線を緩やかにすることができ，連動して軸動力も回転数 N の軸動力曲線から回転数 N' の軸動力曲線となって，吐出し量 Q に対する軸動力 P_0 と P_0' の差だけ必要動力を低減することができる．

所定の全揚程曲線よりさらに全揚程を低下させたい場合には，インペラの外径加工をする．この場合，ポンプ性能には次の関係がほぼ成立するが，加工の程度が増えるほど誤差が大となるので，性能を確認しながら少しずつ加工する必要がある．また斜流型ポンプ，軸流型ポンプには本関係式は適用できない．

$$\frac{Q'}{Q} = \left(\frac{d'}{d}\right)^2, \quad \frac{H'}{H} = \left(\frac{d'}{d}\right)^2, \quad \frac{P_0'}{P_0} = \left(\frac{d'}{d}\right)^4 \qquad (2\cdot 53)$$

ここで d は当初の外径，d' は変更後の外径を示す．

例題 2・14 同一性能の遠心型ポンプ 2 台を並列，および直列に運転した場合の性能曲線を描け．

（解）並列運転の場合（図 2・23 参照），同一揚程において吐出し量が 2 倍となるが，締め切り揚程（吐出し量 0 のとき）は 1 台の場合と同一．並列運転のときの 1 台のポンプの運転点は C_2'，動力は P_2 であり，単独運転の 1 台の運転点は C_1，動力は P_1．したがって，単独運転の 1 台の動力は並列運転のときの 1 台分より大となることに注意．

直列運転の場合（図 2・24 参照），同一吐出し量において揚程が 2 倍となるが，

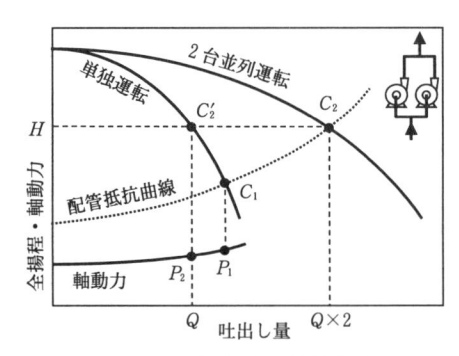

図 2・23 並列運転の性能曲線

最大吐出し量は増加しない．直列運転の 1 台の動力は単独運転の 1 台分より大となるので電動機の選定には注意が必要である．また直列運転の場合，第二段ポンプは第一段ポンプの吐出し圧力が吸込圧力となるので，ケーシング，カバー，軸封部の耐圧強度を検討する必要がある．

キャビテーション 液体がポンプに流入する際，インペラ入口付近において局部的な低圧域が生じ，液中に含まれている気体が気泡化または液体が蒸気泡化する場合がある．この現象をキャビテーション（Cavitation）といい，発生した

2.5 流体輸送機器の種類と選定

気泡は液体とともにインペラ内の高圧部に移動し急激に消滅する．このとき，ポンプに騒音と振動を生じさせるとともに，消滅部に潰食（キャビテーションによる表面腐食）を生じポンプを損傷する．キャビテーションの発生程度を示す値としてポンプ固有の必要有効吸込ヘッド（NPSHr または h_{sv} [m]）があり，ポンプのインペラ入口部における低圧発生度合いをヘッドの形で表したものである．これに対しポンプが使用される条件において，インペラ入口直前の液体の持つ全圧（絶対圧基準）から飽和

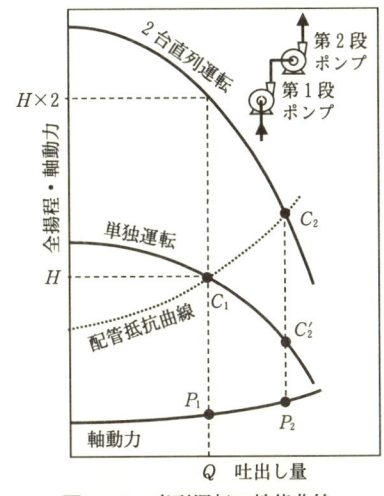

図 2・24 直列運転の性能曲線

蒸気圧を差し引いたヘッドの形で表した値を有効吸込ヘッド（略称 NPSHa または H_{sv} [m]）という（図 2・25 参照）．

キャビテーションの発生を防ぐには，以下のいずれかを満たす必要がある．

$$H_{sv} \geq h_{sv} + 1 \quad \text{または} \quad H_{sv} \geq h_{sv} \times 1.3 \tag{2・54}$$

またポンプの持つ必要有効吸込ヘッド h_{sv} のめやすとしては，回転数 N [rpm]，吐出し量 Q [m³/min] より次の式から求めることができる．

$$h_{sv} = \left(\frac{NQ^{0.5}}{S}\right)^{4/3} \tag{2・55}$$

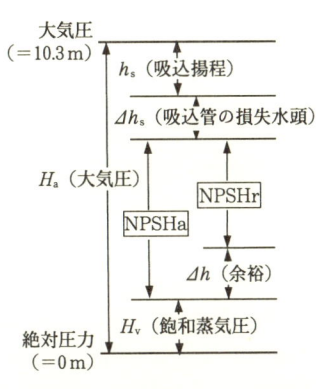

図 2・25 有効吸込ヘッドの関係

ここで，S は吸込比速度（Suction specific speed）といい，図 2・17 に示すような片吸込ポンプの場合，形式にかかわらずほぼ 1200 で一定である．h_{sv} の詳細な値は，各ポンプの性能曲線に示される NPSHr の値を参照する．

例題 2・15 例題 2・13 の吐出し量，揚程において，回転数が 3600 rpm（60 s⁻¹）および 1800 rpm（30 s⁻¹）の場合の，必要有効吸込ヘッドを求めよ．

(**解**) 3600 rpm の場合 　$\{(3600)(2.0)^{0.5}/1200\}^{4/3} = 6.9$ m
　　　　1800 rpm の場合 　$\{(1800)(2.0)^{0.5}/1200\}^{4/3} = 2.7$ m

(2·55)式からわかるように，同一吐出し量，全揚程であれば回転数の低いポンプのほうが吸込特性が良くなりキャビテーションが発生しにくいが，回転数が低いほど大きな直径のインペラが必要，すなわち大型ポンプとなり不経済となる場合もある．

　ポンプの運転当初には発生しなかったキャビテーションが，時間の経過とともに発生することがある．これは吸込抵抗の増大や流体の温度上昇によることが多く，前者は吸込配管の内部で発錆したり吸込配管の端部ストレーナなどが異物で閉塞したりすることによることが多く，後者の理由による場合は，対策として図2·17に示すインデューサ⑦を取り付ける場合もある．

　高粘性液の運転　　高粘性液を移送する場合，ポンプ内の摩擦損失が増えるので水を輸送した場合の性能に比較し吐出し量，全揚程は減少し，一方，軸動力が増大するためポンプ効率が低下する．粘度による吐出し量，全揚程，ポンプ効率の変化は，水に対する補正係数として図2·26に示される．水の場合の吐出し量 Q，全揚程 H，効率 η，軸動力 P_0 に対し，高粘性液の吐出し量 Q'，全揚程 H'，効率 η'，軸動力 P_0' は，以下の関係となる．

$$Q' = Q C_Q / 100 \tag{2·56a}$$

$$H' = H C_H / 100 \tag{2·56b}$$

$$\eta' = \eta C_E / 100 \tag{2·56c}$$

$$P_0' = P_0 \frac{\rho}{1000} \times \frac{C_Q C_H}{100 C_E} \tag{2·56d}$$

例題 2·16　　例題2·13の仕様で粘度 0.2 Pa·s，密度 1200 kg/m³ の液体を移送すると，吐出し量，全揚程，軸動力はどのように変化するかを求めよ．

　(**解**)　吐出し量 2.0 m³/min，全揚程 30 m，動粘度 $0.2/1200 = 167 \times 10^{-6}$ m²/s の場合，図2·26の太い実線のようにたどり，各係数 C_Q，C_H，C_E をそれぞれ 96，93，68 と読み取り，(2·56a)式に代入する．

$$Q' = \frac{2.0 \times 96}{100} = 1.9 \, \text{m}^3/\text{min}$$

$$H' = \frac{30 \times 93}{100} = 28 \, \text{m}$$

$$P_0' = 19.9 \frac{1200}{1000} \frac{96 \times 93}{100 \times 68} = 31 \, \text{kW}$$

2.5 流体輸送機器の種類と選定

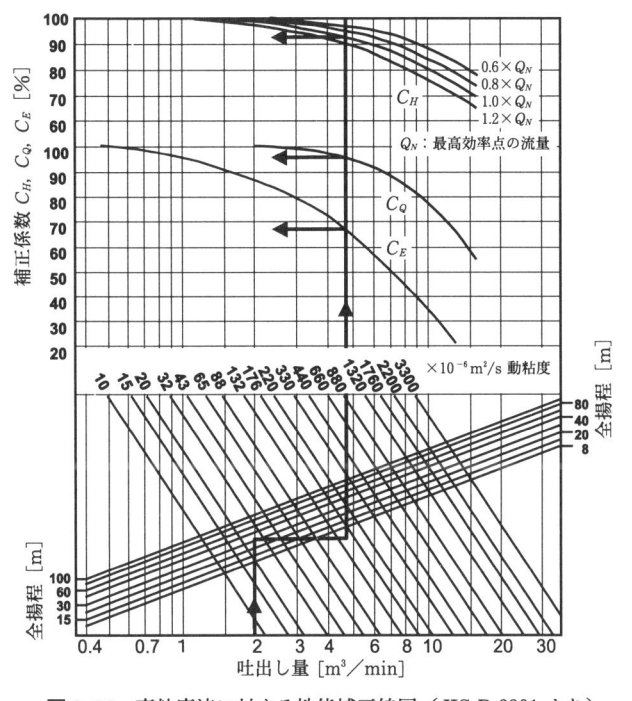

図 2·26 高粘度液に対する性能補正線図（JIS B 8301 より）

（5） ポンプ選定上の注意　ポンプ選定にあたっては吐出し量，全揚程以外に以下の項目を検討する必要がある．それぞれの仕様設定にあたっては，定常運転の条件のみならず運転時に想定される変動条件も加味することが大切である．

　耐食性　輸送する液体の腐食性により各種の材料が用いられる．液体の腐食性はその液体の流動状況により大きく変動するので，強腐食性液あるいは強浸透性液などの場合，ビーカーレベルのテストピース浸漬テストのみで材料の使用可否を決定せず，輸送ライン中に直接テストピースを浸漬し判断することが望ましい．酸性液に対してはセラミックス，フッ素樹脂，ニッケル合金，塩化ビニルなどが，アルカリ性液に対してはステンレス鋼，フッ素樹脂が使用される．

　耐摩耗性　固形物を含む液に対しては，ポンプ接液部品の摩耗を最少とするために耐摩耗材料を選定する．主な耐摩耗材料としてはセラミックス，ゴム，二相系ステンレス鋼がある．

軸封部　スタフィングボックス部では，回転する主軸と固定されたカバーとの間で液を封止する軸封部が必要である．軸封部はポンプを構成する重要部品であり，液の特性（温度，腐食性，蒸気圧，含有固形物など）と回転数により詳細な検討が必要である．軸封部の型式としては図2・27に示すようなメカニカルシールが耐久性，密閉特性の点より広く使用される．

（6）ポンプ配管と付属品　ポンプに接続する配管・バルブについては，ポンプ本体と同様に耐食性，耐摩耗性，耐熱性の点から材料選定をするとともに，施工や形式の選定について以下の点に注意することが必要である．

配管　安定した吸込特性の確保のために，吸込配管は以下の施工をすることが重要である．

- 吸込配管をポンプの吸込口以上の大口径とし，ポンプ入口流速を低下させてキャビテーションを防止

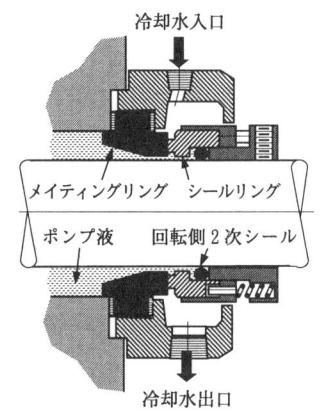

図2・27　メカニカルシールの構造
（シングルアウトサイド型の例）

- ポンプに向かって吸込配管を上り勾配とし，配管内の空気溜まりをなくす
- 吸込配管において，渦が発生しない端部形状を採用

バルブ　吐出し量調節用バルブの選定にあたっては，目的とする流量制御特性に従い，一般的には表2・7のような形式の選定を行う．

表2・7　制御方法に対する適用バルブ型式

精密な流量制御	グローブバルブ，ケージバルブ
開度と比例した流量制御	ダイヤフラムバルブ，プラグバルブ
ON-OFF 制御	バタフライバルブ，プラグバルブ，ボールバルブ

バルブの口径は必要な圧力損失により決定される．圧力損失特性はバルブの形式，口径，開度により異なるため，メーカがそれぞれのバルブに固有の C_v 値という値を実測により定めている．C_v 値は，バルブを全開状態としてバルブ前後の圧力損失 ΔP [Pa] が 6894 Pa （$=1\,\mathrm{psi}=1\,\mathrm{lb/in^2}$）の場合にバルブを通過できる清水の流量を [US gal/min] で表した量で，流量 Q [m³/min] と流体の密度 ρ [kg/m³] より次の関係がある．

$$C_v = 693.4 \, Q(\rho/\Delta p)^{0.5} \tag{2·57}$$

全開時以外の C_v 値は，それぞれの開度の C_v 値あるいは 開度-C_v 値曲線より求め，(2·57) 式を用いて圧力損失を求める．

例題 2·17 口径 100 mm のバルブの C_v 値が 310 であった．毎分 2.0 m^3 の水 ($\rho = 1000 \text{ kg/m}^3$) を流した場合の圧力損失を求めよ．

(解) $\Delta p = (693.4 \, Q/C_v)^2 \rho = (693.4 \times 2.0/310)^2 (1000) = 20 \text{ kPa}$

(7) ポンプ取り扱い上の注意 ポンプの運転時間が長くなるにつれ発生する不具合は，腐食やキャビテーションを除けば軸封部のあるポンプについては軸封部からの液漏れ，また無漏洩ポンプでは軸受け部の損傷がほとんどである．いずれもセラミックスやカーボンなどの液中軸受を使用しており，これらの損耗により前記問題が発生するので，それぞれ以下の注意が必要である．

軸封部のあるポンプ
- 軸封部には必ず所定の注水あるいは注液を行い，摺動部の潤滑，冷却，清浄化を確実に行う
- 長期間ポンプを停止した場合は，主軸端部などを手廻ししてポンプに異音が発生していないことを確認してから起動する

無漏洩ポンプ
- 液の無い状態で絶対に運転（空運転）しない．このためには吐出し配管中に圧力センサを取り付けて，吐出し圧力がゼロの場合（ポンプ内に液が無い状態）に電動機を停止するインターロックを採用する
- 固形物を含む液での使用は避ける．やむをえず固形物を含む液を輸送する場合は軸受部分に清澄液を流して固形物が堆積しない構成のポンプを選定する
- 軸受磨耗検出装置を取り付け，損耗量をモニタする．

(8) 気体輸送機の計画上の諸元と運転 気体輸送機の機種選定時には気体の圧縮性を考慮する必要があり，吸込口の気体温度，圧力，湿度，密度，風量，昇圧力が選定に必要な仕様である．

風量 気体輸送機の選定用に準備されているメーカーカタログは，標準状態 (293 K (20 ℃))，絶対圧力 101.3 kPa (760 mmHg)，相対湿度 65 % の空気 (密度 $\rho_1 = 1.20 \text{ kg/m}^3$) の吸込風量を示しているため，選定用の仕様風量が基準

状態（273 K（0 ℃）），絶対圧力 101.3 kPa（760 mmHg），乾燥状態の風量単位は［m³/min］(NTP)，または自由状態の場合は標準状態に換算し，メーカーが作成した性能曲線と比較する必要がある．

動力　気体輸送機内の気体はポリトロープ圧縮をするが，冷却しない気体輸送機は断熱圧縮とみなされる．気体輸送機のうち，ファン（圧力比1.1未満）の理論動力は，空気を輸送した場合の風量 Q_1［m³/min］，吸込口の絶対圧力 P_1［Pa］，吐出し口の絶対圧力 P_2［Pa］，吸込口の空気密度 ρ_1［kg/m³］，取り扱い気体の密度 ρ_0［kg/m³］，断熱係数 κ（空気の場合は1.4）として，次のように表される．

$$P = \frac{\kappa}{\kappa-1}\left(\frac{\rho_0}{\rho_1}\right)\left(\frac{Q_1}{60}\right)P_1\{(P_2/P_1)^{(\kappa-1)/\kappa}-1\}\frac{1}{10^3}\quad[\text{kW}] \qquad (2\cdot 58)$$

気体輸送機の軸動力 P_0 は，ポンプの場合の式と同様に求められ，効率 η は吸込口の口径が 100 A～300 A の場合，60～70 % 程度となる．

気体輸送機の性能曲線の例を図2・28に示す．

気体輸送機の運転　気体輸送機には風量が周期的に変動するサージング領域があり，この領域では使用できないので，性能曲線から運転可能な領域を確認する必要がある．

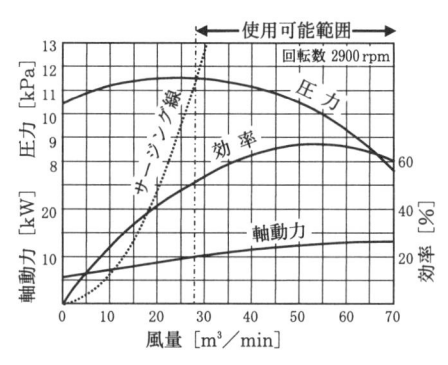

図2・28 送風機の性能曲線

使 用 記 号

A : 表面積　　[m²]
C : 流量係数, 補正係数　　[−]
D : 円管の直径　　[m]
D_e : 相当直径　　[m]
d : インペラー径　　[m]
F : エネルギー損失　　[J/kg]
f : 管摩擦係数, 損失係数　　[−]
G : 質量速度　　[kg/(m²·s)]
g : 重力加速度　　[m/s²]
H : 高さ, ヘッド（水頭）, 揚程　　[m]
h : 高さ, ヘッド（水頭）, 揚程　　[m]
K : 運動エネルギー　　[J/m³]
L : 長さ　　[m]
L_e : 相当長さ　　[m]
m : 開孔比, 絞り比　　[−]
N : 回転数　　[s⁻¹]
P : 理論動力　　[W]
P_0 : 投入動力, 軸動力　　[W]
P : $p+\rho gz$　　[Pa]
p : 圧力　　[Pa]
$\varDelta P$: 圧力損失　　[Pa]
$\varDelta p$: 圧力降下　　[Pa]
Q : 体積流量　　[m³/min], [m³/hr]

R : 円管の半径　　[m]
Re : Reynolds 数　　[−]
r : 半径方向の距離　　[m]
S : 断面積　　[m²]
T : 温度　　[K]
U : 断面平均速度　　[m/s]
u : 速度　　[m/s]
$\bar{u}$: 時間平均速度　　[m/s]
W : 理論仕事量　　[J/kg]
W_0 : 投入仕事量　　[J/kg]
w : 質量流量　　[kg/s]
y : 壁面からの距離　　[m]
z : 垂直距離, ヘッド（水頭）, 揚程　　[m]
α : 補正係数（(2·32) 式）　　[−]
ε : 管表面の粗さ　　[m]
η : 輸送機の効率　　[−]
κ : 断熱係数　　[−]
μ : 粘度　　[Pa·s]
ν : 動粘度　　[m²/s]
ρ : 密度　　[kg/m³]
τ : せん断応力　　[Pa]

演 習 問 題

2・1 2B鋼管内を(ⅰ)293Kの大気圧の空気, (ⅱ)293Kの水が流れている. それぞれ平均流速が何m/s以上で乱流になるか.

2・2 内径Dの太い管の中を平均流速Uで水を流したときの流動状態を調べたい. 現在, 必要な流量Qの水を流す大きなポンプがないので, 次の方法を採用して推測することとした. それぞれの流量Q_1, Q_2を求めよ.
 (ⅰ) 内径$D/10$の管に流量Q_1の水を流して流動状態を調べる.
 (ⅱ) 内径Dの管に流量Q_2の空気(室温, 大気圧)を流して流量状態を調べる.

2・3* 図のように容積V [m³]の球と内径D [m], 長さL [m]の細い管からなる細管粘度計がある. 密度ρ, 粘度μの液体表面が線AとBの間を通過するのに時間t [s]を要した.
 (ⅰ) $\mu/\rho = kt$ (k: 比例定数)となることを示せ.
 (ⅱ) 同じ粘度計を使って, 293Kの水とエタノールの通過時間を測定したところ, それぞれ130s, および195sであった. エタノールの粘度を求めよ.

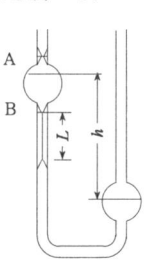

2・4** 図2・4(a)の水平に設置された環状路を流体が層流で流れるときの(ⅰ)速度分布, (ⅱ)最大速度, (ⅲ)圧力損失を表す式を導け.

2・5** 例題2・7の場合, 乱流の速度分布が対数法則に従うものとし, (ⅰ)壁面摩擦速度u^*, (ⅱ)粘性底層の厚み, (ⅲ)遷移域の厚み を表す式を導け.

2・6 密度871kg/m³, 粘度13.0mPa·sの油が(ⅰ)市販の2B鋼管, (ⅱ)内径53mmの平滑なガラス管を速度2.0m/sで流れている. それぞれ長さ1m当たりの圧力損失を求め, 管表面の粗さによる影響を考察せよ.

2・7 ブロワーで大気圧の空気(室温)を, 10B鋼管に吸引している. 鋼管の入口に設置したマノメーターの水柱の読みが大気側より40mm高かった.
 (ⅰ) 吸引されている空気流量を求めよ.
 (ⅱ) ブロワーの所要動力を求めよ.

2・8* 水深Hが一定のタンクの底に直径D, 長さLのパイプが平行に取り付けられている. パイプ出口の平均流速Uを求める式を導け. ただし, 流れは層流とし, タンクからパイプへの縮流によるエネルギー損失係数をf_cとする.

2・9 多管式熱交換器の管側(10A鋼管, 長さ5m, 350

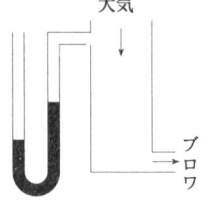

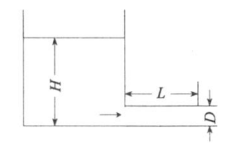

本）を 293 K の水が 0.030 m³/s で流れている．管入口の縮流によるエネルギー損失係数が 0.35 である．（i）圧力損失，（ii）ポンプの所要動力を求めよ．

2・10* 293 K の水が 3 B 鋼管内を流れている．管の中心軸上に流れに向かってピトー管を入れたところ，密度 1600 kg/m³ の封液を用いたマノメーターの読みが 110 mm であった．
（i） 中心軸上の速度を求めよ． （ii） 平均速度を求めよ．
（iii） 流量を求めよ． （iv） この流れは，層流か，乱流か．

2・11 4 B 鋼管に開孔比 0.25 のオリフィスメーターが設置されている．
（i） この鋼管を使って，293 K の水を毎分 630 kg 送るとき，水銀マノメーターの読みはいくらか．
（ii） 水の流量を増やしたところ，水銀柱の読みが（i）の場合に比べて 50％ 増加した．このときの水の流量はいくらか．

2・12* 図のように水平面上に 5 B 鋼管が 1 個のティ T，2 個のエルボ E_1，E_2，1 個のゲート弁 V で接続され，ポンプ P で水が輸送されている．長さ $L_1=12$ m，$L_2=15$ m，$L_3=5$ m，$L_4=L_5=8$ m とする．
（i） 出口平均速度 $U_2=U_3=1$ m/s とするには，ゲート弁 V をどの程度開いたらよいか．
（ii） 摩擦による全エネルギー損失を求めよ．

2・13 300 A 鋼管を使って原油（密度 820 kg/m³，粘度 172 mPa·s）を水平距離 10 km，1 日当たり 8,000 m³ 輸送するのに必要なポンプ動力を求めよ．

2・14 1 台のポンプで送液を行ったところ流量が不足したので，同一性能のポンプを 1 台追加し流量を増大させることを計画した．この場合，吐出し側配管の抵抗により吐出し量がどのようになるかを検討せよ．

2・15 内径 100 mm，全長 40 m の管路により，開放タンクより毎分 2.0 m³ の水を垂直差 20 m のスプレイタワーに送液したい．最少スプレイ圧力は 200 kPa 必要である．タワー内圧力が $1×10^5$ Pa の場合に必要なモータ動力を求めよ．ただし，配管損失は摩擦損失以外無視できるものとし，管摩擦係数 $f=0.003$ とする．また，ポンプの効率は 70％ とする．

2・16 開放タンクに蓄えられている 323 K（50 ℃），32％ の塩酸を 4 m 吸い上げたい．この場合選定したポンプの NPSHr 値は 2.5 m であった．このポンプが使用可能かどうかを検討せよ．ただし，323 K の 32％ 塩酸において，水の分圧は 3.693 kPa，塩酸の分圧は 18.79 kPa であり，吸込配管の損失は 0.8 m とする．

2・17 ポンプによって液体を移送する場合に,液体のポンプ通過時の温度上昇式を求めよ.なお,ポンプの軸受損失,外部への放熱は無視できるものとする.また,20℃の98％硫酸を揚程50m,ポンプ効率が20％の仕様で運転した場合のポンプ吐出し口の硫酸温度を求めよ.ただし,20～80℃の98％硫酸の比熱は1.507kJ/(kg・K)とする.

2・18 あるポンプが回転数3600rpm（60s^{-1}）において,以下の性能を有していた.このポンプを回転数制御にて吐出し量0.8m^3/min,揚程24mの仕様にて運転するための回転数を求めよ.

吐出し量 [m^3/min]	0	0.4	0.8	1.2	1.6
揚程 [m]	43	39	34	27.6	20

2・19 50Hz地域で,4極モータを用いて30mの揚程を得るためのインペラ径は,おおよそどれぐらいか.ただし,インペラの周速u[m/s]と揚程H[m]の間には$H=Ku^2/2g$（K:定数0.9）の関係がある.また,揚程を23mにするためのインペラ外径加工寸法を求めよ.

2・20 40A鋼管に100A鋼管を接続した流路があり,40A鋼管に温度20℃,圧力110kPa,流速10m/sの空気を流している.100Aの鋼管側の温度50℃,圧力101kPaのとき,空気流速を求めよ.

2・21 50A鋼管に25A鋼管を接続し,出口が入口より15m低い流路がある.30℃の水を2m^3/hで送るとき,入口の静圧150kPa,出口の静圧110kPaとすれば,この間の摩擦損失はいくらになるか.

2・22 20A鋼管と80A鋼管よりなる2重管の環状路を,温度50℃の水が流量3m^3/hで流れている.次の値を求めよ.

（ⅰ）環状部の相当直径D_e[m]　　（ⅱ）環状部の断面積S[m^2]
（ⅲ）体積流量Q[m^3/s]　　（ⅳ）質量流量w[kg/s]
（ⅴ）質量速度G[kg/(s・m^2)]　　（ⅵ）平均速度U[m/s]
（ⅶ）Reynolds数Re[-]　　（ⅷ）摩擦係数f[-]
（ⅸ）圧力損失$\Delta P/L$[Pa/m]

2・23 平滑鉛管（直径D）内の乱流速度分布が対数法則に従うものとして,粘性底層の厚みy_0を求める次の式を誘導し,$Re=10^4$のときのy_0/Dの値を求めよ.

$$y_0/D = 25.2\,Re^{-7/8}$$

ただし,$y_0u^*/\nu=5$,$u^*=\sqrt{\tau_w/\rho}$とし,壁面摩擦力τ_wはBlasiusの式が成り立つものとする.

2・24 管路（内径D,断面積S）をスロート部（内径d_t,断面積S_t）までいったん絞

り（絞り比 $m=S_t/S$），以後徐々に管路を拡大した管をベンチュリー管といい，流量測定に利用される．ベンチュリー流量計の中を流体（密度 ρ）が流れているとき，スロート部前後に設置された圧力損失用マノメーターの封液（密度 ρ'）の高さの差 h と体積流量 Q との関係が次式となることを証明せよ．

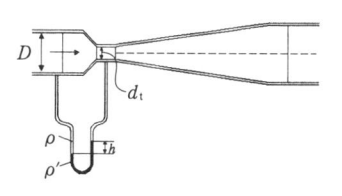

$$Q = \frac{S_t}{\sqrt{1-m^2}} \sqrt{2\left(\frac{\rho'}{\rho}-1\right)hg}$$

ただし，流量計は図のように水平に置かれ，管路の変化が滑らかであるため，エネルギー損失がないものとする．

2·25 空気流（293 K，大気圧）の速度をピトー管を用いて測定を行ったところ，水マノメーターの封液高さの差が h [mm] であった．

（ⅰ） $h=1$, 2, 5, 10 mm の場合，それぞれの空気流速を求めよ．

（ⅱ） 空気流が脈動し，封液高さも変動した．$h=10$ mm，変動幅 $\Delta h=\pm 0.5$ mm のとき，空気流速の変動幅はどの程度であったか．

（ⅲ） （ⅰ）および（ⅱ）の結果より，封液高さを目で読み取る場合の最低空気流速を検討せよ．

2·26 図に示すように送風機 D で，A，B，C 3 か所の大気をそれぞれ 9.0 m³/min で吸引し，再び大気中に排気している．水平管の寸法および長さは図中に示すとおりである．主要な圧力損失は直管部分のみであるとし，送風機の動力を求めよ．ただし，送風機の効率を 70%，管内の圧力変化が少なく，空気密度を一定とする．

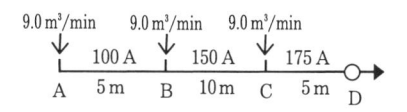

2·27 図のように 1 台のポンプ P（吐出し量 60 m³/h）で，A，B 二つの貯槽へ，それぞれ 100 A，50 A 配管用鋼管で送水を行っている．貯槽 A，B へのそれぞれの供給量を求めよ．ただし，水温を 293 K，おもな圧力損失は直管部分 DE，FG とエルボ D，E，F，G によるものとする．

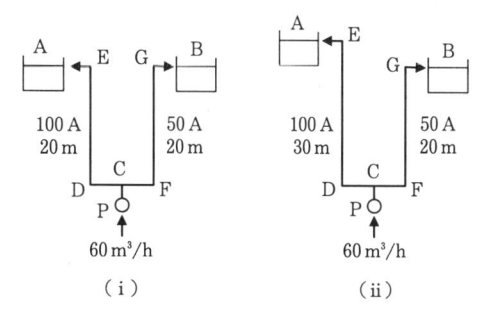

（ⅰ） 貯槽 A，B が，分岐点 C よりそれぞれ 20 m の高さにある場合．

（ⅱ） 貯槽 A，B が，分岐点 C よりそれぞれ 30 m，20 m の高さにある場合．

2・28 図に示すように1台の送風機で，温度293Kと1073Kの二つの空気源A，Bから連続的に吸引し，排気している．配管ADC内の流速が10m/sのとき，配管BEC内の体積流量と配管ADCの体積流量の比を求めよ．また，質量流量の比はいくらか．ただし，配管は200A鋼管でAD=BE=1m，DC=EC=5m．大気圧に保たれた空気源A，Bからエルボ D，Eを経て合流点Cまで十分に保温されて，温度変化がないものとする．また，管内の圧力変化が少なく，圧力による空気密度の変化は無視できる．

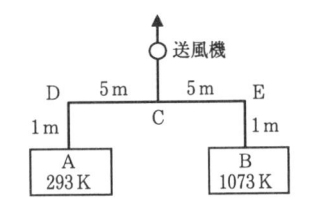

2・29 図に示すように流体の輸送系に加熱器を含む場合，断面①，②で流体単位質量当りの全エネルギー[J/kg]の収支は式(1)または(2)で表される．

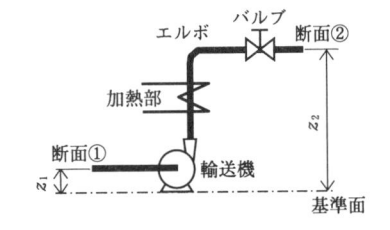

$$\frac{\alpha_1 U_1^2}{2} + gz_1 + \frac{p_1}{\rho} + U_1 + W + E = \frac{\alpha_2 U_2^2}{2} + gz_2 + \frac{p_2}{\rho} + U_2 \tag{1}$$

$$\frac{\alpha_1 U_1^2}{2} + gz_1 + i_1 + W + E = \frac{\alpha_2 U_2^2}{2} + gz_2 + i_2 \tag{2}$$

ここで，Wは輸送機によって外部から加えられた正味のエネルギー，Eは加熱器によって外部から加えられたエネルギー，Uは内部エネルギー，iはエンタルピーである．

$$i_2 - i_1 = \int_{T_1}^{T_2} c_p dT \cong \bar{c}_p(T_2 - T_1) \tag{3}$$

ここで，$\bar{c}_p$ [J/(kg・K)]は定圧比熱の平均値である．エンタルピー変化を伴う系においては，機械的エネルギー損失（摩擦損失）はエンタルピー変化の中に含まれる．

（i） 高さ10mの垂直多管式加熱器を用いて，20℃，大気圧の空気を下部から供給し，50℃に加熱する．入口空気速度5m/s，出口圧力が入口圧力より15mmHg低いとき，運動エネルギー，位置エネルギーおよびエンタルピーの変化量を求め，外部から加える熱量を求めよ．

（ii） 空気が管径一様な水平管を流れている．入り口で温度90℃，圧力150kPa，速度10m/sであったものが，出口で温度50℃，圧力101kPaに変化したとき，この流体が失うエネルギーを求めよ．ただし，空気の平均定圧比熱を1.01kJ/(kg・K)とする．

第 3 章 伝 熱・蒸 発

3.1 基本的な伝熱機構

　熱エネルギーは，巨視的には高温場から低温場へ移動する．この熱エネルギーの移動現象を伝熱あるいは熱移動と呼び，基本的な伝熱機構には，伝導（熱伝導），対流および放射（輻射）の3つがある．

　伝導伝熱は，物体を構成する分子の微視的な熱運動や自由電子の移動によって熱が高温部から低温部へ伝えられる現象を指す．この場合，巨視的な意味での物体の移動は伴わない．対流伝熱は，流体塊の移動（流れ）を伴って熱が高温部から低温部へ伝えられる現象を指す．流体塊の移動が温度差による密度差に起因している場合を自然（自由）対流と呼び，ポンプや送風機などの強制的な外力に起因している場合を強制対流と呼ぶ．なお，対流伝熱には，沸騰や凝縮のような流体の相変化を伴う場合も含まれる．このように伝導および対流伝熱には，熱が移動する際に必ず熱媒体となる物質が必要であるのに対し，放射伝熱は熱媒体となる物質が存在しなくとも熱を移動させることができる伝熱機構である．その理由は，放射伝熱には物体の温度に応じて射出される熱放射線（電磁波）が関与しているからである．すなわち，放射伝熱は，熱放射線の物体間における射出，吸収，反射などの伝播過程を通じて高温物体から低温物体へ熱が移動する現象を指す．

　実際の伝熱プロセスでは，上述の3つの伝熱機構がそれぞれ単独で支配している場合もあるものの，その多くは共存あるいは複合して支配している場合が多い．したがって，伝熱プロセスの設計，解析にあたっては，どの伝熱機構がどの程度関与しているかについて定量的に把握し，伝熱プロセスを律速している伝熱機構の把握が重要になる．

3.2 伝 導 伝 熱

（1）**伝導伝熱の基本法則と熱伝導度**　　いま，図3・1に示すような厚さが L [m] で，十分に広い断面積 A [m^2] を有する平板（無限平板）があるとする．平

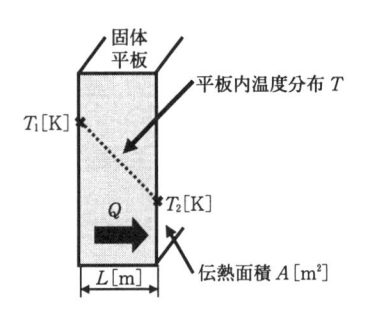

図3・1 固体平板内の温度分布と熱移動

板を静止流体と想定しても構わないが，ここでは固体であるものと仮定する．平板の左右の壁面温度がそれぞれ T_1 および T_2 [K]（$T_1 > T_2$）であり，定常状態における平板内の温度分布が図のように直線的に変化しているものと仮定すると，熱は高温壁から低温壁の方向へ移動する．このときの伝熱量（伝熱速度）Q [W] は，平板の断面積（伝熱面積）および温度差に比例し，平板の厚さに反比例するので，

$$Q \propto A \frac{T_1 - T_2}{L} \tag{3・1}$$

上式右辺の $(T_1 - T_2)/L$ は温度勾配であり，また，比例定数を k とすれば，図3・2のような一般的な固体内の x 方向温度分布を有する平板内の伝熱量は次式となる．

$$Q = -kA \frac{dT}{dx} \tag{3・2}$$

上式は Fourier の熱伝導法則と呼ばれており，式中の比例定数 k は熱伝導度（熱伝導率）[W/(m・K)] と呼ばれ，物質固有の物性値である．また，右辺の負号は Q が正のとき x の正方向に熱が流れることを示すために付されている．なお，伝熱量 Q を伝熱面積 A で除した Q/A を熱流束 q [W/m²] という．

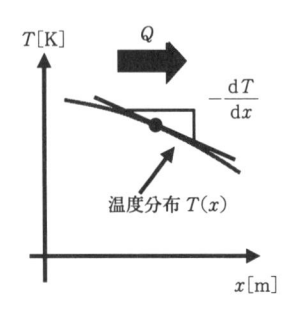

図3・2 固体内の x 方向温度分布と熱移動

3.2 伝導伝熱

熱伝導度は，物質の種類やその構造および温度によって変化する物性値であり，図 3・3〜3・5 に，主な固体，液体および気体の熱伝導度をそれぞれ示す．一般的に物質の熱伝導度は，固体，液体，気体の順で小さくなる．固体については，金属の熱伝導度が一番大きく，つづいて結晶性固体，非結晶性の順に小さくなる．液体については，水の熱伝導度が特異的に大きく，これは水分子の水素結合が起

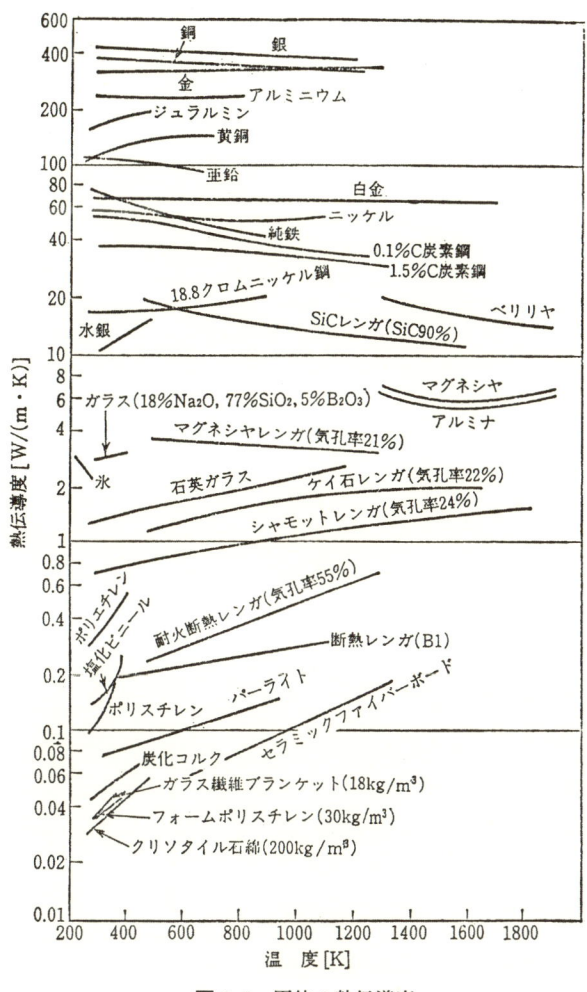

図 3・3 固体の熱伝導度

第3章 伝 熱・蒸 発

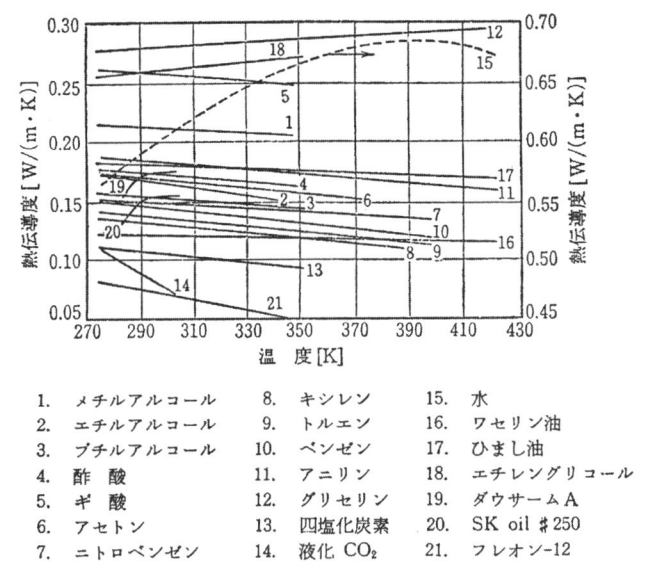

図3・4 液体の熱伝導度

1.	メチルアルコール	8.	キシレン	15.	水
2.	エチルアルコール	9.	トルエン	16.	ワセリン油
3.	ブチルアルコール	10.	ベンゼン	17.	ひまし油
4.	酢 酸	11.	アニリン	18.	エチレングリコール
5.	ギ 酸	12.	グリセリン	19.	ダウサームA
6.	アセトン	13.	四塩化炭素	20.	SK oil #250
7.	ニトロベンゼン	14.	液化CO_2	21.	フレオン-12

因している.また,これらの図からわかるように,熱伝導度は温度に依存する.金属系の固体,液体の多くは温度に対して負の依存性,無機系の固体,水および気体は温度に対して正の依存性がある.なお,一般の工学計算では,温度範囲があまりに大きくない限り平均温度に対する値を用いる場合が多い.

(2) 定常伝導伝熱

平板の場合 図3・1に示した1次元平板の定常熱伝導を考える.定常状態より伝熱量 Q は一定であるので,(3・2)式を境界条件:$x=0$; $T=T_1$, $x=L$; $T=T_2$ を用いて積分すれば良い.いま,k が一定であると仮定すると,Q は次式となる.

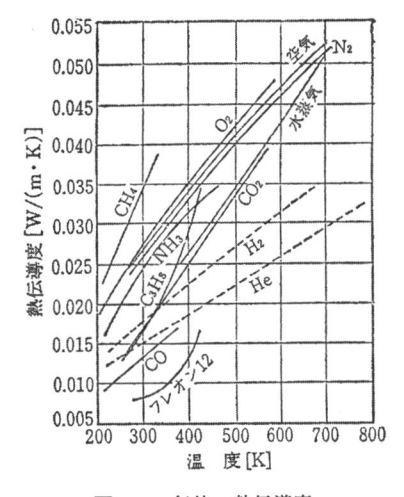

図3・5 気体の熱伝導度
(101.3 kPa, H_2 と He は読みの10倍)

$$Q = \frac{kA}{L}(T_1 - T_2) \tag{3・3}$$

Q および k が一定であるので，平板内のある位置 x での温度を T とすれば，平板内の温度分布は次式となり，直線になることが理解できる．

$$\frac{T_1 - T}{T_1 - T_2} = \frac{x}{L} \tag{3・4}$$

また，(3.3) 式を次式のように変形する．

$$Q = \frac{T_1 - T_2}{L/(kA)} = \frac{\Delta T}{R_t} \tag{3・5}$$

上式からわかるように，伝導伝熱の推進力は温度差 ΔT であり，$R_t = L/(kA)$ は熱抵抗といわれている．このような関係は，電気の Ohm の法則（推進力：電位差），物質の拡散に関する Fick の法則（推進力：濃度差），流体の粘性流れに関する Newton の粘性法則（推進力：流速差）でも認められ，このことを相互の現象に相似性があるという．

例題 3・1 大きな断面積をもつ厚さ 10 mm の発泡ポリスチレン板の両表面温度がそれぞれ 303 K と 313 K であり，定常状態にある．1 m² 当たりの伝導伝熱量はいくらか．また，発泡ポリスチレン板の代わりに B1 レンガ板ならびにステンレス鋼板であったらどうなるか．ただし，発泡ポリスチレン板，B1 レンガ板およびステンレス鋼板の熱伝導度はそれぞれ 0.035，0.12 および 15.0 W/(m・K) である．

(解) (3・3) 式を用いて求めればよい．$T_1 = 313$ K，$T_2 = 303$ K，$L = 0.01$ m，$A = 1.0$ m² であるから，発泡ポリスチレン板の伝導伝熱量 Q は，

$$Q = kA(T_1 - T_2)/L = (0.035 \times 1.0)(313 - 303)/0.01 = 35 \text{ W}$$

B1 レンガ板およびステンレス鋼板の場合も同様に計算すれば，

B1 レンガ板： $Q = 120$ W
ステンレス鋼板： $Q = 15$ kW

円筒，球殻の場合 伝熱プロセスの主要な装置である熱交換器は一般に円筒形であることが多い．また，プロセスによっては球状をした装置が採用される場合もあり，このような円筒や球形のような形状の場合には，図 3・6 および 3・7 のような座標系で伝熱解析を行った方が簡便である．

いま，半径方向のみに熱が流れる 1 次元定常伝導伝熱を考えることにする．図 3・6 の円筒の場合，伝熱量 Q は一定であるものの，伝熱面積 A が半径 r [m] の関数になるので，(3・2) 式中の x を r に置換して境界条件：$r = R_1$；$T = T_1$，

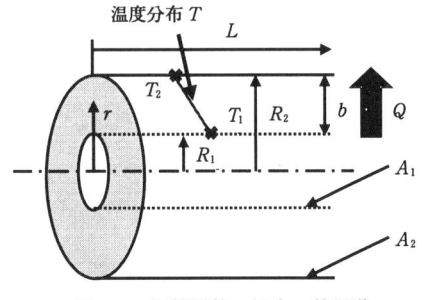

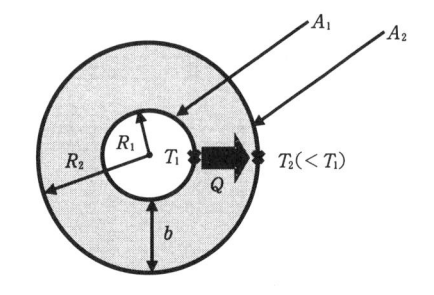

図3・6 円筒形状の場合の熱伝導　　　　**図3・7** 球殻形状の場合の熱伝導

$r=R_2$; $T=T_2$ を用いて積分する場合，伝熱面積 A を $A=2\pi rL$ という r の関数として取り扱わなければならない．いま，k が一定であると仮定して積分すれば Q は次式となる．

$$Q=\frac{kA_{lm}}{b}(T_1-T_2) \qquad (3\cdot6)$$

ここで，$A_{lm}\,[\mathrm{m}^2]$ は次式で示される対数平均伝熱面積であり，$b\,[\mathrm{m}]$ は円筒の幅 ($=R_2-R_1$) である．

$$A_{lm}=\frac{A_2-A_1}{\ln(A_2/A_1)}=\frac{2\pi L(R_2-R_1)}{\ln(R_2/R_1)} \qquad (3\cdot7)$$

図3・7の球殻形状の場合も円筒形状の場合と同様に考えれば良く，伝熱面積 A が $A=4\pi r^2$ であるので，伝熱量 Q は次式で与えられる．

$$Q=\frac{kA_{gm}}{b}(T_1-T_2) \qquad (3\cdot8)$$

$$A_{gm}=\sqrt{A_1A_2}=4\pi R_1R_2 \qquad (3\cdot9)$$

(3.9) 式中の $A_{gm}\,[\mathrm{m}^2]$ は幾何平均伝熱面積と呼ばれている．

例題 3・2　内径 1.5 m，外径 2.0 m の耐火物製熱風供給管 ($k=1.2\,\mathrm{W/(m\cdot K)}$) がある．管の内表面温度が1473 K，外表面温度が 373 K であるとき，管長 1 m 当たりの伝導伝熱量はいくらか．また，管壁の中心の温度はいくらか．

(解)　(3・6) 式より，管長 1 m 当たりの伝熱量 Q を求める．まず，(3.7) 式を用いて対数平均伝熱面積 $A_{lm}\,[\mathrm{m}^2]$ を計算すると，

$$A_{lm}=\frac{2\pi L(R_2-R_1)}{\ln(R_2/R_1)}=\pi(1.0)(2.0-1.5)/\ln(2.0/1.5)=5.46\,\mathrm{m}^2$$

$$Q = \frac{kA_{\mathrm{lm}}}{b}(T_1 - T_2) = (1.2)(5.46)\frac{1473 - 373}{(2.0 - 1.5)/2} = 28.8\,\mathrm{kW}$$

管壁の中心 $r_{\mathrm{m}} = (1.0 + 0.75)/2 = 0.875\,\mathrm{m}$ における温度を $T_{\mathrm{m}}\,[\mathrm{K}]$ とする．(3・6) および (3・7) 式中の r_2, T_2 を r_{m}, T_{m} で置換すると，T_{m} は次式となる．

$$T_{\mathrm{m}} = T_1 - \frac{Q\ln(r_{\mathrm{m}}/r_1)}{2\pi kL} = (1473) - \frac{(2.88\times 10^4)\ln(0.875/0.75)}{2\pi(1.2)(1.0)} = 884\,\mathrm{K}$$

多重平板の場合　図 3・8 のような伝熱面積が等しい n 層の平板からなる多重平板の場合であっても，基本的な考え方は (3・3) 式あるいは (3・5) 式に従えば良い．いま定常状態で各平板の熱伝導度 k_i が一定であると仮定すると，各平板の伝熱量 Q はどの平板でも等しいので，(3・5) 式から，

$$Q = \frac{T_1 - T_2}{L_1/(k_1 A)} = \frac{T_2 - T_3}{L_2/(k_2 A)} = \cdots \frac{T_i - T_{i+1}}{L_i/(k_i A)} = \cdots \frac{T_n - T_{n+1}}{L_n/(k_n A)} \quad (3\cdot 10)$$

各平板の熱抵抗および温度差を $R_{\mathrm{t}i}$ および $\varDelta T_i$ とすると，

$$Q = \frac{\varDelta T_1}{R_{\mathrm{t}1}} = \frac{\varDelta T_2}{R_{\mathrm{t}2}} = \cdots \frac{\varDelta T_i}{R_{\mathrm{t}i}} = \cdots \frac{\varDelta T_n}{R_{\mathrm{t}n}}$$

$$= \frac{T_1 - T_{n+1}}{\sum\limits_{i=1}^{n} R_{\mathrm{t}i}} \quad (3\cdot 11)$$

ここで，全平板の合計厚さを $b\,[\mathrm{m}]$ とすれば，

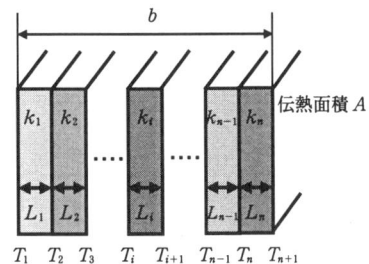

図3・8　多重平板の熱伝導

$$\sum_{i=1}^{n} R_{\mathrm{t}i} = \frac{b}{k_{\mathrm{E}} A}, \quad b \equiv \sum_{i=1}^{n} L_i \quad (3\cdot 12)$$

となる．上式中の k_{E} を多重壁の相当熱伝導度といい，次式で定義される．

$$\frac{b}{k_{\mathrm{E}} A} = \sum_{i=1}^{n} \frac{L_i}{k_i A} \quad (3\cdot 13)$$

多重円筒および球殻の場合　n 層の多重円筒や多重球殻であっても (3・11)～(3・13) 式を適用して解析することができる．ただし，これらの形状の場合，伝熱面積が各層で異なるので，各層の熱抵抗は次式を用いなければならない．

n 層円筒

$$R_{\mathrm{t}i} = \frac{R_{i+1} - R_i}{k_i A_{\mathrm{lm}i}}, \quad A_{\mathrm{lm}i} = \frac{A_{i+1} - A_i}{\ln(A_{i+1}/A_i)} \quad (3\cdot 14)$$

n 層球殻

$$R_{ti} = \frac{R_{i+1} - R_i}{k_i A_{gmi}}, \quad A_{gmi} = \sqrt{A_i A_{i+1}} \tag{3・15}$$

上述の通り，どのような幾何形状であっても1次元定常熱伝導の場合は，(3・5)式と同様な次式で表すことができる．

$$Q = \frac{k_E A_j}{b} \varDelta T = \frac{\varDelta T}{R_t} \tag{3・16}$$

形状によって，k_E および A_j を適切に選択し計算すればよい．なお，n 層円筒や n 層球殻の場合は，外表面積あるいは内表面積を伝熱面積の代表として選択したほうが理解し易いので，その場合には熱抵抗が等しくなるように k_E を再計算することになる．

例題 3・3 図 3・9 に示すように，耐火レンガ（$L_1 = 0.345$ m，$k_1 = 1.5$ W/(m・K)），断熱レンガ（$L_2 = 0.115$ m，$k_2 = 0.20$ W/(m・K)）および鉄皮（$L_3 = 0.006$ m，$k_3 = 46$ W/(m・K)）の3層からなる炉壁がある．いま，鉄皮の表面で温度と熱流束を測定したところ，それぞれ 403 K，1.5 kW/m² であった．このとき，炉内壁温度および耐火レンガと断熱レンガの界面温度はそれぞれいくらか．また，省エネルギー対策として鉄皮表面温度を 373 K に下げるため，断熱レンガと鉄皮の間に断熱ボード（$k = 0.12$ W/(m・K)）を挿入したい．断熱レンガの耐熱温度を 1373 K として断熱ボードの厚さを求めよ．

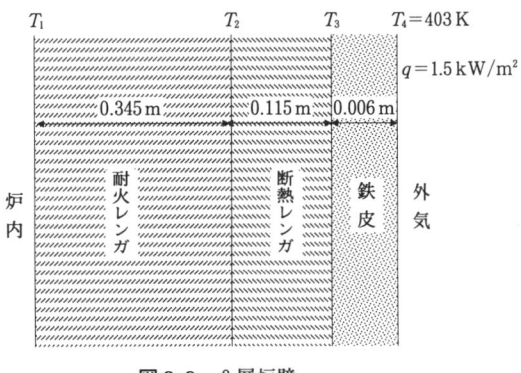

図 3・9 3層炉壁

(解) (3・11) 式における全熱抵抗 $\sum_{i=1}^{3} R_{ti}$ を $A = 1$ m² として計算すると，

$$\sum_{i=1}^{3} R_{ti} = \frac{L_1}{k_1 A} + \frac{L_2}{k_2 A} + \frac{L_3}{k_3 A} = \frac{0.345}{1.5 \times 1.0} + \frac{0.115}{0.2 \times 1.0} + \frac{0.006}{46 \times 1.0} = 0.805 \text{ K/W}$$

熱流束 q は 1500 W/m²，$T_4 = 403$ K であるので，炉壁温度 T_1 は，

$$T_1 = T_4 + q \sum_{i=1}^{3} R_{ti} = 403 + (1500 \times 0.805) = 1611 \text{ K}$$

また，耐火レンガと断熱レンガの界面温度 T_2 は，$R_{t1} = 0.230$ K/W であるから，

$$T_2 = T_1 - qR_{t1} = 1611 - 1500 \times 0.230 = 1266 \text{ K}$$

つぎに，断熱ボードの厚さを L [m] とすると，このときの全熱抵抗 $\sum_{i=1}^{4} R_{ti}$ は，

$$\sum_{i=1}^{4} R_{ti} = \frac{L_1}{k_1 A} + \frac{L_2}{k_2 A} + \frac{L}{kA} + \frac{L_3}{k_3 A} = 0.230 + 0.575 + \frac{L}{0.12 \times 1.0} + 1.3 \times 10^{-4}$$

$$= 0.805 + \frac{L}{0.12} \text{ K/W}$$

一方，$T_1 = 1611 \text{ K}$，$T_2 = 1373 \text{ K}$ より，耐火レンガ層について q を求めると，

$$q = (T_1 - T_2)/AR_{ti} = (1611 - 1373)/(1.0 \times 0.230) = 1035 \text{ W/m}^2$$

4層全体について，$qA \sum_{i=1}^{4} R_{ti} = T_1 - T_5$，$T_5 = 373 \text{ K}$ であるから，

$$(1035)(1)\left(0.805 + \frac{L}{0.12}\right) = 1611 - 373 \quad \text{よって，} L = 0.047 \text{ m}$$

3.3 対流伝熱

（1） 対流伝熱の基本法則　対流伝熱では，流体塊の移動に伴って熱が伝えられる．いま，図 3・10 のような加熱平板上に低温流体が流れ，流体が加熱されている流れ場を考える．このような流れ場では，加熱平板近傍に層流境界層が形成され，その中で温度分布は急激に変化する．すなわち，層流境界層が伝熱に対して主たる熱抵抗になるといえる．層流境界層内の伝熱機構は主として伝導伝熱に依るものと考えられるので，境界層の厚さを δ [m] とし，点線と加熱平板間の間で Fourier の熱伝導法則を適用すれば，対流伝熱量 Q は次式のようになる．

$$Q = \frac{kA}{\delta}(T_1 - T_2) \tag{3・17}$$

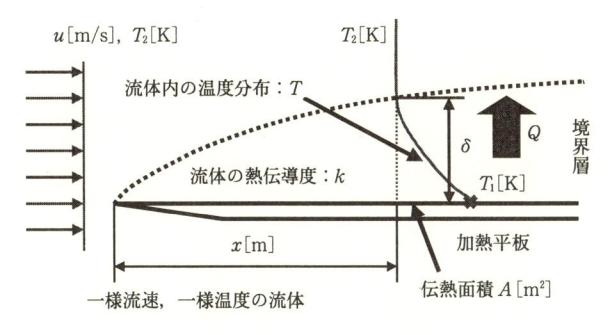

図 3・10　平板流れの温度分布

しかし，図3・10が示しているように，境界層の厚さは流れ方向とともに増加する．また，一般には流動状態や流路の形状などによって変化するので，正確な実測値を得ることは困難である．そこで，工学的観点から，$k/\delta \equiv h_c$ なる量を導入し，(3・17) 式を次式のように書き換える．

$$Q = h_c A (T_1 - T_2) \qquad (3 \cdot 18)$$

上式は，Newton の冷却法則と呼ばれ，強制，自然（自由）対流を問わず対流伝熱量を表す基礎式である．h_c は対流熱伝達係数（対流伝熱係数）と呼ばれ，流体の物性，流速，流れの形式，固体壁の形状や大きさなどに依存する値で $[W/(m^2 \cdot K)]$ なる単位を有する．このように h_c は流体の流速に依存するので物性値ではない．

（2）対流熱伝達係数　対流熱伝達係数 h_c は，種々の因子の影響を受けるので，h_c と諸因子の関係を理論的に導出することは一般に困難であり，通常，次元解析と実験結果を用いて，<u>$Nu = h_c L/k_f$</u>，<u>$Re = L u \rho_f / \mu_f$</u>，$Gr = g\beta L^3 \Delta T \rho_f^2 / \mu_f^2$，<u>$Pr = c_{pf} \mu_f / k_f$</u> などの無次元数の相関式として整理する．なお，L および添え字であるfはそれぞれ代表長さおよび流体であることを指す．

強制対流伝熱に関する相関式の一般形[*]は次式のようになる．

$$Nu = a Re^\alpha Pr^\beta \qquad (3 \cdot 19)$$

また，自然対流伝熱に関しては，

$$Nu = b Gr^\gamma Pr^\delta \qquad (3 \cdot 20)$$

これらの式において，a，b，$\alpha \sim \delta$ は定数で，各伝熱系ごとに実験により定められる．ここで，いくつかの伝熱系について代表的な相関式を表3・1に纏めて示す．なお，境界層内の熱伝達係数は伝熱面の各位置で異なる値になるが，通常の相関式は平均熱伝達係数を用いて整理されている．

例題3・4　外径45mm，内径41mmの鋼管内を(i) 平均温度313K，流速1m/sの水，(ii) 平均温度313K，流速10m/sの空気（圧力：101.3kPa）が流れている場合について，それぞれの対流熱伝達係数を求めよ．

（解）(i) 巻末の付表より，313K の水の物性値が，$\rho_f = 992 \, kg/m^3$，$\mu_f = 6.53 \times 10^{-4} \, Pa \cdot s$，$k_f = 0.632 \, W/(m \cdot K)$，$c_{pf} = 4.18 \, kJ/(kg \cdot K)$ である．まず，Reynolds数（以

---

[*] 層流や伝熱助走区間では，（管長／管径）のような無次元数が含まれ，また，粘度の温度変化が大きい場合には（壁での粘度／主流での粘度）のような無次元数が含まれる．

表 3・1 種々の伝熱系に関する代表的な相関式

伝 熱 系	相 関 式	適 用 範 囲
(1) 円管内の発達した層流の強制対流伝熱	$Nu = 1.86\,Re^{1/3}Pr^{1/3} \times (L/l)^{1/3}(\mu/\mu_w)^{0.14}$	$Re \leq 2.1 \times 10^3$
(2) 円管内の発達した乱流の強制対流伝熱 ($l/L \geq 60$)	$Nu = 0.023\,Re^{0.8}Pr^{0.4}$	$0.7 \leq Pr \leq 120$ $10^4 \leq Re \leq 1.2 \times 10^5$
(3) 平板上の発達した乱流の強制対流伝熱	$Nu = 0.036\,Re^{0.8}Pr^{1/3}$	$0.6 \leq Pr \leq 400$
(4) 単一球外面の強制対流伝熱	$Nu = 2.0 + 0.6\,Re^{1/2}Pr^{1/3}$	$1 \leq Re \leq 7.0 \times 10^4$
(5) 垂直平板上の自然対流伝熱(層流)	$Nu = 0.555(Gr \cdot Pr)^{1/4}$	$10^4 \leq Gr \cdot Pr \leq 10^8$
(6) 同 上 (乱流)	$Nu = 0.129(Gr \cdot Pr)^{1/3}$	$10^8 \leq Gr \cdot Pr \leq 10^{12}$
(7) 水平正方板上の自然対流伝熱(上向加熱面,下向冷却面,層流)	$Nu = 0.54(Gr \cdot Pr)^{1/4}$	$10^5 \leq Gr \cdot Pr \leq 2.0 \times 10^7$
(8) 同 上 (乱流)	$Nu = 0.14(Gr \cdot Pr)^{1/3}$	$2.0 \times 10^7 \leq Gr \cdot Pr \leq 3.0 \times 10^{10}$
(9) 同上 (下向加熱面,上向冷却,層流)	$Nu = 0.27(Gr \cdot Pr)^{1/4}$	$3.0 \times 10^5 \leq Gr \cdot Pr \leq 3.0 \times 10^{10}$
(10) 水平円管外面の自然対流伝熱	$Nu = 0.53(Gr \cdot Pr)^{1/4}$	$Gr \cdot Pr \leq 10^8$

(注) (i) (1)の μ_w は壁温に対する値を示す. (ii) (1)〜(10)において流体の物性値は,境界層平均温度=(壁温+流体主流温度)/2 における値を用いる. (iii) 代表長さ L は,(1),(2)では管内径,(3),(5)〜(9)では平板長さ,(4)では球径,(10)では管外径とする.

降 Re 数と記す)および Prandtl 数(以降 Pr 数と記す)を計算すると,

$$Re = L u \rho_f / \mu_f = (0.041)(1.0)(992)/(6.53 \times 10^{-4}) = 6.23 \times 10^4 \ [-]$$

$$Pr = c_{pf} \mu_f / k_f = (4.18 \times 10^3)(6.53 \times 10^{-4})/0.632 = 4.32 \ [-]$$

Re 数の値より流れは乱流であるものと判断できるので,表 3・1 中の (2) の式:$Nu = 0.023\,Re^{0.8}Pr^{0.4}$ を用いて h_c を計算する.

$$h_c = 0.023(k_f/L)Re^{0.8}Pr^{0.4} = 0.023(0.632/0.041)(6.23 \times 10^4)^{0.8}(4.32)^{0.4}$$
$$= 4.36 \text{ kW}/(\text{m}^2 \cdot \text{K})$$

(ii) 巻末の付表より,313 K,101.3 kPa の空気の物性値は,$\rho_f = 1.127$ kg/m^3,$\mu_f = 19.0 \times 10^{-6}$ Pa·s,$k_f = 0.0272$ W/(m·K),$c_{pf} = 1.006$ kJ/(kg·K) である.Re 数および Pr 数を計算すると,

$$Re = L u \rho_f / \mu_f = (0.041)(1.0)(1.127)/(19.0 \times 10^{-6}) = 2.43 \times 10^4 \ [-]$$

$$Pr = c_{pf} \mu_f / k_f = (1.006 \times 10^3)(19.0 \times 10^{-6})/(0.0272) = 0.703 \ [-]$$

流れは乱流であるものと判断できるので,(i)と同様に h_c を計算すると,

$$h_c = 0.023(k_f/L)Re^{0.8}Pr^{0.4} = 0.023[(0.0272)/(0.041)](2.43 \times 10^4)^{0.8}(0.703)^{0.4}$$
$$= 42.7 \text{ W}/(\text{m}^2 \cdot \text{K})$$

空気の場合の h_c は流速が 10 倍であるにもかかわらず水の h_c に比してかなり小さい.たとえ水と空気の Re 数が同じであっても,Pr 数の値の差から空気の h_c は小さくなる.

例題 3・5 辺長 1 m の正方形平板の表面温度が 353 K に保たれている.この平板を 293 K の静止空気流中に,(i)垂直および(ii)水平(加熱面を上側にする)に置いた

とき,平板から空気への自然対流伝熱量はそれぞれいくらか.

(解) (i) 表3・1に示されている垂直平板の自然対流伝熱相関式は,$Gr \cdot Pr$ の値(層流か乱流か)によって異なる.空気の物性値は境界層の平均温度

$$T_m = (T_s + T_f)/2 = (353 + 293)/2 = 323 \text{ K}$$

の値を用いる.巻末の付表より,$\rho_f = 1.092 \text{ kg/m}^3$,$\mu_f = 19.5 \times 10^{-6} \text{ Pa·s}$,$k_f = 0.028 \text{ W/(m·K)}$,$c_{pf} = 1.007 \text{ kJ/(kg·K)}$ である.なお,線膨張係数 $\beta = 1/T_m = 1/323 = 3.10 \times 10^{-3} \text{ K}^{-1}$ であるので,Gr 数および Pr 数を計算すると,

$$Gr = g\beta L^3 \Delta T \rho_f^2/\mu_f^2 = (9.8)(3.10 \times 10^{-3})(1.0)^3(353-293)(1.092)^2/(19.5 \times 10^{-6})^2$$
$$= 5.72 \times 10^9 \ [-]$$
$$Pr = c_{pf}\mu_f/k_f = (1.007 \times 10^3)(19.5 \times 10^{-6})/0.028 = 0.701 \ [-]$$

$Gr \cdot Pr = (5.72 \times 10^9)(0.701) = 4.01 \times 10^9$ であるから,相関式:$Nu = 0.129(Gr \cdot Pr)^{1/3}$ を用いて h_c を計算する.

$$h_c = 0.129(k_f/L)(Gr \cdot Pr)^{1/3} = 0.129(0.028/1.0)(4.01 \times 10^9)^{1/3}$$
$$= 5.74 \text{ W/(m}^2\text{·K)}$$

故に,伝熱量 Q は,

$$Q = h_c A(T_s - T_f) = (5.74)(1.0)(353 - 293) = 344 \text{ W}$$

(ii) (i) の場合で求めた $Gr \cdot Pr$ の値から,相関式:$Nu = 0.14(Gr \cdot Pr)^{1/3}$ を使う.

$$h_c = 0.14(k_f/L)(Gr \cdot Pr)^{1/3} = 0.14(0.028/1.0)(4.01 \times 10^9)^{1/3}$$
$$= 6.23 \text{ W/(m}^2\text{·K)}$$
$$Q = h_c A(T_s - T_f) = (6.23)(1.0)(353 - 293) = 374 \text{ W}$$

(3) 総括熱伝達係数 各種伝熱装置,例えば熱交換器では,図3・11のように,固体壁を挟んで両側に温度の異なる2流体が流れ,高温流体から低温流体へ固体壁を介して熱移動が生じている.固体壁の表面が清浄であるとすれば,高温流体−固体壁表面間の対流伝熱,固体壁内の伝導伝熱および固体壁表面−低温流体間の対流伝熱の3つが直列的に生じているものと考えることができる.このような伝熱形態を複合伝熱と呼ぶ.なお,同一の場で対流伝熱と伝導伝熱などが同時に生じている伝熱形態のことを共存伝熱と呼ぶ.

いま,図3・11のような定常状態における平板の場合の複合伝熱場を考える.定常状態では

図3・11 複合伝熱の場合の温度分布

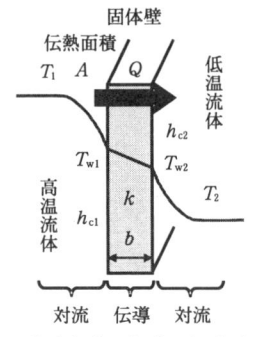

3つの伝熱量 Q は等しいので，次のような関係が成立する．

$$Q = h_{c1}A(T_1 - T_{w1}) = \frac{kA}{b}(T_{w1} - T_{w2}) = h_{c2}A(T_{w2} - T_2) = \frac{T_1 - T_2}{\dfrac{1}{h_{c1}A} + \dfrac{b}{kA} + \dfrac{1}{h_{c2}A}} \tag{3・21}$$

(3.21) 式最終項の分母は全伝熱抵抗であり，次式のように置換すると，

$$\frac{1}{UA} = \frac{1}{h_{c1}A} + \frac{b}{kA} + \frac{1}{h_{c2}A} \tag{3・22}$$

となり，伝熱量 Q は次式となる．

$$Q = UA(T_1 - T_2) \tag{3・23}$$

(3.23) 式中の U を総括熱伝達係数（熱貫流係数）と呼び，単位は対流熱伝達係数 h_c と同様，$[W/(m^2・K)]$ である．中空円筒や球殻のような伝熱面積が内面と外面で異なる場合は，実用上簡便なあるいは計測可能な面積を基準にして総括熱伝達係数を計算することになる．

例題 3・6 例題 3・4 において，油が管外を流れ，管外表面での対流熱伝達係数が $1.20\,kW/(m^2・K)$ であるとき，(i)および(ii)について外表面基準の総括熱伝達係数を求めよ．ただし，鋼管の熱伝導度は $46\,W/(m・K)$ とする．

(解) 鋼管の内表面および外表面の伝熱面積をそれぞれ A_1 および A_2 とし，(3・22) 式を中空円管の場合に書き換えると，

$$\frac{1}{U_2 A_2} = \frac{1}{h_{c1} A_1} + \frac{b}{k A_{lm}} + \frac{1}{h_{c2} A_2} \tag{3・24}$$

いま，単位長さ $(l = 1\,m)$ を基準として考えると，題意より，

$$A_1 = \pi d_1 l = \pi(0.041 \times 1) = 0.129\,m^2$$
$$A_2 = \pi d_2 l = \pi(0.045 \times 1) = 0.141\,m^2$$
$$A_{lm} = (A_2 - A_1)/\ln(A_2/A_1) = (0.141 - 0.129)/\ln(0.141/0.129) = 0.135\,m^2$$
$$b = 0.002\,m,\ k = 46\,W/(m・K),\ h_{c2} = 1200\,W/(m・K)$$

であるから，

$$\frac{1}{U_2} = \frac{A_2}{h_{c1}A_1} + \frac{bA_2}{kA_{lm}} + \frac{1}{h_{c2}} = \frac{0.141}{4360 \times 0.129} + \frac{0.002 \times 0.141}{46 \times 0.135} + \frac{1}{1200} = 1.13 \times 10^{-3}$$

よって，$U_2 = 885\,W/(m^2・K)$.

(ii)の場合は，$U_2 = 37.7\,W/(m^2・K)$ となり，U_2 は h_{c1} に支配されて小さい値となる．

3.4 放射伝熱

(1) 放射の基本的性質　固体，液体あるいは水蒸気，二酸化炭素などの気体は，その温度に応じて特有のスペクトル分布を有する電磁波を射出する．放射伝熱においては，可視光および赤外線域の電磁波，つまり熱放射線を対象とする．熱放射線は物質の温度が高温になるほどエネルギー密度が高いため，放射伝熱は燃焼装置や加熱炉などの高温装置の伝熱において重要な役割を果たす一方，ソーラーコレクタのような放射エネルギーを利用した伝熱操作や，液体窒素を利用するような極低温における伝熱操作においても同程度に重要になる．放射伝熱では，金属などの不透明物質の場合，物質表面での放射，つまり面放射のみを考えればよいが，ガラス，多くの液体，熱放射性気体などの半透明な物質では物体内部での放射，つまり体放射を考えなければならない．ここでは，放射伝熱の基礎を理解するために，面放射に限って説明する．

黒体の概念　熱放射線が実在物体に入射したとき，その一部は表面で反射され，残りはその物体に吸収あるいはその物体を透過する．熱放射線の単位面積当たりのエネルギーを $H[\mathrm{W/m^2}]$ とし，物体による吸収率，反射率および透過率をそれぞれ $\alpha[-]$，$\rho[-]$ および $\tau[-]$ とすると，

$$H = \alpha H + \rho H + \tau H \quad \text{つまり} \quad \alpha + \rho + \tau = 1 \qquad (3 \cdot 25)$$

となる．黒体とは，入射する熱放射線をすべて吸収できる理想物体のことを称し，つまり $\alpha = 1$ あるいは $\rho = \tau = 0$ である物体を指す．いま，図 3・12 のように，温度 $T_\mathrm{A}[\mathrm{K}]$ の黒体壁 A が有する真空空洞内に温度 $T_\mathrm{B}[\mathrm{K}]$ の黒体塊 B があるとき，$T_\mathrm{A} = T_\mathrm{B}\ (>0)$ ならば，両黒体からはその絶対温度に応じたエネルギーが射出されることになる．一方，この射出されたエネルギーは他の黒体に完全に吸収されることになるので，黒体は完全吸収体であるとともに吸収したエネルギーをすべて射出する完全射出体でもある．この法則を放射熱平衡に関する Kirchhoff の法則と呼ぶ．また，図 3・12 にある二つの黒体が同一温度にある状態のことを放射熱平衡状態という．

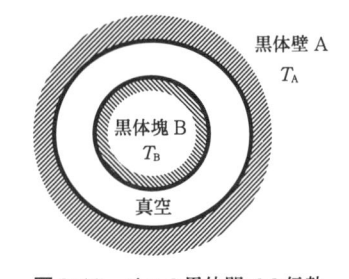

図 3・12　二つの黒体間での伝熱

黒体からの放射エネルギー　Plank の法則によれば，絶対温度 T の黒体から単位面積，単位時間当たりに射出される波長 $\lambda\,[\mu\mathrm{m}]$ の熱放射線のエネルギー（単色黒体放射エネルギー，単色黒体射出能）$E_{b\lambda}\,[\mathrm{W}/(\mathrm{m}^2\cdot\mu\mathrm{m})]$ は次式で与えられる．

$$E_{b\lambda}=\frac{2\pi C_1 \lambda^{-5}}{\exp\left(\dfrac{C_2}{\lambda T}\right)-1} \tag{3・26}$$

ここで，$C_1=5.9544\times10^7\,[\mathrm{W}\cdot\mu\mathrm{m}^4/\mathrm{m}^2]$，$C_2=1.4387\times10^4\,[\mu\mathrm{m}\cdot\mathrm{K}]$ であり，それぞれ Plank の第 1 定数および第 2 定数と呼ばれている．λ と $E_{b\lambda}$ の関係を絶対温度 T をパラメータとして図 3・13 に示す．本図より，$E_{b\lambda}$ はある波長で最大値を有することがわかる．この波長を $\lambda_{\max}$ とすると，$dE_{b\lambda}/d\lambda=0$ より，

$$\lambda_{\max}T=2897.6\,\ \mu\mathrm{m}\cdot\mathrm{K} \tag{3・27}$$

この関係は Wien の変位則と呼ばれている．

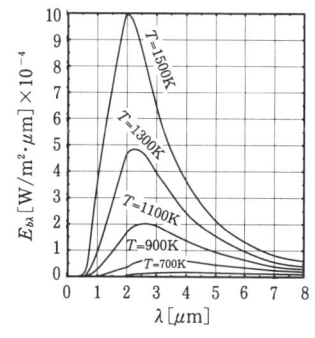

図 3・13　黒体の単色放射エネルギー

つぎに，(3・26)式を全波長域（$\lambda=0\sim\infty$）にわたって積分し，黒体放射エネルギー（全黒体射出能）$E_b\,[\mathrm{W}/\mathrm{m}^2]$ を求めると，

$$E_b=\int_0^\infty E_{b\lambda}\,d\lambda=\sigma T^4 \tag{3・28}$$

上式は Stefan-Boltzmann の法則とよばれ，$\sigma=5.675\times10^{-8}\,[\mathrm{W}/(\mathrm{m}^2\cdot\mathrm{K}^4)]$ であり，これは Stefan-Boltzmann 定数である．

実在物体の灰色体仮定　実在物体の単色放射エネルギー $E_\lambda\,[\mathrm{W}/(\mathrm{m}^2\cdot\mu\mathrm{m})]$ は，同一温度の黒体の単色放射エネルギー $E_{b\lambda}$ より必ず小さくなる．そこで，次式のように両者の比をとる．

$$\varepsilon_\lambda=\frac{E_\lambda}{E_{b\lambda}} \tag{3・29}$$

ここで，$\varepsilon_\lambda\,[-]$ をその物体の単色射出率という．この定義から，実在物体の単色射出エネルギー E_λ は $E_\lambda=\varepsilon_\lambda E_{b\lambda}$ となる．この E_λ を全波長域で積分すれば，次式のように実在物体の放射エネルギー $E\,[\mathrm{W}/\mathrm{m}^2]$ が求まる．

$$E=\int_0^\infty \varepsilon_\lambda E_{b\lambda}\mathrm{d}\lambda=\varepsilon\sigma T^4 \tag{3・30}$$

$$\varepsilon=\frac{\int_0^\infty \varepsilon_\lambda E_{b\lambda}\mathrm{d}\lambda}{\sigma T^4} \tag{3・31}$$

ここで，ε を射出率と呼び，これは物体の種類や状態によって異なるとともに温度によっても異なる値である．いくつかの物質の ε に関する値を表3・2に示す．多くの実在物質に対して表面状態や温度に応じた ε_λ の実測値が得られているわけではなく，(3・31) 式によって ε を求められる例は比較的少ない．そこで，一般の工学計算では，ε_λ が波長や温度に依らず一定であると仮定して計算する．これを灰色体仮定という．

表3・2　各種物質の射出率

物　質	状　態	温度[K]	射出率[－]
アルミニウム	普通研磨面 粗面	296 299	0.04 0.055
黄　銅	高度研磨面	531〜651	0.033〜0.037
銅	普通研磨面 873 K 酸化面	373 473〜873	0.052 0.57
鉄	普通研磨面 圧延鋼板	373 294	0.066 0.66
鉛	灰色酸化面	297	0.28
白　金	純粋研磨面	500〜901	0.054〜0.104
ステンレス鋼	8 Ni-18 Cr，粗面 20 Ni-25 Cr，酸化面	489〜763 489〜800	0.44〜0.36 0.90〜0.97
タングステン	フィラメント（長期使用）	300〜3593	0.032〜0.39
氷		273	0.96
炭　素	フィラメント 粗面板 ランプブラックの厚層	1313〜1679 373〜773 293	0.526 0.77〜0.72 0.97
石　英	粗面	294	0.93
アスベスト	板状	296	0.96
セラミック	アルミナ質	533〜1089	0.93〜0.44
ケイ石レンガ	うわ薬あり，粗面	1373	0.85
耐火レンガ	マグネサイト	1273	0.38
セッコウ	平滑面	294	0.90
油性ペイント	16種，各種の色	373	0.92〜0.96

$$\varepsilon_\lambda = \varepsilon_g \tag{3·32}$$

$\varepsilon_g\,[-]$ を灰色体の射出率と呼ぶ．この灰色体仮定は，研磨金属面などを除けば概ね適用可能である．いま，2つの灰色体が放射熱平衡状態にある場合には，次式が成立する．

$$\varepsilon_g = \alpha = 1 - \rho \tag{3·33}$$

例題 3·7 表面温度が 373, 773 および 1273 K の鉄塊がある．それぞれから射出される放射エネルギーを求めよ．また，Wien の変位則を用いてそれぞれの λ_{max} を求めよ．ただし，鉄塊の灰色射出率 ε_g を 0.8 とする．

（解） (3.30) 式を用いてそれぞれの温度における E を計算する．

373 K の場合： $E = \varepsilon_g \sigma T^4 = (0.8)(5.675 \times 10^{-8})(373)^4 = 8.79 \times 10^2 \, \text{W/m}^2$

773 K の場合： $E = \varepsilon_g \sigma T^4 = (0.8)(5.675 \times 10^{-8})(773)^4 = 1.62 \times 10^4 \, \text{W/m}^2$

1273 K の場合： $E = \varepsilon_g \sigma T^4 = (0.8)(5.675 \times 10^{-8})(1273)^4 = 1.19 \times 10^5 \, \text{W/m}^2$

また，λ_{max} は (3·27) 式から計算できる．

373 K の場合： $\lambda_{max} = 2897.6/T = 2897.6/373 = 7.77 \, \mu\text{m}$

773 K の場合： $\lambda_{max} = 2897.6/T = 2897.6/773 = 3.75 \, \mu\text{m}$

1273 K の場合： $\lambda_{max} = 2897.6/T = 2897.6/1273 = 2.28 \, \mu\text{m}$

（2） 黒体面間の放射伝熱 図 3·14 に示すように，2つの異なる黒体面 $(T_1 > T_2)$ が空間に相対するとき，面1から面2への正味の放射伝熱量 Q は，2面間の放射エネルギーの授受関係により定まる．面1の射出エネルギーのうち面2へ到達する量を $Q_{1 \to 2}$，面2の射出エネルギーのうち面1へ到達する量を $Q_{2 \to 1}$ とすると，面1から面2への正味の伝熱量 Q は，$Q = Q_{1 \to 2} - Q_{2 \to 1}$ となる．図 3·14 中の記号にしたがって Lambelt の余弦法則を適用し，それぞれ $Q_{1 \to 2}$ および $Q_{2 \to 1}$ を求めれば，Q は次式となる．

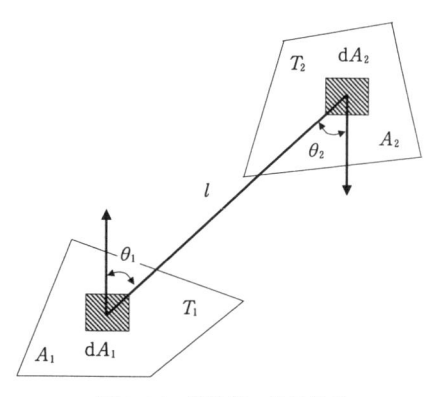

図 3·14 黒体間の放射伝熱

$$Q = F_{1 \to 2} A_1 \sigma (T_1^4 - T_2^4) = F_{2 \to 1} A_2 \sigma (T_1^4 - T_2^4) \tag{3·34}$$

ここで，$F_{1 \to 2}$ および $F_{2 \to 1}\,[-]$ はそれぞれ面1および面2基準の角関係（形態係

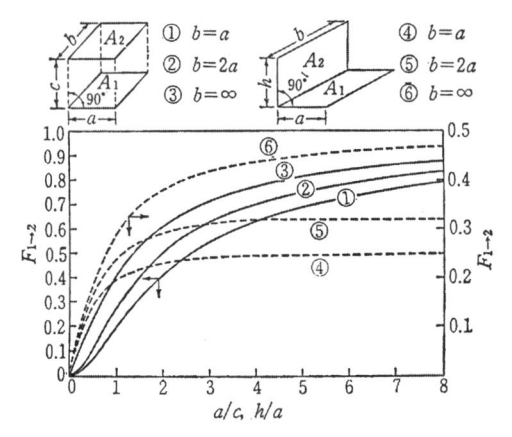

図3・15 相等しい平行2面，垂直2面の角関係

数）とよばれ，次式で与えられる．

$$F_{1\to 2}A_1 = F_{2\to 1}A_2 = \int_{A_1}\int_{A_2}\frac{\cos\theta_1\cos\theta_2}{\pi l^2}\mathrm{d}A_1\mathrm{d}A_2 \tag{3・35}$$

この角関係を求めるにあたっては，面の形状や配置に依存する．なお，以下の関係を適用すれば面間の組み合わせ数に対するすべての角関係を計算する必要はなくなる．i 面と j 面に対する角関係の定理を以下に示す．

$$\text{相互関係：} \quad F_{i\to j}A_i = F_{j\to i}A_j \tag{3・36}$$

$$\text{総和関係：} \quad \sum_{j=1}^{n}F_{i\to j} = 1 \tag{3・37}$$

平面・凸面自身の角関係： $F_{i\to i}=0$

互いに見合わない面間の角関係： $F_{i\to j}=F_{j\to i}=0$

無限平行平板の場合： $F_{1\to 2}=F_{2\to 1}=1$

面1が面2によって完全に囲まれている場合： $F_{1-2}=1$

ただし，凹面の場合は，凹面からの射出エネルギーが自分自身にも吸収されるので角関係は0ではない．一例として，相等しい平行2面および垂直2面に対する角関係を図3・15に示す．

例題 3・8 図3・16に示すような正方形断面の細長い炉について，角関係 $F_{1\to 2}$，$F_{1\to 3}$ および $F_{1\to 4}$ を求めよ．

（解） 面1からの放射エネルギーは面2，3および4のいずれかへ到達する．(3・37)

式の角関係の総和関係より,

$$\sum_{j=1}^{4} F_{1 \to j} = F_{1 \to 1} + F_{1 \to 2} + F_{1 \to 3} + F_{1 \to 4} = 1$$

各面は平面であるので, $F_{1 \to 1} = 0$. よって,

$$F_{1 \to 2} + F_{1 \to 3} + F_{1 \to 4} = 1$$

また, 面1と面2および面1と面4は幾何学的に対称であるから, $F_{1 \to 2} = F_{1 \to 4}$. したがって,

$$2F_{1 \to 2} + F_{1 \to 3} = 1$$

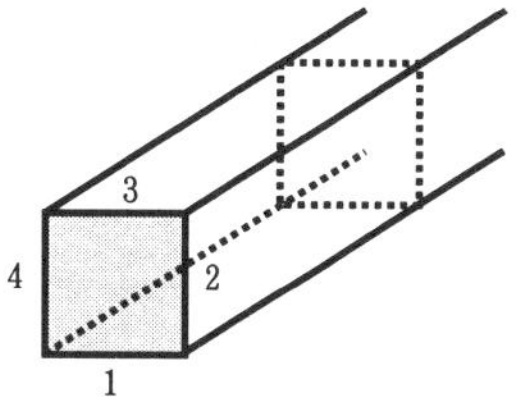

図3・16 正方形断面の細長い炉

図3・15の曲線③において, $a/c = 1.0$ より, $F_{1 \to 3} = 0.414$. ゆえに, $F_{1 \to 2} = F_{1 \to 4} = 0.293$.

(3) 灰色体面間の放射伝熱 図3・14において, 黒体面1および2の射出率がそれぞれ ε_1 および ε_2 の灰色体面に代わった場合を考える. 灰色体面1から射出された放射エネルギーは $\varepsilon_1 A_1 \sigma T_1^4$ であり, このうち角関係 $F_{1 \to 2}$ に相当する分である $F_{1 \to 2} \varepsilon_1 A_1 \sigma T_1^4$ だけ灰色体面2に到達することになる. 灰色体面2では到達した $F_{1 \to 2} \varepsilon_1 A_1 \sigma T_1^4$ のエネルギーのうち ε_2 分だけが吸収され, 残りの $(1 - \varepsilon_2)$ は反射することになる. この反射エネルギーの一部は面1へ再び移動し, これを繰

表3・3 総括吸収率

系	総括吸収率 $\phi_{1 \to 2}$ ($\phi_{1 \to 2} A_1 = \phi_{2 \to 1} A_2$)
① 無限平行面　狭い間隔の曲面 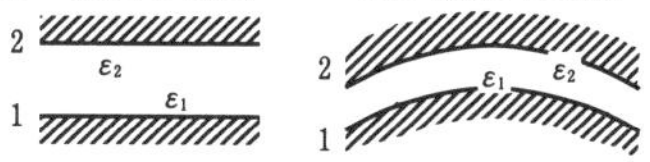	$\dfrac{1}{\phi_{1 \to 2}} = \dfrac{1}{\varepsilon_1} + \dfrac{1}{\varepsilon_2} - 1$
② 1面が他面を完全に包囲する場合 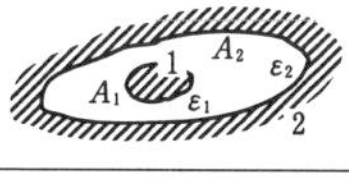	$\dfrac{1}{\phi_{1 \to 2}} = \dfrac{1}{\varepsilon_1} + \left(\dfrac{A_1}{A_2}\right)\left(\dfrac{1}{\varepsilon_2} - 1\right)$ $A_1 \ll A_2$ のとき $\phi_{1 \to 2} = \varepsilon_1$
③ 2面間が空いている場合 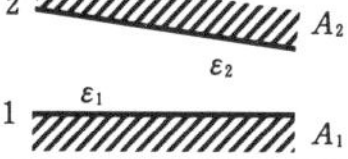	$\dfrac{1}{\phi_{1 \to 2}} = \dfrac{1}{\varepsilon_1 \varepsilon_2 F_{1 \to 2}} - \left(\dfrac{1}{\varepsilon_1} - 1\right)\left(\dfrac{1}{\varepsilon_2} - 1\right) + \left(\dfrac{A_1}{A_2}\right) F_{1 \to 2}$ $A_1 \ll A_2$ のとき $\phi_{1 \to 2} = \varepsilon_1 \varepsilon_2 F_{1 \to 2}$
④ 1, 2, R (反射面)で完全に包囲する場合 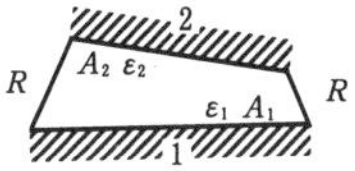	$\dfrac{1}{\phi_{1 \to 2}} = \dfrac{1}{\bar{F}_{1 \to 2}} + \dfrac{1}{\varepsilon_1} - 1 + \left(\dfrac{A_1}{A_2}\right)\left(\dfrac{1}{\varepsilon_2} - 1\right)$ $\bar{F}_{1 \to 2} = F_{1 \to 2} + F_{1 \to R} F_{R \to 2} / (F_{R \to 1} F_{R \to 2})$

り返すことになる．一方，面 2 から射出された放射エネルギーに関しても同様であり，全体として面間の放射エネルギーの授受関係は複雑になる．そこで，2 面間の角関係と面の性状を示す射出率をパラメータとした総括吸収率 $\phi_{i \to j}[-]$ を導入すれば，一般的な 2 面間の放射伝熱量 Q は次式となる．

$$Q = \phi_{i \to j} A_i \sigma (T_i^4 - T_j^4) = \phi_{j \to i} A_j \sigma (T_i^4 - T_j^4) \qquad (3 \cdot 38)$$

(3・38) 式を次式のように書き換える．

$$Q = \phi_{i \to j} A_i \sigma (T_i^4 - T_j^4) = \phi_{i \to j} \sigma (T_i^2 + T_j^2)(T_i + T_j) A_i (T_i - T_j) = h_r A_i (T_i - T_j) \qquad (3 \cdot 39)$$

(3・39) 式は，対流伝熱の法則である Newton の冷却法則と同一であり，h_r [W/(m²・K)] を放射熱伝達係数と呼ぶ．簡単な系について総括吸収率の計算式を表 3・3 に示す．

例題 3・9　保温材を施工した外径 200 mm の水平蒸気管がある．夜間において，保温材の外表面温度が 313 K，外気温度が 283 K であった．保温材外表面の射出率が 0.8 および 0.05 の 2 つの場合について，放射と自然対流によって失われる熱量を求めよ．

（解）　まず，自然対流の対流熱伝達係数 h_c を求める．巻末の付表より，298 K の空気の物性値は，$\rho_f = 1.184 \text{ kg/m}^3$，$\mu_f = 18.3 \times 10^{-6}$ Pa・s，$k_f = 0.0261$ W/(m・K)，$c_{pf} = 1.004$ kJ/(kg・K)，$\beta = 1/298 = 3.36 \times 10^{-3}$ K^{-1} であるので，Gr 数および Pr 数を計算すると，

$$Gr = g\beta L^3 \Delta T \rho_f^2 / \mu_f^2 = (9.8)(3.36 \times 10^{-3})(0.2)^3(313-283)(1.184)^2/(18.3 \times 10^{-6})^2$$
$$= 3.31 \times 10^7 [-]$$
$$Pr = c_{pf} \mu_f / k_f = (1.004 \times 10^3)(18.3 \times 10^{-6})/0.0261 = 0.704 [-]$$

したがって，$Gr \cdot Pr = (3.31 \times 10^7)(0.704) = 2.33 \times 10^7$ であるから，表 3・1 の水平円管の自然対流に関する相関式で，$Nu = 0.53(Gr \cdot Pr)^{1/4}$ が適用できる．本式を用いて h_c を計算すると，

$$h_c = 0.53(k_f/L)(Gr \cdot Pr)^{1/4} = 0.53(0.0261/0.2)(2.33 \times 10^7)^{1/4}$$
$$= 4.81 \text{ W/(m}^2 \cdot \text{K)}$$

つぎに，(3・39) 式の定義にしたがって放射熱伝達係数 h_r を求める．この場合の蒸気管から周囲への総括吸収率 $\phi_{1 \to 2}$ は，表 3・3 の②から求まり，$\phi_{1 \to 2} = \varepsilon$（蒸気管の射出率）となる．したがって，

$\varepsilon = 0.8$ の場合：　$h_r = \varepsilon \sigma (T_1^2 + T_2^2)(T_1 + T_2)$
$$= (0.8)(5.675 \times 10^{-8})[(313)^2 + (283)^2](313 + 283)$$
$$= 4.82 \text{ W/(m}^2 \cdot \text{K)}$$

$\varepsilon = 0.05$ の場合：　$h_r = \varepsilon \sigma (T_1^2 + T_2^2)(T_1 + T_2)$

$$= (0.05)(5.675\times10^{-8})[(313)^2+(283)^2](313+283)$$
$$= 0.301 \text{ W}/(\text{m}^2\cdot\text{K})$$

熱損失 Q は，$Q=(h_c+h_r)\pi dl(T_1-T_2)$ で表される．$l=1$ m として，

$\varepsilon=0.8$ の場合： $Q=(h_c+h_r)\pi dl(T_1-T_2)$
$$= (4.81+4.82)\pi(0.2)(1)(313-283)$$
$$= 181 \text{ W}$$

$\varepsilon=0.05$ の場合： $Q=(h_c+h_r)\pi dl(T_1-T_2)$
$$= (4.81+0.301)\pi(0.2)(1)(313-283)$$
$$= 96.3 \text{ W}$$

なお，(h_c+h_r) を共存熱伝達係数とよぶ．

3.5 熱交換器

(1) 熱交換器の概要 一般に，高温の流体から低温の流体へ熱を移動させる装置を熱交換器とよび，工業的には製造プロセスで使用する流体を所定の温度に加熱・冷却したり，排熱回収によりエネルギー効率を高めたりすることを目的に広く使用されている．

熱交換器は，換熱型熱交換器と蓄熱型熱交換器に大きく分類できる．換熱型熱交換器とは，高温流体と低温流体が伝熱壁を介して熱交換を行うものであり，蓄熱型熱交換器とは，高温流体の熱を一旦蓄熱体に与えた後，低温流体を接触させて熱交換するものである．後者は，流体の一部が他方へ混入する可能性があるなどの欠点もあるが，伝熱壁の材質が耐え切れないほどの高温気体の熱交換が必要な場合などには有用であり，燃焼排ガスの熱回収などによく利用される．代表的な熱交換器の例を図 3・17 に示す．

本節では，換熱型熱交換器の基礎的な事項について説明する．

(2) 熱交換器の基礎式

換熱型熱交換器を理解するため，構造を単純化した模式的な熱交換器を図 3・18 に示す．外部への熱損失を無視すれば，高温流体と低温流体の熱収支を考えると，交換熱量 Q は，

$$Q = C_{ph}W_h(T_{h1}-T_{h2}) = C_{pc}W_c(T_{c2}-T_{c1}) \tag{3・40}$$

ここで，C_p は流体の比熱，W は流体の質量流量，T は流体の温度を表し，添字

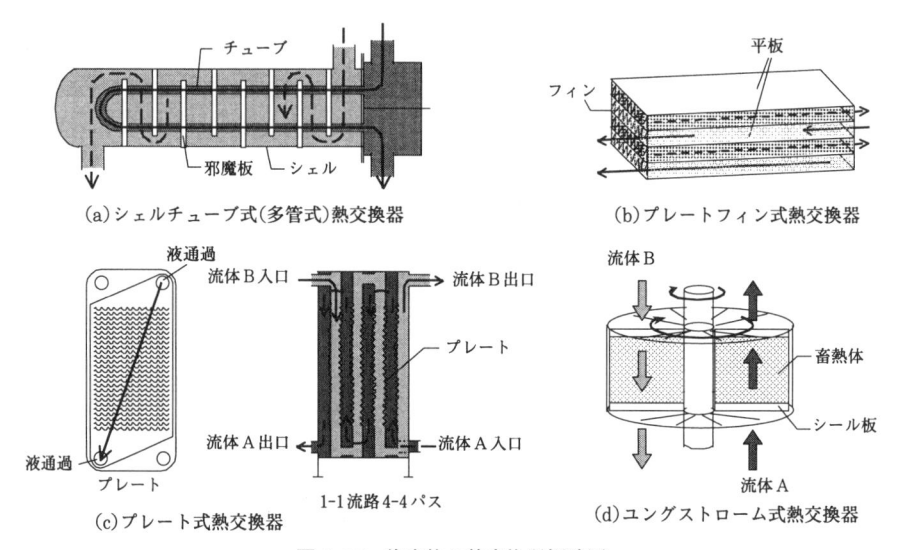

図3・17 代表的な熱交換器概略図

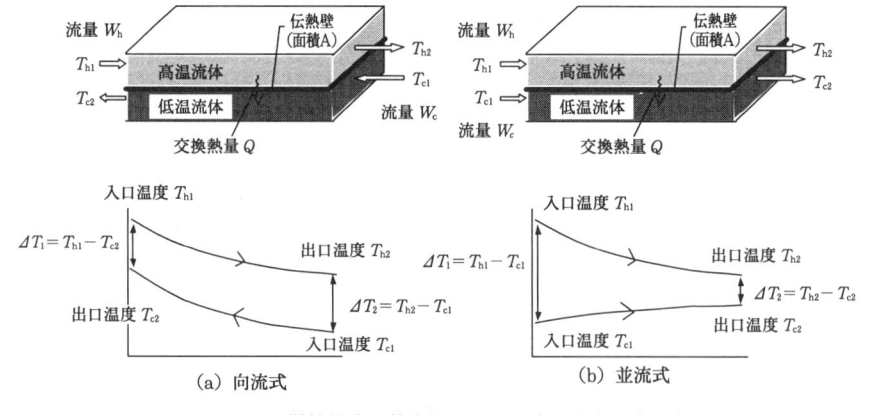

(a) シェルチューブ式(多管式)熱交換器
(b) プレートフィン式熱交換器
(c) プレート式熱交換器
(d) ユングストローム式熱交換器

図3・18 単純構造の熱交換器とその流れ方向温度分布

(a) 向流式
(b) 並流式

h, c, 1, 2はそれぞれ高温流体, 低温流体, 入口, 出口を表す.

一方, 交換熱量 Q は伝熱壁を介して伝えられた熱量であるから, 総括熱伝達係数を U, 伝熱面積を A とすると, 下式で与えられる.

$$Q = UA\Delta T_{av} \tag{3・41}$$

伝熱の推進力である高温流体と低温流体の温度差は, 流れ方向の位置により変

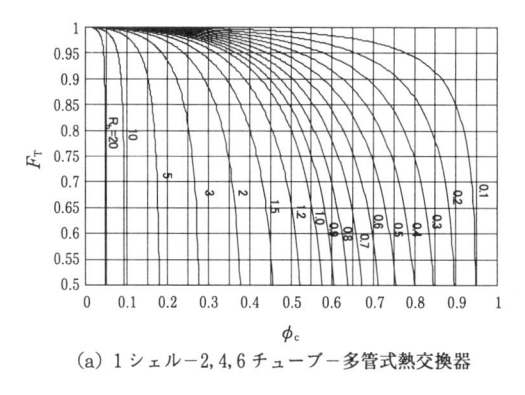

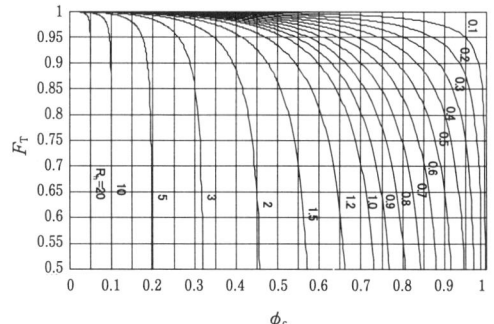

(a) 1シェル-2,4,6チューブ-多管式熱交換器

(b) 2シェル-4,6,8チューブ-多管式熱交換器

$$\phi_c = \frac{T_{c2} - T_{c1}}{T_{h1} - T_{c1}} \qquad R_h = \frac{T_{h1} - T_{h2}}{T_{c2} - T_{c1}} = \frac{C_{pc} W_c}{C_{ph} W_h}$$

図3・19 多管式熱交換器の平均温度差補正係数

化するため，流れ方向の流体温度差の平均値を ΔT_{av} として使用する．図3・18に示される熱交換器の場合には，ΔT_{av} は理論的に下記のような対数平均温度差 ΔT_{lm} となる．

$$\Delta T_{lm} = (\Delta T_1 - \Delta T_2)/\ln(\Delta T_1/\Delta T_2) \tag{3・42}$$

ここで，ΔT_1 は高温側流体入口部での低温側流体との温度差，ΔT_2 は高温側流体出口部での低温側流体との温度差を示す．

複雑な形状の熱交換器における ΔT_{av} を求める場合，現在では計算機によるシミュレーションも可能となってきているが，実用的には向流式熱交換器の $(\Delta T_{lm})_{向}$ を基準にして（3・43）式に表されるような補正係数 F_T の利用が便利で

ある．

$$\Delta T_{\mathrm{av}} = F_{\mathrm{T}}(\Delta T_{\mathrm{lm}})_{\text{向}} \quad (3 \cdot 43)$$

シェルチューブ式熱交換器の補正係数 F_{T} について計算した例を図 3・19 に示す．この図からも明らかなように F_{T} は 1 より小さい値であり，一般に平均温度差 ΔT_{av} は向流式熱交換器の $(\Delta T_{\mathrm{lm}})_{\text{向}}$ 以下となることがわかる．

(3・41) 式において，総括熱伝達係数 U は熱交換器の伝熱壁の形状や流体の種類，流速などにより異なるが，図 3・11 のような厚み b，熱伝導度 k の単純な平板伝熱壁において高温側および低温側熱伝達係数を h_{h}，h_{c} とすると次式により計算できる．

$$1/U = 1/h_{\mathrm{h}} + b/k + 1/h_{\mathrm{c}} \quad (3 \cdot 44)$$

例題 3・10 流量 1.6 t/h で 90 ℃ の排温水を用いて，流量 0.8 t/h で 10 ℃ の冷水を 50 ℃ まで加熱する熱交換器の必要伝熱面積を求めよ．ただし，総括熱伝達係数は 200 W/(m²·K)，水の比熱は 4.2 kJ/(kg·K) とし，熱交換器は①並流式，②向流式，③多管式（1 シェル-2 チューブパス）の 3 種類について比較検討せよ．

（解）　交換熱量 $Q = (0.8 \times 10^3/3600)(4.2)(50-10) = (1.6 \times 10^3/3600)(4.2)(90-T_{h2})$ より

$Q = 37.3$ kW，$T_{h2} = 70$ ℃．各方式の平均温度差 ΔT_{av} は以下のとおり．

① 並流式　$\Delta T_{\mathrm{av}} = \Delta T_{\mathrm{lm}} = \{(90-10)-(70-50)\}/\ln\{(90-10)/(70-50)\} = 43.3$ ℃
② 向流式　$\Delta T_{\mathrm{av}} = \Delta T_{\mathrm{lm}} = \{(90-50)-(70-10)\}/\ln\{(90-50)/(70-10)\} = 49.3$ ℃
③ 多管式　$\phi_{\mathrm{c}} = (50-10)/(90-10) = 0.5$，$R_{\mathrm{h}} = 0.8/1.6 = 0.5$ であるから，図 3・19 より $F_{\mathrm{T}} = 0.94$ である．したがって，$\Delta T_{\mathrm{av}} = F_{\mathrm{T}} \times (\Delta T_{\mathrm{lm}})_{\text{向}} = 46.3$ ℃

(3・41) 式より，$37.3 \times 10^3 = 200 \times A \Delta T_{\mathrm{av}}$ となるので上で求めた各々の値を代入すると，必要な伝熱面積は，並流式：4.31 m²，向流式：3.78 m²，多管式：4.03 m² となる．

（3）NTU 法　熱交換器の設計や性能評価をする場合，流体の出口温度が不明な場合が多い．そのような場合，（2）項で述べたような平均温度差 ΔT_{av} を用いる方法では，収束計算が必要となる．現在は計算機を利用すれば容易に収束解を求めることも可能ではあるが，以下で説明するような NTU 法を用いれば比較的簡単に出口温度が計算できるため製造現場での利用価値は高い．さらに，NTU 法は熱交換器の性能改善の方向性が理解しやすいという利点もある．

交換熱量 Q と高温流体温度 T_{h}，低温流体温度 T_{c} の関係は (3・40) 式で表されるので，例えば $C_{\mathrm{ph}}W_{\mathrm{h}} > C_{\mathrm{pc}}W_{\mathrm{c}}$ の場合，両流体の温度と交換熱量の関係は図 3・

3.5 熱交換器

($C_{ph}W_h > C_{pc}W_c$ の場合)

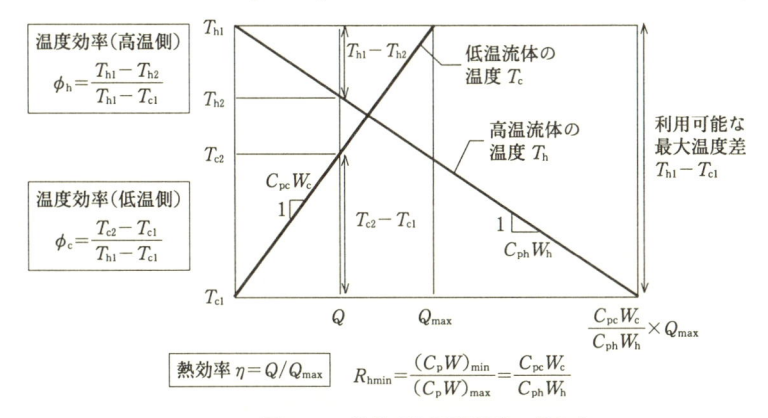

図3・20 熱効率と温度効率の考え方

20のように示すことができる．この場合は，高温側流体温度 T_h が T_{c1} まで下がるよりも少ない交換熱量で，低温側流体温度 T_c が T_{h1} まで到達する．T_c は T_{h1} 以上にはなりえないため，このときの交換熱量が最大交換熱量 Q_{max} となる．また，このときの温度差 $T_{h1} - T_{c1}$ を利用可能な最大温度差とよぶ．

実際の交換熱量 Q は Q_{max} よりも小さく，熱交換器の性能指標の一つとして，熱効率 η が次のように定義される．

$$\eta = Q/Q_{max} \tag{3・45}$$

また，もう一つの性能指標として次式で定義される温度効率も使用される．

高温側温度効率 $\quad \phi_h = (T_{h1} - T_{h2})/(T_{h1} - T_{c1}) \tag{3・46}$

低温側温度効率 $\quad \phi_c = (T_{c2} - T_{c1})/(T_{h1} - T_{c1}) \tag{3・47}$

熱効率 η と温度効率 ϕ の関係は図3・20より容易に理解することができ，この図のように $C_{ph}W_h > C_{pc}W_c$ の場合には，$\eta = \phi_c = (C_{ph}W_h/C_{pc}W_c)\phi_h$ となることがわかる．

熱効率 η は熱移動単位数 NTU（Number of heat Transfer Units の略）と水当量比 R_{hmin} をパラメーターとして，図3・21のように種々の熱交換器に対して整理されている．

$$NTU = UA/(C_pW)_{min} \tag{3・48}$$

$$R_{hmin} = (C_pW)_{min}/(C_pW)_{max} \tag{3・49}$$

(a) 並流型

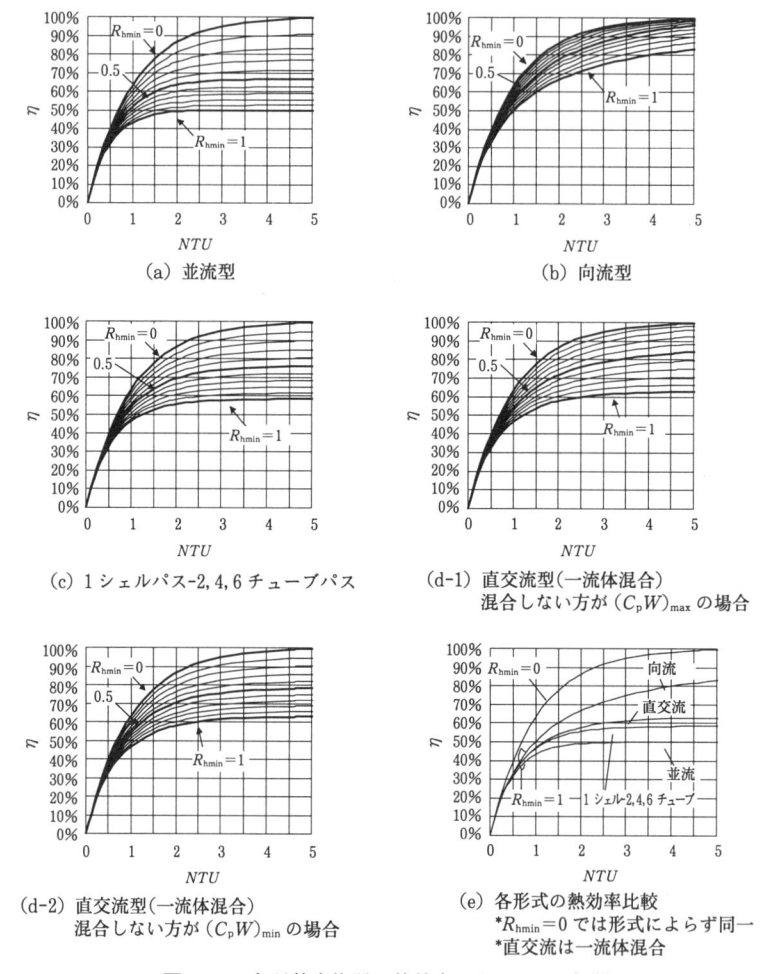

(b) 向流型

(c) 1シェルパス-2, 4, 6チューブパス

(d-1) 直交流型(一流体混合)
混合しない方が $(C_pW)_{max}$ の場合

(d-2) 直交流型(一流体混合)
混合しない方が $(C_pW)_{min}$ の場合

(e) 各形式の熱効率比較
＊$R_{hmin}=0$ では形式によらず同一
＊直交流は一流体混合

図3・21 各種熱交換器の熱効率 η と NTU の相関

$(C_pW)_{min}$ および $(C_pW)_{max}$ はそれぞれ水当量の小さい方および大きい方の値を意味する．この図を利用して熱効率や温度効率が得られれば，入口の流体温度から出口温度を即座に求めることが可能である．

また水当量や熱交換器の大きさ（UA）が一定で，入口の温度のみ変化するような場合，温度効率は変化しないため，NTU法を用いれば季節や操業温度の変化による出口温度への影響は，容易に計算することができる．

例題 3·11 流量 $2.80\,\mathrm{m_N^3/s}$, 入口温度 $250\,°\mathrm{C}$ の排ガスにて, 流量 $1.60\,\mathrm{m_N^3/s}$, 入口温度 $20\,°\mathrm{C}$ の燃焼用空気を予熱する多管式熱交換器（1シェル-2チューブパス）がある. NTU 法により各出口温度を求めよ. ただし, $U=45\,\mathrm{W/(m^2 \cdot K)}$, $A=100\,\mathrm{m^2}$, 排ガス比熱 $=1.50\,\mathrm{kJ/(m_N^3 \cdot K)}$, 空気比熱 $=1.30\,\mathrm{kJ/(m_N^3 \cdot K)}$ とする. なお, 単位中の $\mathrm{m_N^3}$ の意味については第1章演習問題 1.26 を参照.

（解） まず, それぞれの水当量を求める.

$$C_{ph}W_h = 1.50 \times 2.80 = 4.20\,\mathrm{kW/K} = (C_p W)_{max}$$
$$C_{pc}W_c = 1.30 \times 1.60 = 2.08\,\mathrm{kW/K} = (C_p W)_{min}$$

したがって,

$$R_{hmin} = 2.08/4.20 = 0.495$$
$$NTU = (45 \times 100)/(2.08 \times 10^3) = 2.16$$

図 3·21(c) より, $\eta = \phi_c = 0.7$. ゆえに, (3·47) 式より,

$$\phi_c = (T_{c2} - 20)/(250 - 20) = 0.7 \quad \therefore T_{c2} = 181\,°\mathrm{C}$$

また, $\phi_h = R_{hmin} \times \phi_c$ であるから,

$$T_{h2} = 250 - (0.495)(181 - 20) = 170\,°\mathrm{C}$$

（4） 熱交換器設計上の注意事項

熱交換器を設計する場合には, 流体条件や使用条件などに応じて, 適切な構造を選択しなければならない. その代表的なポイントを紹介する.

a) 伝熱面の汚れ

ガス中粉塵の堆積や液中溶質の析出, 燃焼排ガスの煤や海水を使用する場合の藻類, 貝類の付着など, 実際の熱交換器の使用にあたっては伝熱面の汚れは無視できない影響を及ぼすことが多い. 設計に際しては汚れ係数 r_s とよばれる伝熱抵抗を考慮し, 能力に余裕を持たせる必要がある. 図 3·22 のような平板伝熱壁に汚れが付着している場合, 総括熱伝達係数 U は, (3·44) 式に汚れ係数を加え,

$$1/U = 1/h_h + r_{sh} + b/k + r_{sc} + 1/h_c \tag{3·50}$$

により計算することができる.

汚れ係数としては, 表 3·4 に示すよう

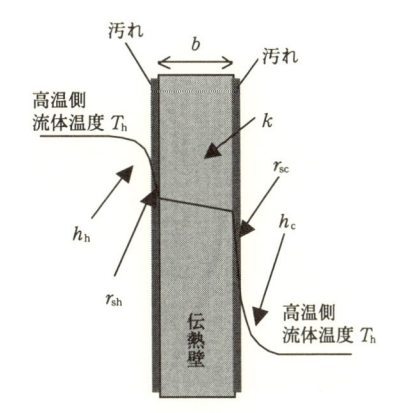

図 3·22 汚れ平板伝熱壁の総括熱伝達係数

な代表値や，付着物の厚み L_s と熱伝導度 k_s を用いた計算値，

$$r_s = L_s/k_s \quad (3 \cdot 51)$$

を用いる場合もあるが，実際の汚れ度合いは設備の使用状態により異なるため，通常は実験・経験的に求めることとなる．汚れが予想される場合は定期的に伝熱面を洗浄できるような構造を採用するべきである．

表3・4 流体の汚れ係数の例

流体の種類	汚れ係数 r_s [m²·K/W]
海水	0.00009
水道水	0.0002
淡水	0.0002〜0.001
潤滑油	0.0002
機械油	0.0002
有機液体	0.0002
水蒸気	0.00009
空気	0.0003
コークス炉ガス	0.002

b) 圧力損失

熱交換器のコンパクト化を図るためには，流体通路の断面積を小さくし，単位体積あたりの伝熱面積を大きくすればよいが，極端なコンパクト化は圧力損失の増大を招くため，逆に動力コストが増大することになる．最適なサイズの設計が肝要である．

c) 熱膨張

熱交換器内には必ず温度差が生じるので，場所によって熱膨張差が生じる．熱膨張差による応力で伝熱管の接続部が外れたり，破損したりすることもあるため，熱膨張を逃がすような構造にする必要がある．

d) 耐食性

腐食性の強い流体を使用する場合は耐食性のある素材を採用する必要がある．とくに燃焼排ガスを冷却する場合は，一般に 200 ℃ 以下で酸露点となる危険性があるため，適切な伝熱面温度となるように設計段階から注意が必要である．

例題 3・12 新品時に，高温側熱伝達係数 2000 W/(m²·K)，低温側熱伝達係数 3000 W/(m²·K) なる熱交換器（伝熱壁熱伝導度 386 W/(m·K)，厚み 19.3 mm）があった．新品時および長期使用により高温側伝熱壁面が汚れた場合について，総括熱伝達係数を求めよ．ただし，汚れの熱伝導度は 0.6 W/(m·K)，汚れ厚みは 1 mm とする．

（解） 新品時の総括熱伝達係数は (3・44) 式より，

$$1/U = (1/2000) + (19.3/1000)/386 + (1/3000)$$

したがって，$U = 1132$ W/(m²·K)

一方，汚れ係数は式 (3・51) より，

$$r_s = (1/1000)/(0.6) = 1.666 \times 10^{-3} \text{ m}^2\text{·K/W}$$

となるので，汚れた場合の総括熱伝達係数は，(3・50)式より

$$1/U=(1/2000)+(1.666\times10^{-3})+(19.3/1000)/386+(1/3000)$$

したがって，$U=392\,\mathrm{W/(m^2 \cdot K)}$．わずかな汚れでも大きく能力が低下する．

3.6 燃焼炉設備

（1）燃焼炉設備の概要　燃焼炉設備は，高温の環境を必要とするプロセスにおいて広く使用されている．例えば，金属の溶解・精錬設備や，セメントやセラミックの焼成設備，プラスチックや廃油のガス化・熱分解のような高温反応設備，金属の熱処理設備など，現代の工業プロセスにおいては欠かせないものとなっている．

　燃焼炉設備は伝熱・流動・反応が相互に関連しあった複雑な現象により成立しているものであるが，ここでは燃焼加熱炉の伝熱に主眼を置いた内容について説明する．燃焼加熱炉は伝熱形式により直接加熱方式と間接加熱方式に大きく分類することができる．直接加熱方式は燃焼ガスが直接被熱物と接触して加熱する方式であり，一般に高い加熱能力や熱効率が得られる．間接加熱方式は燃焼ガスから壁面を介して間接的に放射伝熱や伝導伝熱により被熱物を加熱する方式である．このため燃焼ガスと被熱物の接触を避け，加熱雰囲気調整が必要な無酸化加熱や浸炭処理などに，通常適用される．

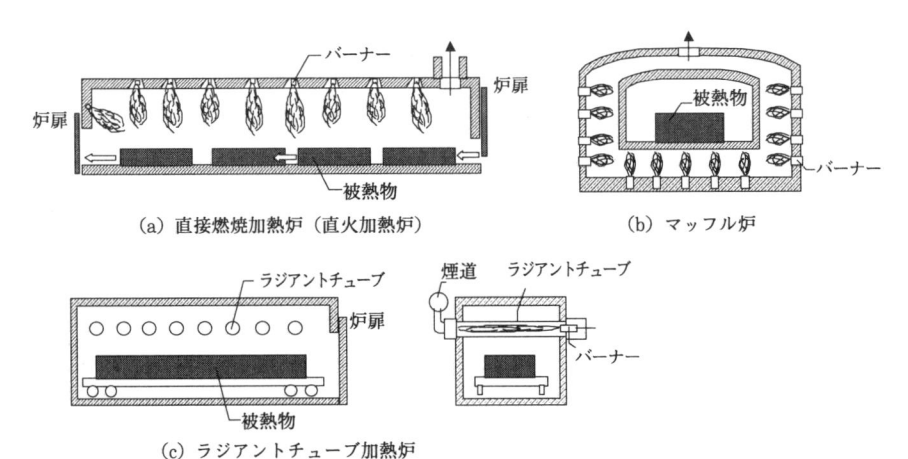

図3・23　燃焼加熱炉の代表的な形式

(a) 直接燃焼加熱炉（直火加熱炉）
(b) マッフル炉
(c) ラジアントチューブ加熱炉

燃焼加熱炉は目的に応じて多種多様な形式が存在するが，その一例を図 3・23 に示す．

（2）燃焼加熱炉の熱精算 燃焼加熱炉の入熱と出熱を項目別に算出し収支をとることを熱精算あるいは熱勘定とよび，燃料原単位の改善や省エネルギー化を推進する際に，有用な情報を得ることができる．熱精算の例を図 3・24 に示す．

炉の性能を表す指標として，しばしば熱効率が使用される．燃料発熱量基準の熱効率 η は（3・52）式で定義される．

$$\eta = Q_{eff}/Q_f = (Q_f - Q_{loss})/Q_f \tag{3・52}$$

ここで，Q_{eff} は有効熱量，Q_f は燃料発熱量，Q_{loss} は損失熱量である．熱効率の使用にあたっては有効熱量の定義を明確にする必要がある．熱効率 η を高めるためには損失熱の抑制が必要であるが，一般に燃焼加熱炉においては排ガスの持ち去る損失熱の割合が大きい．

排ガス損失を抑制する方策の一つは燃焼空気比の最適化である．図 3・25 に空気比と損失熱量の関係を示す．空気比は低すぎると未燃による煤発生や熱効率の低下をもたらすが，排ガス損失抑制の観点から問題のない範囲で極力空気比を低減することが有効である．もう一つの方策は排ガスの熱回収効率向上である．一般に燃焼設備においては排ガスと燃焼用空気の熱交換装置が設置されていることが多い．排ガスによる空気予熱と燃料節約率の関係を図 3・26 に示

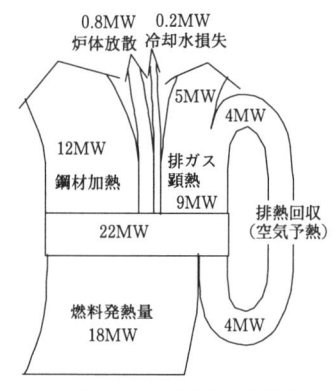

図 3・24 熱精算の実施例

す．排ガス熱回収効率が高いほど熱効率は改善されるため，サーマル NOx の増加などが問題にならない範囲で燃焼空気の高温予熱が行われている．

燃焼加熱炉の運転形式はバッチ（回分）式と連続式に分類できるが，昇温や降温を繰り返すバッチ式や，連続式でも加熱温度が頻繁に変わる場合においては，炉の熱容量が熱効率に大きな影響を与える．したがってこのような操炉形式の場合，熱効率向上のためには，炉壁の設計が重要な要素となる．炉壁の断熱性を確保すると同時に熱容量が大きくなりすぎないよう，断熱材の厚みや材質の最適化が必

3.6 燃焼炉設備

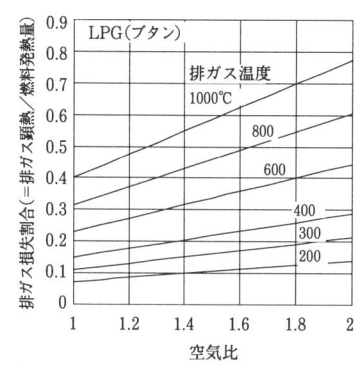

図 3・25 空気比と排ガス損失熱量の関係

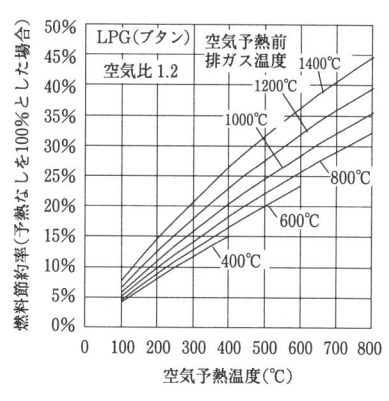

図 3・26 空気予熱と燃料節約率の関係

要である．

例題 3・13 20 t の鋼材を 24 h かけて 293 K(20 ℃) から 1293 K(1020 ℃) まで昇温する燃焼加熱炉（表面積 42 m²）がある．この炉では，発熱量 18 MJ/m_N^3 の燃料ガスが平均 70 m_N^3/h 消費される．燃料発熱量基準の熱効率を求めよ．さらに炉体表面温度 328 K(55 ℃)，排ガス流量 413 m_N^3/h，排ガス温度 973 K(700 ℃) の場合の，炉体放散熱量と排ガス損失熱量を求めよ．但し鋼材比熱 0.67 kJ/(kg・K)，外気温度 293 K(20 ℃)，炉体表面の外気との熱伝達係数 8 W/(m²・K)，排ガス比熱 1.46 kJ/(m_N^3・K) とする．

(解) 鋼材の加熱に使用される有効熱量 Q_{eff} と燃料発熱量 Q_f は，

$$Q_{eff} = (20 \times 10^3)(0.67 \times 10^3)(1293 - 293) = 13.4 \times 10^3 \text{ MJ/d}$$

$$Q_f = (18 \times 10^6)(70)(24) = 24.2 \times 10^3 \text{ MJ/d}$$

したがって熱効率 η は式 (3・52) より

$$\eta = Q_{eff}/Q_f = (13.4 \times 10^3)/(24.2 \times 10^3) = 55.4\%$$

炉体放散熱量 Q_{rad} は次のとおり．

$$Q_{rad} = (8)(42)(328 - 293)(24 \times 3600) = 1.02 \times 10^3 \text{ MJ/d}$$

基準温度を 293 K(20 ℃) として排ガス損失熱量 Q_{ex} を求めると

$$Q_{ex} = (455)(24)(1.46 \times 10^3)(973 - 293) = 9.84 \times 10^3 \text{ MJ/d}$$

排ガス温度が高く，排ガス損失の占める割合が大きいことがわかる．

(3) 燃焼炉による加熱計算 燃焼加熱炉における被熱物への伝熱は炉形式に大きく依存し，バーナ火炎による放射や対流伝熱といった複雑な現象を取り扱う必要がある．最近はバーナ火炎による伝熱シミュレーションの報告事例もあるが，実際には加熱炉実態調査から炉特性を決定する方式が一般的である．ここではガス燃焼火炎による直接加熱炉（直接燃焼加熱炉）の簡単な例について説明す

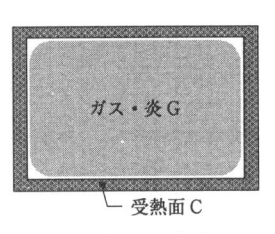

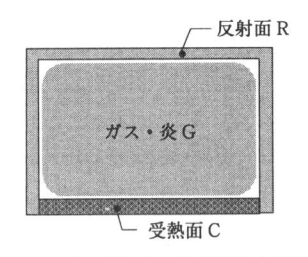

図3·27 燃焼加熱炉の模式図
(a) 周囲が受熱面　(b) 下面が受熱面，下面以外は反射面

る.

　直接燃焼加熱炉においては，一般に炉内温度は高温であるので対流伝熱よりも放射伝熱の方が大きく支配的である．放射伝熱は燃焼ガス中に含まれる CO_2 や H_2O のガス放射が主要な役割を果たす．

　燃焼加熱炉を模式化した例を図3·27(a)，(b)に示す．いずれも加熱炉内に均一温度の燃焼ガスGが充満しており，(a)では周囲すべてが受熱面C，(b)では下面のみが受熱面Cで他はすべて反射面Rである．温度 T_G の燃焼ガスから温度 T_C の受熱面への放射伝熱量 Q_r および対流伝熱量 Q_c は，(3·38)，(3·18)式にならってそれぞれ次式で与えられる．

$$Q_r = \phi_{C \to G} A_C \sigma (T_G^4 - T_C^4) \tag{3·53}$$

$$Q_c = h_c A_C (T_G - T_C) \tag{3·54}$$

ここで A_C は受熱面面積，σ は Stefan-Boltzmann 定数，h_c は対流熱伝達係数，$\phi_{C \to G}$ は受熱面基準の総括吸収率である．$\phi_{C \to G}$ は，図3·27(a)の場合については表3·3の②より，

$$1/\phi_{C \to G} = 1/\varepsilon_G + 1/\varepsilon_C - 1 \tag{3·55}$$

となり，(b)の場合については，

$$1/\phi_{C \to G} = 1/\bar{F}_{C \to G} + 1/\varepsilon_C - 1 \tag{3·56}$$

により与えられる．ここで，

$$\bar{F}_{C \to G} = \varepsilon_G [1 + (A_R/A_C)/\{1 + (\varepsilon_G/(1-\varepsilon_G))(A_R/A_C)\}] \tag{3·57}$$

ただし，A_R は反射面面積，ε_G，ε_C はそれぞれ燃焼ガス塊および受熱面の平均射出率である．$A_R = 0$ のとき，(3·56)式は (3·55) 式に一致する．ε_G が未知の場

合，次のように近似的に求めることができる．

$$\varepsilon_G \approx (1/2)\{(\varepsilon_{CO_2}+\varepsilon_{H_2O}T_G)+(\varepsilon_{CO_2}+\varepsilon_{H_2O}T_C)\} \tag{3・58}$$

CO_2 と H_2O の射出率 ε_G を求める方法の一つとして，下記のような Schack の式を紹介しておく．

$$\varepsilon_{CO_2}=0.15(P_{CO_2}\cdot L_e)^{1/3}(T_G/100)^{-0.5}$$

$$\varepsilon_{H_2O}=6.93\times10^{-4}P_{H_2O}^{0.8}L_e^{0.6}(T_G/100)^{-1} \tag{3・59}$$

ここで，P_{CO_2}，P_{H_2O} はそれぞれ CO_2，H_2O の分圧 [Pa]，L_e は放射に対するガス塊の有効厚さ [m] である．$L_0=4\times$(ガス塊体積)/(ガス塊表面積)とすれば，通常の火炎の場合，$L_e=0.9L_0$ とみなしてよい．

例題 3・14 図 3・28 に示すような鋼材スラブの箱型加熱炉がある．このとき，燃焼ガスは加熱室内に充満しており，その温度は 1473 K (1200 ℃)，燃焼ガス中の CO_2，H_2O の体積濃度はそれぞれ 14.5 %，11.5 % であった．スラブの平均温度を 773 K (500 ℃)，射出率を 0.85，ガスとスラブ間の平均対流熱伝達係数を 35 W/(m²・K) とするとき，燃焼ガスからスラブへの伝熱量を計算せよ．ただし，燃焼室内圧力は大気圧としてよい．

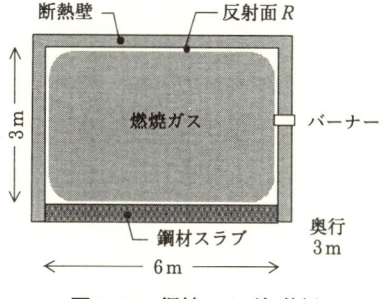

図 3・28 鋼材スラブ加熱炉

（解）　まず，ガスの射出率 ε を求める．ガス塊の有効厚さ L_e は，

$$L_e=0.9L_0=(0.9\times4)(3\times6\times3)/(3\times3\times2)+(3\times6\times4)=2.16\,\text{m}$$

(3・59) 式により，

$$\varepsilon_{CO_2}=0.15\{(1.013\times10^5)(0.145\times2.16)\}^{1/3}(T_G/100)^{-0.5}=0.475(T_G/100)^{-0.5}$$

$$\varepsilon_{H_2O}=(6.93\times10^{-4})\{(1.013\times10^5)(0.115)\}^{0.8}(2.16)^{0.6}(T_G/100)^{-1}$$

$$=1.97(T_G/100)^{-1}$$

これらを (3・58) 式に代入し，$T_G=1473$ K，$T_C=773$ K とすると，$\varepsilon_G=0.342$．

つぎに，放射による伝熱量 Q_r を，(3・53) 式により求める．本加熱炉は図3・27の(b)の場合に対応するので，$\phi_{C\rightarrow G}$ は (3・56)，(3・57) 式により求める．

$A_R=72\,\text{m}^2$，$A_C=18\,\text{m}^2$ を用いて (3・57) 式より，

$$\bar{F}_{C\rightarrow G}=0.342[1+(72/18)/\{1+(0.342/(1-0.342))(72/18)\}]=0.786$$

これを (3・56) 式に代入することにより

$$\phi_{C \to G} = (1/0.786 + 1/0.85 - 1)^{-1} = 0.690$$

したがって，$Q_r = \phi_{C \to G} A_C \ \sigma (T_G^4 - T_C^4)$

$$= (0.690)(18)(5.675 \times 10^{-8})(1473^4 - 773^4) = 3.07 \times 10^6 \text{ W}$$

一方，対流伝熱量は（3・54）式により，

$$Q_c = h_c A_C (T_G - T_C)$$

$$= (35)(18)(1473 - 773) = 4.41 \times 10^5 \text{ W}$$

両者を合わせて，燃焼ガスからスラブへの総伝熱量は，

$$Q = Q_r + Q_c = 3.51 \times 10^6 \text{ W} = 3.51 \text{ MW}$$

Q_r は Q_c より1桁近く大きな値となっている．

3.7 蒸発装置

（1）蒸発装置の概要 海水からの淡水製造や食塩の分離，濃縮果汁液の製造，廃液の濃縮処理など，溶液を加熱して溶媒と溶質を分離するプロセスにおいては，一般に溶媒の蒸発に大きなエネルギーを要する．エネルギー効率を向上するためには，発生した蒸気のエネルギーを別の溶液の加熱蒸発に利用すべきであり，このような場合，蒸気を加熱源とした蒸発缶とよばれる蒸発装置が通常使用される．蒸発缶の代表例として，標準型蒸発缶の概略を図3・29に示す．蒸発缶は加熱器，飛沫分離器，凝縮器，真空発生器などから構成される．蒸発缶では，蒸発を伴う伝熱を取り扱う必要があるため，溶液の蒸発現象に関する項目も含め，以下に基礎的な事項を説明する．

（2）沸点上昇 沸点とは溶液の蒸気圧と環境圧力が同一になる温度である．溶液の蒸気圧は溶質の存在のために純溶媒より低くなっており，沸点は高くなる．これを沸点上昇という．理想溶液の沸点上昇は次式のRaoultの法則により求めることができる．

$$p = XP \quad (3 \cdot 60)$$

ここで，p は溶液中の溶媒の蒸気圧，P は溶液と同一温度の純溶媒の蒸気圧，X は溶液中の溶媒のモル分率である．希薄溶液や高分子溶液などは普通理想溶液とみなせるが，蒸発操作の

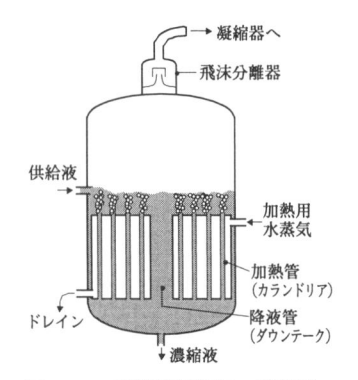

図3・29 標準型蒸発缶の概略図

3.7 蒸発装置

対象となる溶液の多くは電解質溶液や濃厚溶液などの非理想溶液であるため，Raoult の法則は適用できない．非理想溶液に関しては，Raoult の法則の変形である次式が用いられる．

$$p = KP \tag{3・61}$$

ここで，K は関係蒸気圧とよばれ，溶媒のモル分率 X に依存する実験的定数である．ある濃度の溶液において，同一の蒸気圧を示す溶液と溶媒の温度はほぼ直線関係となり，これを濃度ごとに表したものを Dühring 線図とよぶ．これを用いて非理想溶液の沸点上昇を求めることが可能である．例として，NaCl 水溶液の Dühring 線図を図 3・30 に示す．

蒸発缶のように伝熱面が溶液中にある場合には，溶質による沸点上昇とともに，溶液の静圧による沸点上昇も考慮する必要がある．溶液表面に働く圧力（操作圧力）を p，伝熱面上に働く圧力を p_z とすれば，

$$p_z = p + \bar{\rho}gz \tag{3・62}$$

ここで，z は溶液表面から伝熱面までの距離，$\bar{\rho}$ は溶液の平均密度である．蒸気圧がこの圧力 p_z に等しくなる温度が伝熱面上での沸点となるが，真空や減圧下の蒸発操作では p が小さいため相対的に静圧の寄与が増大することに注意が必要である．

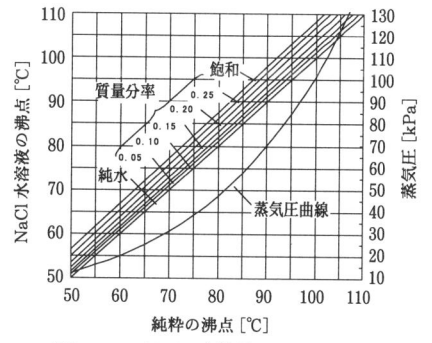

図 3・30 NaCl 水溶液の Dühring 線図

例題 3・15 （ⅰ）100 g の水に 20 g の $NaNO_3$ を溶解した溶液は 373 K（100 ℃）で 94.1 kPa の蒸気圧を示す．大気圧（101.3 kPa）のもとでこの溶液の沸点はいくらか．
（ⅱ）質量分率 0.25 の NaCl 水溶液について，圧力 13.3 kPa における沸点および沸点上昇を Dühring 線図より求めよ．

（解） （ⅰ）非理想溶液であるから，(3・61) 式を用いて求める．373 K の純水の蒸気圧は 101.3 kPa である．したがって，

$$K = p/P = (94.1 \times 10^3)/(101.3 \times 10^3) = 0.929$$

水溶液が 101.3 kPa の蒸気圧を示す温度において，純水の蒸気圧 P は

$$P = p/K = (101.3 \times 10^3)/0.929 = 1.09 \times 10^5 \text{Pa} = 109.0 \text{ kPa}$$

純水が109.0 kPaの蒸気圧を示すのは，付表より375 K(102℃)である．ゆえに，沸点は375 Kである．

（ii）図3・30において，蒸気圧13.3 kPaに相当する純水の沸点は52℃．それに対応する水溶液の沸点は56℃．したがって，沸点上昇は4℃である．

（3） 単一蒸発缶の熱，物質収支 図3・31に示す単一蒸発缶について，総括的な物質収支および溶質物質収支をとると，

$$F = V + W \tag{3・63}$$
$$x_F F = x_W W \tag{3・64}$$

缶液と缶出液は同一組成，同一温度にあり，蒸発蒸気は缶液の沸点における水蒸気（過熱水蒸気）であり，さらに加熱用水蒸気は凝縮後その飽和温度で缶を去るとすれば，熱収支は次のようになる．

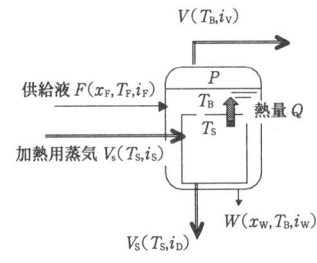

図3・31 単一蒸発缶（模式図）

$$Q = V_S(i_S - i_D) = i_V V + i_W W - i_F F \tag{3・65}$$

ここで，i_S, i_D, i_V, i_W, i_F はそれぞれ加熱用水蒸気，凝縮水，蒸発蒸気，缶出液，供給液のエンタルピーである．缶液の沸点上昇をΔT，沸点T_BからΔTを引いた温度における水の蒸発潜熱をλ，加熱用水蒸気の蒸発潜熱をλ_S，供給液，缶液，発生蒸気の凝縮水，水蒸気の比熱をそれぞれC_{PF}, C_{PW}, C_{PD}, C_{PS}とすれば，

$$i_S - i_D = \lambda_S, \quad i_V - i_W = \lambda + (C_{PD} - C_{PW})T_B - (C_{PD} - C_{PS})\Delta T,$$
$$i_W - i_F = C_{PW} T_B - C_{PF} T_F$$

であるから，$W = F - V$を考慮して（3・65）式を書き換えると

$$Q = \lambda_S V_S$$
$$= \{\lambda + (C_{PD} - C_{PW})T_B - (C_{PW} - C_{PS})\Delta T\} V + (C_{PW} T_B - C_{PF} T_F)F \tag{3・66}$$

希薄溶液の場合や簡便な取り扱いをする場合には，上式を次式で近似してもよい．

$$Q = \lambda_S V_S = \lambda V + \bar{C}_{PF}(T_B - T_F)F \tag{3・67}$$

ただし$\bar{C}_{PF}$は平均比熱である．

熱量Qは，温度T_Sの加熱用水蒸気から温度T_Bの缶液へ伝熱管を通して伝え

3.7 蒸発装置

られたものである．したがって，

$$Q = U_\mathrm{o} A_\mathrm{o} (T_\mathrm{S} - T_\mathrm{B}) \tag{3・68}$$

ここで，A_o は伝熱管外表面積，U_o は A_o 基準の総括熱伝達係数で，(3・69) 式で与えられる．

$$1/(U_\mathrm{o} A_\mathrm{o}) = 1/(h_\mathrm{i} A_\mathrm{i}) + r_\mathrm{si}/A_\mathrm{i} + 1/(k A_\mathrm{lm}) + 1/(h_\mathrm{o} A_\mathrm{o}) + r_\mathrm{so}/A_\mathrm{o} \tag{3・69}$$

(3・69) 式で汚れ係数を加味しているように，蒸発缶の場合，特に溶質が伝熱管表面に析出付着し伝熱を低下させる場合があるので注意が必要である．

沸点上昇の大きい溶液に対しては，真空または減圧下で操作を行い，溶液の沸点を低下させ伝熱に有効な温度差を増大させるのが普通である．このような真空や減圧下の蒸発操作は熱経済性を高めるうえで必須であり，特に後述する多重効用蒸発缶では有効である．

例題 3・16 質量分率 0.05 のショ糖水溶液 8.0 t/h を単一蒸発缶を用いて質量分率 0.4 まで濃縮したい．操作圧力は 16 kPa とし，加熱用水蒸気には 393 K (120 ℃) の飽和水蒸気を用いる．原液を 293 K (20 ℃) で供給するとき，総括伝熱係数 U_o を 1.74 kW/(m²·K) とすれば，伝熱面積および加熱用水蒸気量はいくらになるか．ただし，ショ糖水溶液は Raoult の法則に従い，またその比熱は 3.77 kJ/(kg·K) とする．

(**解**) ショ糖の分子量は 0.342 kg/mol，水の分子量は 0.018 kg/mol であるから，質量分率 0.4 のショ糖水溶液における水のモル分率 X は

$$X = (0.6/0.018)/(0.6/0.018 + 0.4/0.342) = 0.966$$

水溶液の沸点で純水の示す蒸気圧 P は，

$$P = p/X = (16 \times 10^3)/0.966 = 1.66 \times 10^4 \, \mathrm{Pa} = 16.6 \, \mathrm{kPa}$$

これより，付表から水溶液の沸点 $T_\mathrm{B} = 329 \, \mathrm{K} (56 \, ℃)$．また，16 kPa における純水の沸点は 328 K (55 ℃) で，蒸発潜熱 $\lambda = 2.37 \, \mathrm{MJ/kg}$．$T_\mathrm{S} = 393 \, \mathrm{K}$ の飽和水蒸気では，蒸発潜熱 $\lambda_\mathrm{S} = 2.20 \, \mathrm{MJ/kg}$．

発生蒸気量 V を求めると，

$$V = (1 - x_\mathrm{F}/x_\mathrm{W}) F = (1 - 0.05/0.4)(8000/3600) = 1.94 \, \mathrm{kg/s}$$

(3・67) 式を用いて，Q を求めると，

$$\begin{aligned} Q &= \lambda V + \bar{C}_\mathrm{PF}(T_\mathrm{B} - T_\mathrm{F}) F \\ &= (2.37 \times 10^6)(1.94) + (3.77 \times 10^3)(329 - 293)(8000/3600) \\ &= 4.90 \times 10^6 \, \mathrm{W} \end{aligned}$$

したがって，(3・68) 式より，A_o は

$$A_\mathrm{o} = Q/\{U_\mathrm{o}(T_\mathrm{S} - T_\mathrm{B})\} = (4.90 \times 10^6)/\{(1740)(393 - 329)\} = 44.0 \, \mathrm{m^2}$$

さらに，$\lambda_\mathrm{S} = 2.20 \, \mathrm{MJ/kg}$ より加熱用水蒸気量 V_S は，(3・67) 式により

$$(2.20\times 10^6)V_S = 4.90\times 10^6$$
$$V_S = 2.23\,\text{kg/s} = 8.03\,\text{t/h}$$

（4） 多重効用缶　単一蒸発缶では，溶液を濃縮すると同時に，多量の蒸気を発生させており，この蒸発に要する熱量は非常に大きい．本来，濃縮に必要な理論的エネルギーは少なくてよく，エネルギー効率を向上するため，通常，発生蒸気の保有熱を再利用する方法がとられる．発生蒸気の温度は，沸点上昇や伝熱温度差の分だけ加熱用蒸気よりも低下するため，再利用するには工夫が必要である．

代表的な方法として，多重効用蒸発法と自己蒸気圧縮法があげられる．前者は，発生蒸気を別の蒸発缶に導き，その操作圧力を下げることにより蒸発熱源として再利用する方法であるのに対し，後者は，発生蒸気を圧縮機の動力により加圧昇温し，自身の蒸発熱源として再利用する点が特徴である．ここでは多重効用蒸発法について説明する．

多重効用蒸発法では，図3・32に示すように，蒸発缶が複数個直列に並べられ，蒸発缶からの発生蒸気は順次，別の蒸発缶の加熱用蒸気として用いられる．この図の場合は，3重効用蒸発缶とよばれる．この例のように，缶液と加熱用水蒸気が同一方向に流れる場合は順流とよばれ，逆方向に流れる場合は逆流とよばれる．操作条件としては，各缶での伝熱に必要な有効温度差（加熱用水蒸気の温度と缶液の沸点の差）を確保するため，第1缶から第3缶へと順次操作圧力を下げる必要がある（$P_1 > P_2 > P_3$）．n重効用蒸発缶では，各缶の蒸発能力が等しければ，蒸気経費は単一缶の約$1/n$となる．しかし，第1缶の加熱用水蒸気の温度と最終

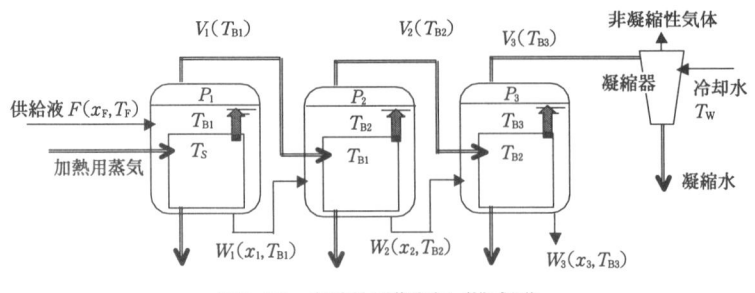

図3・32　多重効用蒸発缶（模式図）

缶の凝縮器の冷却水温度が決められているので，缶数の増加は各缶の有効温度差を小さくし，結果として伝熱面積の増大を伴い，明らかに不経済になってくる．そのため，実用の多重効用蒸発缶では，2～6程度の効用数がとられる．

例題 3・17 図3・32に示した3重効用蒸発缶について，物質収支，熱収支および伝熱速度を示す式を記せ．

（解）（i）総括的な物質収支（以下，記号は図中の定義に従う）

$$F = V_1 + W_1, \quad W_1 = V_2 + W_2, \quad W_2 = V_3 + W_3, \quad F = V_1 + V_2 + V_3 + W_3$$

（ii）溶質物質収支

$$x_F F = x_1 W_1 = x_2 W_2 = x_3 W_3 = x_3 (F - V_1 - V_2 - V_3)$$

（iii）熱収支（(3・67)式による）

$$Q_1 = \lambda_S V_S = \lambda_1 V_1 + \overline{C}_{pF}(T_{B1} - T_F) F$$
$$Q_2 = \lambda_1 V_1 = \lambda_2 V_2 + \overline{C}_{p1}(T_{B2} - T_{B1})(F - V_1)$$
$$Q_3 = \lambda_2 V_2 = \lambda_3 V_3 + \overline{C}_{p2}(T_{B3} - T_{B2})(F - V_1 - V_2)$$

（iv）伝熱速度

$$Q_1 = U_1 A_1 (T_S - T_{B1})$$
$$Q_2 = U_2 A_2 (T_{B1} - T_{B2})$$
$$Q_3 = U_3 A_3 (T_{B2} - T_{B3})$$

使 用 記 号

A：面積　[m²]
C_p：定圧比熱　[J/(kg·K)]
d：直径，代表長さ　[m]
E：放射エネルギー　[W/m²]
E_b：黒体の放射エネルギー　[W/m²]
F：角関係　[−]，供給液量　[kg/s]
F_T：平均温度差の補正係数　[−]
Gr：Grashof 数　[−]
g：重力加速度　[m/s²]
H：照度　[W/m²]
h：熱伝達係数　[W/(m²·K)]
i：エンタルピー　[J/kg]
k：熱伝導度　[W/(m·K)]
L：長さ　[m]
l：厚さ　[m]
NTU：$U_0 A_0/(WC_p)_{min}$　[−]
Nu：Nusselt 数　[−]
P：蒸気圧　[Pa]
Pr：Prandtl数　[−]
Q：伝熱量　[W]
q：熱流束　[W/m²]
R_t：伝熱抵抗　[K/W]
Re：Reynolds数　[−]
R_h：水当量比　[−]

r：半径　[m]
r_s：汚れ係数　[m²·K/W]
T：温度　[K]
$\varDelta T$：温度差　[K]
t：時間　[s]
U：総括熱伝達係数　[W/(m²·K)]
u：流速　[m/s]
V：蒸気量　[kg/s]
W：濃厚液量，供給量　[kg/s]
X：モル分率　[−]
x：距離　[m]，質量分率　[−]
z：深さ　[m]
α：吸収率　[−]
β：膨張係数　[K⁻¹]
δ：境界層厚さ　[m]
ε：射出率　[−]
η：熱効率　[−]
λ：蒸発潜熱　[J/kg]，波長　[μm]
μ：粘度　[Pa·s]
ρ：密度　[kg/m³]，反射率　[−]
σ：Stefan-Boltzmann定数
　　　　[W/(m²·K⁴)]
τ：透過率　[−]
ϕ：総括吸収率，温度効率　[−]

演 習 問 題

3・1 断熱材を施工した炉壁において，炉壁内表面温度が1273 K，断熱材外表面温度が373 K，熱流束が820 W/m² であった．熱流束を減少させるために，外側に厚さ70 mm の断熱材（$k=0.1$ W/(m・K)）を張り付けたところ，その外表面温度は343 K になった．熱損失は何%減じたか．ただし，炉壁内表面温度は不変とする．

3・2 外径100.6 mm の鋼管内を433 K の飽和水蒸気が流れている．この鋼管には厚さ30 mm の断熱材（$k=0.04$ W/(m・K)）が巻かれており，その外表面は323 K である．管長1 m 当たりの熱損失および水蒸気凝縮量はいくらか．ただし，鋼管の熱抵抗は無視できる．

3・3 図のように，溶融した金属と接した炉壁がある．築炉直後と6ヶ月後に，T_2 および T_4 を測定したところ，築炉直後：$T_2=1033$ K，$T_4=663$ K，6ヶ月後：$T_2=1083$ K，$T_4=683$ K であった．レンガに金属が浸入して熱伝導度が2倍になったとして6ヶ月後の金属の浸入程度を推定せよ．ただし，炉内表面温度（T_1），レンガの厚みは一定とする．

3・4 外径40.0 mm の薄肉鋼管内を281.0 K の液体が流れている．その土地では年間を通じて最高露点は294.2 K で，気温としては298.2 K となることがある．結露防止のために保温材（$k=0.10$ W/(m・K)）を巻くとすれば，どのくらいの厚さが必要か．ただし，空気側の共存熱伝達係数は7 W/(m²・K) とする．

3・5 内半径5 m，肉厚10 mm のニッケル鋼（$k_1=25$ W/(m・K)）製の球形タンクに111 K の LNG がほぼ一杯に入っている．タンクの外側には厚さ200 mm のパーライト保冷材（$k_2=0.052$ W/(m・K)）が施工され，さらにその外側は厚さ10 mm の鋼板（$k_3=46$ W/(m・K)）で覆われている．外気温度が293 K，鋼板表面の共存熱伝達係数が10 W/(m²・K) であるとき，タンク内への浸入熱量，LNG の気化量はいくらか．ただし，LNG の気化熱は418 kJ/kg とする．

3・6 熱媒体を373 K で供給するため，タンクにシースヒータを設置した加熱装置を作りたい．いま，100 V，500 W のシースヒータがあり，構造的にはステンレス鋼管製サヤ（外径12.0 mm，内径10.4 mm，$k_1=16$ W/(m・K)）の中心部にニクロム線コイル（外径6.0 mm）を配置して空隙部にマグネシア（$k_2=0.08$ W/(m・K)）を充填したものである．また，有効長さは900 mm である．熱媒体の分解温度が533 K，ニクロム線の許容温度が1073 K であるとき，このヒータを定格で使用しても大丈夫か．ただし，シースヒータ表面の対流熱伝達係数は280 W/(m²・K) である．

3・7 厚さ 250 mm のシャモットレンガ ($k_1=1.22\,\mathrm{W/(m\cdot K)}$),厚さ 125 mm の耐火耐熱レンガ ($k_2=0.38\,\mathrm{W/(m\cdot K)}$),厚さ 125 mm の断熱レンガ ($k_3=0.13\,\mathrm{W/(m\cdot K)}$) から成る 3 層平板炉壁がある.シャモットレンガの内表面温度が 1523 K,断熱レンガの外表面温度が 359 K であるとき,この炉壁 1 m^2 当たりの熱損失および各レンガの界面温度はいくらか.

3・8 内表面温度 593 K,内径 200 mm,外径 210 mm の鋼管 ($k=46\,\mathrm{W/(m\cdot K)}$) に厚さ 80 mm の保温材を施工したとき,保温材の外表面温度が 313 K,管長 1 m 当たりの熱損失が 200 W であった.この保温材の熱伝導度はいくらか.

3・9 253 K の冷凍室があり,外気温度が 303 K である.この冷凍室の壁は厚さ 100 mm のコンクリート板 ($k_1=2.0\,\mathrm{W/(m\cdot K)}$) である.壁の内外表面での対流熱伝達係数がともに 10 $\mathrm{W/(m^2\cdot K)}$ であるとすれば,壁 1 m^2 当たりの侵入熱量はいくらか.この壁の外側に保冷材 ($k_1=0.04\,\mathrm{W/(m\cdot K)}$) を張り付けて侵入熱を半分に抑えるとき,対流熱伝達係数が同じであるとすれば,保冷材の厚さはいくらにすればよいか.

3・10 内径 50 mm,外径 60 mm の鋼管 ($k=46\,\mathrm{W/(m\cdot K)}$) 内を,水が平均温度 323 K,2.0 kg/s で流れており,外気温度は 293 K である.
（ⅰ） 管内表面での対流熱伝達係数はいくらか.
（ⅱ） 管外表面での対流熱伝達係数が 10 $\mathrm{W/(m^2\cdot K)}$ であるとき,管長 1 m 当たりの熱損失はいくらか.
（ⅲ） この管に厚さ 50 mm の保温材(熱伝導度$=0.15\,\mathrm{W/(m\cdot K)}$)を巻き付けると熱損失は何%減じるか.ただし,対流熱伝達係数は同じとする.

3・11 表 3・1 の(4)の相関式に関して,流速が 0 である場合に Nu 数が 2 になることを,単一球の周りが静止流体で覆われていると考え,球の定常伝導伝熱を解法することにより証明せよ.

3・12 辺長 1 m の正方形平板が加熱面を上向きにして静止空気流中に置かれている.平板表面温度が 323,373,423 および 473 K の 4 つの場合について,上表面からの自然対流伝熱量と放射伝熱量を比較せよ.ただし,空気温度は 273 K,平板の灰色射出率は 0.8 とする.

3・13 射出率 $\varepsilon_1=0.9$,温度 T_1 の平板 1 と射出率 $\varepsilon_2=0.8$,温度 T_2 の平板 2 が狭い間隔で平行に相対している.この平板間に $\varepsilon_S=0.05$ の平板 S を平行に挿入したとき,放射伝熱量はどのように変化するか.また,n 枚挿入したときはどうであるか.ただし,平板 S の挿入によって T_1 および T_2 は変化しないものとする.

3・14 壁温 T_w の円管内を空気が流れている.この空気の温度を管内に挿入した裸の熱電対で測定したところ T_c であった.熱電対と空気の間の対流伝熱,熱電対と円管壁の間の放射伝熱を考え,T_c と空気の真の温度 T_a との差,つまり測定誤差を表す式を導

け．ただし，熱電対の射出率を ε_c，対流熱伝達係数を h_c とする．

3・15 293 K の大きな真空の部屋の中に，直径 30 mm のヒータ内蔵のアルミニウム球（$\varepsilon=0.2$）が吊り下げられてある．ヒータに 11.2 W の電力を与えたとき，球の温度はいくらになるか．また，球の表面に黒色耐熱塗料を塗布したら，同一電力で球の温度が 533 K になった．塗料の射出率はいくらか．

3・16 底背面が完全断熱された浅皿に水を薄く張って，夜間，屋外に放置してある．外気温度が 278 K，天空温度が 223 K であるとき，水は凍るであろうか．ただし，水（氷）の射出率は 1，表面の対流熱伝達係数は 20 W/(m²·K) とする．

3・17 (3・26)式を λ で微分することにより (3・27)式を導出せよ．なお，微分する際，(3・26)式の分母にある（-1）は無視して良い．

3・18 表 3・3 ①の総括吸収率を導出せよ．

3・19 表 3・3 ②の総括吸収率を導出せよ．

3・20* 例題 3・8 において，面 1 が黒体発熱面，面 3 が黒体受熱面，面 2 および 4 が完全反射面であるとき，面 1 からの全放射伝熱量を求めよ．

3・21* 内法 500 mm の立方体貯槽に溢れない程度に 293 K の水を満たしてある．この貯槽に付設されている 5 kW のヒータの電源を入れたとき，槽内に温度分布がないとすれば 1 時間後の水温はいくらか．ただし，周囲温度は 293 K，貯槽内表面積基準の総括熱伝達係数は 1.2 W/(m²·K) である．

3・22* 溶融金属を受ける深さ 4 m，内径 3 m の耐火物製の円筒容器があり，上部蓋に取り付けてあるバーナで内部が 1300 K に予熱されている．この上部蓋を取り外した直後の放熱量はいくらか．また，上部蓋を取り外した直後に薄い鋼板を置いた場合の放熱量はいくらか．ただし，耐火物および鋼板の射出率はそれぞれ 0.9 および 0.8，容器内表面温度，鋼板表面温度および大気温度はそれぞれ 1300，1000 および 300 K で一定とする．

3・23 1 シェルパス―2 チューブパスの多管式熱交換器を用いて，293 K (20 ℃)，3.5 kg/s の水にて 473 K (200 ℃)，1.0 kg/s の油を 353 K (80 ℃) まで冷却したい．総括熱伝達係数が 550 W/(m²·K) であるとすれば，伝熱面積はいくらか．ただし，油，水の比熱は 2.50，4.18 kJ/(kg·K) とする．

3・24 2 重管式熱交換器を用いて，343 K (70 ℃) のトルエンを 293 K (20 ℃) の水にて 313 K (40 ℃) まで冷却したい．伝熱管には内径 29 mm，外径 35 mm の銅管を用い，環状側に水を 1.5 kg/s，管内にトルエンを 1.3 kg/s の割合で流す．並流型および向流型について，伝熱管長を求めよ．ただし，伝熱管の内，外表面での境膜内熱伝達係数は 2.7，6.3 kW/(m²·K) とし，トルエン，水の比熱は 1.84，4.18 kJ/(kg·K) とする．また伝熱管の伝熱抵抗は無視する．

3・25 下記の条件で設計した1シェルパス－2チューブパス多管式熱交換器で，稼動初期に下記の操業データを得た．設計条件で所定の熱交換能力があるかどうかを検討せよ．

【設計条件】高温側流体（空気）：流量 16.7 m^3_N/s，入口温度 523 K，出口温度 383 K；低温側流体（空気）：流量 16.7 m^3_N/s，入口温度 303 K，総括熱伝達係数 60 W/(m^2・K)，（汚れ係数 0.00118 m^2・K/W を含む），伝熱面積 700 m^2 （伝熱面積余裕率 11 % を含む）．

【操業データ】高温側流体（空気）：流量 14.7 m^3_N/s，入口温度 483 K，出口温度 353 K；低温側流体（空気）：流量 14.7 m^3_N/s，入口温度 293 K．

ただし，空気の比熱は 1.3 kJ/(m^3_N・K) とする．

3・26 向流型2重管式熱交換器において，473 K の高温流体を 283 K の水にて冷却し，それぞれの出口温度は 363 K，303 K であった．夏期において冷却水の入口温度が 303 K に上昇した場合，高温流体，冷却水の出口温度はいくらになるか．また，夏期においても高温流体の出口温度を 363 K に保つためには伝熱面積を何倍にする必要があるか．

3・27 363 K (90 ℃) に保たれた温水槽中に内径 8 mm，外径 10 mm，長さ 2.5 m のガラス管が浸され，293 K (20 ℃)，3×10^{-3} kg/s の水が流入している．ガラス管の熱伝導度が 0.6 W/(m・K)，管の内，外表面での境膜熱伝達係数が 320, 120 W/(m^2・K) であるとすれば，水の出口温度はいくらか．

3・28 新品時に，総括熱伝達係数 1000 W/(m^2・K)，管外熱伝達係数 2000 W/(m^2・K)，管内熱伝達係数 3000 W/(m^2・K) なる熱交換器（伝熱管外径 21.3 mm，伝熱管内径 18.5 mm）があった．長期使用により，(i) 伝熱管内面のみが汚れた場合，(ii) 伝熱管外面のみが汚れた場合，(iii) 伝熱管内外両面が汚れた場合について，総括熱伝達係数を求めよ．ただし，汚れ係数は内外面ともに 0.0002 m^2・K/W とする．

3・29* 図のような連続式加熱炉に燃焼排ガスにて燃焼空気を予熱するために直交流型多管式レキュペレータを設けてある．レキュペレータの伝熱管は外径 59 mm，肉厚 3 mm，長さ 4.0 m のもので，本数 480 である．このレキュペレータに，1053 K の燃焼排ガスを 10.7 m^3_N/s の割合で送入し，293 K の空気を 8.67 m^3_N/s の割合で予熱している．

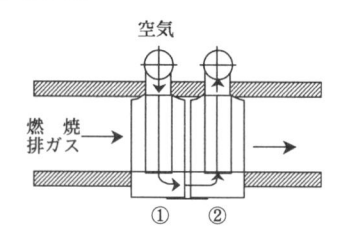

燃焼排ガス，空気の出口温度はいくらか．ただし，燃焼排ガスの平均比熱 1.51 kJ/(m^3_N・K)，空気の平均比熱 1.34 kJ/(m^3_N・K)，$U_0 = 34.9$ W/(m^2・K) とする．なお，参考として空気を逆流にした場合も計算してみよ．

3・30** 燃焼排ガスの顕熱を利用して温水を製造する熱交換器（直交流型，ガス＝混合，水＝非混合）を設計したい．設計条件が下記のとき，(i)～(iii) を計算せよ．

【設計条件】排ガス：入口温度 573 K，流量 70.8 m³ₙ/s，密度 1.293 kg/m³ₙ，粘度 2.9×10⁻⁵ Pa·s，比熱 1.31 kJ/(m³ₙ·K)，熱伝導度 0.04 W/(m·K)，水：入口温度 303 K，出口温度 343 K，流量 5.3 kg/s，伝熱管（環状ファン付）：管長 4.0 m，内径 23.2 mm，外径 27.2 mm，フィン外径 55.2 mm，フィン厚さ 1 mm，フィンピッチ 10 mm，熱伝導度 23 W/(m·K)，管内流速 0.17 m/s，管内汚れ係数 0.0004 m²·K/W，管外汚れ係数 0.008 m²·K/W，ダクト：断面 3 m×4 m，伝熱管取り付けピッチ 0.14 m．

（i）回収熱量および排ガス出口温度，（ii）管内，管外熱伝達係数および管外表面積基準総括熱伝達係数，（iii）伝熱面積および伝熱管本数．

3·31 図 3·27(a) のような燃焼ガス周囲がすべて受熱面（温度 573 K，射出率 0.80）の加熱炉がある．受熱面の面積が 12 m² のとき，温度 1473 K の燃焼ガスから受熱面への伝熱量を求めよ．ただし，燃焼ガスの平均射出率は 0.35，対流熱伝達係数は 30 W/(m²·K) とする．

3·32* 発熱量 36 MJ/m³ₙ のメタンを 1000 m³ₙ/h で供給し，予熱なしで，空気比 1.3 で燃焼させる加熱炉がある．被熱物の温度が 573 K の場合，燃焼ガスの平均温度を 1373 K に保つためには，（受熱面積）×（総括吸収率）をいかなる値とすればよいか．ただし，対流伝熱は省略し，燃焼ガスの比熱は 1.33 kJ/(m³ₙ·K) とする．

3·33* 例題 3·14 の図 3·28 とまったく同様な鋼材加熱炉を考える．空気予熱なしで発熱量 16 MJ/m³ₙ のガスを燃焼させた燃焼ガス（燃焼ガス量 6.1 m³ₙ/m³ₙ-fuel，比熱 1.36 kJ/(m³ₙ·K)）により，50 t/h の割合で送入された常温（288 K）の鋼材（射出率 0.85）を 873 K まで加熱したい．このときの燃焼ガスの平均温度および燃料ガスの使用量 [m³ₙ/s] を求めよ．また，鋼材への入熱量を有効熱量とした場合の燃料発熱量基準の熱効率も求めよ．ただし，燃焼ガスから鋼材への伝熱は放射のみとし，放射伝熱量計算における鋼材温度は入口と出口の平均温度を用いてよい．また，燃焼ガスの平均射出率は 0.40 とする．

3·34 質量分率 0.2 の NaCl 水溶液について，17.0 kPa における沸点および沸点上昇を求めよ．

3·35 ある単一蒸発缶で，スケール付着により総括熱伝達係数 U_0 が時間 t に対して，$U_0 = 1/(a+bt)^{1/2}$ （a, b：定数）のごとく減少する．運転開始時，12 時間後の処理量がそれぞれ 1.1，1.0 kg/s であるとき，24 時間後の処理量はいくらか．

3·36 質量分率 0.05 の食塩水 4.0 kg/s を単一蒸発缶を用いて，操作圧力 13.5 kPa で質量分率 0.2 まで濃縮したい．加熱用水蒸気には 393 K の飽和水蒸気を用いる．総括熱伝達係数を 2.0 kW/(m²·K) とすれば，伝熱面積，加熱用水蒸気量はいくらか．食塩水は 293 K で供給され，その平均比熱は 3.9 kJ/(kg·K) である．

3·37 温度 298 K(25 ℃)，質量分率 0.08 の有機コロイド水溶液を，7 kg/s の質量流

量で操作圧力 15.7 kPa の単一蒸発缶に供給して質量分率 0.50 まで濃縮したい．加熱用水蒸気には 232.1 kPa の飽和水蒸気を用い，その凝縮液は飽和温度で缶を去るものとする．総括熱伝達係数が 1.8 kW/(m^2・K) であるとして加熱用水蒸気量および伝熱面積を求めよ．ただし，水溶液の沸点上昇は無視でき，比熱は 3.76 kJ/(kg・K) とする．

3・38** 順流の2重効用蒸発缶を用いて，質量分率 0.05 のグリセリン水溶液を質量分率 0.5 まで濃縮したい．供給量は 5.0 kg/s，供給温度は 293 K である．加熱用水蒸気には 403 K の飽和水蒸気を用い，第2缶の操作圧力は 20.0 kPa とする．各缶の伝熱面積が等しいとして，伝熱面積，加熱用水蒸気量を求めよ．第1缶，第2缶の総括熱伝達係数は 2.1，1.7 kW/(m^2・K) とし，水溶液の平均比熱は 4.0 kJ/(kg・K) とする．

第 4 章 蒸　　　留

4.1 気液平衡

(1) 相図　気液の平衡関係を表す相図は，構成成分，温度，圧力によりその形は大きく異なるが，その代表的な例として 101.3 kPa におけるベンゼン－トルエン系の気液平衡の相図を図 4・1 に示す．図 4・1（沸点組成線図）で ADB は沸点曲線（または液相線），AEB は露点曲線（気相線）とよばれ，それぞれ液の沸騰開始温度，蒸気の凝縮開始温度を示す．ADBEA 内は気液 2 相共存域を示す．いま，C 点の組成の液の温度を上げていく（容積はそれに対応して増加していく）と，D 点で気相が出現し，そのときの気相の組成は D_y である．さらに，温度を上げていくと E 点に到達するまでは 2 相共存で，液の組成は $D \to E_x$，気相の組成は $D_y \to E$ へと変化する．E 点では液相が無限小となり，そのときの液の組成は E_x である．E 点を超えるとすべて気相（1 相）となる．

図 4・2 は 101.3 kPa におけるプロパノール－水系の相図を示す．A 点で $x=y$ となりこのような組成の混合物のことを共沸混合物という．いくつかの系の気液平衡線図（x-y 線図）を

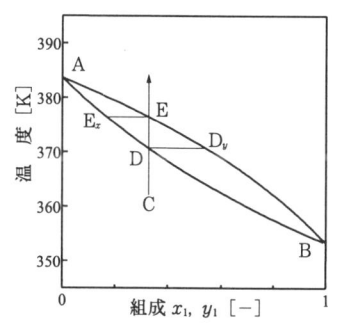

図 4・1　ベンゼン（1）－トルエン（2）系気液平衡

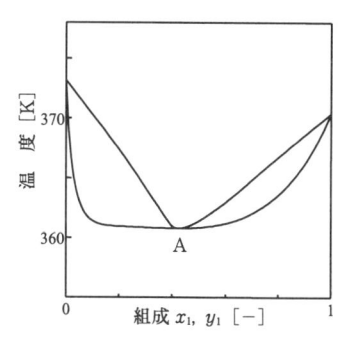

図 4・2　1-プロパノール（1）－水（2）系気液平衡

図 4・3 に示す．図中の A，B は共沸点を，CD の直線部分は 2 液相領域を示す．

(2) 平衡の基礎関係　気相と液相が平衡にあるとき，熱力学の条件から両相の各成分のフガシティー f が等しくなる．第 i 成分のフガシティーを，気相はフガシティー係数 ϕ_i^V を用いて $f_i^V = \phi_i^V y_i P$ で，液相は活量係数 γ と純成分の

フガシティー $f_i^{\circ L}$ を用いて $f_i^L = \gamma_i x_i f_i^{\circ L}$ で表せば，温度，組成，圧力に関する平衡の条件は次式で与えられる．

$$\phi_i^V y_i P = \gamma_i x_i f_i^{\circ L} \tag{4・1}$$

（3）理想溶液 減圧から大気圧付近では気相のフガシティー係数は（$\phi_i^V = 1$）とおくことができる．ここで，純成分のフガシティー（$f_i^{\circ L}$）を純成分の飽和蒸気圧（P_i°）とし，活量係数 $\gamma_i = 1$ とおくと，$y_i P = p_i$（分圧）であるので

$$y_i P = p_i = x_i P_i^\circ \tag{4・2}$$

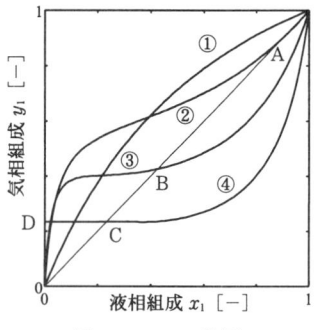

図 4・3 $x-y$ 線図

① ベンゼン（1）－トルエン（2）系
② エタノール（1）－水（2）系
③ プロパノール（1）－水（2）系
④ ブタノール（1）－水（2）系

となる．(4・2) 式を Raoult の法則，また Raoult の法則が成り立つ溶液を理想溶液という．Henry の法則も分圧が濃度に比例するという意味で理想溶液（希薄）であるが，比例定数が異なる（第 5 章参照）．

相対揮発度 α は気液平衡比 $K_i = y_i/x_i$ の比で定義され，2 成分系の理想溶液では

$$\alpha_{12} = \frac{K_1}{K_2} = \frac{y_1/x_1}{y_2/x_2} = \frac{P_1^\circ/P}{P_2^\circ/P} = \frac{P_1^\circ}{P_2^\circ} \tag{4・3}$$

全圧は分圧の和であるので (4・2) 式，(4・3) 式および $x_1 + x_2 = 1$ より

$$P = p_1 + p_2 \tag{4・4}$$

$$y_1 = \frac{p_1}{P} = \frac{\alpha_{12} x_1}{\alpha_{12} x_1 + x_2} = \frac{\alpha_{12} x_1}{(\alpha_{12} - 1) x_1 + 1} \tag{4・5}$$

例題 4・1 101.3 kPa におけるベンゼン（1）－トルエン（2）2 成分系の気液平衡を，Raoult の法則が成立するとして計算し図示せよ．ただし，純物質の蒸気圧は Antoine 式より計算し，その定数は 表 4・1 に示してある．

（解） 表 4・1 より，ベンゼンの沸点は 353.24 K，トルエンの沸点は 383.77 K であるので，この間を適当な間隔で温度を仮定し，液相組成 x，気相組成 y を求めることとする．

いま，温度を 373.15 K と仮定すると，ベンゼンの蒸気圧は Antoine の式より

$$P_1^\circ = 10^{(6.01905 - 1204.637/(373.15 - 53.081))} = 180.0 \text{ kPa}$$

同様にトルエンの蒸気圧 $P_2^\circ = 74.2$ kPa．

4.1 気液平衡

表 4・1 Antoine 定数 ($\log P = A + B/(T+C)$, P [kPa], T [K])

	A	$-B$	$-C$	沸点 [K]	使用範囲 [K]
ベンゼン	6.01905	1204.637	53.081	353.24	293-378
トルエン	6.07943	1342.320	54.205	383.77	308-383
エタノール	7.24222	1595.811	46.702	351.45	293-367
プロパノール	6.87065	1438.587	74.598	370.30	333-377
メタノール	7.20660	1582.698	33.385	337.69	288-356
水	7.06252	1650.270	46.804	373.15	333-403
ペンタン	5.99028	1071.187	40.384	309.22	269-341
ブタン	5.95358	945.089	33.256	272.65	195-273

(4・2), (4・4) 式および $x_1 + x_2 = 1$ より $P = 101.3 = 180.0 x_1 + 74.2 x_2 = 105.8 x_1 + 74.2$
よって $x_1 = 0.256$, (4・5) 式より $y_1 = p_1/P = x_1 P_1^\circ/P = 0.256 \times 180.0/101.3 = 0.455$
以上のようにして求めた結果は, 図 4・1, 図 4・3 の実線①とほとんど重なる.

(4) 実在溶液 液相で理想溶液の仮定が成り立たない場合は, 活量係数 γ を考慮する必要があり, その値は Wilson 式, UNIQUAC 式などで計算することができる. これらの式のパラメータは実測値から決定することができる. また, ASOG 式, UNIFAC 式のように, 分子を構成する原子団に対してパラメータを決定している式もある[1]. (4・2) 式に対応する式は次のようになる.

$$y_i P = \gamma_i x_i P_i^\circ \tag{4・6}$$

例題 4・2 101.3 kPa におけるエタノール (1) －水 (2) 2 成分系気液平衡を, γ に Wilson 式を用いて計算し図示せよ. ただし, Wilson 式は

$$\ln \gamma_1 = -\ln(x_1 + x_2 \Lambda_{12}) + x_2\left(\frac{\Lambda_{12}}{x_1 + x_2 \Lambda_{12}} - \frac{\Lambda_{21}}{x_2 + x_1 \Lambda_{21}}\right) \tag{4・7a}$$

$$\ln \gamma_2 = -\ln(x_2 + x_1 \Lambda_{21}) - x_1\left(\frac{\Lambda_{12}}{x_1 + x_2 \Lambda_{12}} - \frac{\Lambda_{21}}{x_2 + x_1 \Lambda_{21}}\right) \tag{4・7b}$$

で表され, パラメータは実験値より求めて $\Lambda_{12} = 0.2162$, $\Lambda_{21} = 0.7913$ とする.

(解) この場合, 全圧が指定され, γ が組成の関数であるので, 温度の試行錯誤法が必要である. いま, 液組成 x_1 を 0.3 の場合を例にとる. エタノールの活量係数 γ_1 は Wilson 式より

$$\ln \gamma_1 = -\ln\{0.3 + (0.7)(0.2162)\} + 0.7[0.2162/\{0.3 + (0.7)(0.2162)\} \\ - 0.7913/\{0.7 + (0.3)(0.7913)\}] = 0.5399$$

よって, $\gamma_1 = 1.716$, 同様に $\gamma_2 = 1.190$.
温度を 363.15 K と仮定すると, エタノール (1), 水 (2) の蒸気圧は Antoine の式より

---
1) 化学工学便覧 第 6 版, 丸善, p. 66 (1999)

$P_1°=1.583×10^2\,\text{kPa}$, $P_2°=7.012×10\,\text{kPa}$

全圧は (4・4) 式, (4・6) 式より

$$P=x_1\gamma_1 P_1°+x_2\gamma_2 P_2°$$
$$=(0.3)(1.716)(1.583×10^2)$$
$$+(0.7)(1.190)(7.012×10)$$
$$=139.9$$

これは全圧 101.3 kPa と異なる. 温度を 354.72 K と仮定しなおすと $P_1°=1.152×10^2$, $P_2°=5.047×10$, これらの値を代入して $P=101.3$ ($P=101.3$ kPa に一致)

(4・6) 式より $y_1=(0.3)(1.716)(1.152×10^2)/101.3$
$=0.585$

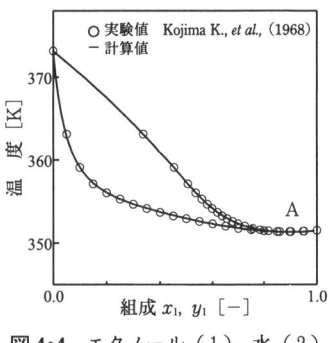

図4・4 エタノール (1)-水 (2) 系気液平衡

以上のようにして, 各液相 x について求めた結果を図4・3の②, 図4・4に示す. 共沸点は $x_1=0.875$, 351.2 K (実験値は $x_1=0.894$, 351.3 K である).

4.2 単蒸留とフラッシュ蒸留

(1) 単蒸留 単蒸留というと普通は回分単蒸留を指す. 実験室でよくフラスコとコンデンサーを組み合わせて行う図4・5のような蒸留操作はこの単蒸留に属する. この操作は原液をフラスコに入れ, 加熱沸騰させてから発生する蒸気をフラスコ内で分縮させないようにしてコンデンサーで凝縮し, この留出液を容器に受ける. この操作は回分式であるので, 受器中の留出液の組成, フラスコ中の残液の組成は蒸留が進行するにつれて変化する.

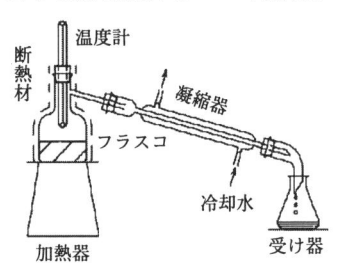

図4・5 単蒸留の装置

いま, ある瞬間におけるフラスコ液量を L [mol], その組成を x, そのときの蒸気の組成を y とし, この後 dL [mol] だけ蒸留が進んだとき液組成が dx 低下したとすると, 物質収支は次式のようになる.

$$Lx=(L-dL)(x-dx)+ydL \qquad (4・8)$$

この式を整理して 2 次の微分項 ($dxdL$) を省略し変数分離すると次式を得る.

$$\frac{dL}{L}=\frac{dx}{y-x} \qquad (4・9)$$

この式を初期の状態 (L_0, x_0) から任意の状態 (L, x) まで積分すると次式となる.

$$\int_{L_0}^{L}\frac{dL}{L}=\ln\frac{L}{L_0}=\int_{x_0}^{x}\frac{dx}{y-x} \tag{4・10}$$

この式を Rayleigh の式という. フラスコ内液と発生蒸気間には常に平衡が成立していると考えれば, (4・10) 式の右辺の積分は x-y 曲線を用いた図積分 (数値積分) によって求められる.

2 成分系で相対揮発度が一定 (α_{av}) と仮定できる場合には, (4・5) 式を (4・10) 式に代入して解析的に求めることもできる.

$$\ln\frac{L_0}{L}=\frac{1}{\alpha_{av}-1}\left(\ln\frac{x_0}{x}+\alpha_{av}\ln\frac{1-x}{1-x_0}\right) \tag{4・11}$$

留出液の平均組成 $\bar{x}_D$ は物質収支より次式となる.

$$\bar{x}_D=\frac{L_0x_0-Lx}{L_0-L} \tag{4・12}$$

例題 4・3 ベンゼン (1) − トルエン (2) 系 ($x_0=0.5$, $\alpha_{12}=2.26$) の原料を大気圧下で蒸発缶を用いて単蒸留した. 留出率 $=(L_0-L)/L_0=1/2$ のときの缶内液組成および平均留出液組成を求めよ.

(解) 理想溶液であるので (4・11) 式を用いると

$$\ln 2=\{\ln(0.5/x)+2.26\ln(1-x)/0.5\}/(2.26-1) \tag{a}$$

(a) 式を試行錯誤法で解くと缶内液組成は, $x=0.362$,
(4・12) 式より平均留出液組成は $\bar{x}_D=0.638$.

(2) フラッシュ蒸留 前項の単蒸留の原料を連続的に供給, 加熱してその一部を蒸発させ, 分離器で蒸気と缶残液とに分離する操作をフラッシュ蒸留とよぶ. このとき気液の組成が平衡にあることから平衡蒸留ともよばれる.

いま, 図 4・6 (a) に示すようなフラッシュ蒸留を考える. 原料供給量を F [kmol/h], 留出液量を D [kmol/h], 缶出液量を W [kmol/h], 原料組成を z_i, 留出液組成を y_i, 缶出液組成を x_i として物質収支をとれば

全物質収支　　$F=D+W$ (4・13)

成分物質収支　$Fz_i=Dy_i+Wx_i$ (4・14)

2 成分系では, i 成分を低沸点揮発成分とし, その下付き記号を省略し, (4・13) 式, (4・14) 式を解けば

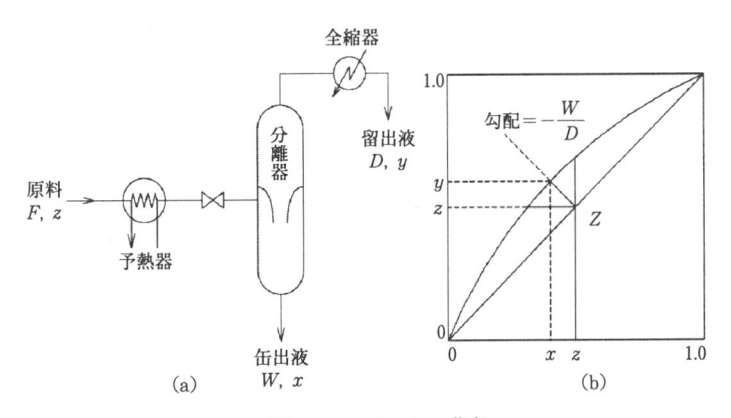

図 4・6 フラッシュ蒸留

$$\frac{y-z}{x-z} = -\frac{W}{D} \tag{4・15}$$

この式は図 4・6 (b) に示すように x-y 線図の対角線上に点 $Z(z, z)$ をとり，その点から勾配 $(-W/D)$ の直線を引き x-y 線図との交点 (x, y) がフラッシュ後の留出液と缶出液の組成を示す．また，x と y の関係が数式化されていれば計算で解くこともできる．

一般の多成分系では (4・14) 式を変形して全成分加えると，

$$\sum_i x_i = 1 = \sum_i \frac{Fz_i}{DK_i + W} \tag{4・16}$$

ここで，F, z_i, $K_i = y_i/x_i$ （気液平衡比）が与えられれば，試行錯誤法によって D が求められる．

例題 4・4 ベンゼン (1)－トルエン (2) 系（$z_i = 0.5$, $\alpha = 2.26$）の原料 1 kmol/h を大気圧下でフラッシュ蒸留を行ったときの缶出液組成および留出液組成を求めよ．ただし，留出液量と缶出液量は等モルとする．

(解) (4・15) 式より　　　$(y-0.5)/(x-0.5) = -1$ 　　　　　(a)
　　　(4・5) 式より　　　$y = 2.26x/(1+1.26x)$ 　　　　　(b)

(a), (b) を解いて $x = 0.399$, $y = 0.601$ となる．

例題 4・5 プロパン (1)－ブタン (2)－ペンタン (3)（$z_1 = 0.3$, $z_2 = 0.3$, $K_1 = 4.07$, $K_2 = 1.222$, $K_3 = 0.495$）の原料 1 kmol/h を 300 K，3 MPa でフラッシュ蒸留を行ったときの留出液量と缶出液量および各々の組成を求めよ．

(解) $D = 0.6$ kmol/h とすると (4・16) 式より

$\Sigma x_i = x_1 + x_2 + x_3 = 0.3/(0.6 \times 4.07 + 0.4) + 0.3/(0.6 \times 1.222 + 0.4) + 0.4/(0.6 \times 0.495 + 0.4)$
$= 0.94418 \neq 1.$

D を仮定しなおして $D=0.7$ とおくと $\Sigma x=0.9736$, $D=0.8$ とおくと ($\Sigma x=1.0127$), $D=0.77$ とおくと ($\Sigma x=0.99989$), $D=0.771$ とおくと ($\Sigma x=1.00028$), よって $D=0.770$ kmol/h, $W=0.230$ kmol/h, したがって $x_1=0.089$, $x_2=0.256$, $x_3=0.655$, $y_i=K_i x_i$ より, $y_1=0.363$, $y_2=0.313$, $y_3=0.324$.

4.3 回分精留と連続精留

沸点差が小さく分離が難しいあるいは高い製品純度が要求される場合，向流気液接触による濃縮効果を応用した回分精留あるいは連続精留が用いられる．

（1） 回分精留 単蒸留においてスチルの上に精留塔とよばれる気液接触部を設け，コンデンサーからの凝縮液の一部（還流液）をこの最上部に戻すことにより，単蒸留よりも高精度の分離が可能となる．還流液量 L と留出液量 D との比を還流比 R （$=L/D$）とよぶ．回分精留塔の操作方法には，①還流比一定，②留出組成一定の二つがある．前者は操作が簡単であるが，平均の留出組成が時間とともに変化する．後者では一定の留出組成を得るために還流比を制御する必要があり，操作が複雑となる．

スチル内の液組成 x_W と留出液組成 x_D の関係がわかれば，単蒸留における Rayleigh の式を適用することができる．精留塔部分の解析は次項の連続精留における濃縮部の解析と同様である．

（2） 連続精留 フラッシュ蒸留に精留効果を持たせると連続精留となる．図4・7に1つの原料供給と2つの製品抜き出しを持つ連続多段精留塔の概略を示す．塔の中間部に原料 F （組成 z_i）が供給され，塔頂から低沸成分に富む留出液 D が，塔底からは高沸成分に富む缶出液 W がそれぞれ製品として抜き出される．リボイラーでは塔底からの液 L^* を加熱し，缶出液 W にバランスする蒸気 V^* （$=L^*-W$）を発生させる．コンデンサーでは冷却水によって塔頂蒸気 V を凝縮させ，その一部を還

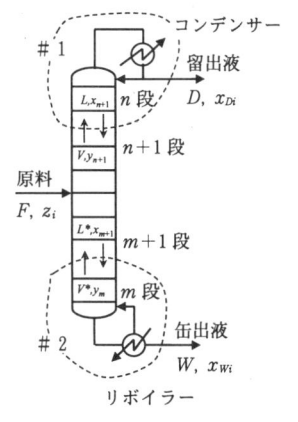

図4・7 連続精留塔の概念図

流液 L として塔に戻す．精留塔内ではこれらの蒸気・液が接触し，原料供給段より上の部分（濃縮部）では低沸成分が濃縮され，原料供給段より下の部分（回収部）では高沸成分が濃縮される．

多段精留塔の状態は物質収支，熱収支，気液平衡関係で規定され，これらの関係をもとに設計計算に必要な基礎式が導出される．

簡略化のため，一般に以下の項目が仮定として置かれる．

1）各段上の蒸気，液はそれぞれ完全混合であり，段を去る蒸気の組成 y と液の組成 x は気液平衡関係にある．（理想段）

2）蒸留塔ではリボイラー，コンデンサー以外の部分で外部との熱移動はない．（断熱塔）

3）気液モル流量はそれぞれ濃縮部（V, L），回収部（V^*, L^*）において一定である．（等モル流れ）

工業的に行われる精留は主として多成分系混合物を取り扱うが，ここでは簡単のために，2成分系混合物の分離を例に解説を進める．

操作線の式　濃縮部の各段は塔頂段を第1段として，下に向かって数えることにする．留出液組成を x_D，第 n 段を去る気液の低沸成分のモル分率をそれぞれ y_n，x_n で表すと，図4・7の囲み（#1）について次式が得られる．

全物質収支：$\qquad V = L + D \qquad$ (4・17)

成分物質収支：$\qquad V y_{n+1} = L x_n + D x_D \qquad$ (4・18)

(4・18)式を整理し，還流比 R（$= L/D$）を用いると，次式が得られる．

$$y_{n+1} = \frac{L}{V} x_n + \frac{D}{V} x_D = \frac{R}{R+1} x_n + \frac{1}{R+1} x_D \qquad (4・19)$$

この式は濃縮部の操作線の式とよばれ，留出組成 x_D と各流量が既知のとき，任意の n 段の液組成 x_n とその下の段からの蒸気の組成 y_{n+1} の関係を与える．

同様に，回収部の各段に塔底から番号を与え，缶出液組成を x_W で表すと，図4・7の囲み（#2）について（4・17）～（4・18）式に対応する次式が得られる．

全物質収支：$\qquad L^* = V^* + W \qquad$ (4・20)

成分物質収支：$\qquad L^* x_{m+1} = V^* y_m + W x_W \qquad$ (4・21)

$$x_{m+1} = (V^*/L^*) y_m + (W/L^*) x_W \qquad (4・22)$$

(4・22) 式は回収部の操作線の式とよばれ，缶出組成 x_W と各流量が既知のとき，任意の m 段の蒸気組成 y_m とその上の段からの液の組成 x_{m+1} の関係を与える．

q-線　(4・19) 式と (4・22) 式の交点の座標を (x, y) とすると，原料供給段回りの全物質収支 $V-V^*=F-(L^*-L)$，および塔全体の成分物質収支 $Fz=Dx_D+Wx_W$ を考慮して次式が導出される．

$$y=\frac{q}{q-1}x-\frac{1}{q-1}z \tag{4・23}$$

ただし，$q=(L^*-L)/F$ は原料中の液状部分の分率を表す．(4・23) 式は x-y 線図上で点 (z, z) を通る傾き $q/(q-1)$ の直線となる．これを q-線とよび，濃縮部と回収部の操作線の交点の軌跡を表す．（図 4・8 参照）

q はまた供給される原料の熱的状態としても定義することができる．

$$q=\frac{原料1モルを供給状態から飽和蒸気にするのに必要な熱量}{原料のモル蒸発潜熱} \tag{4・24}$$

したがって，沸点の液では $q=1$，飽和蒸気では $q=0$ となる．

McCabe-Thiele の作図法　x-y 線図上で操作線の式と気液平衡関係を交互に用いる階段作図から，濃縮部・回収部の各段の気液組成が求められる．

原料の仕様 $(z; q)$，分離の仕様 $(x_D; x_W)$ と操作条件 (R) が与えられると，McCabe-Thiele の階段作図が実行できる．図 4・8 には同一条件で異なる原料供給段の設定に対する作図が示されている．作図線が q-線を横切ったときに操作線

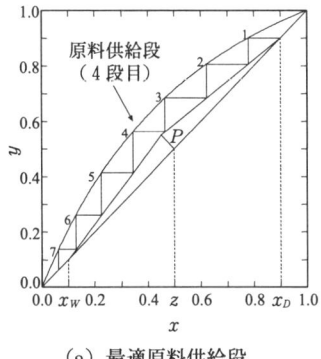

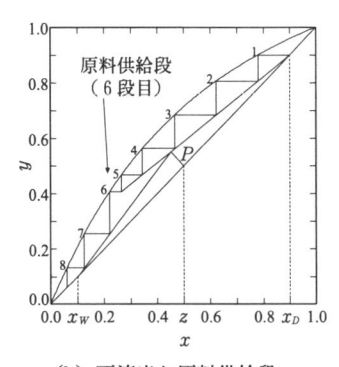

(a) 最適原料供給段　　(b) 不適当な原料供給段

図 4・8　原料供給段と総段数

の式を乗り換えた場合に，全段数が最小になり，最適原料供給段を与えることがわかる．

ここで，缶出液に平衡な蒸気を発生する型のリボイラー，蒸気の一部を凝縮させ還流液とする分縮器はそれぞれ1理論段とかぞえる．

例題 4・6 ベンゼン 30 mol%，トルエン 70 mol% の原料 100 kmol/h からベンゼンを 95 mol% の純度で 90% 以上回収したい．還流比を 3.8 とした場合の所要理論段数を求めよ．ただし，操作圧力は塔内一定で 101.3 kPa，原料は沸点の液で供給され，還流液も沸点にあるとする．

(解) 題意より，原料仕様 $(z;q)$，分離仕様 (x_D)，操作条件 (R) が与えられている．McCabe-Thiele の作図のためには，分離仕様 (x_W) が必要である．回収率 η が指定されているので，

$$\eta = Dx_D/Fz = D(0.95)/(100)(0.30) = 0.90$$

これを解いて，$D=28.4$ kmol/h が求められる．次に，全物質収支 (4・13) 式とベンゼンに対する成分物質収支 (4・14) 式を W および x_W について解き，$W=71.6$ kmol/h，$x_W=0.042$ が得られる．

図 4.9 における作図は以下のように行う．

1) 対角線上の点 $D(x_D, x_D)$ から切片 $x_D/(R+1)$ $=0.95/(3.8+1)=0.198$ を結ぶ濃縮部の操作線を引く．また，原料が沸点の液だから q-線は点 $Z(z, z)$ を通る垂直線となる．

2) 濃縮部の操作線と q-線との交点 P から点 $W(x_W, x_W)$ を通る直線を引く．これが回収部の操作線となる．

3) 階段作図：点 D を通る水平線と x-y 曲線との交点が第 1 段目の理論段を去る気液の組成 (x_1, y_1) を与える．次に，垂直線を下ろし，操作線との交点を求める．そこから再び水平線を引き，x-y 曲線との交点を求める．この点が第 2 段目の理論段の気液組成を与える．以下，この操作を繰り返す．ただし，作図線が q-線を超えたところで，回収部の操作線に乗り換える．

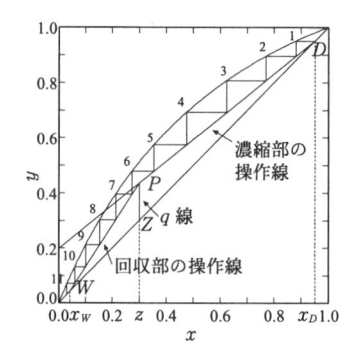

図 4・9 McCabe-Thiele 作図

4) x_{N+1} が x_W を超えたところで，垂直線を下ろして作図を終了する．N の端数は x_N と x_{N+1} を x_W に対して比例配分して求める．この場合，約 0.6 となるので最終的に分縮器，リボイラーを含めた理論段数 $N=10.6$ が得られる．

全還流と最小還流 還流比 R の値を大きくすると濃縮部の操作線の傾き $(R/(R+1))$ は大きくなり $R \to \infty$ で 1，すなわち x-y 線図上で対角線に一致する．

このとき回収部の操作線の式の傾きも 1 となり，(4・19), (4・22) 式は単に $y_{n+1}=x_n$, $x_{m+1}=y_m$ となる．この状態を全還流とよび，分離の仕様 $(x_D;x_W)$ を達成するために必要となる最小の理論段数 (N_m) を与える．逆に，還流比を小さくしていくと，濃縮部の操作線の傾きも小さくなるが，濃縮部・回収部の両操作線は気液平衡曲線を超えることはできないので，最小の傾きは，平衡曲線と q-線の交点（図 4・10）または平衡曲線と操作線との接点のどちらかによって決定される．最小還流比 (R_m) の値は x-y 線図上に作図された操作線の傾きから計算される．

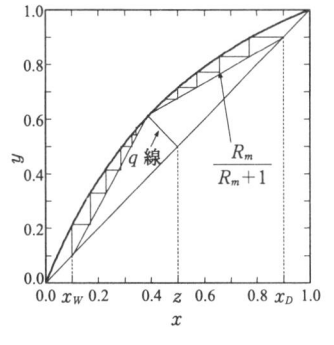

図 4・10 最小還流比

$$\text{slope}_{\min}=R_m/(R_m+1) \tag{4・25}$$

4.4 蒸留塔の設計

最近ではプロセスシミュレーターを用いた詳細な蒸留塔の設計が行われることが多いが，ここでは，近似的手法を用いた設計手順の概略を解説する．

(1) 設 計 変 数

限界成分 多成分混合物を二つの製品に分ける場合，分離の仕様を決定するために二つの成分に関して純度と回収率を指定する必要がある．これらの成分のことを限界成分 (key component) とよび，高沸点の成分を高沸限界成分 (heavy key component, hk)，低沸点の成分を低沸限界成分 (light key component, lk) とよぶ．2 成分系では，低沸成分が lk，高沸成分が hk となる．

最小理論段数 2 成分系では x-y 線図上での階段作図で最小理論段数 N_m を決定することもできるが，いま各段における 2 つの限界成分間の組成関係にのみ着目し，全還流状態の操作線の関係を考慮すると最小理論段数 (N_m) を求める次式が導出できる．ただし，α_{av} は hk に対する lk の相対揮発度の幾何平均値である．

$$N_m=\ln\left(\frac{x_{D,\text{lk}}}{x_{D,\text{hk}}}\cdot\frac{x_{W,\text{hk}}}{x_{W,\text{lk}}}\right)\bigg/\ln\alpha_{\text{av}} \tag{4・26}$$

これを Fenske の式とよび, N_m は1理論段とみなせるリボイラー, 分縮器を含む. (4・26) 式は相対揮発度が一定とみなせる多成分系にも適用できる.

最小還流比　多成分系に対して, Underwood は段数無限大を仮定した最小還流状態において以下の関係式を導出した.

$$R_m+1=\sum_i \frac{\alpha_{ih}x_{Di}}{\alpha_{ih}-\theta} \tag{4・27}$$

ただし, α_{ih} は hk に対する i 成分の相対揮発度, x_{Di} は留出組成, θ は次式の根の中で $\alpha_{\mathrm{lk},h}>\theta>\alpha_{\mathrm{hk},h}$ を満足する値である.

$$1-q=\sum_i \frac{\alpha_{ih}z_i}{\alpha_{ih}-\theta} \tag{4・28}$$

q は原料の熱的条件, z_i は原料組成である.

Gilliland の相関　実際の蒸留塔は経済性を考慮して運転される. Gilliland は多くの実験データに基づき実還流比と理論段数の経験的相関関係を線図にまとめ, Molokanov ら[1] は次のような相関式を与えている.

$$Y=\frac{N-N_m}{N+1}=1-\exp\left[\left(\frac{1+54.4X}{11+117.2X}\right)\left(\frac{X-1}{X^{0.5}}\right)\right], \text{ ただし } X=\frac{R-R_m}{R+1} \tag{4・29}$$

最適原料供給段の決定に関して, Kirkbride ら[2] は次のような経験式を提出した.

$$\frac{N_R}{N_S}=\left[\left(\frac{z_{\mathrm{hk}}}{z_{\mathrm{lk}}}\right)\left(\frac{x_{W,\mathrm{lk}}}{x_{D,\mathrm{hk}}}\right)^2\left(\frac{W}{D}\right)\right]^{0.206} \tag{4・30}$$

ここで, N_R, N_S はそれぞれ濃縮部, 回収部の段数である.

(2) 設計手順　原料の供給状態 (F, z_i, q) が与えられたとき, 分離に必要とする実還流比, 理論段数を決定する手順を以下に示す.

a. 限界成分 (lk, hk) に関する分離の仕様を指定する.
b. 最小理論段数 (N_m) を計算する.
c. 最小還流比 (R_m) を計算する.
d. 実還流比を与え $(R=1.1\sim 1.5\,R_m)$, Gilliland の相関, (4・29) 式, から理論段数を求める.
e. Kirkbride[2] の式, (4・30) 式, より濃縮部, 回収部の段数を決定する.

---

1) Molokanov, Y. K., *et al.*: *Int. Chem Eng.*, **12** (2), 209-212 (1972)
2) Kirkbride, C. G.: *Petroleum Refiner*, **23** (9), 87-102 (1944)

例題 4・7 例題 4・6 を簡易設計法の手順に従って解け．ただしトルエンに対するベンゼンの相対揮発度は $\alpha=2.43$ とする．

（解） a．ベンゼンが lk，トルエンが hk となる．分離仕様は，例題 4・6 の解と同様に，$(x_{D,lk}, x_{D,hk})=(0.95, 0.05)$，$(x_{W,lk}, x_{W,hk})=(0.042, 0.958)$ となる．

b．(4・26) 式に各数値を代入して，最小理論段数を計算する．
$$N_m=\ln\left(\frac{0.95}{0.05}\cdot\frac{0.958}{0.042}\right)\Big/\ln(2.43)=6.83$$

c．x-y 曲線と q-線との交点の座標 (x_f, y_f) を求め，操作線の傾きまたは切片より最小還流比を計算する．$q=1$ であるから $x_f=z=0.3$，(4・5) 式から，$y_f=0.510$ が求められる．点 (x_f, y_f) と (x_D, y_D) を結んだ線の傾きは，
$$\text{slope}_{\min}=\frac{x_D-y_f}{x_D-x_f}=\frac{0.95-0.51}{0.95-0.3}=0.677$$
(4・25) 式より $R_m=0.677/(1-0.677)=2.10$ が得られる．

d．(4・29) 式において，$X=(3.8-2.1)/(3.8+1)=0.354$ を代入し，$Y=0.342$ が得られる．
$Y=(N-N_m)/(N+1)$ であるから，理論段数 $N=10.9$ が得られる．

e．(4・30) 式から $N_R/N_S=1.34$ となり，濃縮部段数 $N_R=6.2$，回収部段数 $N_S=4.7$ が得られる．原料供給段は端数を丸めて理論段で上から 7 段目となる．

4.5 特殊蒸留

（1） 共沸蒸留 最低共沸混合物を扱う共沸蒸留は工業化実施例が多い．共沸混合物の蒸気を冷却すると 2 液相になる場合を不均一相共沸混合物といい，分離に有利な現象である．これに対して 2 液相にならないものを均一相共沸混合物という．2 成分系で不均一相共沸混合物の例としてブタノール－水系がある．含水ブタノールより水分をわずかしか含まないブタノールを得てかつ水へのロスを最小限に抑える蒸留システムは図 4・11 に示すようになる．

エタノール－水系は均一相共沸混合物の一例であり，2 成分だけのままでは分離できない．このような系に対して第 3 成分を添加して新たな最低共沸混合物を生じさせ，分離成分間の相対揮発度を変化させると同時に不均一相共沸混合物にして分離を容易にし得ることがある．この添加成分をエントレーナー（共沸剤）と

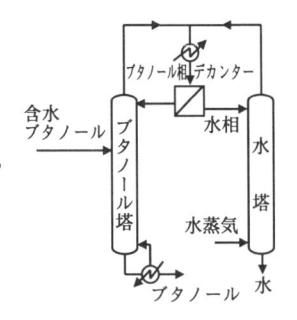

図 4・11 ブタノール－水の共沸蒸留システム

よび，エタノール水溶液の場合は，ベンゼン，シクロヘキサンなどが選ばれる．このときエントレーナーは蒸留中，塔頂付近とデカンターに存在し，塔底にほとんど落ちないので一度必要量を仕込めばわずかな補給ですむ．3成分系の不均一相共沸混合物を扱う場合は3成分系溶解度曲線とタイラインのデータも必要となりより複雑になる．

（2） 抽出，反応，水蒸気蒸留　抽出蒸留は共沸蒸留と同様に抽出溶剤（抽剤）を利用して気液平衡を原系から変化させ，混合液から純物質を分離する．ただ抽出蒸留の場合には抽剤は混合物中の成分より揮発性が低く，かつ共沸物を作らないように選ばれる．抽出蒸留システムは図4・12に示すように一般に抽出蒸留塔と溶剤回収塔の2塔から構成され，抽出蒸留塔はさらに溶剤回収部，濃縮部，回収部の3つに分割される．

蒸留塔内で反応を起こさせしかも分離をともなうことにより生成物を系外に取り出す操作を反応蒸留という．エステル化あるいはエステル交換のような可逆反応に応用しうるが，触媒をどのように作用させるかがポイントである．

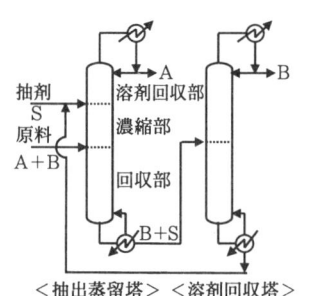

図4・12　抽出蒸留システム

全圧を一定として高沸点物質に水蒸気を吹き込むと，水蒸気の分圧により相対的に沸点が下がり高沸点物質が蒸発しやすくなることを応用したのが水蒸気蒸留である．一般に不揮発性物質に含まれる揮発性不純物を除くために減圧と併用して用いられる．油脂の脱臭操作がその一例である．

4.6　蒸留装置

蒸留装置は，蒸留塔本体の他に，予熱器，リボイラー，コンデンサーなどの熱交換器類および原料槽，還流槽などの槽類および配管と自動制御する計器類より構成されるのが一般的である．蒸留塔は気液の向流接触を行わせる装置で，大別すると段塔と充填塔がある．図4・13に示す段塔は棚段の構造により様々なものがあるが，トレイではバルブトレイ，シーブトレイ，泡鐘トレイなどがある．シーブトレイよりバルブトレイ，泡鐘トレイのほうが操作範囲は広いが設備費が高

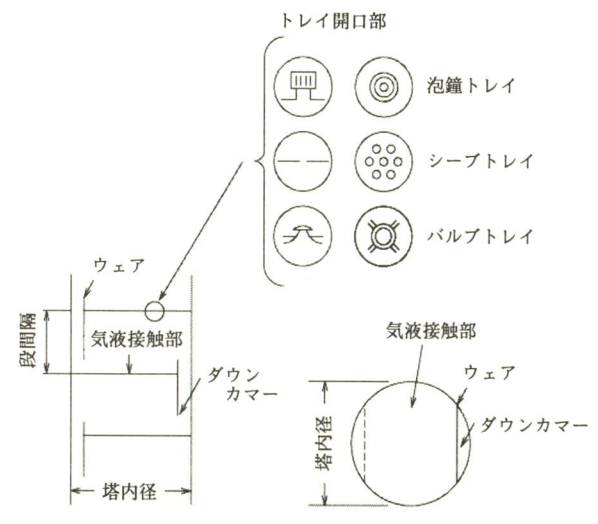

図 4・13　十字流トレイの構造

くなる．実段数は理論段数と段効率あるいは塔効率から求められる．

蒸留塔の設計は，運転条件が与えられれば，高さ（＝分離能力）と塔径（＝処理能力）を決めればよい．高さは段塔の場合（段数×段間隔）であり，段間隔は経済性，メンテナンス性，経験値などから決定される．充填塔の高さは充填高さ（理論段数×HETP）および付帯のインターナル（液捕集器，分散器など）により決定される．（HETP＝理論段相当高さ：充填物，運転条件によって決まる）

塔径は蒸気，液流量とその物性およびトレイの構造より求められる．塔径決定に関して，図 4・14 は，各種トレイの許容蒸気速度を示したもので，トレイタイプ，段間隔を決めれば，図中の式より単位断面積当たりの許容蒸気流量が求められる．充填塔の場合は F ファクター（$F = u\sqrt{\rho_v}$）で示されるパラメータを用いて決定される．ここで u は蒸気空塔速度 [m/s] である．

例題 4・8　水 36 wt％ を含むメタノール水溶液がある．塔頂，塔底とも 99.9 wt％ が得られる分離を行うとして 25000 kg/h で蒸留塔に供給する．還流比 1.5 で，塔頂での還流液による部分凝縮が無視できるとして，泡鐘塔での塔頂付近の塔径を求めよ．ただし段間隔 0.5 m，ダウンカマー面積を除外した有効断面積 90 ％ で，塔頂付近の圧力 105 kPa，温度 338 K，液密度 750 kg/m³ とする．また規則充填塔を F ファクター 2.0 で設計すると塔径はいくらになるか．

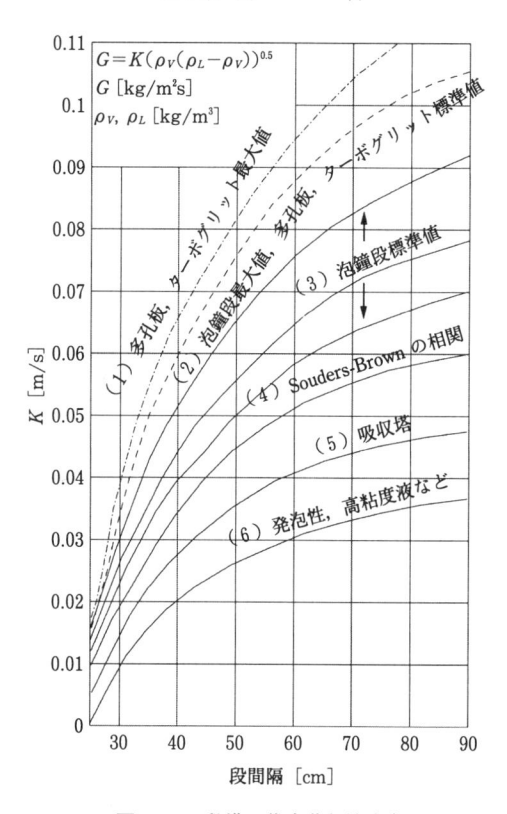

図中テキスト:
$G = K(\rho_v(\rho_L - \rho_v))^{0.5}$
G [kg/m²s]
ρ_v, ρ_L [kg/m³]

(1) 多孔板,ターボグリット最大値
(2) 泡鐘段最大値,多孔板,ターボグリット標準値
(3) 泡鐘段標準値
(4) Souders-Brown の相関
(5) 吸収塔
(6) 発泡性,高粘度液など

縦軸: K [m/s]　横軸: 段間隔 [cm]

図 4·14　段塔の許容蒸気速度[1]

（解）塔頂付近の流量を求める. $D/F = (0.64 - 0.001)/(0.999 - 0.001) = 0.64$ となるので留出量は $25000 \times 0.64 = 16000$ kg/h, 還流量 $L = 16000 \times 1.5 = 24000$ kg/h, 蒸気量 $V = 16000 + 24000 = 40000$ kg/h, 蒸気密度 $\rho_v = (32/22.4)(273/338)(105/101) = 1.20$ kg/m³, 図 4·14 より許容蒸気速度 $K = 0.055$ m/s, 従って許容蒸気流量 $G = 0.055 \times \sqrt{1.20(750 - 1.20)}$
$= 1.65$ kg/(m²·s)
塔段面積 = 有効断面積/90% = {(40000/3600)/1.65}/0.9 = 7.48 m² なので, 塔径は 3.08 m と求まる.

また, 充填塔では $u = 2.0/\sqrt{1.20} = 1.83$ m/s, 断面積 $A = 40000/(1.20 \times 3600 \times 1.83)$
$= 5.06$ m², 塔径 2.54 m となる.

---
1) 化学工学便覧　改訂 3 版, 丸善, p. 565（1968）

使 用 記 号

A, B, C : Antoine 定数
 D : 留出液量　　[kmol/h]
 F : 供給液量　　[kmol/h]
 f : フガシティー　[Pa]
 K : 気液平衡比　[—]
 L : 液量　　[kmol/h]
 N : 段数　　[—]
 P : 圧力　　[Pa]
 p : 分圧　　[Pa]
 q : 原料中の液の割合　[—]
 R : 還流比　[—]
 u : 蒸気空塔速度　[m/s]
 V : 蒸気量　[kmol/h]
 W : 缶出液量　[kmol/h]
 x : 液相モル分率　[—]
 y : 気相モル分率　[—]
 z : 原料組成　[—]
 α : 相対揮発度　[—]
 Λ : Wilson 定数　[—]
 ρ : 密度　[kg/m³]

 ϕ : フガシティー係数　[—]
 γ : 活量係数　[—]

添字
上付き記号
　° : 純物質，標準状態
　* : 回収部
　L : 液相
　V : 気相
下付き記号
　0 : 最初の状態
　av : 平均
　D : 留出液
　hk : 高沸限界成分
　i : 成分
　lk : 低沸限界成分
　m : 最小，回収部
　n : 全，濃縮部
　R : 濃縮部
　S : 回収部
　W : 缶出液

演 習 問 題

4・1 ベンゼンおよび水の 50 kPa での沸点(飽和温度)をそれぞれ求めよ.

4・2 表 4・1 のベンゼンの Antoine 式を $\ln p = A' + B'/(t+C')$, p [mmHg], t [℃] と表した場合の A', B', C' を求めよ.

4・3 ベンゼン(1)-トルエン(2)系の 323 K における気液平衡を理想溶液と仮定して計算し,図示せよ.

4・4 ベンゼン(1)-トルエン(2)系の 101.325 kPa における気液平衡を理想溶液として計算し,図示せよ.

4・5 水(1)-プロパノール(2)系の 333 K における気液平衡を理想溶液と仮定して計算し,図示せよ.

4・6 水(1)-プロパノール(2)系の 333 K における気液平衡を計算し,図示せよ.ただし,Wilson 定数 $\Lambda_{12}=0.4371$, $\Lambda_{21}=0.0210$ とする.

4・7** プロパノール(1)-水(2)系の 101.325 kPa における気液平衡を計算し,図示せよ.ただし,Wilson 定数 $\Lambda_{12}=0.0231$, $\Lambda_{21}=0.7388$ とする.(表計算ソフトを用いて解け)

4・8 (4・11)式を誘導せよ.

4・9 メタノール(1)-水(2)系(メタノール 50 mol%)の混合液を常圧下で単蒸留にかけ,その 1/3 を留出させたときの留出液平均組成と缶残液組成を求めよ.Wilson 定数 $\Lambda_{12}=0.3982$, $\Lambda_{21}=1.0858$ とする.(表計算ソフトを用いて解け)

4・10 問題 4・7 を理想溶液と仮定して(相対揮発度 $\alpha_{av}=3.8$(一定))として解け.

4・11 メタノール(1)-水(2)系(メタノール 50 mol%)の混合液を 100 kmol/h で供給し大気圧下でフラッシュ蒸留させたときの蒸気組成と液組成を求めよ.ただし,$D=W$ とする.

4・12 ヘキサン(1)-ブタン(2)-オクタン(3)系 ($z_1=0.3$, $z_2=0.2$, $K_1=2.56$, $K_2=1.12$, $K_3=0.50$)の原料(1 kmol/h)を 360 K,70 kPa でフラッシュ蒸留を行ったときの留出液量と缶出液量および各々の組成を求めよ.

4・13 問題 4・11 の原料を連続常圧精留塔で分離し,純度 90 mol% 以上で 95% 以上メタノール回収をしたい.最小還流比,最小理論段数を求めよ.ただし,原料の熱的条件 $q=0.5$ とする.

4・14** エタノール(1)-水(2)(エタノール 30 mol%)の原料($q=1$)を連続常圧精留塔で分離する.塔頂留出組成が $x_D=0.7$, 0.9 の場合について,最小還流比を求めよ.ただし,Wilson 定数 $\Lambda_{12}=0.2162$, $\Lambda_{21}=0.7913$ とする.(表計算ソフトを用いて解

け)

4・15 o-キシレン(1)-m-キシレン(2)-p-キシレン(3)からなる原料($z_1=0.25$, $z_2=0.5$, $z_3=0.25$, $q=1$)100 kmol/h を連続常圧精留塔で分離する．缶出液を $W=25$ kmol/h, $x_{W1}=0.94$(hk), $x_{W2}=0.06$(lk), $x_{W3}=0$ とするときの最小理論段数を求めよ．また，還流比を($R=1.5R_m$)としたときの所要理論段数(N_R, N_S)を決定せよ．ただし，相対揮発度 $\alpha_{21}=1.15$, $\alpha_{31}=1.18$ とする．

4・16 水(1)-ブタノール(2)系の大気圧での気液平衡は表 4・2 に示すとおりであり，温度 365.9 K，ブタノール 57.5 wt% で共沸混合物を作る．凝縮液は 2 相分離し 323.2 K ではブタノール相中の水濃度 22.5 wt%，水相中のブタノール濃度 6.5 wt% である．混合物($z_1=0.6$)を，400 K, 101.3 kPa の状態から，等圧で 350 K まで温度を下げていくとどうなるか．図示し説明せよ．

表4・2 水(1)-ブタノール(2)系の気液平衡

t [K]	390.8	384.2	379.6	374.1	369.9	367.2	366.2	365.9	365.9	366.0	368.6	373.2
x_1	0.000	0.050	0.097	0.181	0.291	0.417	0.546	0.752	0.901	0.980	0.991	1.000
y_1	0.000	0.253	0.402	0.556	0.660	0.724	0.750	0.754	0.754	0.760	0.839	1.000

4・17* 図 4・11 の蒸留システムで水を 5.72 wt% 含むブタノールを常圧で蒸留し，凝縮液温度は 323.2 K で水相のみをそのまま抜き出し，製品ブタノール中の水分を 0.245 wt% まで下げたいときブタノール塔の理論段数を求めよ．ただし，原料は沸点の液で，還流はブタノール相優先で塔内に戻し，共沸温度でかつモル比 1.4 で行うものとする．

4・18* エタノール(1)-トルエン(2)系の気液平衡を測定したところ表 4・3 の結果が得られた．これらの結果から Wilson 定数 Λ_{12}, Λ_{21} を求め（最適化），測定値と計算値を図に示し比較せよ．表計算ソフトを用いる場合には Wilson 定数 Λ_{12}, Λ_{21} に，ある仮定値を与え，その仮定値に対して各測定点 (x_i^{obs}, y_i^{obs}, T^{obs}) に対する気相組成を計算する (y_i^{cal}).

目的関数：$f(\Lambda_{12}, \Lambda_{21})=\sum |y_i^{\mathrm{obs}}-y_i^{\mathrm{cal}}|$ として目的関数 f が極小となる Λ_{12}, Λ_{21} を求める．ただし，$0<\Lambda_{12}$, $\Lambda_{21}<2$ と範囲を限定する．

表4・3 エタノール(1)-トルエン(2)系の気液平衡測定値

t [K]	383.7	366.5	359.8	354.5	352.5	351.6	351.0	350.5	350.2	350.0	350.2	351.5
x_1	0.000	0.0500	0.1000	0.2000	0.3000	0.4000	0.5000	0.6000	0.7000	0.8000	0.9000	1.0000
y_1	0.000	0.4297	0.5579	0.6497	0.6855	0.7062	0.7230	0.7413	0.7660	0.8045	0.8709	1.0000

4・19 30 wt% トルエンが混入したベンゼン 3000 kg/h から，ベンゼンを純度 99.5 wt%，回収率 99 wt% 以上でリサイクルしたい．還流比は最小還流比の 1.2 倍として，蒸留塔の所要理論段数，還流比を求めよ．ただし理想溶液，等モル流れ，大気圧運転，$q=1$ とする．

4・20 問題 4・19 において,蒸留塔としてシーブトレイ塔(多孔板塔)を段間 400 mm で設計する.図 4・14 の多孔板標準値を用いて塔径を求めよ.還流液は飽和温度として内部凝縮はないものとする.ダウンカマーは塔断面積の 10% とし,蒸気の有効通過面積は 90% とする.液密度は 815 kg/m³ とする.

4・21 問題 4・20 において,蒸留塔に充填塔を用いた場合,F ファクターを 1.5 とした場合の塔径を求めよ.また理論段相当高さ HETP=500 mm として充填高さを求めよ.

第 5 章 ガス吸収・膜分離

5.1 気液平衡

液体中へのガスの溶解度は吸収液の選択,吸収速度の計算などに必要な基本的物性である.ガス混合物中の特定なガスの溶解度は気相の全圧には無関係で,気相中のそのガスの分圧だけできまる.また,同一ガスの溶解度は温度が高いほど小さくなる.気相中の被吸収ガスの分圧(濃度)が低い場合や,吸収液の温度が高い場合,あるいは難溶性ガスの場合には,ガス A の溶解度 C_A [mol/m³] とその平衡ガス分圧 p_A [Pa] との間に直線関係が成り立つ.すなわち,

$$p_A = HC_A \tag{5・1}$$

この関係を Henry の法則といい,H [Pa・m³/mol] を Henry 定数とよぶ.液相,気相中の被吸収ガスのモル分率,x_A,y_A を用いて次のように表すこともある.

$$p_A = Kx_A \tag{5・2}$$

$$y_A = mx_A \tag{5・3}$$

ここで,K [Pa],m [-] いずれも Henry 定数である.図5・1に種々の温度に対する SO_2 の溶解度とその分圧の関係を示す.また,表5・1に種々のガスの水に対する K の値を示す.

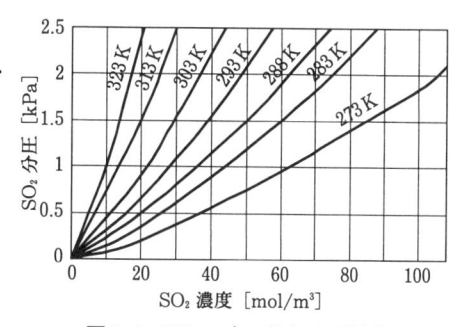

図5・1 SO_2 の水に対する溶解度

表5・1 水に対する諸ガスの Henry 定数 K [Pa]×10⁻⁹

温度[K] ガス	273	283	293	298	303	313	323
H_2	5.86	6.44	6.92	7.16	7.38	7.61	7.75
N_2	5.36	6.77	8.19	8.76	9.36	10.54	11.45
Air	4.38	5.56	6.73	7.29	7.81	8.81	9.58
O_2	2.58	3.31	4.06	4.44	4.81	5.42	5.96
CH_4	2.27	3.01	3.81	4.18	4.55	5.27	5.85
CO_2	0.074	0.105	0.144	0.166	0.188	0.236	0.287

例題 5・1 293 K,標準大気圧(101.3 kPa)において,O_2 の水に対する Henry 定

数 K は,$4.06\times10^9\,\mathrm{Pa}/$(モル分率) である.$H$ と m の値はいくらか.

(解) まず,K, H, m の関係を求める.被吸収ガスの分子量を M_A,被吸収ガスを含む吸収液の密度を $\rho_L\,[\mathrm{kg/m^3}]$,モル密度を $\rho_M\,[\mathrm{mol/m^3}]$ とすれば,$C_A=\rho_M x_A$ の関係がある.ゆえに

$$H=p_A/C_A=p_A/\rho_M x_A=K/\rho_M \tag{5・4}$$

となり,また,ガスが理想気体で全圧が P とすれば,$p_A=Py_A$ であるから

$$m=\frac{K}{P}=\frac{\rho_M H}{P} \tag{5・5}$$

の関係があることがわかる.いま,液中の O_2 濃度は薄くて水に近いと考えれば,$\rho_L=998\,\mathrm{kg/m^3}$, $\rho_M=\rho_L/18=55.4\,\mathrm{kmol/m^3}$ となる.ゆえに,(5・4),(5・5) 式より,$H=(4.06\times10^9)/(55.4\times10^3)=7.33\times10^4\,\mathrm{Pa\cdot mol/m^3}$, $m=(4.06\times10^9)/(1.013\times10^5)=4.01\times10^4$ となる.

例題 5・2 313 K の水が標準大気圧の N_2―O_2―CO_2 混合ガスと平衡関係にあり,それぞれのガスの液中濃度は等しいという.混合ガスは理想気体としてその組成を求めよ.

(解) N_2, O_2, CO_2 それぞれのガスの分圧を p_1, p_2, p_3 とすると,

$$p_1=K_1 x_1,\quad p_2=K_2 x_2,\quad p_3=K_3 x_3,$$

となる.題意より,$x_1=x_2=x_3$ であるから全圧を P とすると

$$P=p_1+p_2+p_3=(K_1+K_2+K_3)x$$

となる.表 5・1 より,$K_1=105.4\times10^8$, $K_2=54.2\times10^8$, $K_3=2.4\times10^8$ および $P=1.013\times10^5\,\mathrm{Pa}$ であるから上式に代入して x について解くと,$x=6.25\times10^{-6}$ となる.混合ガスの組成はモル分率で表せば,

$$y_1=K_1 x/P=0.650,\quad y_2=K_2 x/P=0.335,\quad y_3=K_3 x/P=0.015$$

となる.

5.2 吸収装置

吸収装置も蒸留装置と同様に気―液をいかに効率よく接触させるかにより,その性能がきまる.吸収速度は,物質移動係数,気液接触面積,推進力の各因子の積で与えられるが,吸収装置ではこれらの値を大きくするために,いろいろな工夫がなされ,種々の形式のものがある.吸収装置の分類方法としては,気―液の接触機構による分け方(階段接触型,微分接触型)および,液―ガスのどちらを分散相にするかによる分け方(液分散型,ガス分散型)がある.

代表的な吸収装置に関し以下解説するが,装置の選定にあたっては,各形式の

気液接触効率,圧力損失,製作の容易さ,取扱い流体の種類,処理量など考慮の上,吸収の目的に応じた最適な装置を選択しなければならない.

(1) 充填塔 充填塔は最も代表的な吸収装置である.これは垂直円筒シェル内に充填物を詰めたもので,液は塔頂の液分散器により充填物上に分布され,充填物の表面を薄膜状で流下し,充填物の間隙を流れるガスと接触する.図5・2にその構造を示す.液は塔内を流下するうちに次第に塔壁へ集まる傾向があるので,3〜5mごとに液の再分散器を設ける.

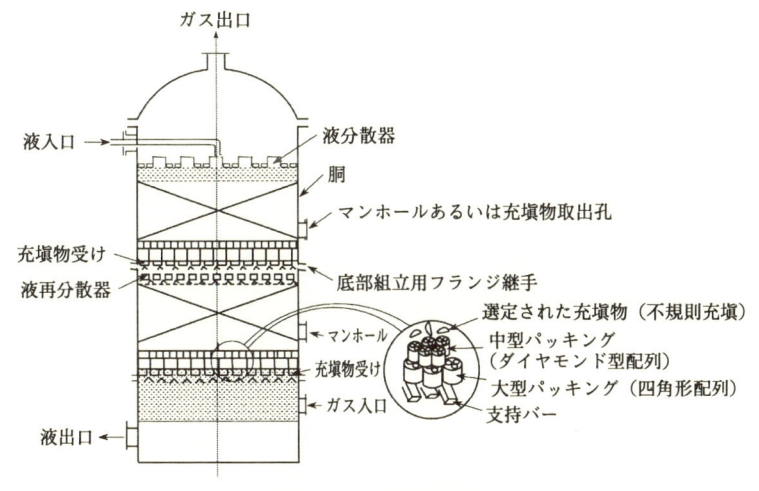

図5・2 充填塔構造図

充填塔の性能は充填物によってきまるといっても過言ではなく,古くからいろいろな形のものが使われており,単位容積当たりの表面積が大きく,空隙率が大でガス流れに対する抵抗が小さく,耐食性があり,機械的強度の大きいものが望まれる.最も代表的な充填物として,ラシヒリング,ポールリング,ベルルサドル,インタロックスサドルがある.材質は磁製,金属製,プラスチック製があり取扱い流体に応じて使い分ける.これらの他にも,テラレット,ヘッジホッグ,ハイレックス,カスケードミニリング,インパルスパッキング,スルザーパッキングなど数多くの充填物が開発されており,価格的には安価といえないものもあるが,非常に高性能となり,これらは蒸留装置用としても広く使われるようになっている.図5・3に充填物の外形を示す.これらの充填物には,種々の寸法のも

ラシヒリング	インタロックスサドル	マクマホンパッキング
ポールリング	レッシンリング	パーティションリング
テラレット	ベルサドル	カスケードミニリング

図5・3 充填物

のがあるが，一般に塔径の 1/20 程度のものが使われる．

　充填塔は腐食性の強い流体，発泡性の大きい流体を取扱う場合や圧力損失を少なくしたい場合に適している．比較的小規模な装置には棚段塔よりも建設費が安く有利であるといわれている．近年は超大型の装置にも充填塔が使われるようになってきているが液流量が少なすぎる場合には，充填物表面の濡れが悪くなるので注意しなければならない．

（2）**棚段塔**　　棚段塔は主として蒸留装置として発達してきたが，吸収用にも広く用いられている．装置の構造は第4章蒸留の項を参照されたい．

　吸収装置としての棚段塔は，大型の場合に適しており塔径が 1.2 m 以上では充填塔を用いることは少ない．構造上，液ホールドアップを処理液量の多少によらず一定に保つことができるので，液量が多すぎたり少なすぎたりして充填塔では不都合な場合に適している．塔のインターナルの組込上，塔径が 0.6 m 以下

の場合はあまり使わない．また充填塔に比べ圧力損失が大きい欠点を有する．

（3） スプレー塔　スプレー塔は図5・4に示すように液を細かい液滴にしてガス中に噴霧する形式のもので，構造が簡単であり，ガスの圧力損失も非常に少ない．ただし，吸収効率はあまり良くなく通常2理論段以上の吸収性能は期待できない．また液を噴霧するのにかなりの動力を要し，液の飛沫がガスに同伴されて装置の外へ運び去られる欠点も有する．しかし，吸収と同時にガス中の粉塵を除去したい場合とか，液相中に固体を生じる場合には，極めて有効な装置である．

図5・4　スプレー塔

（4） 濡れ壁塔　濡れ壁塔は図5・5に示すように垂直な管の内壁に沿って液を薄膜状で流下させ，管の中央部を流れるガスと接触させる形式のものである．装置の単位容積当たりの気液接触面積は少ないが，管外からの冷却が容易なため，塩酸製造など多量の発熱をともなう場合に適する．

（5） 気泡塔　気泡塔は，塔の底よりガスを分散器を通して液中に分散させる形式のもので，一般に少量のガス吸収の場合とか，液相抵抗が支配的な系に適する．液相中に充填物を設けたり，液を攪拌し気液の接触効率を向上させる場合もある．

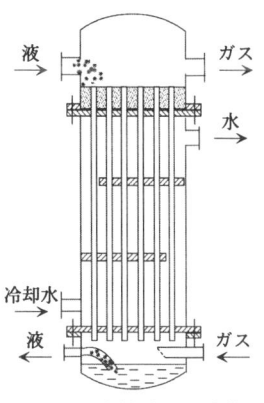

図5・5　多管式濡れ壁塔

5.3　吸収速度

（1） Fickの法則　気相中または液相中に存在する物質は，もしその濃度が不均一であれば濃度の高いほうから低いほうへ拡散して均一になろうとする．ガスあるいは液が静止している場合でも分子自身の運動により拡散は起こる．いま，ガスAのz方向のみの拡散（1次元拡散）を考えると，その拡散方向に直角な単位面積当たりの分子拡散速度N_A [mol/(m^2・s)]は，ガスAの拡散方向の濃度勾配に比例した次式で表される．

$$N_A = -D_A \frac{dC_A}{dz} \tag{5・6}$$

この関係を Fick の法則といい，右辺の比例係数 D_A [m²/s] をガス A の気相（あるいは液相）分子拡散係数とよぶ．拡散する物質と拡散媒体の組み合わせによりきまる物性値であり，温度，圧力などの関数である．いくつかのガスの気相および液相中の拡散係数の例を表5・2，5・3 に示す．

表5・2 気相拡散係数（101.3 kPa）

系	t [K]	$D_G \times 10^5$ [m²/s]
NH₃-空気	298	2.29
CO₂-空気	298	1.64
H₂-空気	298	7.17
H₂O-空気	298	2.56
C₆H₆-空気	298	0.96
CO₂-H₂	273	6.65
CO₂-O₂	273	1.39
H₂O-H₂	273	8.22

表5・3 液相拡散係数（希薄溶液）

拡散物質	溶媒	t [K]	$D_L \times 10^9$ [m²/s]
O₂	水	293	1.8
CO₂	水	293	1.77
NH₃	水	293	1.76
メタノール	水	293	1.28
フェノール	ベンゼン	293	1.54
四塩化炭素	トルエン	298	2.19
酢酸	アセトン	313	4.04
酢酸	アセトン	288	2.92

いまガス A が理想気体であり，z 方向に定常拡散しているとすれば，(5・6)式に $C_A = p_A/(RT)$ の関係を代入して，$z = z_1$, $p_A = p_{A1}$ から $z = z_2$, $p_A = p_{A2}$ まで積分すると次式を得る．

$$N_A = \frac{D_{AG}}{RT(z_2-z_1)}(p_{A1}-p_{A2}) = \frac{D_{AG}}{RTz_G}\varDelta p_A \tag{5・7}$$

同様に液相中での A 成分の拡散に対しては次式が得られる．

$$N_A = \frac{D_{AL}}{z_L}(C_{A1}-C_{A2}) = \frac{D_{AL}}{z_L}\varDelta C_A \tag{5・8}$$

（2）二重境膜説 Lewis と Whitman はガスと液体が接触する際，ガスと液の本体がいくら激しく攪拌され，乱れていても，気液界面の両側にはそれぞれ有効厚さ z_G, z_L のガス境膜，液境膜が存在しており，被吸収ガスはこの境膜を通って液本体中へ拡散すると考えた．この仮説は 1923 年に発表され，二重境膜説とよばれている（図5・6 参照）．

吸収が定常状態で行われている場合，ガス A がガス境膜を通る速度と液境膜を通過する速度は等しくなければならないので

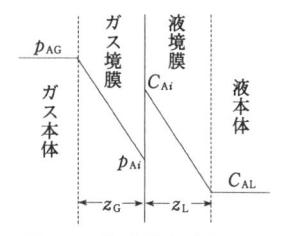

図5・6 気液境膜近傍の濃度分布

$$N_A = k_G(p_{AG} - p_{Ai}) = k_L(C_{Ai} - C_{AL}) \tag{5・9}$$

ここで，$k_G(=D_{AG}/RTz_G)$，$k_L(=D_{AL}/z_L)$ はそれぞれ，ガス境膜物質移動係数 [mol/(m²・s・Pa)]，液境膜物質移動係数 [m/s] である．

いま気液平衡がある濃度範囲では次式のような直線関係（$p_{A0}=0$ ならば Henry の法則）で表されるとする．

$$p_{Ai} = HC_{Ai} + p_{A0}, \quad p_{AG} = HC_A^* + p_{A0}, \quad p_A^* = HC_{AL} + p_{A0} \tag{5・10}$$

すると (5・9)，(5・10) 式より次の関係を得る．

$$N_A = K_G(p_{AG} - p_A^*) = K_L(C_A^* - C_{AL}) \tag{5・11}$$

ここで，K_G，K_L は，ガス境膜基準および液境膜基準総括物質移動係数とよばれ，k_G，k_L と同じ単位をもち，次式で表される．

$$\frac{1}{K_G} = \frac{1}{k_G} + \frac{H}{k_L}, \quad \frac{1}{K_L} = \frac{1}{Hk_G} + \frac{1}{k_L} \tag{5・12}$$

推進力として被吸収ガスのモル分率を採用すれば，(5・9)，(5・11) および (5・12) 式は次のように書き換えられる．

$$N_A = k_y(y - y_i) = k_x(x_i - x) \tag{5・13}$$

$$= K_y(y - y^*) = K_x(x^* - x) \tag{5・14}$$

$$\frac{1}{K_y} = \frac{1}{k_y} + \frac{m}{k_x}, \quad \frac{1}{K_x} = \frac{1}{mk_y} + \frac{1}{k_x} \tag{5・15}$$

これらの式中の物質移動係数 k_y などの単位はすべて [mol/(m²・s)] である．

例題 5・3 水を吸収液として排ガス中の CO_2 を吸収除去する装置の k_G，k_L はそれぞれ，$k_G = 3.12 \times 10^{-6}$ mol/(m²・s・Pa)，$k_L = 9.80 \times 10^{-4}$ m/s であるという．全圧が 101.3 kPa であるとすれば，総括物質移動係数 K_G，K_L，K_x，K_y の値はいくらになるか．ただし，CO_2 と水の平衡関係は $p_A = 387 C_A$（p_A：Pa，C_A：mol/m³）で表されるものとする．

（**解**）与えられた平衡関係より，Henry 定数は $H = 387$ m³・Pa/mol であるから，(5・12) 式に k_G，k_L，H の値を代入すると

$$K_G = 1.40 \times 10^{-6} \text{ mol/(m}^2\text{・s・Pa)}, \quad K_L = 5.41 \times 10^{-4} \text{ m/s}$$

が得られる．また，$k_y = Pk_G$，$k_x \fallingdotseq \rho_M k_L$，$m = \rho_M H/P$ の関係があるから (5・12)，(5・15) 式より

$$K_y = PK_G = 0.142 \text{ mol/(m}^2\text{・s)}, \quad K_x = 30.1 \text{ mol/(m}^2\text{・s)}$$

となる．

（3）反応吸収 実際に行われるガス吸収操作には化学反応をともなう例が

多い．表5・4にその代表的な例をあげてあるが，この他にも有機化合物のニトロ化，塩素化，水素化や微生物を用いた発酵などの気液反応も反応吸収の例と考えられる．

被吸収ガス（たとえば CO_2）が反応成分（たとえば NaOH）を含んだ液中に吸収される場合の吸収速度は，物理吸収に比べて増大する．その程度を表すのに反応吸収の

表5・4 実際の反応吸収の例

被吸収ガス	液相中の反応成分
CO_2	NaOH, KOH, Na_2CO_3, K_2CO_3, $Ca(OH)_2$, エタノールアミン
SO_2	$Ca(OH)_2$, $CaCO_3$, NaOH KOH, Na_2CO_3, H_2O
H_2S	エタノールアミン, $Fe(OH)_3$
NO	$FeSO_4$, $Ca(OH)_2$, H_2SO_3
NO_2	$K_2Cr_2O_7$
HCl	$Ca(OH)_2$, NaOH, KOH
Cl_2	$FeCl_2$, NaOH

場合の物質移動係数 k_L' [m/s] と物理吸収の場合のそれ k_L [m/s] との比 β を考え，これを反応係数という．すなわち

$$\beta = k_L'/k_L \tag{5・16}$$

となる．前出の式中の k_L に βk_L を代入して K_G, K_L を求めることができる．

ここでは，ガス A が液中の反応成分 B と不可逆瞬間反応と不可逆擬1次反応を起こす場合を考える．

いま，ガス A が反応成分 B を含んだ溶液に吸収されて次式で表される不可逆瞬間反応が起こるとする．

$$A + B \rightarrow AB$$

この場合の液境膜内の各成分の濃度分布は図5・7のようになる．成分 A と B は境膜の両側から拡散して PQ 面で出会い，瞬間的に反応してそれぞれの濃度は0になる．A, B の拡散速度 N_A, N_B [mol/(m²·s)] は Fick の法則により次式で表される．

$$N_A = (D_A/z_1)(C_{Ai} - 0) \tag{5・17}$$

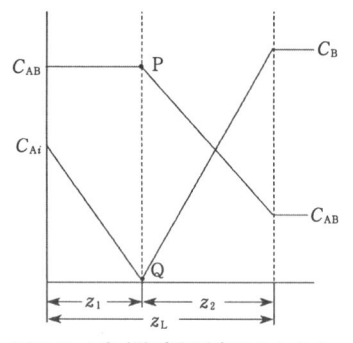

$$N_B = (D_B/z_2)(C_B - 0) \tag{5・18}$$

図5・7 不可逆瞬間反応をともなう場合の境膜内濃度分布

これらより，$N_A = N_B$ だから次式が得られる．

$$N_A = \frac{D_A}{z_L}\left(1 + \frac{D_B C_B}{D_A C_{Ai}}\right)C_{Ai} = \beta k_L C_{Ai} \tag{5・19}$$

ここに，$k_L = D_A/z_L$ である．すなわち，この場合の反応係数 β は

$$\beta = 1 + (D_B C_B / D_A C_{Ai}) \tag{5・20}$$

となる．

この式からわかるように β は液相中の反応成分の濃度が高くなるほど大きくなり，吸収速度が増大する．SO_2 の NaOH 溶液中への反応吸収はこの理論が適用できる一例である．

次に A, B 両成分が不可逆擬 1 次反応をする場合を考える．すなわち，A と B の反応があまり速くなく，B 成分が多量に存在する場合には液本体の A 成分の濃度は 0 で，境膜内の B の濃度は液本体中のそれと等しく一定と考えられるので反応は A について 1 次反応とみなせる．

いま，図 5・8 に示すような微小体積内で物質収支をとると次式が得られる．

$$D_A(d^2 C_A/dz^2) = k_2 C_A C_B = k_1' C_A \tag{5・21}$$

ここで，k_2 は A と B に関する 2 次反応速度定数，k_1' は擬 1 次反応速度定数である．この式を，$z=0$ で $C_A = C_{Ai}$ を，$z = z_L$ で $C_A = 0$ の条件で解けば境膜内の A の濃度分布を与える式が求まる．それより吸収速度 N_A は

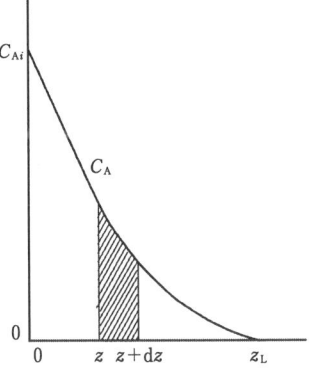

図 5・8 不可逆擬 1 次反応をともなう吸収の場合の境膜内濃度分布

$$N_A = -D_A(dC_A/dz)_{z=0} = \beta k_L C_{Ai} \tag{5・22}$$

ここで

$$\beta = \gamma/\tanh\gamma \tag{5・23}$$

$$\gamma = z_L \sqrt{k_1'/D_A} = \sqrt{k_2 C_B D_A}/k_L \tag{5・24}$$

γ は八田数（Hatta number）とよばれるもので，吸収速度に及ぼす反応の影響を示す値である．

温度 293 K 以下で NaOH 濃度が 2 規定以下の溶液中への CO_2 の吸収速度は上記の理論式から計算される値と一致する．

5.4 吸収装置の設計

（1）**吸収塔の物質収支**　ガス吸収を行う代表的装置の一つである図 5・9 に

示すような，処理ガスは塔底から，吸収液は塔頂から入り両者が塔内で向流接触する充填塔を考える．いま被吸収ガスを含まないガス（同伴ガス）および吸収液（純溶媒）の流量をそれぞれ G_i, L_i [mol/(m²·s)] とし，塔底，塔頂の被吸収ガスのモル分率は図中のようであるとすれば，塔頂と塔底における物質収支より次式を得る．

$$G_i\left(\frac{y_1}{1-y_1}-\frac{y_2}{1-y_2}\right)=L_i\left(\frac{x_1}{1-x_1}-\frac{x_2}{1-x_2}\right) \quad (5\cdot25)$$

同様に，塔頂から塔内の任意の断面までについての物質収支をとれば，

$$G_i\left(\frac{y}{1-y}-\frac{y_2}{1-y_2}\right)=L_i\left(\frac{x}{1-x}-\frac{x_2}{1-x_2}\right) \quad (5\cdot26)$$

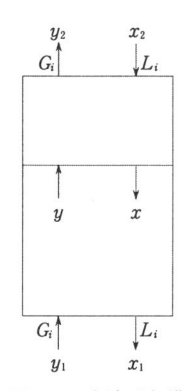

図 5·9 向流吸収塔の物質収支

となる．この式は塔内の気液組成，y と x の関係を与える．

被吸収ガスの気液濃度が薄い場合には (5·25)，(5·26) 式は次のように簡単化される．

$$G_M(y_1-y_2)=L_M(x_1-x_2) \quad (5\cdot27)$$

$$G_M(y-y_2)=L_M(x-x_2) \quad (5\cdot28)$$

(5·26)，(5·28) 式は図 5·10 に示すような操作線を与えるが，(5·28) 式の場合，点 (x_2, y_2) を通り，傾き (L_M/G_M) の直線になる．

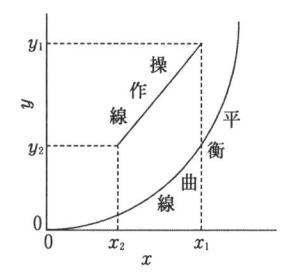

図 5·10 平衡曲線と操作線

例題 5·4 SO_2 12 mol% を含む排ガスを 200 Nm³/h 充填塔の塔底から送入し，303 K (30℃)，標準大気圧のもとで水と向流接触させて 90% を吸収除去したい．この場合の最小液流量は何 kg/h か．ただし，303 K (30℃) における SO_2 の水に対する溶解度は次表で与えられる．

表 5·5 SO_2 の水に対する溶解度 (303 K)

$y\times10^2$	0.224	0.618	1.07	1.55	2.59	4.74	6.84	10.4	16.5	28.4
$x\times10^3$	0.141	0.218	0.422	0.562	0.843	1.40	1.96	2.80	4.20	6.98

（解） 塔底における送入ガスの全モル流量 G'_{M1} [mol/s] は，$G'_{M1}=(200/0.0224)\times(273/303)/3600=2.235$ mol/s となり，その中に含まれる SO_2 量は $2.235\times0.12=0.268$ mol/s となるので，同伴する不活性ガス流量 G'_i は，$G'_i=2.235-0.268=1.967$ mol/s と

なる．また，吸収される SO_2 の量は $0.268 \times 0.90 = 0.241\,mol/s$ となるので塔頂の残存 SO_2 量は，$0.027\,mol/s$ となる．ゆえに，$y_2 = 0.027/(1.967+0.027) = 0.0135$ となる．

与えられた平衡関係より xy 座標上に平衡曲線を描くと図 5・11 のようになる．図より塔底の SO_2 の気相モル分率 $y=0.12$ に平衡な液相モル分率は $x_1^* = 0.0032$ と求まる．また，吸収液は水であるから塔頂では $x_2=0$ である．したがって，最小液流量を $(L_i')_{min}$ とすると (5・25) 式より次の関係が得られる．

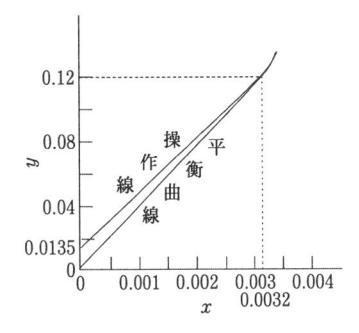

図 5・11 例題 5・4 における気液平衡関係

$$(L_i')_{min}\left(\frac{0.0032}{1-0.0032}-0\right) = 0.241$$

となるから，最小液流量は $(L_i')_{min} = 75.07\,mol/s \times 18 \times 3600/10^3 = 4865\,kg/h$ となる．

例題 5・5 図 5・9 に示す向流接触充填塔で 20 vol% の NH_3 を含む空気 $1200\,kg/(m^2\cdot h)$ を $750\,kg/(m^2\cdot h)$ の水で処理したところ，出口ガス中の NH_3 濃度が 1 vol% になった．出口の水中の NH_3 濃度 [wt%] および NH_3 の回収率を求めよ．ただし，塔内圧力は一定で標準大気圧（101.3 kPa）とする．

（解） 塔内の NH_3 の吸収速度は (5・25) 式で与えられる．題意より，$x_2=0$，$y_1=0.20$，$y_2=0.01$，$L_i = (750 \times 10^3)/(18 \times 3600) = 11.6\,mol/(m^2\cdot s)$，および入口ガスの平均分子量は $28.8 \times 0.8 + 17.0 \times 0.2 = 26.4$ だから，同伴する不活性ガス流量 G_i は $G_i = \{(1200 \times 10^3)/(26.4 \times 3600)\} \times 0.8 = 10.1\,mol/(m^2\cdot s)$ となる．

これらの数値を (5・25) 式に代入すると，吸収速度は $2.42\,mol/(m^2\cdot s)$ となる．

$$10.1 \times (0.2/0.8 - 0.01/0.99) = 11.6 \times (x_1/(1-x_1) - 0) = 2.42$$

これを解いて，出口 NH_3 濃度 $x_1 = 0.173$，重量百分率に換算すると

$$17.0 \times 0.173/(17.0 \times 0.173 + 18.0 \times 0.827) = 16.5\,wt\%$$

になる．入口ガス中の NH_3 は $(10.1/0.8) \times 0.2 = 2.53\,mol/(m^2\cdot s)$ だから，NH_3 の回収率は $(2.42/2.53) \times 100 = 95.7\%$ となる．

（2）吸収塔の高さ 図 5・12 に示すような気液向流接触吸収塔内に高さ dz の微小部分を考える．吸収塔の単位体積当たりの気液接触面積は $a\,[m^2/m^3]$，気液両相中の被吸収ガス成分の濃度は十分薄いと仮定すれば，微小部分での吸収速度は，

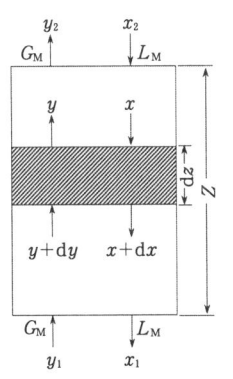

図 5・12 吸収塔内微分物質収支

$$k_y a \mathrm{d}z(y-y_i) = k_x a \mathrm{d}z(x_i-x)$$
$$= K_y a \mathrm{d}z(y-y^*) = K_x a \mathrm{d}z(x^*-x) \tag{5・29}$$

となる．また，吸収速度は（5・28）式より

$$G_\mathrm{M} \mathrm{d}y = L_\mathrm{M} \mathrm{d}x \tag{5・30}$$

（5・29），（5・30）式を等置して

$$\mathrm{d}z = \frac{G_\mathrm{M} \mathrm{d}y}{k_y a(y-y_i)} = \frac{L_\mathrm{M} \mathrm{d}x}{k_x a(x_i-x)}$$
$$= \frac{G_\mathrm{M} \mathrm{d}y}{K_y a(y-y^*)} = \frac{L_\mathrm{M} \mathrm{d}x}{K_x a(x^*-x)} \tag{5・31}$$

が得られる．ここで，x, y 以外は塔内で一定と仮定して塔頂から塔底まで積分すると，塔高 Z を与える次式が得られる．

$$Z = \frac{G_\mathrm{M}}{k_y a}\int_{y_2}^{y_1}\frac{\mathrm{d}y}{y-y_i} = \frac{L_\mathrm{M}}{k_x a}\int_{x_2}^{x_1}\frac{\mathrm{d}x}{x_i-x} = \frac{G_\mathrm{M}}{K_y a}\int_{y_2}^{y_1}\frac{\mathrm{d}y}{y-y^*} = \frac{L_\mathrm{M}}{K_x a}\int_{x_2}^{x_1}\frac{\mathrm{d}x}{x^*-x} \tag{5・32}$$

上式中の $k_y a$ などは物質移動係数と気液接触面積の積であり，物質移動容量係数とよばれる．また，（5・32）式中の積分値は移動単位数（NTU）とよばれ，吸収の物質移動の推進力の程度を示す無次元数であり，ガス境膜移動単位数 N_G，液境膜移動単位数 N_L，ガス境膜基準総括移動単位数 N_OG，および液境膜基準総括移動単位数 N_OL を次のように定義する．

$$N_\mathrm{G} = \int_{y_2}^{y_1}\frac{\mathrm{d}y}{y-y_i}, \ N_\mathrm{L} = \int_{x_2}^{x_1}\frac{\mathrm{d}x}{x_i-x}, \ N_\mathrm{OG} = \int_{y_2}^{y_1}\frac{\mathrm{d}y}{y-y^*}, \ N_\mathrm{OL} = \int_{x_2}^{x_1}\frac{\mathrm{d}x}{x^*-x} \tag{5・33}$$

（5・32）式中の $(G_\mathrm{M}/k_y a)$ などは移動単位数（積分値）が 1 の場合の塔高に相当するので，移動単位高さ（HTU）とよばれ，次のようにおく．

$$H_\mathrm{G} = G_\mathrm{M}/k_y a, \ H_\mathrm{L} = L_\mathrm{M}/k_x a, \ H_\mathrm{OG} = G_\mathrm{M}/K_y a, \ H_\mathrm{OL} = L_\mathrm{M}/K_x a \tag{5・34}$$

（5・32）式は（5・33），（5・34）式を用いて次のように書き直すことができる．

$$Z = H_\mathrm{G} \cdot N_\mathrm{G} = H_\mathrm{L} \cdot N_\mathrm{L} = H_\mathrm{OG} \cdot N_\mathrm{OG} = H_\mathrm{OL} \cdot N_\mathrm{OL} \tag{5・35}$$

なお，平衡関係が直線で表される場合は，（5・15）式に（5・34）式を代入することにより，次式の関係を得ることができる．

$$H_\mathrm{OG} = H_\mathrm{G} + \left(\frac{mG_\mathrm{M}}{L_\mathrm{M}}\right)H_\mathrm{L}, \quad H_\mathrm{OL} = H_\mathrm{L} + \left(\frac{L_\mathrm{M}}{mG_\mathrm{M}}\right)H_\mathrm{G} \tag{5・36}$$

総括移動単位数 N_OG と N_OL は，平衡曲線と操作線が与えられれば，図積分に

5.4 吸収装置の設計

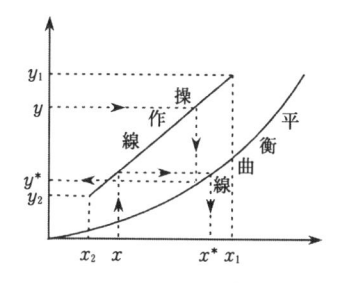

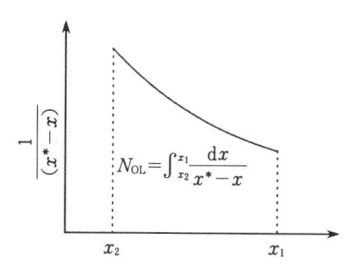

図 5·13 図積分による N_OL の求め方

より求めることができる．たとえば，N_OL を求めるには図 5·13 に示すように xy 座標上の操作線上の点 x に対応する平衡曲線上の点 x^* を求めて，$1/(x^*-x)$ の値を計算する．この値を x に対して点綴して，得られた曲線と $x=x_1$，$x=x_2$ および x 軸で囲まれた面積が N_OL を与える．N_OG も y について同様な方法で求めることができる．

境膜移動単位数 N_G，N_L を求めるためには，操作線上の (x, y) 点に対応する気液界面の組成 (x_i, y_i) の値を知らなければならない．操作線と平衡曲線が図 5·14 に示すように与えられた場合，操作線の点 P から次式で表される勾配 $-\lambda$ をもつ直線と平衡曲線との交点 Q の座標がその値を与える．すなわち，

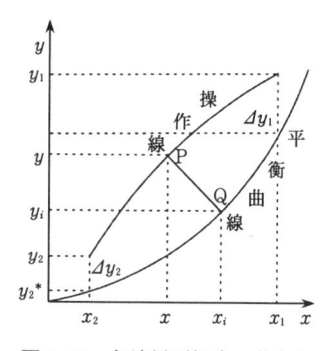

図 5·14 気液界面組成の求め方

$$-\lambda = \left(\frac{y_i - y}{x_i - x}\right) = -\frac{k_x a}{k_y a} = -\left(\frac{H_\mathrm{G}}{H_\mathrm{L}}\right)\left(\frac{L_\mathrm{M}}{G_\mathrm{M}}\right) \tag{5·37}$$

直線 PQ をタイラインという．(x_i, y_i) の値が求まれば，N_OG，N_OL と同様に $1/(y-y_i)$ あるいは $1/(x-x_i)$ を求めて，y あるいは x に対して図積分すれば N_G，N_L を求めることができる．

なお平衡曲線と操作線がともに直線の場合，図積分によらず次式により移動単位数を計算することができる．

$$N_\mathrm{G} = \frac{y_1 - y_2}{(y - y_i)_\mathrm{lm}}, \quad N_\mathrm{L} = \frac{x_1 - x_2}{(x_i - x)_\mathrm{lm}}, \quad N_\mathrm{OG} = \frac{y_1 - y_2}{(y - y^*)_\mathrm{lm}}, \quad N_\mathrm{OL} = \frac{x_1 - x_2}{(x^* - x)_\mathrm{lm}} \tag{5·38}$$

ここで，上式中の $(y - y^*)_\mathrm{lm}$ などは対数平均の推進力で，次式で表される．

$$(y-y^*)_{lm} = \frac{(y_1-y_1^*)-(y_2-y_2^*)}{\ln[(y_1-y_1^*)/(y_2-y_2^*)]} = \frac{\Delta y_1 - \Delta y_2}{\ln(\Delta y_1/\Delta y_2)} \quad (5\cdot39)$$

つぎに，(5・34) 式で表される H_G, H_L の値は次の Sherwood ら，および Fellinger らの実験式より求められる．これらの式中の定数は表5・6 および表5・7 に示す．

$$H_L = \frac{1}{\alpha}\left(\frac{L}{\mu_L}\right)^n \left(\frac{\mu_L}{\rho_L D_L}\right)^{0.5} \quad (5\cdot40)$$

$$H_G = c\frac{G^m}{L^n}\left(\frac{\mu_G}{\rho_G D_G}\right)^{2/3} \quad (5\cdot41)$$

表5・6 (5・40) 式中の α と n の値

充填物	α	n	充填物	α	n
ラシヒリング			ベルルサドル		
1/2 in	1400	0.35	1/2 in	690	0.28
1 in	430	0.22	1 in	780	0.28
1 1/2 in	380	0.22	1 1/2 in	730	0.28
2 in	340	0.22			

表5・7 (5・41) 式中の c, m, n の値とその適用範囲

充填物	c	m	n	G の範囲	L の範囲
ラシヒリング					
3/8 in	0.722	0.45	0.47	0.28〜0.69	0.69〜2.10
1 in	0.648	0.32	0.51	0.28〜0.83	0.69〜6.30
1 1/2 in	0.968	0.38	0.66	0.28〜0.97	0.69〜2.10
〃	0.803	0.38	0.40	0.28〜0.97	2.10〜6.30
2 in	1.04	0.41	0.45	0.28〜1.10	0.69〜6.30
ベルルサドル					
1/2 in	0.629	0.30	0.74	0.28〜0.97	0.69〜2.10
〃	0.428	0.30	0.24	0.28〜0.97	2.10〜6.30
1 in	0.537	0.36	0.40	0.28〜1.10	0.69〜6.30
1 1/2 in	0.759	0.32	0.45	0.28〜1.40	0.69〜6.30

例題 5・6 SO_2 10 vol% を含む排ガス 25 Nm³/h を水で洗浄して，その含有 SO_2 の 90% を吸収除去するための充填塔を設計したい．塔底より排出する吸収液中の SO_2 濃度が 0.2 mol% となるためには，吸収液の流量は何 kg/h 必要か．また，$H_G=0.7$ m，$H_L=0.5$ m とすれば所要塔高は何 m となるか．ただし，吸収塔の内径は 1.13 m，操作条件は，303 K (30 ℃)，標準大気圧とする．

(解) 充填塔の断面積は $S=(\pi/4)\times1.13^2=1.00$ m² となる．塔底ガスの全モル流量は $G_{Ml}=\{(25/3600)/0.0224\}(273/303)=0.2793$ mol/(m²·s) となり，このうちの SO_2 の流量は 0.0279 mol/(m²·s) となるので，同伴ガス（吸収されない不活性ガス）の流量は

$G_i = 0.2514\,\text{mol}/(\text{m}^2\cdot\text{s})$ となる.

未吸収の SO_2 の量は $0.0279 \times (1-0.90) = 2.79 \times 10^{-3}\,\text{mol}/(\text{m}^2\cdot\text{s})$ となるので,塔頂の SO_2 のモル分率 y_2 は,$y_2 = 2.79 \times 10^{-3}/(0.2514 + 2.79 \times 10^{-3}) = 0.0110$ となる.この値と与えられた条件より,液/ガス比 L_i/G_i は (5・25) 式より

$$\frac{L_i}{G_i} = \left(\frac{0.10}{0.90} - \frac{0.011}{0.989}\right) \Big/ \left(\frac{0.002}{0.998} - 0\right) = 49.9$$

となる.ゆえに必要な液流量は,$L_i = 49.9 \times G_i = 49.9 \times 0.2514 = 12.54\,\text{mol}/(\text{m}^2\cdot\text{s})$,すなわち,813 kg/h となる.また,操作線の式は (5・26) 式より,

$$\frac{y}{1-y} = 49.9\left(\frac{x}{1-x}\right) + 0.01112$$

となる.例題 5・4 に与えられている 30℃ の水に対する SO_2 の溶解度(平衡関係)と操作線を xy 座標上に書けば,図 5・15 のようになる.

次に気液界面組成を求めるための操作線および平衡曲線上の各点を結ぶタイラインの傾斜 $-\lambda$ を求める.(5・37) 式中の気液の全モル流量 G_M,L_M は塔底と塔頂での算術平均を用いる.すなわち,

$$G_M = (0.279 + 0.254)/2 = 0.267 \quad \text{および} \quad L_M = (12.54 + 12.57)/2 = 12.56$$

となるので,$-\lambda = -(0.7/0.5)(12.56/0.267) = -65.8$ となる.

よって操作線上の各点から傾斜 -65.8 の直線を引けば,図 5・15 に示すようなタイライン群が得られる.これらのタイラインと平衡曲線との交点の座標から y の各値に対する y_i の値を求め,$1/(y-y_i)$ を計算して y に対して点綴したのが図 5・16 である.

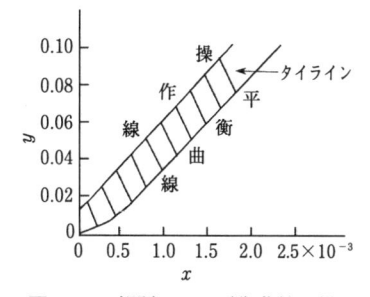

図 5・15 例題 5・6 の平衡曲線と操作線およびタイライン

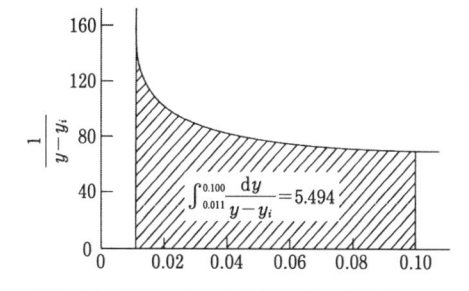

図 5・16 例題 5・6 の移動単位数の図積分による求め方

図 5・16 より,曲線 $y = 1/(y-y_i)$,直線 $y = 0.011$,$y = 0.10$,および $1/(y-y_i) = 0$ で囲まれた部分の図積分をすると,ガス境膜基準総括移動単位数 N_{OG} が求まる.この図積分の近似解法として,表 5・8 に示すような,y の微小区間 Δy ごとの $y = 1/(y-y_i)$ を区分求積することにより面積を求めることができる.ここで,$[1/(y-y_i)]_m$ は Δy の間の $1/(y-y_i)$ の算術平均値を表す.分割数を増やすほど微小区間の矩形面積の合計

表5・8 例題5・6の図積分近似解法（区分求積）

y	y_i	$y-y_i$	$1/(y-y_i)$	Δy	ΔN_G
0.011	0.00420	0.00680	147.01		
0.012	0.00470	0.00730	136.99	0.001	0.142
0.013	0.00522	0.00778	128.48	0.001	0.133
0.014	0.00575	0.00825	121.15	0.001	0.125
0.015	0.00629	0.00871	114.79	0.001	0.118
0.016	0.00684	0.00916	109.20	0.001	0.112
0.017	0.00741	0.00959	104.26	0.001	0.107
0.018	0.00799	0.01001	99.86	0.001	0.102
0.019	0.00858	0.01043	95.92	0.001	0.098
0.020	0.00917	0.01083	92.37	0.001	0.094
0.030	0.01570	0.01430	69.93	0.010	0.811
0.040	0.02306	0.01694	59.04	0.010	0.645
0.050	0.03114	0.01886	53.02	0.010	0.560
0.060	0.03985	0.02015	49.63	0.010	0.513
0.070	0.04913	0.02087	47.92	0.010	0.488
0.080	0.05894	0.02106	47.49	0.010	0.477
0.090	0.06924	0.02076	48.18	0.010	0.478
0.100	0.08000	0.02000	50.01	0.010	0.491

$\Sigma \Delta N_G = 5.494$

が曲線で囲まれた面積に近くなるが，操作線・平衡曲線の関数式近似精度も考慮して適度な分割数とし，また y 軸値の変化率の大きい区間は刻みを細かくするなどの工夫をすることが好ましい．表5・8の区分求積にしたがって，N_{OG} は

$$N_{OG} \int_{0.011}^{0.10} \frac{dy}{y-y_i} \fallingdotseq \Sigma \left(\frac{1}{y-y_i} \right)_m \times \Delta y = 5.494$$

となる．

よって，所要塔高は（5・35）式より，$Z = 5.494 \times 0.7 = 3.84$ m と求まる．

（3）吸収塔の圧力損失と直径　気液向流充填塔の場合，液の空塔質量速度を一定にしてガスのそれを増加していくと，塔内通過ガスの圧力損失は次第に大きくなる．ガスの空塔質量速度がある値に達すると塔内の充填物の間隙にたまる液量（液ホールドアップ）が急に増えはじめ，同時に圧力損失の増加割合が大きくなる．さらにガス速度を大きくすると，ついに液は流下できなくなり塔頂へ逆流するようになり，塔の運転は不可能になる．液ホールドアップが増加しはじめる点をローディング点，液が塔内に充満して逆流しはじめる点をフラッディング点という．ローディング速度，フラッディング速度はともに気液の流量比，物性値，充填物の形状寸法などの関数で，図5・17に示した相関曲線を用いて推定できる．また，代表的な充填物の特性を表5・9に示す．

充填塔の運転はフラッディングが起これば不可能になるので，フラッディング

点以下のガス流速で操業できるような塔の設計をしなければならない．しかし塔径を必要以上に大きくしてガス流速を小さくすることは，塔内の液の分布を不均一にして気液の接触が不良となる．通常，ガス流速はフラッディング速度の 50％ 前後，ローディング速度付近の値をとることが多い．

次に充填塔へガスを供給する送風機の所要動力を決定するために，塔内の圧力損失を推定する必要がある．ここでは，ローディング点以下の条件に適用される有名な Leva の式を示す．なお式中の定数 α, β を表 5・9 に示す．

$$\Delta P/Z = \alpha(10^{\beta L/\rho_L}) G^2/\rho_G \tag{5・42}$$

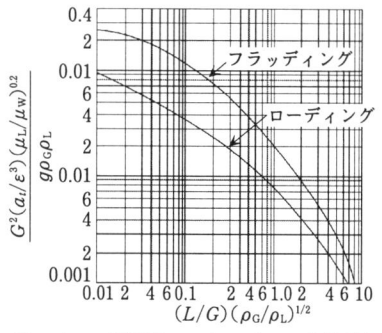

図 5・17 充填塔のフラッディング速度およびローディング速度

表 5・9 充填物の特性と (5・42) 式中の定数

充填物	$a_t[\mathrm{m^2/m^3}]$	$\varepsilon[\mathrm{m^3/m^3}]$	α	β	充填物	$a_t[\mathrm{m^2/m^3}]$	$\varepsilon[\mathrm{m^3/m^3}]$	α	β
ラシヒリング					ベルルサドル				
½ in	367	0.64	1698	83.9	½ in	466	0.62	662	42.8
1 in	190	0.74	533	51.1	1 in	249	0.68	214	34.8
1 ½ in	118	0.68	214	47.2	1 ½ in	151	0.71	116	26.6
2 in	92	0.74	132	34.8					

例題 5・7 ベンゼン蒸気 1.0％ を含む空気を 1 ½ in ラシヒリング充填の吸収塔で有機溶剤を吸収液として処理したい．ガス流量 800 kg/h および液流量を 4300 kg/h とすれば塔径は何 m となるか．また，その場合の塔単位高さ当たりの圧力損失はいくらになるか．

ただし，ガス流速はフラッディング速度の 50％ とし，ガスと液の密度はそれぞれ 1.20 kg/m³，860 kg/m³，液の粘度は 30.0 mPa・s である．

(解) 図 5・17 の横軸の値は

$$(L/G)(\rho_G/\rho_L)^{1/2} = (4300/800)(1.2/860)^{1/2} = 0.20$$

となる．よって同図のフラッディングに対する曲線より，縦軸の値は 0.074 となる．すなわち，$G^2(a_t/\varepsilon^3)(\mu_L/\mu_W)^{0.2}/g\rho_G\rho_L = 0.074$ となるので，G について書き直して充填物の特性値，気液の物性値を代入すると（水の粘度 $\mu_W = 1.0$ mPa・s とする），

$$G = \left[\frac{(0.074)(9.80)(1.20)(860)}{(118/(0.68)^3)(30.0/1.0)^{0.2}}\right]^{1/2} = 1.01 \text{ kg}/(\mathrm{m^2 \cdot s})$$

となる．題意より，ガス流速はフラッディング速度の 50％ とするので，

$G = (1.01)(0.5) = 0.51 \text{ kg/(m}^2\cdot\text{s)}$

となる．ゆえに塔径 D_T は，$D_T = [(800)(4/\pi)/(3600)(0.51)]^{1/2} = 0.745$ m となる．

次に充填塔内の圧力損失は（5・42）式より計算する．ただし，この式中の G, L は塔単位断面積当たりの値であるから，上記の塔径の計算結果より

$G = 800/\{(\pi/4)(0.745)^2(3600)\} = 0.51 \text{ kg/(m}^2\cdot\text{s)}$, $L = 2.74 \text{ kg/(m}^2\cdot\text{s)}$

となる．また，表5・9より 1½ in ラシヒリングの α, β は，$\alpha = 214, \beta = 47.2$ となる．これらの値を（5・42）式に代入すると，

$$\Delta P/Z = (214)(10^{(47.2)(2.74)/860})(0.51)^2/1.2 = 65.6 \text{ Pa/m}$$

となる．

例題 5・8　NH_3 を 3 vol% 含む空気を 1000 Nm^3/h 気液向流のラシヒリング充填塔に送入し，水で洗浄して NH_3 濃度を 0.1% 以下としたい．必要な塔径および塔高を求めよ．また空気を塔へ送入するための送風機の所要動力を求めよ．ただし，操作温度は 298 K（25℃），圧力は大気圧とみなしてよい．吸収液量は最小液流量の 3 倍，塔内ガス流速はフラッディング速度の 60% とする．また，298 K（25℃）における NH_3 の水に対する溶解度は近似的に $y = 0.85x$ で表され，NH_3 の空気中および水中の拡散係数はそれぞれ，$2.29 \times 10^{-5} \text{ m}^2/\text{s}$, $1.79 \times 10^{-9} \text{ m}^2/\text{s}$ である．

(解)　まず吸収液量を求める．最小液流量を $(L_i)_{\min}$ [mol/(m²·s)]，空気流量を G_i [mol/(m²·s)]，塔断面積を S [m²] とすると，物質収支より次式を得る．

$$G_i S\left(\frac{y_1}{1-y_1} - \frac{y_2}{1-y_2}\right) = (L_i)_{\min} S\left(\frac{x_1^*}{1-x_1^*} - \frac{x_2}{1-x_2}\right)$$

この式で，$G_i S = (1000 \times 0.97/22.4)(1000/3600) = 12.0 \text{ mol/s}$, $y_1 = 0.03, y_2 = 0.001$，塔頂での吸収液は水のみなので $x_2 = 0$，x_1^* は入口ガス組成に平衡な液濃度であるから与えられた NH_3 の溶解度より $x_1^* = 0.03/0.85 = 0.0353$ となる．これらの数値を代入すると $(L_i)_{\min} S = 9.81 \text{ mol/s}$ となる．したがって，吸収液量は，$9.81 \times 3 = 29.5 \text{ mol/s}$（$= 1905$ kg/h）となる．

操作線は（5・26）式より，

$$12.0\left(\frac{y}{1-y} - \frac{0.001}{1-0.001}\right) = 29.5\left(\frac{x}{1-x}\right)$$

となるが，x, y ともに低濃度なので，ここでは次式で近似する．

$$y = 2.45x + 0.001$$

図5・18に平衡線，操作線を示す．

次に塔径を求める．NH_3 濃度が低いので，ガスは全量空気，液は水とみなせば，ガス流速は，

$G = (1000/3600)(29/22.4)/S = 0.360/S \text{ kg/(m}^2\cdot\text{s)}$,

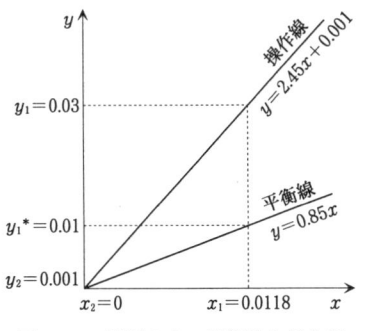

図 5・18　例題 5・8 の平衡線と操作線

5.4 吸収装置の設計

液流速は $L=(1905/3600)/S=0.529/S\,\mathrm{kg/(m^2 \cdot s)}$ となる．また，$\rho_\mathrm{G}=1.20\,\mathrm{kg/m^3}$，$\rho_\mathrm{L}=997\,\mathrm{kg/m^3}$ だから図5・17の横軸の値は $(L/G)(\rho_\mathrm{G}/\rho_\mathrm{L})^{1/2}=(0.529/0.360)(1.20/997)^{1/2}=0.051$ となる．ゆえに同図のフラッディング速度に対する曲線より縦軸の値は0.16となる．すなわち

$$G^2(a_t/\varepsilon^3)(\mu_\mathrm{L}/\mu_\mathrm{W})^{0.2}/g\rho_\mathrm{G}\rho_\mathrm{L}=0.16$$

となる．ラシヒリングの寸法を1 inとすると，表5・9より $a_t=190\,\mathrm{m^2/m^3}$，$\varepsilon=0.74$ であり，また，$\mu_\mathrm{L}=\mu_\mathrm{W}$ とすると，上式よりガス流速 G は

$$G=\left\{\frac{(0.16)(9.80)(1.20)(997)}{(190/(0.74)^3)(1.0)^{0.2}}\right\}^{1/2}=2.00\,\mathrm{kg/(m^2 \cdot s)}$$

となる．しかし題意よりガス流速はフラッディング速度の60%とするので，$G=2.00\times 0.6=1.20\,\mathrm{kg/(m^2 \cdot s)}$ となる．したがって，$G=0.360/S=1.20$ より塔断面積は $S=0.300\,\mathrm{m^2}$ となり，塔径 D_T は，$D_\mathrm{T}=\{(0.300)(4/\pi)\}^{1/2}=0.618\,\mathrm{m}$ となる．ラシヒリング寸法はこの場合，塔径の1/25となり少し小さめといえる．1½ in ラシヒリングの場合も同様に計算すると，塔径は0.584 mとなる．この場合，ラシヒリングの塔径比は1/15となり少し大きめとなる．したがってここでは1 in ラシヒリングを用いるものとする．

次に塔高は(5・35)式中の $Z=N_\mathrm{OG} \cdot H_\mathrm{OG}$ より求める．平衡線，操作線がともに直線で表されるので N_OG は(5・38)式より算出できる．

y_1^*，y_2^* はそれぞれ x_1，x_2 に平衡なガス濃度である．x_1 は操作線上の $y_1=0.03$ に相当する値であり，$y_1=2.45x_1+0.001$ より $x_1=0.0118$ となり，また $x_2=0$ であるから，$y_1^*=0.85\times 0.0118\fallingdotseq 0.010$，$y_2^*=0$ となる（図5・18参照）．ゆえに

$$N_\mathrm{OG}=\frac{y_1-y_2}{\dfrac{(y_1-y_1^*)-(y_2-y_2^*)}{\ln\{(y_1-y_1^*)/(y_2-y_2^*)\}}}=\frac{0.03-0.001}{\dfrac{(0.03-0.010)-(0.001-0)}{\ln\{(0.03-0.010)/(0.001-0)\}}}=4.57$$

H_OG は平衡線が直線で表されるので(5・36)式より求める．また式中の H_L，H_G はそれぞれ(5・40)式，(5・41)式より求める．ラシヒリング寸法が1 inの場合，(5・41)式中の定数は表5・7より，$c=0.648$，$m=0.32$，$n=0.51$ となり，また $L=1.763\,\mathrm{kg/(m^2 \cdot s)}$，$G=1.200\,\mathrm{kg/(m^2 \cdot s)}$ およびガス物性値 $\mu_\mathrm{G}=1.83\times 10^{-5}\,\mathrm{Pa \cdot s}$，$\rho_\mathrm{G}=1.20\,\mathrm{kg/m^3}$，$D_\mathrm{G}=2.29\times 10^{-5}\,\mathrm{m^2/s}$ であるから H_G は

$$H_\mathrm{G}=c\frac{G^m}{L^n}\left(\frac{\mu_\mathrm{G}}{\rho_\mathrm{G}D_\mathrm{G}}\right)^{2/3}=(0.648)\frac{(1.200)^{0.32}}{(1.763)^{0.51}}\left\{\frac{1.83\times 10^{-5}}{(1.20)(2.29\times 10^{-5})}\right\}^{2/3}=0.392\,\mathrm{m}$$

となる．また，(5・40)式中の定数は表5・6より，1 in ラシヒリングの場合 $\alpha=430$，$n=0.22$，液流速，物性値はそれぞれ $L=1.763\,\mathrm{kg/(m^2 \cdot s)}$，$\mu_\mathrm{L}=0.894\times 10^{-3}\,\mathrm{Pa \cdot s}$，$\rho_\mathrm{L}=997\,\mathrm{kg/m^3}$，$D_\mathrm{L}=1.79\times 10^{-9}\,\mathrm{m^2/s}$ であるから H_L は

$$H_L = \frac{1}{\alpha}\left(\frac{L}{\mu_L}\right)^n \left(\frac{\mu_L}{\rho_L D_L}\right)^{0.5} = \frac{1}{430}\left(\frac{1.763}{0.894\times 10^{-3}}\right)^{0.22} \left\{\frac{0.894\times 10^{-3}}{(997)(1.79\times 10^{-9})}\right\}^{0.5} = 0.276\,\text{m}$$

となる。平衡関係は $y=0.85x$ であるから $m=0.85$ となり、したがって $(mG_M/L_M) = (0.85)(1.200/29)/(1.763/18) = 0.359$ となるので、(5・36) 式より

$$H_{OG} = H_G + (mG_M/L_M)H_L = 0.392 + (0.359)(0.276) = 0.491\,\text{m}$$

となる。したがって塔高は

$$Z = N_{OG} \cdot H_{OG} = (4.57)(0.491) = 2.24\,\text{m}$$

となる。

実際の工業装置を設計する場合は、計算値に対する安全率を考慮して塔高に余裕を持たせることもあり、基礎となるデータの信頼性などにもよるが、10〜20%程度の安全代をみておくことが望ましいが、ここでは $Z=2.24\,\text{m}$ として送風機の所要動力の計算を進める。

まず充填層の圧力損失を求める。(5・42) 式における定数は表5・9より、1 in ラシヒリングの場合、$\alpha=533$、$\beta=51.1$、また $L=1.763\,\text{kg/(m}^2\cdot\text{s)}$、$G=1.200\,\text{kg/(m}^2\cdot\text{s)}$、$\rho_L=997\,\text{kg/m}^3$、$\rho_G=1.20\,\text{kg/m}^3$ となるので、$(\beta_L/\rho_L)=(51.1)(1.763)/997=0.0904$、$(G^2/\rho_G)=(1.200)^2/1.20=1.200$ となる。ゆえに

$$\Delta P = \alpha\left(10^{\beta_L/\rho_L}\right)(G^2/\rho_G)\cdot Z = (553)(10^{0.0904})(1.200)(2.24) = 1764\,\text{Pa}$$

となる。

送風機の所要動力は次式により計算できる。

$$W = Q \cdot P_h/(1000\eta) \tag{5・43}$$

いま、$Q=(1000/3600)(298/273)=0.303\,\text{m}^3/\text{s}$、$P_h=1764\,\text{Pa}$ であり、送風機の効率 $\eta=0.6$ とすると、

$$W = (0.303)(1764)/(1000\times 0.6) = 0.891\,\text{kW}$$

となる。

5.5 膜分離の基礎

膜とは、二つの流体を隔てる薄いバリアー材料のことである。生体膜は、生体の内部と外部環境を隔てるとともに、両環境間での物質の選択的な移動を可能にする機能を有している。人工透析による血液中の老廃物の除去は、透析膜が腎臓の生体膜の代わりに働いている例である。膜を物質が選択的に透過するためには、推進力として、濃度差、圧力差、および電位差などが利用される。表5・10に膜分離プロセス

表5・10 膜分離プロセスの分類

推進力	膜分離プロセス
濃度差	透析、ガス分離パーベーパレーション
圧力差	限外濾過、逆浸透
電位差	電気透析

とその推進力の関係をまとめた．

ガス分離での分圧の差による透過は濃度差が推進力である．他に，溶解度の差，吸着・脱着速度の差，化学的親和力の差などによる膜分離がある．

（1） 単純輸送，促進輸送，能動輸送　　膜輸送の模式図を図 5·19 に示す．

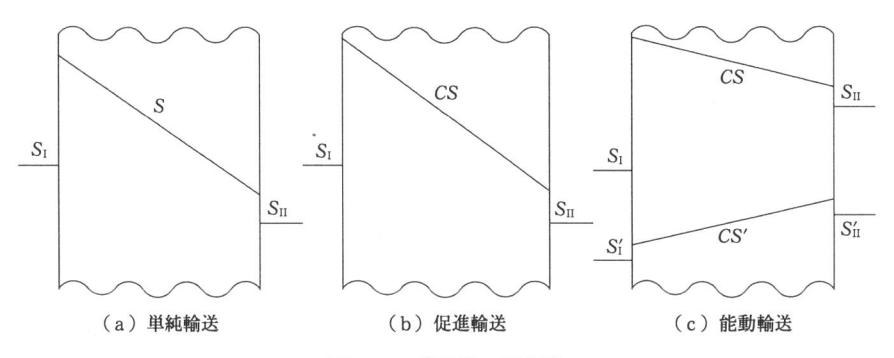

図 5·19　膜輸送の模式図

膜の両側に注目成分 S の濃度があれば，Fick の拡散の法則によりその成分は膜内を移動する．これは，単純輸送または受動輸送とよばれる．また，特定成分を選択的に輸送するための担体（キャリアー）C を膜内に保持することにより，成分分離を行う方法を促進輸送という．しかし，その推進力は濃度勾配であるので，供給濃度より分離側の濃度を濃くすることはできない．さらに，他の成分のカップリングにより特定成分を濃度勾配に逆らって移動させることが可能で，上り坂輸送または能動輸送とよばれる．

（2） 膜分離モジュール　　分離膜は，平板型，管状または中空糸として製膜される．工業的には，多量の膜をコンパクトにまとめて装置化するが，流体の流路を確保し，物質移動促進のためのスペーサー，膜の支持体などから構成される膜分離装置をモジュールという．図 5·20 に，管状型モジュール，平板型モジュール，スパイラル型モジュールを示す．熱交換器に類似の形式が見られるが，膜比表面積が最大のキャピラリー型モジュールでは，キャピラリー外部のチャンネリングなどの流

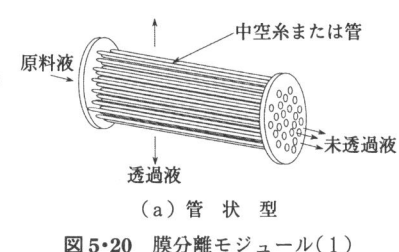

図 5·20　膜分離モジュール(1)

(b) 平板型　　　　　　　　　　　　(c) スパイラル型

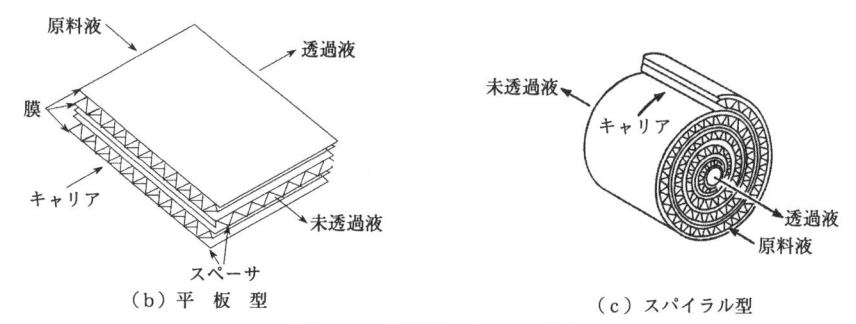

図 5·20　膜分離モジュール(2)

れの問題，キャピラリーの懸濁粒子による閉塞などが課題である．流れ状態は，栓流として取り扱われる．

5.6 気体分離

(1) 溶解拡散モデル　気体が厚さ l [m] の非多孔質膜を透過するときの定常の流束 N [mol/(m²·s)] は，膜内有効拡散係数 D [m²·s]，膜の界面の濃度 C [mol/m³] を用いて，

$$N = \frac{D}{l}(C_1 - C_2) \tag{5·44}$$

界面において，膜内濃度 C と気体の分圧 p [Pa] の間に Henry の法則が成立すると，

$$C = Sp \tag{5·45}$$

ここで，S [mol/(m³·Pa)] は溶解度係数とよばれ，(5·1) 式の Henry 定数の逆数となる．透過係数 $P_m(=DS)$ を用いて，

$$N = \frac{P_m}{l}(p_1 - p_2) \tag{5·46}$$

透過係数 P_m は [mol/(m·s·Pa)] の単位をもつ．慣用では，[cm³(STP)·cm/(cm²·s·cmHg)] を使用している．表 5·11 に高分子膜中の気体透過係数を示す．

(2) Knudsen 流れ　直径 1〜5 nm の孔が貫通している多孔質膜では，気体の分子は他の気体分子の衝突よりも壁との衝突が重要となり，Knudsen 拡散支配になる．このときの透過係数 P_m は，

5.6 気体分離

表 5・11 高分子膜の気体透過係数

高分子膜	$P_m \times 10^{16}$ [mol/(m·s·Pa)]			
	He	CO_2	O_2	N_2
ポリジメチルシロキサン	723	3751	1179	606
ポリエチレン（低密度）	16.5	42.2	9.7	3.3
ポリエチレン（高密度）	3.8	12.1	1.4	0.5
酢酸セルロース	45.6	—	1.4	0.5
ポリ塩化ビニリデン	0.37	4.7×10^{-3}	1.5×10^{-3}	4.1×10^{-4}

$$P_m = \frac{4r\varepsilon}{3}\sqrt{\frac{2}{\pi MRT}} \tag{5・47}$$

ここで，r は細孔径，ε は多孔度，M は気体の分子量である．気体の Knudsen 拡散による透過係数は，気体の分子量の平方根に反比例する．上式は有次元式で，細孔径 r [m]，分子量 M [kg/mol]，絶対温度 T [K] を用いて，

$$P_m = 0.37 r\varepsilon \sqrt{\frac{1}{MT}} \tag{5・48}$$

たとえば，$r=4\,\mathrm{nm}$，$\varepsilon=0.5$ の多孔質膜を用いたときの 298 K での N_2 の Knudsen 領域の透過係数は，2.6×10^{-10} [mol/(m·s·Pa)] となる．表 5・11 の透過係数と比較すると，多孔質膜の P_m は，非多孔質膜の P_m の $10^3 \sim 10^6$ 倍の値を有するが，選択性が低い．

（2） 分離係数　混合気体を分離するとき，供給側，透過側をそれぞれ添字 1, 2 とし，2 成分を A, B とする．成分 A の成分 B に対する分離係数 $\alpha_{A/B}$ は，次式で定義される．

$$\alpha_{A/B} = \frac{p_{A2}/p_{B2}}{p_{A1}/p_{B1}} = \frac{p_{A2}/p_{B1}}{p_{B2}/p_{A1}} \tag{5・49}$$

各々の気体の透過流束が (5・46) 式で与えられるとき，透過側で $p_{A2}/p_{B2}=N_A/N_B$ となるので，

$$\alpha_{A/B} = \frac{P_{mA}(1-p_{A2}/p_{A1})}{P_{mB}(1-p_{B2}/p_{B1})} \tag{5・50}$$

を得る．供給側の圧力に比べ透過側の圧力が極めて小さいとき，分離係数は，透過係数比に一致する．これを理論的分離係数とよぶ．

例題 5・9　O_2/N_2，CO_2/N_2 のガス分離において，理論的分離係数を（i）多孔質膜を用いた Knudsen 拡散領域の透過の場合と（ii）非多孔質膜ポリジメチルシロキサ

ンを用いた場合について求めよ.

(解) （ⅰ）Knudsen 領域では，P_m が気体分子量の 1/2 乗に反比例するので，
$$\alpha(O_2/N_2) = \sqrt{28/32} = 0.935, \quad \alpha(CO_2/N_2) = \sqrt{28/44} = 0.80$$
（ⅱ）ポリジメチルシロキサンは，表 5・11 から，
$$\alpha(O_2/N_2) = 1179/606 = 1.95, \quad \alpha(CO_2/N_2) = 3751/606 = 6.2$$
と非多孔質膜の分離係数が大きい．

5.7 透　　　析

動物の膀胱膜，コロジオン膜，セロファン膜などを用いて，小分子や塩類は透過し，タンパク質などの高分子物質の分離を行う方法が透析（dialysis）である．

原理的には，膜の両側の濃度差による拡散流束の溶質分子による差に基づいている．ポリビニルアルコール系中空糸膜による脱塩，アルカリ・酸の回収，強塩基性拡散透析膜による酸の回収，血液透析膜による血液からの尿素，尿酸，クレアチニンなどの除去に使用されている．

非荷電型膜の透析流束は，Fick の拡散式で与えられるが，透析膜面上に形成される原液側および透過液側の液境膜での物質移動抵抗を考慮する必要がある．透析器での透析速度 W [kg/s] は，総括物質移動係数（または透析係数）U_0 [m/s]，膜有効面積 A [m^2]，膜内濃度 C と溶液濃度 C_s の比，および対数平均濃度差 $\Delta C_{s,lm}$ [kg/m^3] を用いて，

$$W = U_0 A \Delta C_{s,lm} \tag{5・51}$$

原液流量 F_1 [m^3/s]，透過液流量 F_2 [m^3/s]，原液入口濃度 $C_{1s,i}$，原液出口濃度 $C_{1s,o}$，透過液入口濃度 $C_{2s,i}$，透過液出口濃度 $C_{2s,o}$，とする．透析効率 E を次式で定義する．

$$E = \frac{C_{1s,i} - C_{1s,o}}{C_{1s,i} - C_{2s,i}} \tag{5・52}$$

（ⅰ）原液と透過液が並流の場合，

$$E = \frac{1 - \exp\{-N_T(1+Z)\}}{1+Z} \tag{5・53}$$

ただし，$N_T = U_0 A / F_1$，$Z = F_1 / F_2$ である．

（ⅱ）向流の場合，

$$E = \frac{1-\exp\{N_T(1-Z)\}}{Z-\exp\{N_T(1-Z)\}} \tag{5・54}$$

$Z=1$ に漸近すると，$E=N_T/(1+N_T)$ となる．同一の N_T, Z では，向流の E が並流に比べ大きく，Z が小さくなると両者の差は減少する．

例題 5・10　向流接触の透析器で NaCl 5 wt% 水溶液を $0.1\,\mathrm{m^3/h}$ で供給し，水 $0.2\,\mathrm{m^3/h}$ で透析し，NaCl の 90% を回収する．膜面積を $20\,\mathrm{m^2}$ として，透析係数を求めよ．ただし，水の移動はないものとする．この透析器を並流操作するときの NaCl の回収率を求めよ．

(解)　流入する NaCl の全量 $F_1 C_{1s,i} = (0.1)(50) = 5\,\mathrm{kg/h}$ より，透析速度 $W=(5)(0.9)=4.5\,\mathrm{kg/h}$ を得る．したがって，原液出口濃度 $C_{1s,o}=(5-4.5)/0.1=5\,\mathrm{kg/m^3}$，また透過液出口濃度 $C_{2s,o}=4.5/0.2=22.5\,\mathrm{kg/m^3}$ となる．したがって，

$$\Delta C_{s,lm} = \{(50-22.5)-(5-0)\}/\ln\{(50-22.5)/(5-0)\} = 13.2\,\mathrm{kg/m^3}$$

(5・51) 式で $A=20\,\mathrm{m^2}$ として，$U_0=0.017\,\mathrm{m/h}$ が得られる．並流操作では，$N_T=(0.017)\times(20)/(0.1)=34$，$Z=0.1/0.2=0.5$ を (5・53) 式に代入して，

$$E = [1-\exp\{-(3.4)(1+0.5)\}]/(1+0.5) = 0.66$$

すなわち 66% となる．

5.8 限外濾過・逆浸透

図 5・21 に圧力差を推進力とする膜分離法の分類を示す．限外濾過 (ultrafiltration, UF) は，コロイド状物質，ウイルス，細菌および高分子物質などの数 $\mu\mathrm{m} \sim 1\,\mathrm{nm}$ の範囲の分子を分離し，精密濾過 (microfiltration, MF) と逆浸透 (reverse osmosis, RO) の中間の分子を対象とする．限外濾過膜の機能は，膜の表面の緻密層に形成された $1 \sim$ 数十 nm の細孔によるふるい効果に基づいており，溶解・拡散モデルの気体分離，あるいは逆浸透とは異なる．

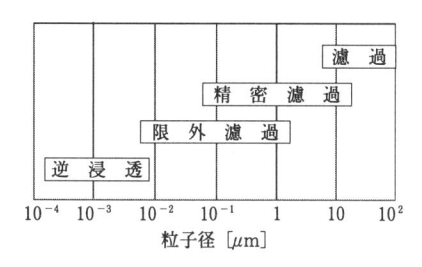

図 5・21　圧力差による膜分離法の分類

逆浸透は，海水の淡水化を目的として開発され，水以外の分子およびイオンを排除する．したがって，オングストローム以下の孔が必要であり，孔とよべるものではなく，膜構成分子間の熱運動で形成される自由体積を通過する水分子の透過である．膜は，多孔質な支持層と表面のスキン層とよばれる緻密な活性層から

(1) 濃度分極 限外濾過および逆浸透では，溶質は膜により透過を阻止されるので，膜面に蓄積し，膜面濃度は原料液の濃度より高くなる．これを濃度分極（図5・22参照）という．液境膜厚み δ_f での濃度分布 C_s による逆方向の拡散流束を考慮し，定常状態での物質収支式は，溶媒体積流束 $J_v\,[\mathrm{m^3/(m^2 \cdot s)}]$，溶質流束 $J_s\,[\mathrm{mol/(m^2 \cdot s)}]$ を用いて，

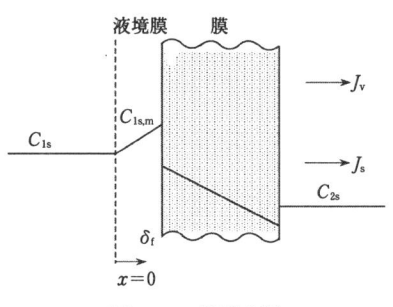

図5・22 濃度分極

$$-D_{sf}\frac{dC_s}{dx}+J_v C_s = J_s = J_v C_{2s} \tag{5・55}$$

液境膜厚みで積分し，液境膜物質移動係数 $k_f = D_{sf}/\delta_f$ を定義すると，膜面濃度 $C_{1s,m}$ は，

$$\frac{C_{1s,m}-C_{2s}}{C_{1s}-C_{2s}} = \exp\left(\frac{J_v}{k_f}\right) \tag{5・56}$$

で求められ，膜の真の阻止率 R は，

$$R = 1 - C_{2s}/C_{1s,m} \tag{5・57}$$

となる．また，見かけの阻止率 R_{obs} は，

$$R_{obs} = 1 - C_{2s}/C_{1s} \tag{5・58}$$

また，膜透過の輸送方程式は，不可逆過程の熱力学に基づく現象論方程式から導出され，

$$J_v = L_p(\Delta P - \sigma \Delta \Pi) \tag{5・59}$$

$$J_s = P\Delta C + (1-\sigma)C_{s,av}J_v \tag{5・60}$$

$C_{s,av}$ は，膜の両側の平均濃度である．膜の透過性能は，純水透過係数 $L_p\,[\mathrm{m^3/(m^2 \cdot Pa \cdot s)}]$，反射係数 σ，溶質の透過係数 $P\,[\mathrm{m/s}]$ で与えられる．

濃度差が大きい場合は，(5・60)式の代わりに次式を用いる．

$$R = \frac{(1-F)\sigma}{1-\sigma F} \tag{5・61}$$

ただし，

$$F = \exp\left\{-\frac{J_v(1-\sigma)}{P}\right\} \tag{5・62}$$

膜面濃度がゲル化濃度以上になるとゲル層を形成する．このとき，ゲル層厚みの増大とともにゲル層抵抗も増大し，圧力を増大しても透過流束が増大せずに限界流束の一定値となる．

（2） 浸透圧　溶質 i が溶解する水溶液の浸透圧 Π は

$$\Pi = \varphi RT \sum C_i \tag{5・63}$$

φ は，浸透係数で，$\varphi = 1$ のとき，van't Hoff 式となる．電解質が溶質のとき，$\varphi \neq 1$ である．

例題 5・11　300 K での 3 wt% NaCl 水溶液の浸透圧を求めよ．ただし，$\varphi = 0.92$ とする．また，同じ wt% のしょ糖水溶液の浸透圧と比較せよ．

（解）　分子量は，NaCl が 58.5，しょ糖が 342 である．NaCl は解離しているので Na^+ と Cl^- の濃度の和として，$\sum C_i (NaCl) = 1026\,mol/m^3$，
(5・63) 式より，$\Pi = (0.92)(8.314)(300)(1026) = 2.35\,MPa$
同様に $\sum C_i (しょ糖) = 87.7\,mol/m^3$，$\Pi = 0.22\,MPa$ となる．

（3） 物質移動係数　濃度分極の膜面濃度の推算には，物質移動係数 k_f の推算が必要である．

層流では，

平板型，スパイラル型（Lévêque 式）の場合，

$$Sh = 1.85(ReSc\ d_e/L)^{1/3} \tag{5・64}$$

ただし，$100 < ReSc\ d_e/L < 5000$

円管型（Graetz 式）の場合，

$$Sh = 1.62(ReSc\ d_e/L)^{1/3} \tag{5・65}$$

が用いられる．

乱流では，円管型の場合，Chilton-Colburn 式が適用できる．

$$Sh = 0.04 Re^{3/4} Sc^{1/3} \tag{5・66}$$

上式において，$Sh = k_f d_e/D$，$Re = d_e \bar{u}/\nu$，$Sc = \nu/D$ である．d_e は相当直径である．

例題 5・12　平膜型限外濾過モジュール（流路高さ 2 mm，幅 50 cm，長さ 1 m）でタンパク質水溶液の濃縮を行う．膜特性は，$L_p = 3 \times 10^{-11}\,m^3/(m^2 \cdot Pa \cdot s)$，$\sigma = 0.85$，$P =$

1×10^{-6} m/s である.操作圧 0.206 MPa,液温度 298 K,流量 0.5 m^3/h のとき,見かけの阻止率および真の阻止率を求めよ.タンパク質の拡散係数は,5×10^{-10} m^2/s,水溶液の物性は水と同じで,浸透圧は無視できる.

(**解**) (5・59) 式より浸透圧を無視して,$J_v(3\times10^{-11})(2.06\times10^5)=6.18\times10^{-6}$ m^3/(m^2・s),

$F=\exp\{-(6.18\times10^{-6})(1-0.85)/(1\times10^{-6})\}=0.396$ より $R=(1-0.396)(0.85)/\{1-(0.85)(0.396)\}=0.774$,また $d_e=4\times10^{-3}$ m,$ReScd_e/L=4478<5000$,であるから Lévêque 式を用いて,$k_f=3.81\times10^{-6}$ m/s,$R_{obs}=1/[1+\{(1-R)/R\}\exp(J_v/k_f)]=0.403$.

5.9 電気透析

イオン交換膜は,塩水の脱塩淡水化および製塩を目的に開発された.イオン交換膜は,膜内に正または負の固定電荷を有しており,逆の符号をもつイオン(対イオン)を膜内に取り込み,同符号のイオン(副イオン)を排除する働きをもつ.陽イオン交換基として,スルホン基,カルボキシル基,陰イオン交換基として第4級アンモニウム塩基,第4級ピリジニウム塩基などがある.

(1) Donnan 平衡 均質なイオン交換膜へのイオン種の分配関係は,Donnan 平衡とよばれる.外部溶液濃度 C_S で,イオン種 (A, B) の電解質水溶液の Donnan 平衡関係は,

$$\left(\frac{C'_A}{\nu_A C_S}\right)^{z_B}=\left(\frac{C'_B}{\nu_B C_S}\right)^{z_A} \tag{5・67}$$

C'_i は膜内水相基準のイオン種 i(ここでは A もしくは B)の濃度,ν_i は,塩 1 mol から電離したイオンのモル数を示す.また,膜内のイオン濃度と固定電荷濃度 Q' の間に電気的中性条件が成立する.

$$z_m Q' + \sum z_i C'_i = 0 \tag{5・68}$$

NaCl のような 1 価 1 価の塩の場合,陽イオン交換膜内の対イオン($i=A$)と副イオン($i=B$)の濃度は,

$$C'_A = \frac{-z_m Q' \sqrt{(-z_m Q')^2 + 4C_S^2}}{2} \tag{5・69}$$

$$C'_B = \frac{z_m Q' \sqrt{(-z_m Q')^2 + 4C_S^2}}{2} \tag{5・70}$$

となる.すなわち,副イオンも膜内に進入し,外部濃度とともに増加することが

わかる．膜体積基準の濃度 C_i は，C_i' に膜の含水率 V_w を乗じて与えられる．

$$C_i = C_i' V_w \tag{5・71}$$

例題 5・13 含水率 30 % のスルフォン基を有するイオン交換膜のイオン交換容量 $Q = 2 \times 10^3 \, \text{mol/m}^3$ である．濃度が 10 または $1000 \, \text{mol/m}^3$ の NaCl 水溶液と平衡の膜内の Cl^- イオン濃度を求めよ．

（解） $z_m = -1$, $Q' = (2 \times 10^3)/0.3 = 6.67 \times 10^3 \, \text{mol/m}^3$

（i） $C_S = 10 \, \text{mol/m}^3$ のとき，(5・70) 式より

$$C_B' = [(-1)(6.67 \times 10^3) + \sqrt{\{(-1)(6.67 \times 10^3)\}^2 + 4 \times 10^2}]/2 = 0.01495 \, \text{mol/m}^3$$

したがって，$C_B = C_B' V_w = (0.016)(0.3) = 0.0048 \, \text{mol/m}^3$ となる．

同様に，（ii） $C_S = 1000 \, \text{mol/m}^3$ のとき，$C_B = 44 \, \text{mol/m}^3$ となる．

(2) イオンの輸送　イオン種 i の輸送は，拡散，泳動，および対流から構成されている．

$$N_i = -z_i \frac{F}{RT} D_i C_i \frac{d\phi}{dx} - D_i \frac{dC_i}{dx} + C_i v \tag{5・72}$$

電流密度 i は，

$$i = F \sum z_i N_i \tag{5・73}$$

対流を無視した 2 成分系（$i =$ A, B）で，(5・68) 式の電気的中性条件を用いて整理すると，$z_A = 1$, $z_B = -1$, $z_m = -1$ として，

$$N_A = \frac{D_A D_B}{(D_A + D_B)l} \Bigg[2(C_{A1} - C_{A2})$$

$$+ \frac{D_A - D_B}{D_A + D_B} Q \ln \frac{(D_A + D_B) C_{A2} - D_B Q}{(D_A + D_B) C_{A1} - D_B Q} \Bigg] + \frac{\bar{t}_{A,av}}{F} i \tag{5・74}$$

膜の両側の組成が類似しているか，膜の選択性が高いとき，$C_{A1} = C_{A2}$ が成立し，

$$N_A = \frac{\bar{t}_{A,av}}{F} i \tag{5・75}$$

ここで，膜内の成分 A の輸率 $\bar{t}_A$ は次式で定義され，$\bar{t}_{A,av}$ は膜内の平均値である．

$$\bar{t}_A = z_A^2 D_A C_A / \sum z_i^2 D_i C_i \tag{5・76}$$

(5・74) 式において，$i = 0$, $Q \to 0$ の場合，成分 A の流束は，非荷電型膜の (5・44) 式に一致する．

(3) 限界電流　電気透析は，槽電圧を増加させることにより電流値がある程度まで増加する．このとき，希釈室のイオン交換膜上で厚み δ_f の濃度境膜が

発達し，膜面濃度 C_{sm} が低下する．図 5・23 に陽イオン交換膜での電気透析時の濃度分極の模式図を示す．液本体では，カチオンおよびアニオンにより電流は運ばれるが，膜内は主にカチオンにより電流が運ばれる．境膜内の濃度勾配によりアニオン種の拡散が増大し，反対方向の泳動と釣り合うようになる．溶液中でのイオン輸送に Nernst-Planck 式を適用し，$v=0$ のとき，整理すると

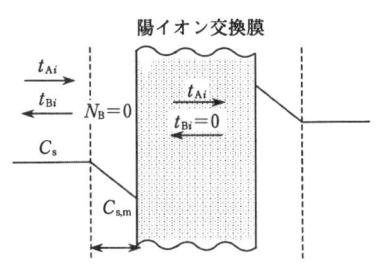

図 5・23 電気透析の濃度分極
A：カチオン，B：アニオン

$$N_i = \frac{t_i}{z_i F} i - D_s \frac{dC_i}{dx} \tag{5・77}$$

ただし，イオン種 i の輸率 $t_i = z_i^2 D_i c_i / \sum z_i^2 D_i c_i$ および塩の拡散係数 $D_s = D_A D_B \times (z_B - z_A)/(z_A D_A - z_B D_B)$ である．溶液と膜内のイオン A の定常流束 N_A は等しいので，

$$\frac{i}{z_i F}(\bar{t}_i - t_i) = \frac{D_s}{\delta_f}(C_s - C_{sm}) \tag{5・78}$$

$C_{sm} = 0$ のときの電流密度を $i_{\lim}$ とし，限界電流密度という．

$$i_{\lim} = \frac{D_s C_s z_i F}{\delta_f(\bar{t}_i - t_i)} \tag{5・79}$$

例題 5・14 100 mol/m³ の NaCl 水溶液を陽イオン交換膜を挟んで電気透析する．操作条件から，境膜厚み $\delta_f = 100 \mu m$，膜内の陽イオン交換膜の輸率を 0.95 とするとき，限界電流密度を求めよ．ただし，$D_{Na^+} = 1.334 \times 10^{-9}$ m²/s，$D_{Cl^-} = 2.033 \times 10^{-9}$ m²/s とする．

（解） A=Na⁺，B=Cl⁻ とする．$C_A = C_B = 100$ mol/m³，$z_A = -z_B = 1$ より，

$$t_A = D_A/(D_A + D_B) = 0.396, \quad \bar{t}_A = 0.95$$
$$D_s = 2D_A D_B/(D_A + D_B) = 1.61 \times 10^{-9} \text{ m}^2/\text{s}$$

(5・79) 式から

$$i_{\lim} = (1.61 \times 10^{-9})(100)(1)(96485)/\{(100 \times 10^{-6})(0.95 - 0.396)\} = 280 \text{ A/m}^2$$

となる．

使 用 記 号

a：気液接触面積　　　$[m^2/m^3]$
a_t：塔単位容積当たりの充填物の全表面積
　　　　　　　　　　　$[m^2/m^3]$
C：濃度　　$[mol/m^3]$
D：拡散係数　　$[m]$
D_t：塔径　　$[m]$
E：透析係数　　$[-]$
F：Faraday 定数　　$[C/mol]$
G：ガス流量　　$[mol/(m^2 \cdot s)]$
g：重力加速度　　$[m/s^2]$
H：Henry 定数　　$[Pa \cdot m^3/mol]$
H_G, H_L：移動単位高さ　　$[m]$
H_{OG}, H_{OL}：総括移動単位高さ　　$[m]$
i：電流密度　　$[A/m^2]$
J_v：体積流束　　$[m^3/(m^2 \cdot s)]$
J_s：溶質流束　　$[mol/(m^2 \cdot s)]$
K_G, K_L：総括物質移動係数
　　　　　$[mol/(m^2 \cdot s \cdot Pa)]$, $[m/s]$
K_x, K_y：総括物質移動係数
　　　　　　　　　$[mol/(m^2 \cdot s)]$
k_G, k_L：物質移動係数
　　　　　$[mol/(m^2 \cdot s \cdot Pa)]$, $[m/s]$
k_x, k_y：物質移動係数　　$[mol/(m^2 \cdot s)]$
k_1, k_2：反応速度定数
　　　　　　　　$[s^{-1}]$, $[m^3/(mol \cdot s)]$
L：液流量　　$[mol/(m^2 \cdot s)]$
L_p：純水透過係数　　$[m^3/(m^2 \cdot Pa \cdot s)]$
l：膜厚み　　$[m]$
M：分子量　　$[kg/mol]$
m：Henry 定数　　$[-]$

N：物質流束　　$[mol/(m^2 \cdot s)]$
N_G, N_L：移動単位数　　$[-]$
N_{OG}, N_{OL}：総括移動単位数　　$[-]$
$\boldsymbol{P}$：溶質の透過係数　　$[m/s]$
P：全圧　　$[Pa]$
P_m：透過係数　　$[mol/(m \cdot s \cdot Pa)]$
p：分圧　　$[Pa]$
ΔP：圧力損失　　$[Pa]$
Q：風量　　$[m^3/s]$
　　イオン交換容量　　$[mol/m^3]$
R：ガス定数　　$[m^3 \cdot Pa/(mol \cdot K)]$
　　阻止率　　$[-]$
S：塔断面積　　$[m^2]$
　　溶解度係数　　$[mol/(m^3 \cdot Pa)]$
T：温度　　$[K]$
t_i：イオン種 i の輸率　　$[-]$
x：液相被吸収ガスモル分率　　$[-]$
y：気相被吸収ガスモル分率　　$[-]$
Z：塔高　　$[m]$
z：微小塔高　　$[m]$, 境膜厚さ　$[m]$,
　　電荷数　　$[-]$
β：反応係数　　$[-]$
γ：八田数　　$[-]$
δ_f：境膜厚み　　$[m]$
ε：空隙率　　$[m^3/m^3]$
Π：浸透圧　　$[Pa]$
μ：粘度　　$[Pa \cdot s]$
ν：化学量論数　　$[-]$
ρ：密度　　$[kg/m^3]$, $[mol/m^3]$
σ：反射係数　　$[-]$

演 習 問 題

5・1 表5・5にSO_2の大気圧下, 303 K (30℃)の水に対する気液平衡関係をモル分率で表している. これを気相についてはp_A [Pa], 液相についてはC_A [mol/m³]で書き直せ.

5・2 298 Kの水が標準大気圧のO_2-CH_4-CO_2混合ガスと平衡関係にあり, メタンと酸素の水中濃度は等しく, 炭酸ガスの水中濃度は他のガスの3倍である. 混合ガスは理想気体としてその組成を求めよ.

5・3 吸収装置内のある位置でCO_2濃度が10%のガスが, 液相CO_2濃度が15 mol/m³の液と接触している. この吸収装置は$K_G=1.50\times10^{-6}$ mol/(m²・s・Pa), $k_G=4.0\times10^{-6}$ mol/(m²・s・Pa)の性能を持ち, 気液平衡関係は, p_A [Pa]$=387C_A$ [mol/m³]で表されるものとすれば, 気液界面におけるCO_2の分圧はいくらになるか. またこの位置における吸収速度はいくらか.

5・4 充填塔を用いて, あるガスを水と接触させて含有CO_2を吸収除去している. この装置のk_Lは8.90×10^{-4} m/s, 水温は293 K (20℃)であるという. いま吸収液として水の代わりに600 mol/m³の濃度の水酸化ナトリウム水溶液を用いた場合, 吸収速度はどれだけ増大するか. ただし反応速度定数k_2は6.0 m³/(mol・s)である.

5・5 HClガス62.5%を含む空気200 kmol/hを充填塔の底部より送入し, 塔頂より流下させる15000 kg/hの水に吸収させる. 塔底より出る吸収液9 mol中にHClが1 mol含まれているとすれば, 排出ガス中のHCl濃度はいくらになるか. ただし塔内での水の蒸発は無視できるものとする.

5・6* 298 K (25℃), 標準大気圧のもとで, 20%のCO_2を含むガスを500 m³/hの流量で充填塔底部から送入し, 塔頂から流下させる水と向流接触させてCO_2の95%を吸収除去したい. このときの必要最小液流量は毎時何kgか.

5・7 8.00 mol%のAガスを含む20℃, 標準大気圧の空気を毎時1000 m³で吸収塔の下部に送り, 出口空気中のAガスを1.00 mol%にするためにAガスを含まぬ水を塔頂からそそぐとすれば, 水の最小必要量は何kg/hか. ただし塔内の圧力および温度は一定とする. また, Aガス-H_2O系の平衡関係は$Y=0.96X$で表されるとする. ここで, $X=x/(1-x)$, $Y=y/(1-y)$である.

5・8 25℃, 標準大気圧の空気に含まれる10 mol%のアセトンを水により吸収させ, その95%を回収したい. ガス基準総括移動単位数を求めよ. ただし, モル液/気比$L_{Mi}/G_{Mi}=4$とし, 平衡関係は$y=2.26x$で表される.

5・9* 298 K (25℃), 標準大気圧においてNH_3 3%を含む空気1200 kg/(m²・h)を1.5 inラシヒリングを充填した吸収塔にて処理し, 含有NH_3の98%を吸収除去したい.

吸収液として 2600 kg/(m²·h) の水を充填塔の塔頂より流下させ，また $K_Ga=1.86\times 10^{-4}$ mol/(m³·s·Pa)，気液平衡関係は $y=0.91x$ で表される場合，塔の高さを求めよ．

5·10* 10% の SO_2 を含む 293 K (20℃)，標準大気圧の空気を毎時 1300 m³，2 in ラシヒリング充填の吸収塔で水洗し，排出ガス中の SO_2 濃度を 0.5% にしたい．塔内径を 1 m とし，水量を毎時 39000 kg として充填高さを求めよ．ただし，$k_y=0.73$ mol/(m²·s)，$k_x=7.89$ mol/(m²·s)，$a=92$ m²/m³ とする．平衡線は $x=0.0274y+0.0024\sqrt{y}$ で与える．

5·11* 排ガス中に含まれる NH_3 を水で洗浄する 1 in ラシヒリング充填塔を作りたい．処理するガスの流量は 560 m³/h，液流量は 1000 kg/h とし，塔内ガス流速をローディング速度近くに設定するとすれば，塔径はいくらになるか．ただし，塔の操作は 293 K (20℃)，標準大気圧のもとで行い，工業排ガスの組成は N_2 80%，O_2 5%，CO_2 15% とし，NH_3 量は無視できるものとする．

5·12* 希薄なアセトン蒸気を含む空気を 1½ in ベルルサドルの充填塔を用いて水で洗浄する場合の H_{OG} を推算せよ．ただし，ガス流量，液流量はそれぞれ 1.0，1.6 kg/(m²·s) で，25℃，標準大気圧で操作するものとする．なお，25℃におけるアセトン－水系の平衡関係は $y=2.26x$，$D_G=1.08\times 10^{-5}$ m²/s，$D_L=1.28\times 10^{-9}$ m²/s である．

5·13* 毎時 900 m³ の石炭ガスを吸収塔で処理し，その中に含まれる 3% のベンゼンを洗浄油に吸収，除去する．吸収塔は 298 K (25℃)，標準大気圧で操作され，送入されたベンゼンの 90% が吸収されるものとする．洗浄油（吸収液）は循環使用されるので，塔頂から入る時点で 0.006 [モル分率] のベンゼンを含んでいる．ベンゼンと洗浄油の平衡関係は $y=0.15x$ が成り立ち，塔底出口における洗浄油中のベンゼン濃度は 0.10 [mol (ベンゼン)/mol (洗浄油)] であり，また，洗浄油の平均分子量は 300，石炭ガス密度は 0.557 kg/m³ であった．理論量の 1.5 倍を用いるとした場合の 1 時間当たり必要な洗浄油量および N_{OG} を求めよ．

5·14** 15% NH_3 を含んだ 303 K (30℃)，標準大気圧の空気 1500 m³/h を 2000 kg/h の水と接触させて，NH_3 の 95% を吸収除去する充填塔を作りたい．塔径，塔高を求めよ．ただし，$H_{OG}=0.6$ m とし，気液平衡関係は次表で与えられる．

NH_3 の水に対する溶解度 (303 K (30℃))

p_A [kPa]	2.57	3.25	3.94	5.35	6.79	10.6	14.7	23.9
C_A [kg-NH_3/kg-H_2O]	0.02	0.025	0.03	0.04	0.05	0.075	0.10	0.15

5·15** 二塩化エタン（EDC）を 100 wt.ppm 含む排水 50 m³/h を 2 in ラシヒリングを充填したエアレーション塔（放散塔）にて処理し，排水中の EDC 濃度を 1 ppm 以下にしたい．必要な塔径および塔高を求めよ．ただし空気吹込量は 70 m³/min (273 K (0℃)，標準大気圧) とし，塔内ガス流量はフラッディング速度の 50% とする．また系内

は298K(25℃),標準大気圧とみなしてよい.EDCの水に対する溶解度は,$y=70x$ で表されるものとする.EDCの空気中および水中の拡散係数はそれぞれ,9.52×10^{-6} m²/s と 1.07×10^{-9} m²/s とする.

5・16* 2%のNH₃を含む298K(25℃),標準大気圧の空気1200m³/hを塔径0.8mの1½ in ラシヒリング充塡塔にて,水3000kg/hと接触させ,排ガス中のNH₃濃度を0.02%にしたい.水の温度が283K(10℃)および303K(30℃)の場合につき,それぞれ塔高を求めよ.ただし,各温度における物性値は以下のとおりである.

	283K(10℃)	303K(30℃)
NH₃-水系ヘンリー定数 m　[—]	0.460	1.21
NH₃の空気中拡散係数 D_G　[m²/s]	2.08×10^{-5}	2.36×10^{-5}
NH₃の水中拡散係数 D_L　[m²/s]	1.15×10^{-9}	1.85×10^{-9}

空気,水に関しては付表2参照のこと.

5・17** 前問において,水の温度が283K(10℃)の場合について,ラシヒリングのサイズを1 in および2 in にした場合の必要な塔高を求め,前問の結果と比較せよ.

5・18 成分Sが膜内キャリアCにより化学反応(S+C ⇌ SC)により促進輸送される.化学平衡定数 $K_e=[SC]/[S][C]$ としたとき,膜内流束は,SCの濃度勾配に比例する.流束を与える式を導出せよ.

5・19* 金属イオン M^+ を膜内キャリアRにより能動輸送する.化学反応は,$M^+ +RH \rightleftharpoons RM+H^+$ で与えられる.流束が,RM濃度勾配に比例するとき,流束を与える式を導出せよ.また,金属イオンを濃縮するための条件を示せ.

5・20 高分子膜の薬剤透過実験から薬剤の有効拡散係数を求めよ.ただし,膜面積1 cm²,膜厚み100μm,容積5cm³の一対の拡散セルを用いて,片側に薬剤濃度1mol/m³を入れ,もう片側に溶媒を入れたときの定常状態の透過流束は 5×10^{-8} mol/(m³·s)であった.

5・21 向流透析器でNaCl 3wt%を水で透析する.膜面積は40m²,総括透析係数は $U_0=0.005$ m/h であった.供給液および透析液はともに0.1m³/hで流通させるときの透析液濃度を求めよ.

5・22 向流透析操作の透析速度が対数平均濃度差に比例する基礎式(5・51)を導出せよ.

5・23 総括透析係数 $U_0=0.01$ m/h の膜を用いて,NaCl 30%水溶液を向流透析し,その95%を回収したい.供給液流速および透過液速を0.1m³/hおよび0.2m³/hとするとき,必要な膜面積を求めよ.

5・24 内径1.15cmの管型限外濾過モジュールを用いてタンパク質水溶液の濃縮を行う.膜特性は,$L_p=2\times10^{-11}$ m³/(m²·Pa·s),$\sigma=0.85$,$P=1\times10^{-6}$ m/s である.圧力

0.206 MPa, 液温度 298 K で流量 0.3 m³/h のとき, 真の阻止率と見かけの阻止率を求めよ. ただし, 拡散係数は 2×10^{-10} m²/s とする.

5・25* 分子量 2000 の不純物を 5000 ppm 含む水溶液 1 m³ を一定になるように水を添加して限外濾過操作(定容ダイアフィルトレーション法)を行う. 不純物に対する反射係数 0.3, 純水の透過係数 $L_p=2\times10^{-11}$ m³/(m²·Pa·s), 溶質の透過係数 $P=10^{-6}$ m/s の内径 1.25 cm, 長さ 3 m の管状膜を用いて, 圧力 3.04×10^5 Pa, 1 本当りの流量 0.1 m³/h, 液温 298 K で, 5 時間で 100 ppm にするには, 何本の膜が必要か. ただし, 拡散係数は 2×10^{-10} m²/s.

5・26* 陽イオン交換膜を挟んで, $CuCl_2$ 水溶液と HCl 水溶液を両側に流すと, 陽イオンが向流に移動する. これを Donnan 透析という. 膜内のイオン輸送に対する Nernst-Planck 式を用いて, 溶媒の移動を無視し, 陽イオン交換膜に Cl^- は侵入しないと仮定した場合の透析流束を与える式を導出せよ.

第6章 抽出・吸着

6.1 抽　　　出

　抽出は，目的成分を含む溶液や固体の原料を液体の抽出剤と接触させて，目的成分を抽出剤に選択的に溶解して分離する操作である．ここでは液体原料から成分を抽出する液液抽出（liquid-liquid extraction）を扱う．抽出では相変化がないため分離所要エネルギーが小さく，石油留分からの芳香族成分の分離，沸点が近接して蒸留が困難な混合物の分離や，加熱に対して不安定な物質の分離，金属イオンの分離に適用される．食品・医薬品工業では安全な溶剤として超臨界二酸化炭素を利用した，香料や薬品成分の分離が実用化されている．

　（1）　液液平衡を表す三角線図と単抽出　　液液抽出では，目的成分（A：抽質）とその希釈溶媒（B）および，二液相をつくる溶媒（C：抽剤）の3成分を取り扱う．平衡関係は図6・1に示す三角線図で表され，図解法に便利なように，一部を拡大できる直角三角形が用いられる．頂点はそれぞれ抽質，希釈溶媒，抽剤を示し，図中の点の横座標が溶液全体に対する抽剤組成 X_C，縦座標が溶液全体に対する抽質組成 X_A を表す．希釈溶媒組成は $X_B = 1 - X_A - X_C$ で計算される．

　組成の異なる2液を混合した混合物の組成は図を用いて簡単に求められる．図6・1のP点で表される液（液量がP，組成 (X_{AP}, X_{BP}, X_{CP})）に点Qの液（液量がQ，組成 (X_{AQ}, X_{BQ}, X_{CQ})）を加えて得られた混合物 M (X_{AM}, X_{BM}, X_{CM}) の組成と液量Mの間には次の関係がある．

全量収支	$P + Q = M$	(6・1)
成分収支	$P X_{AP} + Q X_{AQ} = M X_{AM}$	(6・2)
	$P X_{CP} + Q X_{CQ} = M X_{CM}$	(6・3)

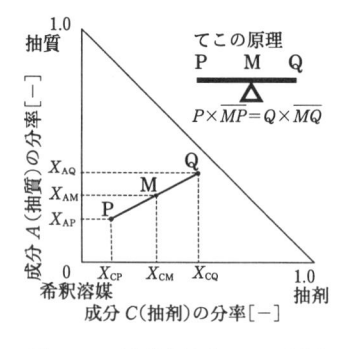

図6・1　三角線図と「てこ」の原理

これより

$$\frac{P}{Q} = \frac{X_{AQ} - X_{AM}}{X_{AM} - X_{AP}} = \frac{X_{CQ} - X_{CM}}{X_{CM} - X_{CP}} = \frac{\overline{MQ}}{\overline{MP}} \quad (6\cdot4)$$

この式は点MがPとQを結ぶ直線上にあり，線分PQを液量の比$P:Q$に内分する点であることを示している．これはMを支点として「てこ」の両端にPとQが置かれている関係と同じであり，「てこの原理」と呼ぶ．この関係は混合する前後の液が均一相でも不均一相でも液全体の組成を示す限り成立する．

単抽出　抽質を含む原料液（抽料）Fと抽剤Sを図6・2のように混合槽（ミキサー）で混合した後にセトラーで静置すると，抽質は抽出液Eに抽出され，一部は抽残液Rに残り平衡に達する．この操作を単抽出とよび，このときEとRの組成は，表6・1に示す平衡関係を三角線図中に表した図6・3(a)の溶解度曲線上の2点で与えられる．これらの点EとRのように，平衡組

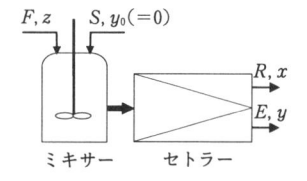

図6・2　ミキサーセトラーの概略図

成の2点を結ぶ直線をタイラインとよぶ．2相の抽質組成yおよびxを$x-y$線図上にとれば，図6・3(b)の平衡分配曲線が得られる．点Pはプレイトポイントとよばれ，この組成では2相の抽質組成が一致し均一相となる．

F, S, E，およびRは溶液の種類と量を表し，それぞれの抽質組成をz, y_0, yおよびxとすると，単抽出においては次の関係が成り立つ．

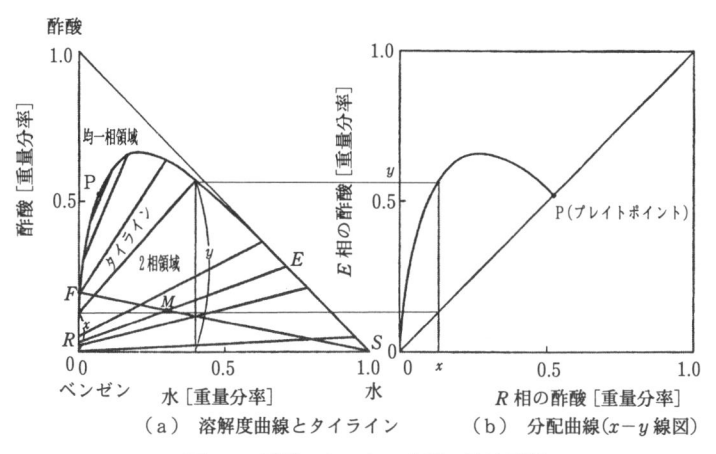

図6・3　酢酸-ベンゼン-水系の液液平衡

(a) 溶解度曲線とタイライン
(b) 分配曲線（$x-y$線図）

表 6・1 酢酸-ベンゼン-水系の液液平衡 (298 K)[1]

ベンゼン相 [wt%]			水相 [wt%]		
酢酸	ベンゼン	水	酢酸	ベンゼン	水
0.15	99.849	0.001	4.56	0.04	95.4
1.4	98.56	0.04	17.7	0.2	82.1
3.27	96.62	0.11	29	0.4	70.6
15.0	84.5	0.5	59.2	4.0	36.8
22.8	76.35	0.85	64.8	7.7	27.5
31.0	67.1	1.9	65.8	18.1	16.1
35.3	62.2	2.5	64.5	21.1	14.4
44.7	50.7	4.6	59.3	30.0	10.7
52.3*	40.5	7.2	52.3*	40.5	7.2

* プレイトポイント
1) D. B. Hand: *J. Phys. Chem.*, **34**, 1961 (1930) より改

$$F+S=E+R=M \tag{6・5}$$

$$Fz+Sy_0=Ey+Rx=Mx_M \tag{6・6}$$

ここで M は混合液全体の量で, x_M は溶液全体における抽質の平均組成である. この(6・5), (6・6)式から

$$(z-x_M)/(x_M-y_0)=S/F \tag{6・7}$$

が導かれ, この原理から図6・3(a)上で M は線分 $\overline{FS}$ を $\overline{FM}/\overline{MS}=S/F$ に内分する点であると同時に E と R を結ぶタイライン上でもある. また(6・5), (6・6)式から抽出液の量が

$$E=M(x_M-x)/(y-x)=(F+S)(\overline{RM}/\overline{RE}) \tag{6・9}$$

で与えられる. 原料液中の溶質量のうちで抽出液に抽出された割合を抽出率 ξ として次式で定義する.

$$\xi=(Ey-Sy_0)/Fz \tag{6・5}$$

例題 6・1 酢酸 20 wt% を含むベンゼン溶液 7×10^{-3} kg/s から, 水 3×10^{-3} kg/s で酢酸を連続的に単抽出するとき, 抽出液, 抽残液中の酢酸濃度とそれぞれの液量および抽出率を求めよ.

(解) 図6・3(a)において線分 $\overline{FS}$ を抽剤と抽料の流量比 3:7 に内分する点 M を求め, この点を通るタイラインから抽出液と抽残液の酢酸濃度は

$$y=0.28, \quad x=0.03$$

となる. $\overline{RM}/\overline{RE}=0.422$ となることを用いて

$$E = (7\times10^{-3}+3\times10^{-3})(0.422) = 4.22\times10^{-3}\,\mathrm{kg/s}$$
$$R = 7\times10^{-3}+3\times10^{-3}-4.22\times10^{-3} = 5.78\times10^{-3}\,\mathrm{kg/s}$$

と抽出液と抽残液の流量が求められ,抽出率は次のようになる.
$$\xi = (4.22\times10^{-3})(0.28-0)/\{(7\times10^{-3})(0.20)\} = 0.84$$

分配係数および抽出平衡定数　　抽出液と抽残液中の抽質組成を y_C, x_C で表すと抽質の分配係数 $K_D[-]$ は次式で定義される*.
$$K_D = y_C/x_C \tag{6・10}$$

さらに A,B 2成分の分配係数の比を分離係数 $\alpha[-]$ とよぶ.
$$\alpha = K_{DA}/K_{DB} = (y_A/x_A)/(y_B/x_B) \tag{6・11}$$

蒸留における相対揮発度と同様に α が大きいと二つの成分の分離は容易である.

水溶液中の金属イオンは有機相に溶けないが,このイオンと錯体を形成する試薬を含む有機相には抽出される.たとえばキレート抽出剤 2-hydroxy-5-nonyl-acetophenone oxime(商品名 LIX 84-I)を用いると,
$$\mathrm{Cu^{2+}} + 2\overline{\mathrm{RH}} \rightleftharpoons \overline{\mathrm{CuR_2}} + 2\mathrm{H^+} \tag{6・12}$$

により銅イオンは錯体 $\mathrm{CuR_2}$ として選択的に抽出される.ここで RH は抽出剤を表す.この反応の平衡定数は次式で与えられ,抽出平衡定数とよばれる.
$$K_{ex} = [\overline{\mathrm{CuR_2}}][\mathrm{H^+}]^2/([\mathrm{Cu^{2+}}][\overline{\mathrm{RH}}]^2) \tag{6・13}$$

(2) 多回抽出　　高い抽出率を得るには抽剤を何回かに分けて使用する.図6・4のように抽残液を次の段の抽料として,新たな抽剤で抽出を繰り返す操作を多回抽出とよぶ.これは単抽出の繰り返しで図6・5のように作図される.各段の抽剤量を与えるとそれぞ

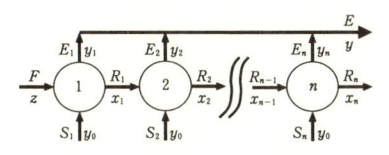

図6・4　多回抽出の概念図　　　　図6・5　多回抽出の図解法

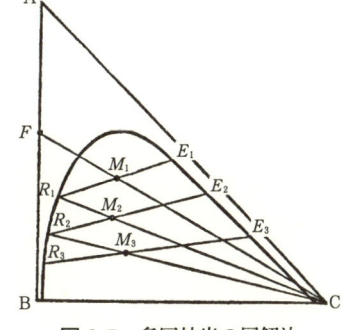

---
*) 厳密には,分配係数は化学種ごとに定めるべき値であり,(6・10)式による分配平衡の表現は分配比とよばれて区別される.工学的取扱いでは,溶液中での2量体の形成などによる化学種の違いを無視し目的成分の濃度比に単純化される.

れの M_i 点が決まり,それらの点がタイラインを内分する割合から各抽出液と抽残液の量が定まる.またそれらの組成はタイラインから求まり,全体の抽出率は次式で与えられる.

$$\xi = \sum_{i=1}^{n}(E_i y_i - S_i y_0)/Fz \qquad (6\cdot 14)$$

(3) 向流多段抽出 少ない抽剤量で高い抽出率を得るためには向流多段抽出がすぐれ,工業的に広く利用されている.これは図6・6のように抽料と抽剤を向流に流して段階的に接触させる操作で,装置全体の物質収支は次のようになる.

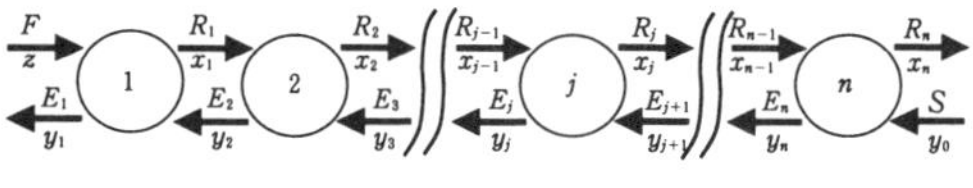

図6・6 向流多段抽出

$$F+S = E_1+R_n = M \qquad (6\cdot 15)$$
$$Fz+Sy_0 = E_1 y_1 + R_n x_n = Mx_M \qquad (6\cdot 16)$$

Mは単抽出と同様に,図6・7(a)で線分 $\overline{FS}$ と線分 $\overline{R_n E_1}$ の交点であり,$\overline{FM}/\overline{MS}$ $= S/F$,$\overline{R_n M}/\overline{ME_1} = E_1/R_n$($\overline{FM}/\overline{FS} = S/M$,$\overline{R_n M}/\overline{R_n E_1} = E_1/M$)となる.抽残液の抽質組成 x_n を与えれば溶解度曲線上の R_n が定まり,抽出液量も決まる.次に1段目から j 段目までの物質収支をとると

$$F+E_{j+1} = E_1 + R_j \qquad (6\cdot 17)$$
$$Fz + E_{j+1} y_{j+1} = E_1 y_1 + R_j x_j \qquad (6\cdot 18)$$

(6・15)〜(6・18)式から次の関係が得られる.

$$F - E_1 = R_n - S = R_j - E_{j+1} = Q \qquad (6\cdot 19)$$
$$Fz - E_1 y_1 = R_n x_n - Sy_0 = R_j x_j - E_{j+1} y_{j+1} = Qx_Q \qquad (6\cdot 20)$$

ここで,点 Q は図6・7(a)で線分 $\overline{E_1 F}$ と $\overline{SR_n}$ の延長上の交点になり,線分 $\overline{E_{j+1} R_j}$ の延長上の点でもある.したがって点 Q を通る直線と溶解度曲線の二つの交点は,ある段の抽残相 R_j と次段の抽出相の E_{j+1} の関係を与え,点 Q を操作点とよぶ.F, S の流量と組成および R_n の組成を設定すれば,M, E_1, Q 点が順次図上で定まる.E_1 を通るタイラインから R_1 が,次に線分 $\overline{QR_1}$ の延長上の点として E_2 が決まり,これを R_n を超すまで繰り返せば所要段数が求まる.

図6・7(b)の $x-y$ 線図を用いても段数を決定できる.これには,図6・7(a)

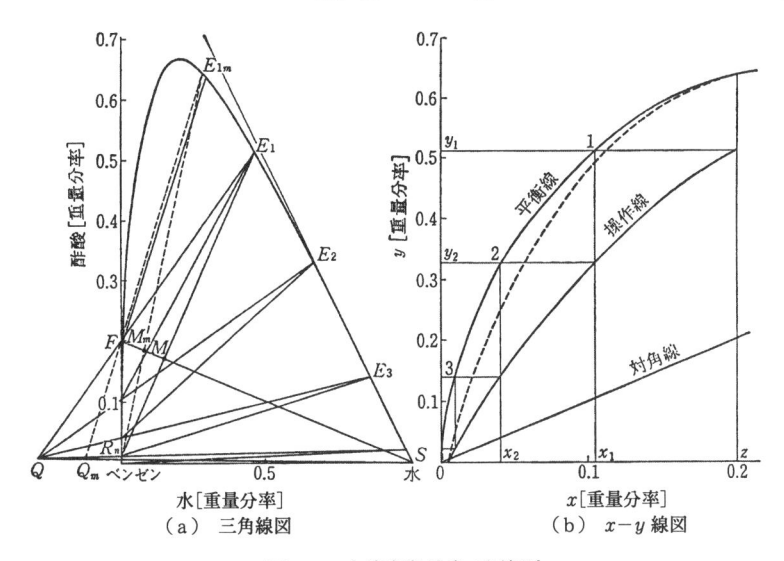

図 6・7 向流多段抽出の図解法

(a) 三角線図　(b) $x-y$ 線図

で Q 点から任意の直線を複数引き，溶解度曲線との交点の組成を図 6・7(b) 上にとる．これらの点を結ぶ曲線は x_j と y_{j+1} の関係を与える操作線になるので，段数決定には平衡線との間で階段作図すればよい．すなわち点 (z, y_1) は操作線上にあり，点 (x_1, y_1) は平衡線上に，点 (x_1, y_2) は操作線上にというように繰り返して所要段数が決まる．この方法では段効率を考慮するのも簡単である．

抽剤量 S が減少すると図 6・7(a) の，点 M, E_1 は左に移動し，抽出液の抽質濃度は高くなる．さらに S が小さくなると E_1 と F を結ぶ線（破線）がタイラインと重なり，作図による所要段数は無限大となる．また，このときの E_1 を E_{1m}, Q を Q_m とし，Q_m を用いて $x-y$ 線図上に操作線を描くと図 6・7(b) の破線となり，平衡線と接する．このときの S が最小抽剤量 S_m で，図 6・7(a) により $S_m = F(\overline{FM_m}/\overline{M_m S})$ として与えられる．

例題 6・2 例題 6・1 と同じ抽料を水で向流多段抽出し，抽残液の酢酸を 0.5 wt% にするための所要段数を求めよ．抽剤量は最小抽剤量の 2 倍とする．

（解）図 6・7(a) において $z=0.2$ の F 点をとり，外挿線が F 点を通る平衡タイラインから E_{1m} を決定する．$x_n = 0.005$ の R_n 点を定め，線分 $\overline{E_{1m}R_n}$ と線分 $\overline{FS}$ の交点 M_m から $\overline{FM_m}/\overline{M_m S} = 0.0911$ を得る．最小抽剤量は $F = 7.0 \times 10^{-3}$ kg/s を用い，また抽剤量は

その2倍としてそれぞれ次のように得られる．

$$S_m = (7.0 \times 10^{-3})(0.0911) = 6.38 \times 10^{-4} \text{kg/s}$$
$$S = (2.0)(6.38 \times 10^{-4}) = 1.276 \times 10^{-3} \text{kg/s}$$

また $M = 7.0 \times 10^{-3} + 1.276 \times 10^{-3} = 8.28 \times 10^{-3}$ kg/s から $\overline{FM}/\overline{FS} = (1.276 \times 10^{-3})/(8.28 \times 10^{-3}) = 0.154$ となるように線分 $\overline{FS}$ 上に M をとる．線分 $\overline{R_nM}$ の延長上に E_1 をとると $\overline{R_nM}/\overline{R_nE_1} = 0.327$ となるから抽出液および抽残液の流量はそれぞれ次のようになる．

$$E_1 = (8.28 \times 10^{-3})(0.327) = 2.71 \times 10^{-3} \text{kg/s}$$
$$R_n = M - E_1 = 8.28 \times 10^{-3} - 2.71 \times 10^{-3} = 5.57 \times 10^{-3} \text{kg/s}$$

抽出液中の酢酸濃度は点 E_1 より $y_1 = 0.51$ と読みとれ，抽出率は

$$\xi = (2.71 \times 10^{-3})(0.51)/\{(7.0 \times 10^{-3})(0.2)\} = 0.987$$

所要段数を求めるため直線 E_1F と直線 SR_n の交点として Q を定め，Q からの直線が溶解度曲線と交わる点の酢酸濃度から図6・7(b)に(0.005, 0)，(0.05, 0.173)，(0.10, 0.310)，(0.15, 0.417)，(0.20, 0.510)をとり，これらの点を連ねて操作線を描く．第4章の蒸留の場合と同様に操作線と平衡線の間での階段作図より $n = 3.5$ 段となる．

（3） 不溶解溶媒系の抽出　　抽料の溶媒と抽剤が全く溶け合わない場合，溶媒流量として操作による変化のない，E', R' を使うのが便利である．

$$E' = E(1-y) = S'= S(1-y_0), \ R' = R(1-x) = F' = F(1-z) \quad (6 \cdot 21)$$

この場合，組成も抽質を除く成分量を基準にして次のものを使う．

$$X = x/(1-x),\ Y = y/(1-y) \quad (6 \cdot 22)$$

向流多段抽出に対する(6・20)式は次式で書き換えられる．

$$R'X_n - E'Y_0 = R'X_i - E'Y_{i+1} \quad (6 \cdot 23)$$

これは操作線の式で図6・8の $X-Y$ 線図において傾きが R'/E' の直線となる．さらに修正分配係数 $K'(=Y/X)$ が一定と近似できる場合は平衡線も傾き K' の直線で与えられ，所要段数の決定は簡単になる．図6・8において

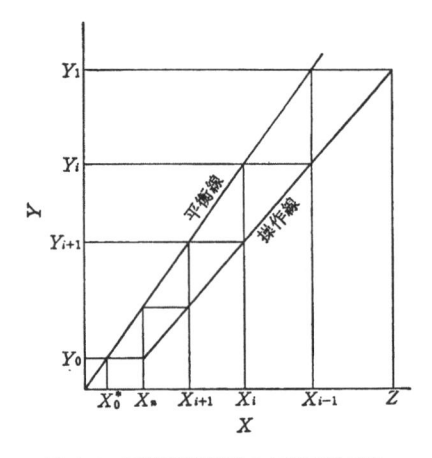

図6・8　不溶解溶媒系の向流多段抽出

$$Y_i - Y_{i+1} = K'(X_i - X_{i+1}) = (R'/E')(X_{i-1} - X_i) \tag{6·24}$$

$$X_{i-1} - X_i = \{K'/(R'/E')\}(X_i - X_{i+1}) = \lambda(X_i - X_{i+1}) \tag{6·25}$$

から数列 $\{X_{i-1} - X_i\}$ は公比 $\lambda(=K'/(R'/E'))$ の等比数列になり

$$Z - X_0^* = (X_n - X_0^*) + (X_{n-1} - X_n) + (X_{n-2} - X_{n-1}) + \cdots + (Z - X_1)$$

$$= (X_n - X_0^*)(1 + \lambda + \lambda^2 + \cdots + \lambda^n)$$

$$= (X_n - X_0^*)(1 - \lambda^{n+1})/(1 - \lambda) \tag{6·26}$$

$$n = [\log\{(Z - X_0^*)(\lambda - 1)/(X_n - X_0^*) + 1\}/\log\lambda] - 1 \tag{6·27}$$

と所要段数が決まる．ここで $X_0^* = Y_0/K'$ である．また最小抽剤量は

$$E_m' = R'(Z - X_n)/(K'Z - Y_0) \tag{6·28}$$

で与えられる．

抽出装置　最も一般的な装置は混合槽と静置槽を組み合わせたミキサーセトラーである．塔型の装置では，図 6·9(a) に示す RDC (rotated disk contactor) がひろく用いられる．塔壁に接する静止環状円板と回転軸に固定された攪拌水平円板からなり，塔径 6〜8 m，塔高 10〜12 m の大規模な塔も可能である．しかし 1m 当たりの相当理論段数は 0.5〜1 段と抽出効率は低い．この他にも図 6·9(b) に示すような，種々のトレイ構造の多孔板塔が開発され，ミキサーセトラーを縦型に配した塔も提案されている．

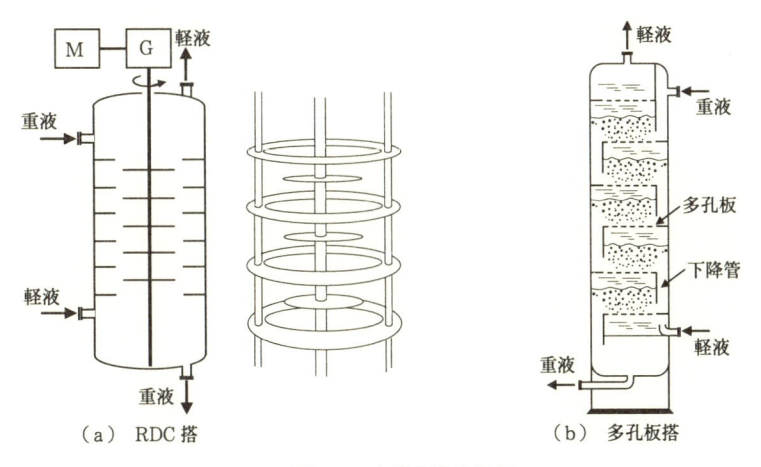

図 6·9　向流多段抽出搭
（a）RDC 搭　　（b）多孔板搭

6.2 吸　　　着

（1）吸着と吸着速度

吸着と吸着剤　冷蔵庫の中に臭気をとるために活性炭を入れるのは，空気中の臭気成分を活性炭に付着させて取り除くためである．活性炭の表面では，臭気成分が付着または結合し部分的に高濃度になる．このように，気相と固相，液相と固相，気相と液相，溶け合わない液相と液相の界面で，気相あるいは液相中の特定成分が濃縮される現象を吸着とよび，吸着によって不要成分を除去したり逆に有用成分を濃縮回収することを吸着操作とよぶ．また，吸着される物質を吸着質とよび，吸着する物質を吸着剤（吸着媒，吸着材）とよぶ．上記の例では，臭気成分が吸着質，活性炭が吸着剤である．一般に，吸着剤は多孔質の固体であり内部の多数の微細孔表面が吸着に利用される．吸着剤の性能は，吸着速度や吸着容量で評価され，特に吸着容量は吸着剤の内部表面積に左右される．単位質量当たりの表面積を比表面積とよぶ．

表6・2に吸着剤の特性を示す．真比重は吸着剤粒子中の固体部分のみの比重，見掛け比重は粒子についての比重，粒子空隙率は粒子体積に対する空隙（細孔）の割合をいう．また，充填密度は充填層単位容積当たりの粒子質量，層空隙率は充填層単位容積当たりの粒子外部空隙の割合を示す．

吸着平衡　一定温度での平衡吸着量と圧力（濃度）の関係は吸着等温線とよばれ，それを表す式を吸着等温式という．以下に代表的な吸着等温式を示す．こ

表6・2　吸着剤の主な性質

吸着剤 性質	活性炭 ヤシ殻	アルミナ	シリカゲル	合成ゼオライト 5A	 13X
粒度［メッシュ］	4/6〜8/32	4/6 等	4/6 等	4/8〜粉末（<10μm）	
真比重［−］	1.6〜2.1	3.0〜3.3	2.2〜2.3		
見掛け比重［−］	0.7〜0.9	0.8〜1.8	1.2〜1.3		
粒子空隙率［％］	50〜60	40〜76	44〜46		
平均孔径［nm］	1.5〜2.5	4〜12	2〜3	0.5	1.0
比表面積［m^2/g］	900〜1500	150〜330	550〜700		
充填密度［kg/m^3］	380〜550	490〜920	700〜820	640〜720	570〜640
層空隙率［％］	38〜45	40〜50	40〜45		
吸着熱［kJ/kg-H_2O］	40	59	120	4200（最大）	
再生法	378 K〜393 K	448 K〜593 K	423 K〜448 K	熱風，減圧	
主な用途	炭化水素分離 水処理	同左 脱水脱湿	同左 同左	0.5 nm以下の 分子の分離	1 nm以下の 分子の分離

こで，吸着量を q [kg/kg-吸着剤]，吸着質の平衡圧力を p [Pa] で表す．これらの式は液相においても成立し，その場合 p は平衡濃度 C [kg/m³] で置き換えられる．

Langmuir 式　　　$q = \dfrac{q_s Kp}{1+Kp} = \dfrac{ap}{1+bp}$　　　　　　(6・29)

Freundlich 式　　$q = kp^{1/n}$　　　　　　　　　　　　　　　(6・30)

BET 式　　　　　$q = \dfrac{q_m bx}{(1-x)(1-x+bx)}$　　　　　　　(6・31)

Langmuir 式を変形して $p/q = 1/a + (b/a)p$ とし，p/q 対 p の図を描き直線を得れば，傾きと切片より a, b を得る．q_s は飽和吸着量であり，また単分子層形成量とみなされる．K, a, b は実験係数である．Freundlich 式は液相吸着でよく使われる．k, n は実験係数である．BET 式は多分子層形成を仮定した式で，高濃度まで適用できる．x は比圧（$x = p/p_0$, p：平衡圧，p_0：飽和蒸気圧），b, q_m は実験係数である．q_m は単分子層吸着量とよばれる．また，ミクロ孔を有する吸着剤（表6・2参照）に適用できるものに Dubinin 式や Dubinin-Astakhov 式があり，これは温度の異なる場合も使用できる．なお，ミクロ孔は直径 2 nm 以下の細孔，マクロ孔は 50 nm 以上の細孔，その中間をメゾ孔とよぶ（便宜的にミクロ孔を直径 20 nm 以下の細孔，それ以上をマクロ孔とよぶことがある）．

例題 6・3　アミノ酸水溶液に活性炭を投入し，平衡吸着量を測定した．次の結果より，吸着等温式の実験係数を求めよ．吸着は Freundlich 型とする．

平衡液濃度 C [kg/m³]	10.5	20.7	37.2	56.4	74.8
吸着量 q [kg/kg-活性炭]	0.152	0.211	0.290	0.332	0.396

（解）　(6・30) 式の p を C と置き換えて
$$\log q = \log k + (1/n) \log C$$
C と q の対数が直線関係にあり，図 6・10 の傾きから
$$1/n = 0.488, \quad n = 2.05$$
これより，
$$\log k = \log 0.396 - 0.488 \log 74.8 = -1.317$$
$$k = 0.0482$$

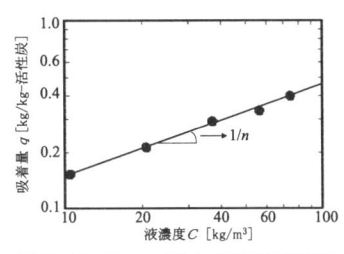

図 6・10　Freundlich 型吸着等温線

イオン交換平衡　一般的なゲル型イオン交換樹脂は，架橋された高分子の3次元網目構造にイオン交換基が固定されている．イオン交換基がスルホン酸等の陰イオンで，対イオンがH^+，Na^+等の陽イオンとなるものを陽イオン交換樹脂（カチオン型イオン交換樹脂），イオン交換基が4級アミン等の陽イオンで対イオンがCl^-等の陰イオンとなるものを陰イオン交換樹脂（アニオン型イオン交換樹脂）とよぶ．これらのイオン交換樹脂は，対イオンの種類とイオン交換基の酸性，塩基性の強弱により，H型強酸性陽イオン交換樹脂などとよばれる．例えば，H型強酸性陽イオン交換樹脂をNaCl水溶液に接触させると，次のイオン交換反応によってH^+は液相に移動し，それと等当量のNa^+は固相に吸着される．

$$R-SO_3^- \cdot H^+ + Na^+ \rightleftharpoons R-SO_3^- \cdot Na^+ + H^+ \qquad (6\cdot32)$$

$(6\cdot32)$式に質量作用の法則を適用すると，次のイオン交換平衡式が成立する．

$$K_H^{Na} = \frac{q_{Na}C_H}{q_H C_{Na}} \qquad (6\cdot33)$$

ここで，K_H^{Na}はNa^+のH^+に対する選択係数とよばれる．$C\,[\mathrm{mol/m^3}\text{-液}]$および$q\,[\mathrm{mol/m^3}\text{-樹脂},\,\mathrm{mol/kg}\text{-樹脂}]$はそれぞれ液相および固相のイオン濃度である．

吸着速度　多孔質吸着剤への吸着過程は図$6\cdot11$に示すように吸着質分子が，
① 流体中から吸着剤外部表面に達し，
② 粒子の細孔内を移動して内部表面に達し，
③ 吸着する，
として整理できるので，吸着速度は①境膜内拡散速度，②粒内拡散速度，③吸着速度，のうち最も遅い速度（律速段階）に支配される．通常の物理吸着では③の

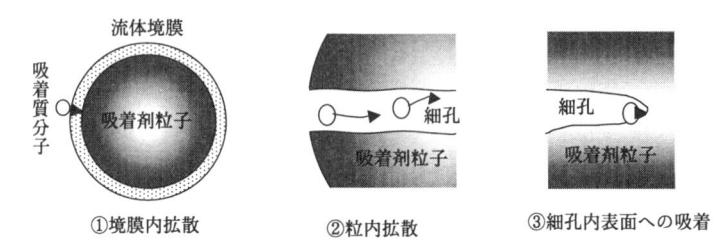

図$6\cdot11$　多孔質吸着剤への吸着過程

6.2 吸　　着

吸着速度はきわめて速く, 物質移動 (拡散) が律速段階であるとして取り扱う. 一方, 化学吸着では③の速度過程が律速になることがある.

①境膜内拡散律速での吸着速度 (流束) N [kg/(m^2·s)] は, 境膜における濃度差を ΔC [kg/m^3] とすれば

$$N = k_f \Delta C \tag{6·34}$$

ここで, k_f [m/s] は流体中の物質移動係数で, Wilson らによれば,

$$\frac{k_f}{u/\varepsilon}\left(\frac{\mu}{\rho D}\right)^{2/3} = 1.09\left(\frac{d_p u \rho}{\mu}\right)^{-2/3}, \quad Re = 0.0016 \sim 55 \tag{6·35}$$

u [m/s] は空塔速度, ε [−] は充塡層空隙率, μ [Pa·s] は流体粘度, ρ [kg/m^3] は流体密度, D [m^2/s] は拡散係数, d_p [m] は粒径, $Re = d_p u \rho / \mu$ である.

②粒内拡散には, 細孔内拡散流束 (N_p) と表面拡散流束 (N_s) の寄与があり, それぞれ粒子外表面積を基準とする値である. 細孔内拡散流束は, 有効拡散係数 D_e を用いて次式で表される.

$$N_p = -D_e\left(\frac{dC}{dz}\right) \tag{6·36}$$

ここで z は粒子半径方向の距離 [m] である. D_e は, 粒子内で拡散に寄与する細孔の割合と細孔の屈曲の度合いで決まり, 細孔内空間での拡散係数 D' と次の関係にある.

$$D_e = \left(\frac{\varepsilon}{\tau}\right)D' \tag{6·37}$$

ε は粒子の空隙率, τ は細孔の屈曲係数であり 3〜6 の値をとる. 細孔内が気相の場合, 細孔直径が分子の平均自由行程より大きければ, D' は分子拡散係数 (D_{AB}), 小さければ Knudsen 拡散係数 (D_K) となる.

$$\frac{1}{D'} = \frac{1}{D_{AB}} + \frac{1}{D_K} \tag{6·38}$$

D_K [m^2/s] は細孔半径 r_e [m], 温度 T [K] とモル質量 M_A [kg/mol] から次式で計算できる.

$$D_K = 3.067 r_e \sqrt{\frac{T}{M_A}} \tag{6·39}$$

表面拡散は吸着量勾配により生じ，その流束は $N_s = -D_s \rho_s \dfrac{dq}{dz}$ で定義される．表面拡散が細孔内拡散と並列して生じる場合には，粒内の全拡散流束 N_T は $N_T = -D_i \left(\dfrac{dC}{dz}\right)$ で表され，D_i は $D_i = D_e + D_s \rho_s \left(\dfrac{dq}{dC}\right)$ となる．なお，ρ_s は粒子見掛け密度である．

（2）**吸着操作の設計**　　吸着分離操作には回分式，循環式，連続式，半連続式がある．回分式には固定層法，攪拌槽吸着法があり，半連続式として固定層法，連続式として移動層法，流動層法などがある．吸着操作が終了した吸着剤は，温度を高くするか圧力を低くし，物質によっては高温で焼成されて脱離操作が行われる．吸着剤は再使用され，吸着質が目的成分の場合は吸着質が回収される．

特徴ある吸着操作としては，PSA (pressure swing adsorption) およびクロマトグラフ法がある．PSA は昇圧，減圧を繰り返して分離を行う方法で圧力スイング吸着とよばれる．PSA は比較的に化学活性の低い低沸点物質のバルク分離に適する方法で，吸着平衡の選択性を利用する平衡分離型と，吸着速度の差を利用する速度分離型とに区分される．クロマトグラフ法は，A，B，2 成分を含む原料と脱離剤（流体）を塔頂より交互に流し，成分による展開速度の差を利用して塔底で分画回収する方法である．

攪拌槽吸着法　　吸着剤と原料を攪拌槽で混合攪拌して平衡状態にしてから，吸着剤を濾過分離する方法で，一般的にはバッチ吸着ともよばれる．この方式は，1 段接触で行う単吸着，多段接触で行う並流または向流多段吸着があり，粉末の吸着剤が多く用いられる．

いま，吸着剤 m [kg] を，初濃度 C_0 [kg/m^3] の溶液 V [m^3] に加えて攪拌し，時間 θ における液濃度を C，吸着量を q [kg/kg-吸着剤] とすれば，物質収支より次式を得る．ただし，吸着剤外部と細孔中の液濃度は同一とする．

$$mq = V(C_0 - C) \qquad (6\cdot40)$$

(6・40)式は操作線を示す（図 6・12 を参照）．

吸着では粒内拡散律速になる場合が多く，吸着剤の粒径を増すと，元の粒径の場合と溶液が同一濃度となるには長い接触時間が必要になる．総括物質移動係

数 K_F [m/s] を用いると微小時間 $d\theta$ における物質収支は $VdC = K_F a_p m(C - C^*)d\theta$ となる．ここで，a_p [m²/kg-吸着剤] は吸着剤単位質量当たりの外表面積で，C^* は q と平衡にある仮想の流体中濃度である．積分すると次式を得るので，図積分により所要時間 θ が求められる．

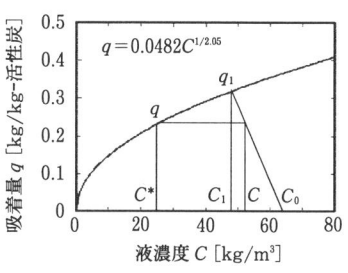

図6・12 攪拌槽吸着法の図解法

$$\theta = \frac{1}{K_F a_p} \frac{V}{m} \int_c^{c_0} \frac{dC}{C - C^*} \tag{6・41}$$

例題 6・4 例題6・3の吸着等温線をもつ活性炭 25 g を濃度 63.5 kg/m³ のアミノ酸水溶液 500 cm³ 中に投入し，アミノ酸の濃度変化を測定して次の結果を得た．平衡時の吸着量と液濃度を求めよ．また液濃度と吸着量の関係を図示せよ．

時間 θ [min]	10	30	60	120	180	240
液濃度 C [kg/m³]	51.6	49.7	48.5	47.5	47.6	47.6

(解) 表より平衡濃度は $C_1 = 47.6$ kg/m³，そのときの吸着量は(6・40)式より

$$q_1 = (V/m)(C_0 - C_1)$$
$$= (500 \times 10^{-6}/0.025)(63.5 - 47.6)$$
$$= 0.318 \text{ kg/kg-活性炭}$$

図6・12に $\theta = 10$ min における C, C^* の関係を示す．直線 $C_0 q_1$ は操作線 $q = 0.02(63.5 - C)$ であり，液濃度 C の場合の吸着量 q を与え，q に対応する平衡濃度として C^* が求まる．時間の進行とともに C と C^* の差は小さくなり平衡時には C と C^* が一致する．

固定層における吸着 吸着分離しようとする物質（吸着質）を含む流体を吸着剤充填層に流すと，層内の入口から吸着が進行し順次吸着平衡に達する．吸着が起こっている部分は比較的狭い部分であり，吸着帯とよばれる．吸着帯は流体が流れる方向に進み，その後方に吸着平衡部分が完成する．充填層出口より流出する流体は，初めは吸着質を含まないが，吸着帯が出口に達すると吸着質が流出してくる．充填層入口における吸着質濃度を C_0，流入後の時間 θ における出口濃度を C_θ とするとき，θ に対して C_θ/C_0（または C_θ）を図示した曲線を破過曲線という（図6・13を参照）．また，出口において所定の濃度になった時間 θ_B を破過時間という．

図6・13 破過曲線

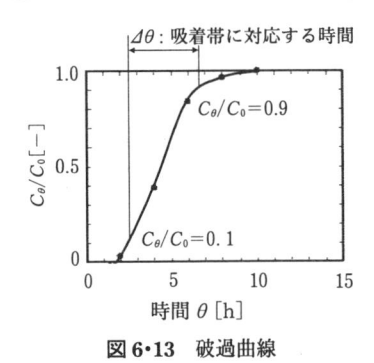

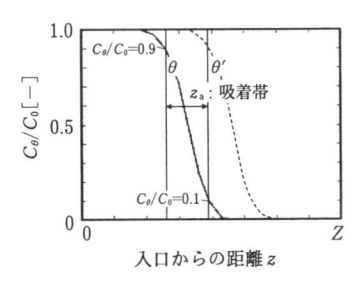

図6・14 濃度分布曲線

時間 θ において，充塡層入口からの距離 z と濃度 C_θ/C_0 の関係は図6・14のような濃度分布曲線で表される．充塡層の中で吸着が進行している部分すなわち図中の濃度変化部分は吸着帯 z_a であり，濃度 C_0 の部分は吸着平衡達成部分である．なお，吸着量分布は，時間経過にともなう濃度変化から求められる．

濃度分布曲線は，時間とともに層内を出口に向かって移動する．粒径および層の充塡が均一であれば，移動する曲線の形は一般に変わらない．この曲線は時間 $\varDelta\theta = \theta' - \theta$ の間に z_a だけ移動（図6・14の破線）することになり，物質収支 $\varDelta\theta u C_0 = z_a \gamma q_0$ より次式を得る．

$$z_a = \varDelta\theta u C_0 / (\gamma q_0) \tag{6・42}$$

ここで u は流体の空塔速度，γ は充塡密度，q_0 は C_0 に平衡な吸着量である．

図6・14において，吸着帯 z_a における未吸着部の割合を未飽和度 f，充塡層全長を Z とすれば，破過時間 θ_B は次式で表される．

$$\theta_B = \theta_0 \{1 - f(z_a/Z)\} \quad (\text{近似的に } f = 0.5) \tag{6・43}$$

ここで θ_0 は吸着帯長さをゼロとした仮想吸着終了時間を示し，物質収支より次式を得る．

$$\theta_0 = Z\gamma q_0 / (uC_0) \tag{6・44}$$

固定層内の濃度分布は，平衡関係式を適用しながら，層内物質収支式と物質移動式により推定され，吸着剤所要量および接触時間を決めることができる．層内の微小区間 dz における流体中濃度の減少 dC はその区間での吸着量の増加に等しいので，$-udC/dz = \gamma dq/d\theta$ が成り立ち，粒内拡散律速の場合は

$$-udC/dz = K_F a_v (C - C^*) \quad \text{または} \quad \gamma dq/d\theta = k_s a_v (q_s - q) \tag{6・45}$$

6.2 吸着

を得る．ここで q は平均吸着量，C^* は q と平衡にある仮想の流体中濃度である．また，$k_s a_v$ [kg/(m³·s)] は粒内物質移動容量係数，$K_F a_v$ [s⁻¹] は総括物質移動容量係数とよばれる．a_v [m²/m³] は層単位体積当たりの粒子外表面積で，q_s は粒子外表面における平衡吸着量である．この(6·45)式を積分形にすれば吸着帯長さ z_a の式が得られる．

例題 6·5 活性炭充填層にアミノ酸水溶液を流し，出口流出液の濃度を測定した．これより吸着帯長さ z_a を求め，充填層長さを 500 mm にしたとき，$C_θ/C_0=0.1$ で定める破過時間を求めよ．吸着平衡は例題 6·3 と同じであり，諸数値は以下の通りである．粒径 0.42～1.68 mm，粒子密度 800 kg/m³，比表面積 1200 m²/g，真比重 2.1，カラム内径 30 mm，長さ 142 mm，容積 100 cm³，充填密度 470 kg/m³，原液濃度 63.5 kg/m³，空間速度 (SV) 1 h⁻¹

通液時間 $θ$ [h]	2.00	4.00	6.00	8.00	10.0	22.0
出口濃度 $C_θ$ [kg/m³]	2.06	24.7	53.3	61.3	63.5	63.5
$C_θ/C_0$	0.032	0.389	0.839	0.965	1.00	1.00

（解） 図 6·13 に破過曲線を示す．同図より，吸着帯長さ z_a に対応する時間 $Δθ$ を $C_θ/C_0=0.1～0.9$ にとって，$Δθ=6.6-2.8=3.8$ h とする．$C_0=63.5$ kg/m³ の平衡吸着量は，例題 6·3 より $q_0=0.0482(63.5)^{1/2.05}=0.365$ kg/kg-活性炭．また，$γ=470$ kg/m³，$u=Z·SV=0.142$ m/h，および(6·42)式より

$$z_a = ΔθuC_0/(γq_0) = (3.8)(0.142)(63.5)/\{(470)(0.365)\} = 0.200 \text{ m}$$

充填長さを $Z=0.5$ m とした場合，(6·44)式より

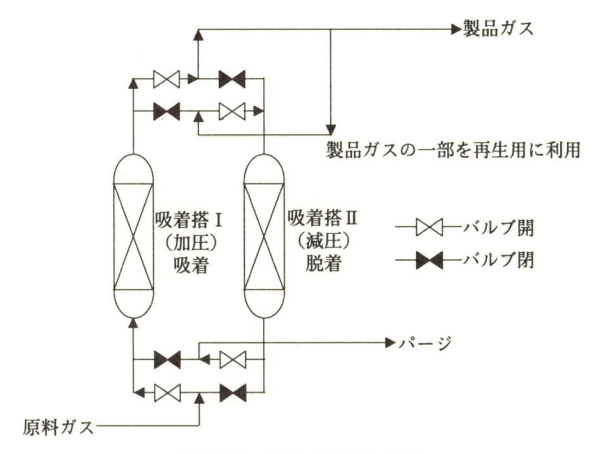

図 6·15 PSA 装置模式図

$$\theta_0 = Z\gamma q_0/(uC_0) = (0.50)(470)(0.365)/\{(0.142)(63.5)\} = 9.51\,\mathrm{h}$$

(6・43)式より，破過時間は

$$\theta_B = \theta_0\{1 - f(z_a/Z)\} = (9.51)\{1 - 0.5(0.20/0.50)\} = 7.61\,\mathrm{h}$$

吸着装置　　図6・15に吸着装置の一例としてPSA装置の模式図を示す．図6・16にはクロマトグラフ法について模式図を示した．図(a)は回分装置を示す．

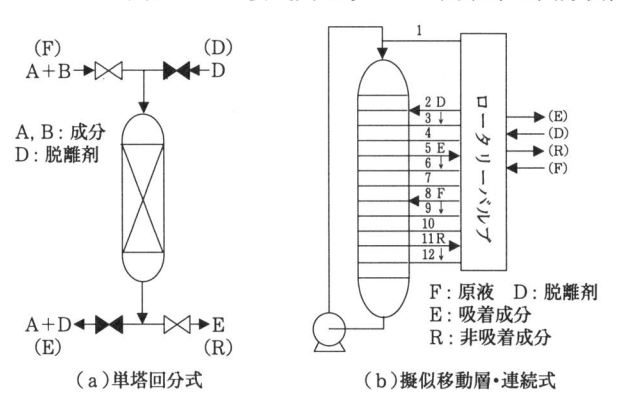

（a）単塔回分式　　　　　　（b）擬似移動層・連続式

図6・16　クロマトグラフ装置模式図

（b）は擬似移動層吸着装置で，ロータリーバルブの操作により流体の注入排出箇所を移動させ，移動層と同じように吸着剤と流体を向流接触させる装置である．

使 用 記 号

a_p：吸着剤単位質量当たり外表面積 　[m²/kg－吸着剤]
a_v：充塡層単位体積当たり粒子外表面積 　[m²/m³]
C：吸着質濃度 　[kg/m³]
　　もしくは 　[mol/m³-液]
D：流体中分子拡散係数 　[m²/s]
D_{AB}：分子拡散係数 　[m²/s]
D_e：有効拡散係数 　[m²/s]
D'：細孔内拡散係数 　[m²/s]
D_s：表面拡散係数 　[m²/s]
D_K：Knudsen 拡散係数 　[m²/s]
d_p：粒径 　[m]
E：抽出液流量 　[kg/s]
E'：抽出液中溶媒流量 　[kg/s]
f：吸着帯の未飽和度 　[-]
F：供給液流量 　[kg/s]
k_f：流体中物質移動係数 　[m/s]
$k_s a_v$：粒内物質移動容量係数 　[kg/(m³·s)]
K'：修正分配係数 　[-]
K_D：分配係数 　[-]
K_{EX}：抽出平衡定数 　[-]
K_F：総括物質移動係数 　[m/s]
$K_F a_v$：総括物質移動容量係数 　[s⁻¹]
M_A：吸着質モル質量 　[kg/mol]
m：吸着剤質量 　[kg]
N：吸着速度 　[kg/(m²·s)]
N_p：細孔内拡散流束 　[kg/(m²·s)]
N_s：表面拡散流束 　[kg/(m²·s)]
N_T：粒内拡散流束 　[kg/(m²·s)]
p：吸着質の平衡圧力 　[Pa]

p_0：飽和蒸気圧 　[Pa]
q：吸着質吸着量 　[kg/kg-吸着剤]
R：抽残液流量 　[kg/s]
R'：抽残液中溶媒流量 　[kg/s]
r_e：細孔半径 　[m]
S：抽剤流量 　[kg/s]
S_m：最小抽剤流量 　[kg/s]
SV：空間速度 　[s⁻¹], [h⁻¹]
T：温度 　[K]
u：空塔速度 　[m/s]
V：溶液体積 　[m³]
X：溶媒基準の抽残液組成 　[-]
x：比圧(p/p_0) 　[-]
Y：溶媒基準の抽出液組成 　[-]
Z：充塡層長 　[m]
z：供給液組成 　[-],
　　粒子半径方向距離または充塡層軸方向距離 　[m]
z_a：吸着帯長さ 　[m]
α：分離係数 　[-]
ε：粒子または充塡層の空隙率 　[-]
μ：流体粘度 　[Pa·s]
γ：充塡密度 　[kg/m³]
θ：時間 　[s]
θ_B：破過時間 　[s]
θ_0：仮想吸着終了時間 　[s]
ρ：流体密度 　[kg/m³]
ρ_s：粒子見掛け密度 　[kg/m³]
λ：平衡線と操作線の傾きの比 　[-]
τ：細孔屈曲係数 　[-]
ξ：抽出率 　[-]

演習問題

6・1 ヨウ素，I_2 を 1 kmol/m^3，KI を 2 kmol/m^3 含むヨウ素水溶液 100 cm^3 にヘプタン 50 cm^3 を加えてヨウ素をヘプタン中に抽出した．この水溶液中でヨウ素は次の反応で平衡にあり，$I_2 + I^- \Leftrightarrow I_3^-$（平衡定数 748 m^3/kmol），ヘプタン中には I_2 のみが抽出される．抽出平衡に達したときのヘプタン中のヨウ素濃度および抽出率を求めよ．また，このヨウ素水溶液を 1000 倍に希釈して同様な抽出を行った場合はどうなるか．水とヘプタン間での I_2 の分配係数は 36.6 である．

6・2 芳香族と非芳香族を含む石油留分から芳香族成分を分離するため，スルホラン ($C_4H_8SO_2$) による抽出が行われる．ヘキサンとベンゼンからなる石油留分 15.8 t/h から，濃度 61.4 wt% で含まれるベンゼンを，その留分の 3 倍量（重量基準）のスルホランで抽出するとき，抽出液および抽残液の組成と量および抽出率を求めよ．また抽剤を 3 等分して 3 回抽出したときはどうなるか．ヘキサン，ベンゼンおよびスルホランのモル質量 [g/mol] はそれぞれ 86，78 および 120 である．この系の液液平衡は次表のようである．

ベンゼン相		スルホラン相	
ベンゼン [mol%]	スルホラン [mol%]	ベンゼン [mol%]	スルホラン [mol%]
0.00	0.215	0.0	96.822
8.134	1.000	4.644	91.825
15.414	1.850	9.690	86.184
24.023	1.979	15.227	80.216
30.700	2.178	19.149	74.597
35.779	3.737	24.824	69.301
43.120	5.058	32.316	61.027
47.246	7.855	38.989	45.687
51.531	11.739	44.575	43.994

6・3 問題 6・2 と同じ石油留分を 32.5 t/h のスルホランで向流多段抽出し，抽残液のベンゼン濃度を 1.8 mol% 以下にする所要段数を求めよ．またそのときの抽出液量，抽残液量および抽出率はいくらか．

6・4 酢酸水溶液からの酢酸の分離は蒸留のみでも可能だが，酢酸エチルにより酢酸を抽出した後，共沸蒸留することで分離に要するエネルギーを大きく低減できる．次ページの表は酢酸−水−酢酸エチル系の 50℃ における液液平衡である．重量分率をモル分率に変換して三角線図上に溶解度曲線を描け．各成分のモル質量 [g/mol] は酢酸 60.05，水 18.02，酢酸エチル 88.11 である．

エステル相		水相	
酢酸 [wt%]	水 [wt%]	酢酸 [wt%]	水 [wt%]
0.0	3.6	0.0	93.5
2.0	4.5	2.3	90.5
5.0	6.0	5.6	86.5
8.0	7.8	8.2	82.5
10.1	9.5	10.0	80.0
14.0	13.3	13.7	73.6
18.0	18.8	17.3	65.8
20.8	24.7	20.2	56.8
21.0	40.0	21.0	40.0

F.H. Garner and S.R.M. Ellis: *Chem. Eng. Sci.*, **2**, 282(1953)

6・5 向流多段抽出塔を用いて，5 mol%の酢酸水溶液 100 kmol/h から酢酸エチルにより，50℃で酢酸を連続的に抽出し，抽残液中の酢酸濃度を 0.1 mol% 以下にするための最小抽剤量を求めよ．問題 6・4 のように，抽出と蒸留を組み合わせた分離で用いられる抽剤は，共沸蒸留塔の塔頂から得られる 2 液相の上層液で，酢酸を含まない酢酸エチル相である．

6・6 問題 6・5 の連続抽出操作において，抽剤量を最小抽剤量の 2 倍として操作したとき，抽出液量および抽残液量を求め，必要な理論段数を決定せよ．

6・7 イオン交換樹脂粒子の見掛け比重が 1.21，充填密度（嵩密度）が 805 kg/m³ のとき，樹脂層の空隙率を求めよ．

6・8 直径 7×10^{-4} m の H 型イオン交換樹脂（球形）を充填した固定層（空隙率 $\varepsilon=0.335$）を用いて 25℃に保たれた希薄な NaCl 水溶液が空塔速度 5 m/h で供給され Na^+ が回収されている．この場合の拡散抵抗は主に液境膜にある．固定層の総括物質移動容量係数 K_Fa_v を求めよ．Na^+ の液境膜における拡散係数は 1.33×10^{-9} m²/s であり，希薄水溶液の物性値は水と等しいとする．

6・9 粒状活性炭の固定層にメチルエチルケトン（MEK）を含む空気を流して，25℃における平衡データおよび破過曲線を測定した．結果を表に示す．これより（ⅰ）吸着等温線が Langmuir 式に従うとして定数を決定せよ．（ⅱ）吸着帯長さを決定せよ．（ⅲ）固定層における K_Fa_v を求めよ．

平衡データ						
平衡濃度 [g/m³-空気]	4	3	2	1	0.5	0.25
吸着量 [g/g-活性炭]	0.291	0.282	0.265	0.224	0.17	0.116

破過曲線									
θ [min]	136	140	144	147	150	153	157	161	165	170
C/C_0 [-]	0	0.012	0.1	0.242	0.479	0.716	0.9	0.974	1.0	1.0

$c_0=4.0\,\mathrm{g\text{-}MEK/m^3}$-空気，$T=25℃$，$Z=0.1\,\mathrm{m}$，$\gamma=350\,\mathrm{kg/m^3}$，$u=0.3\,\mathrm{m/s}$，活性炭形状は直径 $4\,\mathrm{mm}$，長さ $40\,\mathrm{mm}$ の円筒型ペレット，$\varepsilon=0.4$

6・10 例題 6・5 では本来の目的はアミノ酸中の不純物の除去である．アミノ酸の回収率を 98% 以上とするには活性炭の寿命は何時間要求されるか．

6・11 H 型のイオン交換樹脂を用いてある物質の Ca 塩（分子量 172）を酸に転換させたい．その Ca 塩は水溶液中に全量で $700\,\mathrm{kg}$ 入っており，H 型樹脂の交換容量は $1.0\,\mathrm{kmol/m^3}$ で，再生効率を考慮し有効交換容量を 75% として操作する．このときの所要樹脂容量を求めよ．また，この物質の濃度が $20\,\mathrm{wt\%}$ であり，充填層に空間速度 $SV=0.5\,\mathrm{h^{-1}}$ で通液したとき，層のサイズが層高／層径＝1 の場合と 2 の場合について，層径と液流速（線速度）をそれぞれ求めよ．

6・12 Na 型陽イオン交換樹脂（$\mathrm{Res\text{-}SO_3^-Na^+}$）を用いれば，エチレングリコールと NaCl の混合溶液から樹脂にエチレングリコールが吸着するため，クロマトグラフ法で分離することができる．この系の平衡データとして表に示す値を得た．吸着平衡関係はどのように表されるか．

	液相濃度 [kmol/m³]	吸着量 [kmol/m³-樹脂]
エチレングリコール	0.65 1.8	0.48 1.15
NaCl	0.1 0.17	0.018 0.024

6・13 活性炭－酢酸水溶液系の吸着平衡の測定結果を下表に示す．また，この吸着系での平衡は Freundlich 式に適合することが知られている．

平衡濃度 C [kmol/m³]	0.70	1.38	2.48	3.76	5.00
吸着量 q [mol/kg-活性炭]	10.1	14.1	18.3	22.1	26.4

（i）濃度 $5.24\,\mathrm{kmol/m^3}$ の酢酸水溶液 $1000\,\mathrm{cm^3}$ に活性炭 $240\,\mathrm{g}$ を投入し，攪拌槽吸着法により酢酸濃度を減少させたい．濾過後の液濃度および総吸着量を推算せよ．

（ii）前問と同量，同濃度の酢酸水溶液に活性炭を 3 回に分けて投入し，酢酸濃度を減少させたい．すなわち，1 回目は $80\,\mathrm{g}$ の活性炭を用いて攪拌槽吸着を行う．2 回目および 3 回目は，濾過後の水溶液を別の容器に移し，1 回目と同様に各 $80\,\mathrm{g}$ の活性炭を用いて吸着を行う．各回の濾過後の液濃度および総吸着量を推算せよ．

（iii）単吸着と並流多回吸着を比べて，どちらの操作が効果的か考察せよ．

6・14 $195\,\mathrm{K}$（$\mathrm{CO_2}$ 気化温度）において活性炭に二酸化炭素ガスを吸着させ，平衡吸着量を測定した．測定値を下表に示す．なお，飽和蒸気圧は $p_0=101.3\,\mathrm{kPa}$ である．

平衡圧 p [kPa]	6.84	12.2	18.5	23.6
吸着量 q [mg/g-活性炭]	145	173	197	215

（ⅰ）吸着平衡が BET 式に従うものとして解析し，式の定数を求めよ．

（ⅱ）q_m は，吸着分子が固体表面に 1 層で並んでいる場合（単分子層吸着）の量を表す．これより活性炭の比表面積 S [m²/g] を推算せよ．なお，CO_2 1 分子が表面を占める面積を 1.60×10^{-19} m² とする．

第 7 章 調 湿・乾 燥

7.1 調 湿 の 基 礎

(1) 湿り空気の特性　水蒸気を含んだ空気を一般に湿り空気あるいは湿潤空気という．これに対して水蒸気をまったく含まない空気を乾き空気あるいは乾燥空気という．空気が水と接触していれば，水分は蒸発し，平衡状態になって蒸発は停止する．この限界に達した湿り空気を飽和空気という．

絶対湿度，関係湿度，比較湿度　湿り空気を理想気体とみなすと，水蒸気と空気のモル比はその分圧に比例する．全圧 P，水蒸気分圧 p の湿り空気の湿度は，以下のように定義される．乾き空気 1 kg に対する水蒸気の質量を絶対湿度 H，湿り空気の絶対湿度 H と飽和空気の絶対湿度 H_s の比を百分率で表したものを比較湿度（飽和度）ϕ という．また，湿り空気の水蒸気分圧 p とその温度の飽和水蒸気分圧 p_s の比を百分率で表したものを関係湿度 φ という．

$$H = \frac{18}{29} \times \frac{p}{P-p} \tag{7・1}$$

$$\phi = \frac{H}{H_s} \times 100\% \tag{7・2}$$

$$\varphi = \frac{p}{p_s} \times 100\% \tag{7・3}$$

例題 7・1　比較湿度 ϕ と関係湿度 φ の関係式を求めよ．
（解）　$H_s = 18 p_s / \{29(P-p_s)\}$, $\phi = (H/H_s) \times 100\% = [p(P-p_s)/\{p_s(P-p)\}] \times 100\%$ であるから

$$\phi = \varphi \frac{P-p_s}{P-p}$$

ここで $p_s \geq p$ であるから，常に $\phi \leq \varphi$ の関係が成立する．

湿り比容，湿り比熱，エンタルピー　1 kg の乾き空気とそれと共存する H [kg/kg-乾き空気] の水蒸気からなる湿り空気を想定する．理想気体を仮定すると，T [K]，101.3 kPa の湿り空気の体積（湿り比容）v_H [m³/kg-乾き空気] は次式で与えられる．

7.1 調湿の基礎

表 7·1 飽和湿り空気表（基準：標準大気圧）

温度 [℃]	飽和水蒸 気 圧 p_s [kPa]	飽和湿度 H_s [kg/kg- 乾き空気]	エンタルピー i_s [kJ/kg- 乾き空気]	温度 [℃]	飽和水蒸 気 圧 p_s [kPa]	飽和湿度 H_s [kg/kg- 乾き空気]	エンタルピー i_s [kJ/kg- 乾き空気]
0	0.611	0.00377	9.433	52	13.61	0.0965	303.2
4	0.813	0.00503	16.65	56	16.51	0.1210	371.9
8	1.07	0.00666	24.79	60	19.92	0.1522	458.1
12	1.40	0.00873	34.09	64	23.91	0.1921	568.0
16	1.82	0.0114	44.84	68	28.55	0.2441	710.1
20	2.34	0.0147	57.40	72	33.94	0.3133	898.7
24	2.98	0.0189	72.12	76	40.18	0.4088	1158
28	3.78	0.0241	86.69	80	47.34	0.5455	1528
32	4.75	0.0306	110.6	84	55.57	0.7554	2094
36	5.94	0.0387	135.7	88	64.94	1.1102	3050
40	7.38	0.0488	166.0	92	75.59	1.8272	4980
44	9.10	0.0614	202.9	96	87.67	3.9953	10814
48	11.16	0.0770	247.8	99	97.76	17.043	45913

$$v_H = 0.08206 T \left(\frac{1}{29} + \frac{H}{18} \right) \tag{7·4}$$

また乾き空気および水蒸気の定圧比熱を c_g, c_v とすれば，湿り比熱 c_H [J/(kg-乾き空気・K)] は次式で与えられる．

$$c_H = c_g + c_v H \tag{7·5}$$

ただし，273〜393 K における c_g, および c_v の平均値は1.005, 1.884 kJ/(kg・K) である．

温度 t [℃]，絶対湿度 H の湿り空気のエンタルピー i [J/kg-乾き空気] は，120 ℃以下では，基準温度を t_0 とすると，t_0 での蒸発潜熱 λ_0 を用いて，次式で与えられる．

$$i = c_g(t-t_0) + \{\lambda_0 + c_v(t-t_0)\} H \tag{7·6}$$

一般には，$t_0 = 0$ ℃ を用い，$\lambda_0 = 2502$ kJ/kg である．飽和空気の場合，上式に H_s を代入すれば，飽和エンタルピー i_s が得られる．表 7·1 に，標準大気圧における飽和湿り空気表を示す．

例題 7·2 101.3 kPa で，313 K (40 ℃) の湿り空気がある．関係湿度 60 % のとき，絶対湿度，湿り比容，湿り空気のエンタルピーを求めよ．

(解) 40℃の飽和水蒸気分圧 $p_s=7.38\,\mathrm{kPa}$, $\varphi=60\%$ であるから,
$$p=p_s\varphi/100\%=(7.38)(0.6)=4.428\,\mathrm{kPa}$$
(7・1) 式に代入し, 絶対湿度 $H=0.0284\,\mathrm{kg/kg}$-乾き空気 となる. 湿り比容 $v_H=0.926$ $\mathrm{m^3/kg}$-乾き空気, エンタルピー $i=113.4\,\mathrm{kJ/kg}$-乾き空気 が得られる.

(2) 露点, 湿球温度, 断熱飽和温度　湿り空気を次第に冷却していくと, ある温度で冷却面に露（水滴）を生じ始める. すなわち, 湿り空気（温度 t, 絶対湿度 H）が湿度 100% の飽和空気になる温度 t_d を露点という. 少量の水滴が, 多量の空気と接触しているとき, 飽和空気でない限り, 水は蒸発し, 蒸発潜熱を奪われて水温は低下するが空気からの伝熱と釣り合う温度で一定となる. この温度を湿球温度 t_w という. このとき水滴の単位面積当たりの蒸発で奪われる熱流束と空気から水への伝熱流束が釣り合うので, 次式が成立する.

$$\lambda_w \varphi k(p_w - p) = h(t - t_w) \tag{7・7}$$

ここで, $\lambda_w\,[\mathrm{J/kg}]$, $k\,[\mathrm{kg/(m^2 \cdot s \cdot Pa)}]$ および $h\,[\mathrm{W/(m^2 \cdot K)}]$ は, それぞれ t_w での蒸発潜熱, 境膜物質移動係数および境膜伝熱係数を示す. 実用的には, 分圧を絶対湿度に変換して次式で表し, この式を満たす点 (t, H) を連ねたものは等湿球温度線を表す.

$$H_w - H = \frac{h}{k'\lambda_w}(t - t_w) \tag{7・8}$$

ただし, H_w は t_w での飽和湿度である. なお, 空気-水系では Lewis の関係, $h/k' \fallingdotseq c_H$ が成立するので, 後述の断熱冷却線におおむね一致する.

十分な量の水に空気が接触する場合, 空気から水への伝熱量がすべて水の蒸発だけに使われて水温の変化は起こらないような温度が存在する. この温度を断熱飽和温度 t_s という. 蒸発潜熱を λ_s とすると, H から H_s への蒸発水蒸気の潜熱と湿り空気が t から t_s への温度変化するときの顕熱とが釣り合うので, 次式が成立する.

$$\lambda_s(H_s - H) = c_H(t - t_s) \tag{7・9}$$

この式による $H-t$ 関係を断熱冷却線または断熱飽和線という.

例題 7・3　水蒸気を $5\,\mathrm{vol}\%$ 含む湿り空気がある.（ⅰ）乾球温度 $333\,\mathrm{K}$ ($60\,℃$), 全圧 $90\,\mathrm{kPa}$,（ⅱ）乾球温度 $353\,\mathrm{K}$ ($80\,℃$), 全圧 $101.3\,\mathrm{kPa}$ での露点を求めよ.

（解）気体の体積分率は分圧に等しいので,

（i） $p=(90)(0.05)=4.5\,\mathrm{kPa}$，表7·1から，$t_\mathrm{d}=31\,°\mathrm{C}$
（ii） $p=(101.3)(0.05)=5.065\,\mathrm{kPa}$，（i）と同様に$t_\mathrm{d}=33\,°\mathrm{C}$

例題7·4 表7·1を用いて，飽和湿度と温度の関係を273 K～323 K（0～50℃）の間で図示せよ．温度範囲293 K～323 K（20～50℃）の間の等湿球温度線を図示せよ．ただし，$c_\mathrm{H}=1.09\,\mathrm{kJ/(kg\text{-}乾き空気・K)}$，$\lambda_\mathrm{w}=2454\,\mathrm{kJ/kg}$とする．

（解） H_sとtの関係を図示すると図7·1の$\phi=100\,\%$の曲線を得る．$t_\mathrm{w}=20\,°\mathrm{C}$のとき，表7·1から$H_\mathrm{w}=0.0147\,\mathrm{kg/kg\text{-}乾き空気}$，(7·8)式から，

$$0.0147-H=\frac{1.09}{2454}(t-20)$$

したがって，$t=50\,°\mathrm{C}$を代入して，$H=0.00137\,\mathrm{kg/kg\text{-}乾き空気}$となる．点(20, 0.0147)と点(50, 0.00137)を結ぶ線が等湿球温度線である．あるいは，$t_\mathrm{w}=20\,°\mathrm{C}$，$H_\mathrm{w}=0.0147\,\mathrm{kg/kg\text{-}乾き空気}$の点を起点として勾配が$-1.09/2454$の右下がりの線を引けばよい．

7.2 湿度図表とその使用法

湿り空気の特性を一つの図にまとめたものを湿度図表という．図7·1は，標準大気圧，273 K（0℃）から393 K（120℃）の湿り空気の絶対湿度，湿り比容，湿り比熱，蒸発潜熱と温度の関係，および比較湿度と断熱冷却線群が描かれている．

湿り空気(t, H)は図7·2の湿度図表上のA点で示される．冷却すると，A点を通る水平線を左へ移動し，飽和湿度曲線とB点で交わる．B点の垂線の温度t_dが露点である．また，A点を通る比較湿度曲線から，比較湿度ϕが得られる．A点を通る断熱冷却線と飽和湿度曲線の交点Cの垂線の温度t_wが湿球温度である．

例題7·5 標準大気圧における湿り空気（乾球温度305 K（32℃），湿球温度294 K（21℃）について，（i）絶対湿度，（ii）比較湿度，（iii）露点，（iv）湿り比容 を湿度図表を用いて求めよ．

（解） $t_\mathrm{w}=21\,°\mathrm{C}$からの垂線と飽和湿度曲線の交点から断熱冷却線を引き，32℃の垂線との交点を求める．（i）$H=0.011\,\mathrm{kg/kg\text{-}乾き空気}$；比較湿度曲線から（ii）$\phi=35\,\%$；水平線を左に引いて飽和湿度曲線との交点の垂線から（iii）$t_\mathrm{d}=15.5\,°\mathrm{C}$；湿り比容対温度曲線で$H=0.01$の曲線で近似し（iv）$v_\mathrm{H}=0.88\,\mathrm{m^3/kg\text{-}乾き空気}$ が得られる．

例題7·6 例題7·5の湿り空気について，（i）50℃にしたときの湿り比容，（ii）コンデンサーで10℃に冷やすときの凝縮水分量を求めよ．

（解） （i）絶対湿度は，加熱冷却によって変化しないので，湿り比容対温度曲線で$H=0.01$で近似し，$v_\mathrm{H}=0.93/\mathrm{kg\text{-}乾き空気}$．（ii）露点以下の温度であるから，飽和湿度曲線に達する．$t=10\,°\mathrm{C}$で$H_\mathrm{s}=0.0077$であるから，差の$0.011-0.0077=0.0033$

第7章 調湿・乾燥

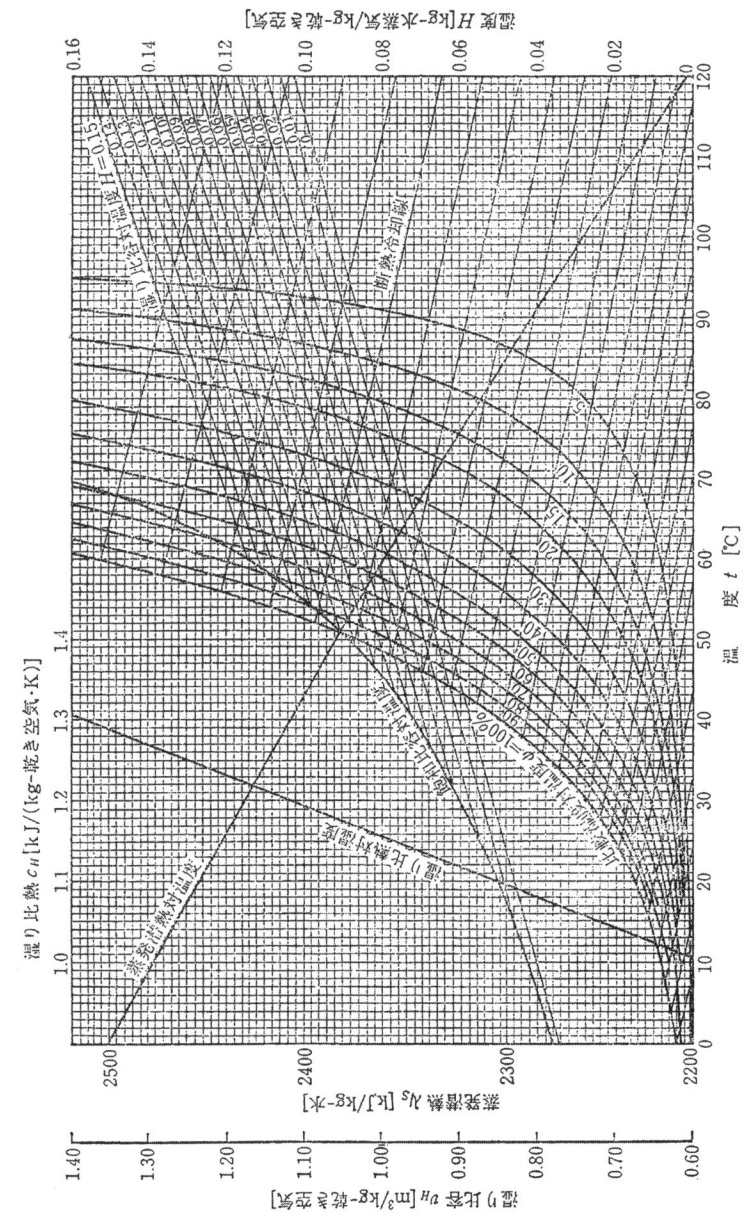

図 7·1 湿度図表（基準：標準大気圧，乾き空気 1 kg）

7.3 調湿装置

(1) 装置の分類と操作方法　調湿装置は，一般に空気の減湿あるいは増湿に用いられている．

減湿の方法としては，①空気をその露点以下の温度の水と直接接触させる方式，②冷媒を熱交換器の一方に流し，その伝熱面温度を露点以下に保ち，他方に被処理空気を流して間接的に冷却除湿する方式，③エチレングリコール水溶液などを用いて減湿する吸収式減湿法，④シリカゲルなどを利用する吸着減湿方式，⑤ある温度における気体の飽和温度は全圧が増加すると減少する原理を応用した圧縮減湿法などがある．

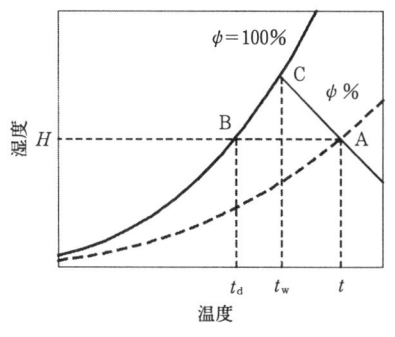

図 7・2　露点および湿球温度の求め方

増湿の方法としては，①蒸気を直接吹き込む方式，②空気をその湿球温度よりも高い温度の温水と直接接触させる方法（水のほうから見ると温水の冷却操作），③空気を加熱し，その断熱飽和温度の水と直接接触させる断熱増湿方式がある．①の方法は簡単であるが，精密な調整が困難である．②の方式は③の方法に比べて装置の大きさははるかに小さくてすむ利点がある．

直接接触を行う装置としては，充填塔，棚段塔，スプレー塔などが広く用いられている．ここでは簡単のため間接冷却減湿操作，断熱増湿操作のみ取り上げる．

(2) 冷却減湿操作　図 7・3 は間接冷却減湿操作の手順を示している．$A(t_1, H_1)$ の状態の空気を $D(t_2, H_2)$ にする場合，冷媒が通っている熱交換器にまずAの空気を流す．伝熱面温度がAの露点 t'_1 以下であれば空気は線ABに沿って冷却され，露点 t'_1 に達し $B(t'_1, H_1)$ の状態になると空気中の水蒸気が凝縮し始める．その後は飽和線に沿って凝縮，冷却が行われ $C(t'_2, H_2)$ の状態になる．凝縮

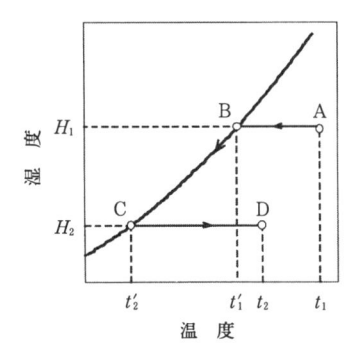

図 7・3　間接冷却減湿操作

水を分離した後，この状態の空気を適当な方法で加熱すれば所定の $D(t_2, H_2)$ の状態を得ることができる．

（3）断熱増湿操作　断熱装置内で，空気をその断熱飽和温度にある水と直接接触させると，空気側から空気と水との界面へ熱が移動し，水蒸気は界面から空気側に移動する．したがって空気の温度は装置入口から出口に向かって下がり，一方，湿度は増加する．この空気の状態変化は断熱冷却線に沿い，エンタルピーは変わらない．

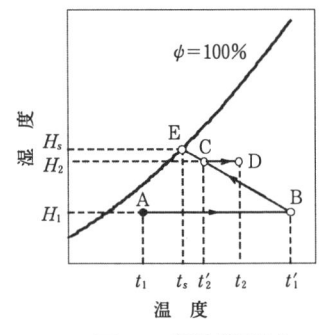

図7・4 断熱増湿操作

図7・4は断熱冷却操作の手順を示している．$A(t_1, H_1)$ の空気を $D(t_2, H_2)$ の状態にする際に，温度 t_s の水をそのまま利用する場合を考える．まず $A(t_1, H_1)$ の空気を $B(t'_1, H_1)$ まで予熱する．ここでB点は飽和湿度曲線上のE点（温度 t_s）を通る断熱冷却線上で湿度 H_1 の点である．ついでBの空気を断熱増湿塔に送入し，温度 t_s の水（E点）と接触させて所定の湿度 H_2 になる点 $C(t'_2, H_2)$ まで増湿する．そしてCから $D(t_2, H_2)$ まで加熱して目的を達するのである．なお，断熱増湿塔を出た水はそのまま循環使用すればよいが，空気を増湿した分だけ減っていくので補給する必要がある．また $\eta = (H_2 - H_1)/(H_s - H_1)$ を増湿効率という．

例題 7・7　温度293 K（20 ℃），絶対湿度 0.012 kg/kg-乾き空気 の空気を毎分 400 m³ 処理して，温度323 K（50 ℃），絶対湿度 0.03 kg/kg-乾き空気 の状態の空気を得たい．断熱増湿法によるものとし，増湿効率 $\eta = 0.9$ とするとき，予熱および再加熱に必要な熱量を求めよ．

（**解**）　図7・1の湿度図表を用いて計算を行う．$t_1 = 20$ ℃，$H_1 = 0.012$ kg/kg-乾き空気 の湿り比容 v_{H1} は湿度図表より 0.85 m³/kg-乾き空気 となる．乾き空気の質量は $(400)(60)/(0.85) = 28200$ kg/h，増湿効率が 0.9 であるから $0.9 = (0.030 - 0.012)/(H_s - 0.012)$ より，H_s は 0.032 kg/kg-乾き空気 となる．図7・4に示した記号を用いて，$A(20, 0.012)$，$D(50, 0.03)$ を図表上にとり，$H_s = 0.032$ kg/kg-乾き空気，Eを飽和湿度曲線上にとり，Eを通る断熱冷却線と，湿度 0.012，0.03 との交点をB，Cとする．湿度図表上で $B(82, 0.012)$，$C(38, 0.030)$ となる．また H_1 と H_2 の空気の湿り比熱は $c_{H1} = 1.03$，$c_{H2} = 1.06$ kJ/(kg-乾き空気・K) となる．したがって

A→B （予熱）に必要な熱量は，
$$(28200)(1.03)(82-20)=1.80\times10^6\,\text{kJ/h}=500\,\text{kW}$$
C→D （再加熱）に必要な熱量は，
$$(28200)(1.06)(50-38)=3.59\times10^5\,\text{kJ/h}=99.7\,\text{kW}$$

断熱操作では初めに空気を加熱したが，その代わりに水を加熱して，この温水と空気を接触させる方式もある．その場合の装置内の空気の状態変化を求めるのはやや複雑になるので紙面の都合上省略するが，詳細は「化学工学便覧」などを参照されたい．

7.4 調湿装置の容量計算

本節では簡単のため，断熱増湿装置に限って基本設計に触れる．

断熱的に操作される増湿塔の水を循環すると，ついにはその水温はその空気の湿球温度≒断熱飽和温度 に等しい温度 t_w となる．一方，空気の湿度，温度は断熱冷却線に沿って変化し，空気の顕熱の減少はすべて水の蒸発熱に費される．

水と空気が向流接触する断熱増湿塔を図7・5に示す．図中に示した任意の断面における微小高さ dZ [m] における水の蒸発速度と空気の失う顕熱移動速度は次式で表される．

$$k'a(H_s-H)dZ=GdH \tag{7・10}$$

$$ha(t-t_s)dZ=G\bar{c}_H dt \tag{7・11}$$

ここで，a [m^2/m^3] は塔単位容積当たりの水-空気接触面積，$k'a$ [kg/(m^2・s・ΔH)] は境膜物質移動容量係数，ha [W/(m^3・K)] は境膜伝熱係数であり，$\bar{c}_H$ [J/(kg-乾き空気・K)] は空気の平均湿り比熱，G [kg-乾き空気/(m^2・s)] は乾き空気の塔断面積当たりの質量速度である．

(7・10) 式，(7・11) 式を図7・5の塔底部①から塔頂部②まで積分すると，

$$Z=\frac{G}{k'a}\ln\frac{H_s-H_1}{H_s-H_2} \tag{7・12}$$

$$Z=\frac{G\bar{c}_H}{ha}\ln\frac{t_1-t_s}{t_2-t_s} \tag{7・13}$$

水-空気系では Lewis の関係より (7・12) 式と (7・13) 式の対数部分は等しくなる

例題 7・8 温度 313 K (40 ℃)，比較湿度 20 % の湿り空気 1750 kg/h を予熱した後，

図7・5の塔底部①に送入して増湿する．塔頂部②から去る空気の温度を316 K (43℃)，絶対湿度を0.041 kg/kg-乾き空気 としたい．ここで増湿塔の断面積を $0.5\,\mathrm{m}^2$ とし，境膜物質移動容量係数 $k'a=2.83$ kg/($\mathrm{m}^2\cdot\mathrm{s}\cdot\Delta H$) とする．所要塔高さならびに塔底部①に流入する空気の所要温度を求めよ．

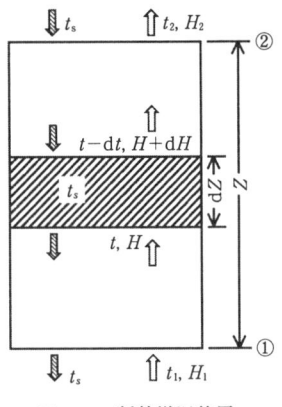

（解） 図7・1の湿度図表上で，温度 $t_1=40\,\mathrm{℃}$，比較湿度 20% の空気の絶対湿度 H_1 は 0.01 kg/kg-乾き空気 となる．次に塔頂部②を去る空気の温度 $t_2=43\,\mathrm{℃}$，絶対湿度 $H_2=0.041$ kg/kg-乾き空気 の点を通る断熱冷却線と $H_1=0.01$ kg/kg-乾き空気 の水平線との交点の温度を求めると，予熱すべき温度 119℃ を得る．この断熱冷却線の飽和湿度曲線との交点より $H_\mathrm{s}=0.043$ kg/kg-乾き空気 が求まる．(7・12) 式に各数値を代入し

$$Z=\frac{1750}{(1+0.01)(3600)(0.5)(2.83)}\ln\left(\frac{0.043-0.01}{0.043-0.041}\right)=0.95\,\mathrm{m}$$

図7・5 断熱増湿装置

7.5 乾燥の基礎

（1） 材料の乾燥特性 含水固体の乾燥では，まず固体表面で水分が蒸発する．その速度は水分量がある値に達する時間まで一定で，それ以後は固体内部の水分拡散速度が乾燥速度を律速し，これは水分量の減少につれて遅くなっていく．

図7・6に，20℃ の直径 5 cm の湿った多孔質球を 100℃ の熱風中に置いて乾燥させたときの球の表面温度 t_s，内部温度 t_m，中心温度 t_c および球の水分量 W の経時変化を示す．水分の乾燥速度 $-\mathrm{d}W/\mathrm{d}\theta$ は

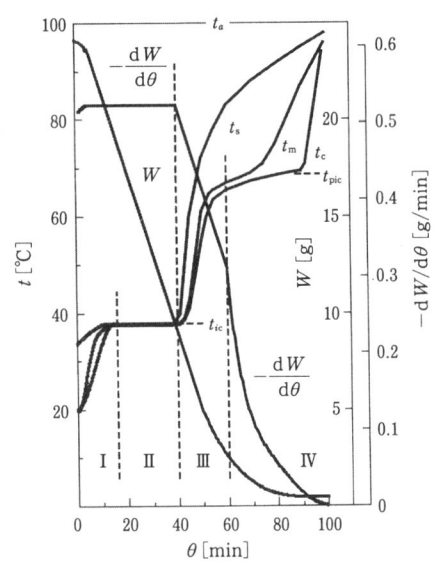

図7・6 乾燥時における多孔質固体球の温度と水分量の変化

経時変化に対し四つのパターンに分離することができる．期間Iは，材料の予熱期間である．期間IIにおいては，球の各部分の温度が等しく，湿球温度であり，乾燥は一定速度で進行するので，ここを恒率乾燥期間という．期間IIIとIVでは，球の表面と内部に温度分布が形成され，乾燥速度は時間とともに減少する．期間IIIを減率乾燥第一段，期間IVを減率乾燥第二段という．

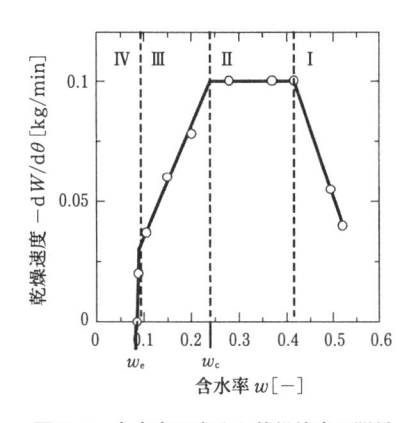

図7・7 含水率の変化と乾燥速度の関係

（2）**含水率** 固体に含まれている水分の割合で，完全乾燥固体1kg当たり共存している水 [kg] を含水率 w [kg/kg-乾燥固体] という．このとき，湿量基準の水分は，$100w/(1+w)$ [%] である．一定温度の気流中に湿り固体を十分長く放置すると，気流の湿度に応じて固体の含水率はある一定値となる．このときの含水率を平衡含水率という．図7・7に含水率と乾燥速度の関係を示し，得られた曲線を乾燥特性曲線という．乾燥速度が零に低下するとき，含水率は平衡含水率 w_e に達する．w_e は，材料および乾燥操作の条件により変化する．また，期間IIから期間IIIへ移行するときの含水率 w_c を限界含水率という．乾燥によって除去できる水分は材料の初期含水率から平衡含水率を引いた値であり，これを自由含水率 w_f という．

例題 7・9 湿り固体を空気気流中で乾燥させたときの固体の質量変化が表7・2に示すようになった．完全乾燥固体の質量は6.5kgであるとき，含水率対乾燥速度 [kg/min] の曲線を図示せよ．その結果から，限界含水率，平衡含水率を求めよ．

表7・2 乾燥時の固体の質量変化

時　間 [min]	0	5	10	15	20	25	30	35	40	45	50	55
質　量 [kg]	10	9.8	9.5	9.0	8.5	8.0	7.6	7.3	7.1	7.0	7.0	7.0

（**解**）　たとえば，時間 0～5 min での質量変化は 0.2 kg であるから，$-\mathrm{d}W/\mathrm{d}\theta$ [kg/min] $= 0.2/5 = 0.04$ kg/min，これを中心時間 2.5 min での値とする．このときの含水率は，2.5 min での固体の質量を $(10+9.8)/2 = 9.9$ kg と計算し，$w = (9.9 -$

6.5)/6.5＝0.523 が得られる．以下同様に計算し $-\mathrm{d}W/\mathrm{d}\theta$ と w の関係を図示すると図 7・7 の曲線を得る．$w_\mathrm{c}=0.25$, $w_\mathrm{e}=0.077$ となる．

(3) 乾燥速度

恒率乾燥速度　期間Ⅱでは，材料の表面温度は一定であり，自由水面からの蒸発と考えられる．恒率乾燥速度を R_c [kg/(m²・s)] とすると，表面積 A [m²] および乾燥固体質量 W_s [kg] のとき，

$$R_\mathrm{c} = -\frac{\mathrm{d}W}{A\mathrm{d}\theta} = -W_\mathrm{s}\frac{\mathrm{d}w}{A\mathrm{d}\theta} \tag{7・14}$$

水蒸気の蒸発速度と蒸発に必要な熱流束が釣り合っているので，

$$R_\mathrm{c} = \frac{h}{\lambda_w}(t-t_w) = k'(H_w-H) \tag{7・15}$$

恒率乾燥期間で初期含水率 w_0 から限界含水率 w_c までに要する時間 θ_c [s] は，(7・14) 式の R_c が一定であるから，$0\sim\theta_\mathrm{c}$ まで積分し，次式で与えられる．

$$\theta_\mathrm{c} = \frac{W_\mathrm{s}(w_0-w_\mathrm{c})}{AR_\mathrm{c}} \tag{7・16}$$

空気境膜伝熱係数 h [W/(m²・K)] は，熱風の質量速度 G [kg/(m²・s)] あるいは物性値を用いた以下の相関式から推算できる．

熱風が板状材料に対して平行に流れる場合，

$$h = 10.6G^{0.8} \quad (0.7 < G < 4.2) \tag{7・17}$$

熱風が板状材料に直角に流れる場合，

$$h = 24.1G^{0.37} \quad (1.1 < G < 5.6) \tag{7・18}$$

熱風が単一球形材料に接触して流れる場合および十分に分散している粒粉状材料の乾燥の場合，

$$\frac{hd_\mathrm{p}}{k_\mathrm{g}} = 2 + 0.6\left(\frac{u_\mathrm{g}d_\mathrm{p}\rho_\mathrm{g}}{\mu_\mathrm{g}}\right)^{1/2}\left(\frac{C_\mathrm{H}\mu_\mathrm{g}}{k_\mathrm{g}}\right)^{1/3} \tag{7・19}$$

充塡粒子を熱風で通気する場合，

$$\frac{h}{C_\mathrm{H}G} = 2.407\left(\frac{d_\mathrm{p}G}{\mu_\mathrm{g}}\right)^{-0.51}, \quad \frac{d_\mathrm{p}G}{\mu_\mathrm{g}} < 350 \tag{7・20}$$

$$\frac{h}{C_\mathrm{H}G} = 1.312\left(\frac{d_\mathrm{p}G}{\mu_\mathrm{g}}\right)^{-0.41}, \quad \frac{d_\mathrm{p}G}{\mu_\mathrm{g}} > 350 \tag{7・21}$$

ただし，d_p は粒子と表面積の等しい球の直径を用いる．

流動層による乾燥には

$$\frac{hd_p}{k_g}=0.0135\left(\frac{u_g d_p \rho_g}{\mu_g}\right)^{1/3}, \quad 10<\frac{u_g d_p \rho_g}{\mu_g}<57 \quad (7\cdot22)$$

例題 7・10 厚さ 3 cm の板状物質を金網にのせ温度 333 K (60 ℃)，絶対湿度 $H=0.03$ kg/kg-乾き空気，風速 4 m/s の熱風で乾燥する．（ⅰ）平行流で両面を乾燥する場合，（ⅱ）板に直角に熱風を送る場合の恒率乾燥速度を求めよ．

（解） 60 ℃ の湿り空気の特性は，$v_H=0.99$ m³/kg-乾き空気 を用いて，湿り空気の質量速度 G は，$G=(4)(1+0.03)/v_H=4.17$ kg/(m²·s) のとき，

（ⅰ）(7・17) 式から，$h=(10.6)(4.17)^{0.8}=33.2$ W/(m²·K)，(7・15) 式に，$t_w=35.5$ ℃ および $\lambda_w=2364$ kJ/kg を代入し，

$$R_c=\frac{33.2(60-35.5)}{2364\times10^3}=3.44\times10^{-4} \text{ kg/(m}^2\cdot\text{s)}$$

したがって，両面では，6.88×10^{-4} kg/(m²·s)．

（ⅱ）同様に，(7・18) 式を用いて，$h=40.9$ W/(m²·K) より，$R_c=4.24\times10^{-4}$ kg/(m²·s)，両面では 8.48×10^{-4} kg/(m²·s) が得られる．

減率乾燥速度 減率乾燥期間では，限界含水率以下に表面の含水率が低下し，内部からの水分供給が不十分で乾燥速度が低下する．減率乾燥速度 R_d は，一般に含水率の関数として表されるが，自由含水率に比例すると近似すれば，次式となる．

$$R_{d1}=-\frac{W_s}{A}\frac{dw}{d\theta}=R_c\left(\frac{w-w_e}{w_c-w_e}\right) \quad (7\cdot23)$$

減率乾燥で w_c から w_d までに要する時間 θ_d は，

$$\theta_d=\frac{W_s(w_c-w_e)}{AR_c}\ln\frac{w_c-w_e}{w_d-w_e} \quad (7\cdot24)$$

なお，石鹸などの均質材料の乾燥にあっては，恒率乾燥期間はほとんど表れず，最初から減率乾燥に入る．この場合，固体表面の含水率は直ちに平衡含水率 w_e になるものとみなし，以後材料内部においては拡散方程式に従って水分移動が起こるとすれば，たとえば，板状材料の両面乾燥の場合，水の拡散係数を D_v として，

$$\frac{\partial w}{\partial \theta}=D_v\frac{\partial^2 w}{\partial x^2} \quad (7\cdot25)$$

初期の水分分布が均一の場合，固体の平均含水率 $\bar{w}$ は，板厚みの半分を δ として，

$$\frac{\bar{w}-w_e}{w_1-w_e}=\frac{8}{\pi^2}\sum_{n=0}^{\infty}\frac{1}{(2n+1)^2}\exp\left(-\frac{(2n+1)^2\pi^2 D_v \theta}{4\delta^2}\right) \quad (7\cdot 26)$$

時間 θ が十分大きいとき，第2項以上が無視できるので，w_1 から w_2 に変化するのに要する時間 θ_d は，

$$\theta_d = \frac{4\delta^2}{\pi^2 D_v}\ln\frac{8(w_2-w_e)}{\pi^2(w_1-w_e)} \quad (7\cdot 27)$$

また，乾燥速度 R_d は，

$$R_d = \frac{\pi^2 D_v W_s}{4\delta^2 A}(w-w_e) \quad (7\cdot 28)$$

乾燥速度は自由含水率，拡散係数に比例し，材料の厚みの2乗に反比例する．また，拡散係数 D_v が含水率により大幅に変化する場合には，上式の適用には限界がある．

例題 7・11 表面積 $0.5\,m^2$ の板状の材料を含水率 0.4 から 0.2 までに乾燥したい．限界含水率 0.25，平衡含水率 0.02 である．完全乾燥固体は 10 kg で恒率乾燥速度は 4 kg/($m^2\cdot$h) とし，減率乾燥速度が自由含水率に比例するとして，乾燥時間を求めよ．

（**解**）　(7・16) 式から $\theta_c = (10)(0.4-0.25)/\{(0.5)(4)\} = 0.75$ h
　　　　(7・24) 式から $\theta_d = (10)(0.25-0.02)/\{(0.5)(4)\}\ln\{(0.25-0.02)/(0.2-0.02)\}$
　　　　　　　　　　$= 0.28$ h
したがって，乾燥時間 $\theta = 0.75 + 0.28 = 1.03$ h が得られる．

7.6　乾燥装置の分類と操作方式

乾燥の対象となる材料は液状，泥状，塊状，フレーク状，粒状，粉状と多種多様であり，その他にもたとえば織物や紙などのシート状材料，建材や家具材などの定尺板状材料，瓦や陶磁器などの成形材料，洗濯物のような不定形材料に至るまでその形態は極めて多岐にわたる．

処理量については1日数kgと少量の場合もあれば，時間当り数トンといった例もあり，その規模は各種産業によって千差万別である．したがってこれらを処理する乾燥装置の形式も多種多様である．他方，乾燥は材料中の液分を蒸発除去する操作であり，たとえば水の場合1kgを蒸発させるためにはいやが応でも約2500 kJ の熱量を材料に伝えなければならない．材料の形態に応じて最も適した

7.7 乾燥装置の基本設計

表7·3 乾燥装置の選定と分類

湿潤時状態	材料例	適応乾燥機		
		大量連続	少量連続	少量回分
液および泥漿状材料	ミルク,コーヒー,異性化糖,調味料,漢方薬,植物エキス,有機酸ソーダ,洗剤,セラミックス,金属酸化物(スラリー),窒化ケイ素,フェライト,医薬品,抗生物質	噴霧 流動層(流動媒体利用) 流動層(乾燥品に噴霧) 	ドラム 真空ベルト	真空凍結 棚式トレー (真空含)
糊泥状材料 ケーク状材料	スターチ,クレー,染料,顔料,吸水性ポリマー	気流 通気バンド(成形機付)	溝型攪拌	各種伝動受熱攪拌 通気箱型
		攪拌機付回転		
塊状材料	石炭,コークス,鉱石,ベントナイト,ケミカル肥料	回転·通気回転·通気堅型·伝熱管入回転		
粒状材料	籾,蒸煮米,蒸煮麦,コージャーム,各種ふりかけ,パン粉,無機結晶,有機結晶,ケミカル肥料,粒状活性炭,ペットフード	流動層·通気バンド,通気回転·伝熱管付回転·回転	流動層·溝型攪拌·円筒攪拌·多段円盤	流動層 各種伝導受熱攪拌
粉状材料	小麦粉,粉末樹脂,粉末活性炭,リジン,結晶塩,炭酸カルシウム	気流·流動層·伝導伝熱併用流動層	溝型攪拌·円筒攪拌·流動層·多段円盤(伝導)	各種伝導受熱攪拌
フレーク状材料 繊維状材料	圧扁大豆,スナック食品,茶,葉たばこ,CMC,アルギン酸ソーダ,牧草,ピートモス	回転·通気バンド·伝熱管付回転·流動層(振動)	通気バンド·円筒攪拌·多段攪拌	通気箱型 各種伝導受熱攪拌
特定形状 特定大きさの材料	陶磁器,硝子,ベニア板,スレート,皮革,魚の開き他各種珍味,椎茸,ラーメン	台車トンネル·ウイケットハンガー·通気バンド		棚式平行流
シート状材料	織物,紙,印画紙	多段シリンダー·噴出流	単一ないし複数円筒	
塗膜	化粧板,車体	噴出流·赤外線		赤外線

方法で熱を加えながらハンドリングすることが重要となる.乾燥装置を材料の湿潤時の状態および操作方法により分類すると表7·3のようになる.

乾燥装置の選定条件として,材料の物理的化学的性質,材料の乾燥特性,処理量,熱源,動力,設備費,付帯装置などが挙げられる.これらを十分に検討して,適切な設計施工と運転管理がなされる必要がある.

7.7 乾燥装置の基本設計

乾燥装置内においては,材料と熱風が同方向に進む並流方式と,逆方向に進む向流方式,さらに直交方向に流れる十字流方式がある.連続式伝導伝熱乾燥は考

208   第7章 調 湿・乾 燥

え方としては十字流方式と同じである.
　並流式……気流乾燥機,回転乾燥機,噴霧乾燥機
　向流式……回転乾燥機,噴霧乾燥機,多段流動層乾燥機
　直交式……通気バンド乾燥機,通気回転乾燥機,横型流動層乾燥機,各種伝
　　　　　　導伝熱乾燥機および輻射受熱乾燥機

（1）　物質収支および熱収支　　上記いずれの方式においても,設計に際しては装置に出入する熱および物質の収支をチェックする必要がある.熱風乾燥を例にとり次の例題 7・12 で計算の仕方を解説する.

例題 7・12　　含水率 100 %（乾量基準）,温度 283 K（10 ℃）の湿り材料を並流式回転乾燥装置で乾燥して,含水率 10 %（乾量基準）の製品を得たい.熱風温度は 773 K（500 ℃）で絶対湿度は 0.03 kg/kg-乾き空気,排気温度は 413 K（140 ℃）,製品温度は 348 K（75 ℃）である.処理量は 5000 kg-乾き材料/h である.所要風量ならびに排気湿度を求めよ.ただし,無水材料の比熱 c_s は 1.25 kJ/(kg・K),273 K～773 K（0～500 ℃）の空気の平均比熱は 1.08 kJ/(kg-乾き空気・K),水蒸気の平均比熱は 1.98 kJ/(kg・K) である.

（解）　風量を G [kg-乾き空気/h],湿り空気エンタルピーを i [J/kg-乾き空気],乾き空気の比熱を c_g [J/(kg・K)],水蒸気の比熱を c_v [kJ/(kg・K)],0 ℃における蒸発潜熱を λ_0 [J/kg],熱風の絶対湿度を H [kg/kg-乾き空気],製品温度を t_m [℃],含水率を w（乾燥基準）,処理量を F_0 [kg-乾き材料/h] とする.また添字 1, 2 は入口,出口を表す.

　熱収支より,　（熱風の持ち込む熱量）+（材料の持ち込む熱量）
　　　　　　　　=（排気の持ち去る熱量）+（製品の持ち去る熱量）
よって,　　$Gi_1 + F_0(c_s + 4.185 w_1) t_{m1} = Gi_2 + F_0(c_s + 4.185 w_2) t_{m2}$　　　　（a）
ここで　$Gi_1 = G\{c_{g1}t_1 + (\lambda_0 + c v_1 t_1)H_1\} = G\{1.08 \times 500 + (2502 + 1.98 \times 500) \times 0.03\}$
　　　　　$= 624G$ kJ/h,
　　$F_0(c_s + 4.185 w_1) t_{m1} = 5000(1.25 + 4.185 \times 1) \times 10 = 272000$ kJ/h,
　　$Gi_2 = G\{c_{g2}t_2 + (\lambda + c_{v2} t_2)H_2\} = G\{1.005 \times 140 + (2520 + 1.884 \times 140)H_2\}$
　　　　　$= (141 + 2766 H_2)G$ kJ/h,
　　$F_0(c_s + 4.185 w_2) t_{m2} = 5000(1.25 + 4.185 \times 0.1) \times 75 = 626000$ kJ/h
となる.したがって（a）式は
　　　　　　　　$624G + 272000 = (141 + 2766 H_2)G + 626000$　　　　（b）
　一方,物質収支より,（熱風の持ち込む水分）+（材料の持ち込む水分）
　　　　　　　　　　=（排気の持ち去る水分）+（製品の持ち去る水分）

よって，
$$GH_1+F_0w_1=GH_2+F_0w_2 \qquad (\mathrm{c})$$
（c）式は $G(H_2-H_1)=F_0(w_1-w_2)$ となり各数値を代入すると
$$G(H_2-0.03)=5000(1.0-0.1)=4500 \qquad (\mathrm{d})$$
（b）式と（d）式を連立させて解くと，所要風量 $G=32000\,\mathrm{kg}$-乾き空気/h，排気湿度 H_2 は $0.170\,\mathrm{kg/kg}$-乾き空気 となる．

7.8 装置容量の計算

乾燥装置の所要面積や所要容積を算出するには，伝熱の基本式，$q=UA\Delta t_{\mathrm{av}}$ あるいは $q=haV\Delta t_{\mathrm{av}}$ を用いる．前者は主として伝導伝熱乾燥あるいは平板状材料の熱風乾燥に，後者は広く熱風乾燥機一般に用いられる．

総括伝熱抵抗 $1/U=(1/h_\mathrm{i})+(l/k)+(1/h_0)$ であるので，加熱媒体側の境膜伝熱係数 h_0，管壁の厚み l および熱伝導度 k，材料側の伝熱係数 h_i が分かれば U の値を知ることができる．h_i については既往の実験式などを用いて精度よく計算できるが，h_0 については材料の物性，装置内での挙動，装置の特性によって大きく異なり，大略な推算はできるが実験により確認することが望ましい．

ha は伝熱容量係数であり，伝熱係数 h と単位容積当たりの接触面積 a を個々に求めることが困難な場合，両者の積を伝熱容量係数として扱い，表 7.4 に示すように，代表的乾燥装置において，実験的に求められている．

温度差 Δt_{av} は装置内の平均温度差である．恒率乾燥期間では材料温度は一定（熱風乾燥ではほぼ湿球温度）であるが減率乾燥期間では加熱温度に近づく．また熱風乾燥では吹き込まれた熱風は材料と接触することによって排気側に進むにつれて温度は下がる．したがって装置内における温度差 Δt は各場所によって異なり，大略な計算の場合には入口，出口の温度差の平均値を Δt_{av} とする．さらに詳細な計算には，材料予熱期間，恒率乾燥期間，減率乾燥期間に分け，各期間での平均温度差とその期間での所要伝熱量とから各期間で必要な容積を求め，それを合計して $V\,[\mathrm{m}^3]$ とする．

表 7・4 熱風受熱乾燥装置における伝熱容量係数 $ha\,[\mathrm{kJ/(m^3 \cdot h \cdot K)}]$

回 転	500～1000	流 動 層	10000～30000
気 流	5000～25000	噴 霧	100～400
溝 型	1000～4000	通気バンド	3500～10000

例題 7・13　例題 7・12 の回転乾燥装置の所要容積を概算せよ．ただし伝熱容量係数 ha は $750\,\text{kJ}/(\text{m}^3\cdot\text{h}\cdot\text{K})$，湿球温度 t_w は $338\,\text{K}\,(65\,℃)$ とする．

（解）　湿り材料の温度は含水率 w_1 の状態で温度 t_{m1} から t_w まで上昇し，温度 t_w でこの条件で蒸発し得るすべての水が蒸発して含水率 w_2 となり，その後 w_2 の状態で製品温度 t_{m2} になると考える．

$$q = F_0\{(c_s + 4.185 w_1)(t_w - t_{m1}) + (w_1 - w_2)\lambda_w + (c_s + 4.185 w_2)(t_{w2} - t_w)\}$$
$$= 5000\{(1.25 + 4.185 \times 1.0)(65 - 10) + (1.0 - 0.1) \times 2344$$
$$+ (1.25 + 4.185 \times 0.1)(75 - 65)\}$$
$$= 1.21 \times 10^7\ \text{kJ/h}$$

Δt_{av} は大略の値として入口，出口における温度差の対数平均値とする．

$$\Delta t_{av} = \{(t_1 - t_{m1}) - (t_2 - t_{m2})\}/\ln\{(t_1 - t_{m1})/(t_2 - t_{m2})\}$$
$$= \{(500 - 10) - (140 - 75)\}/\ln\{(500 - 10)/(140 - 75)\} = 210\,℃$$
$$V = q/ha \cdot \Delta t_{av} = 1.21 \times 10^7/(750 \times 210) = 76.8\,\text{m}^3$$

詳細設計では各期間に分けてそれぞれの所要容積を求め加算する．

<h2 style="text-align:center">使 用 記 号</h2>

A：面積　　[m²]
a：単位容積当たりの有効面積　[m²/m³]
c_g：乾き空気の比熱　　[J/(kg・K)]
c_H：湿り空気の比熱
　　　　　　　　[J/(kg-乾き空気・K)]
c_v：水蒸気比熱　　[J/(kg・K)]
d_p：粒子径　　[m]
G：質量速度　　[kg/(m²・s)]
H：絶対湿度　　[kg/kg-乾き空気]
h：境膜伝熱係数　　[W/(m²・K)]
i：湿り空気のエンタルピー
　　　　　　　　[J/kg-乾き空気]
k：境膜物質移動係数
　　　　　　　　[kg/(m²・s・Pa)]
k'：境膜物質移動係数
　　　　　　　　[kg/(m²・s・ΔH)]
k_g：気体の熱伝導度　　[W/(m・K)]

P：全圧　　[Pa]
p：分圧　　[Pa]
R：乾燥速度　　[kg/(m²・s)]
t：温度　　[K]
t_d：露点　　[K]
t_w：湿球温度　　[K]
u_g：気体の空塔速度　　[m/s]
v_H：湿り比容　　[m³/kg-乾き空気]
W：水分量　　[kg]
w：含水率　　[—]
Z：装置の高さ　　[m]
ρ_g：気体の密度　　[kg/m³]
λ：蒸発潜熱　　[J/kg]
θ：時間　　[s]
μ_g：気体の粘度　　[Pa・s]
ϕ：比較湿度　　[—]
φ：関係湿度　　[—]

---

*)　流動層，通気バンドなどの乾燥機の ha はフリーボード部やネットの間隔なども含めた容積 V を基準とした値を示してある．

演 習 問 題

7・1 絶対湿度 0.015 kg/kg-乾き空気 の湿り空気が 60 kg ある．含まれている水蒸気は，何 kg か．また，乾き空気 1 kmol 当たりの水蒸気 kmol 数，すなわちモル湿度を計算せよ．

7・2 20℃，大気圧 0.101 MPa の空気の飽和湿度 H_s を求めよ．また，関係湿度 70% の空気の絶対湿度と比較湿度を求めよ．

7・3 20℃，大気圧 0.101 MPa の大気の飽和エンタルピーを求めよ．また，関係湿度 70% の湿り空気のエンタルピーを求めよ．

7・4 標準大気圧，乾球温度 323 K (50℃)，湿球温度 303 K (30℃) の湿り空気について，(i) 絶対湿度，(ii) 比較湿度，(iii) 関係湿度，(iv) 露点，(v) 湿り比容，(vi) 湿り比熱，(vii) エンタルピーを求めよ．

7・5 乾球温度 48℃，湿球温度 30℃ の大気圧下の空気をコンデンサーで 20℃ に冷却すると，乾燥空気 1 kg 当たりの凝縮量を求めよ．

7・6 標準大気圧，乾球温度 293 K (20℃)，比較湿度 50% の空気を 343 K (70℃) に予熱して材木の乾燥に使用する．乾燥装置を出る空気の温度は 308 K (35℃) で，その変化は断熱冷却線に沿うものとする．(i) 入口空気の絶対湿度，(ii) 出口空気の絶対湿度，(iii) 水 1 kg を蒸発するのに必要な乾き空気量，(iv) 空気の予熱のために要した熱量，(v) 乾燥機で利用された熱量を求めよ．

7・7 (i) 273 K (0℃) の水を 273 K (0℃) のまま蒸発させ，その空気を 373 K (100℃) まで上げるのに必要な熱量を計算せよ．(ii) 273 K の水を 373 K に加熱し，その後 373 K で蒸発させるのに必要な熱量を求めよ．(iii) 飽和水蒸気表より 373 K (100℃) の水蒸気のエンタルピーを調べよ．

7・8 温度 333 K (60℃)，絶対湿度 0.08 kg/kg-乾き空気 の空気が 100 kg ある．(i) これを冷却すると露点は何 ℃ か．(ii) さらに 303 K (30℃) まで冷却すると絶対湿度はいくらになるか．(iii) 除湿された水の量を求めよ．

7・9* 温度 298 K (25℃)，絶対湿度 0.008 kg/kg-乾き空気 の空気 2000 kg/h を予熱器で加熱した後，内径 60 cm の充塡塔に送入する．この充塡塔内において空気を断熱増湿し，温度 36℃，絶対湿度 0.028 kg/kg-乾き空気 の状態の空気を得たい．(i) 断熱増湿装置に供給する水の温度ならびにこの温度における飽和湿度を求めよ．(ii) 境膜物質移動容量係数 $k'a = 2.5$ kg/(m^3・s) として，充塡塔の高さを求めよ．

7・10 湿潤固体 500 kg を恒率乾燥期間に乾燥速度 20 kg/h で乾燥し 350 kg にしたい．減率乾燥へ移行する限界の重量は 420 kg，平衡重量を 315 kg とすると乾燥時間は何時

間必要か．

7・11 直径7mm の球形粒子材料を充填し，通気乾燥する．使用する熱風は353K (80℃)，絶対湿度0.02kg/kg-乾き空気 の空気である．（ⅰ）流速が1m/sのとき，（ⅱ）2m/sのとき，の空気境膜伝熱係数 h を求めよ．

7・12 直径5mm の球状粒子を乾球温度60℃，湿球温度27℃，絶対湿度0.009 の空気で乾燥したい．恒率乾燥速度が1.11 kg/(m²·h) のとき，境膜伝熱係数 h と境膜物質移動係数 k' を求めよ．

7・13 面積50cm²，厚み5cm の湿り固体材料500g を乾球温度323K (50℃)，湿球温度300K (27℃) の空気を材料に平行に1m/s の速度で流して両面から乾燥する．初期含水率を0.4，限界含水率を0.1とし，平衡含水率は0.01 とする．含水率0.05 まで乾燥するのに必要な時間を求めよ．ただし，減率乾燥速度は自由含水率に比例する．

7・14 ある一定の乾燥条件で含水率25% の湿潤材料を乾燥したところ，5時間後に含水率は10% になった．含水率が10% からさらに5%になるまでに要する時間を求めよ．ただし，減率乾燥期間の乾燥速度は自由含水率に比例するものとする．ここで，限界含水率は15%，平衡含水率 w_e は無視できるとする．

7・15* 通気乾燥装置により材料の乾燥を行う．熱風の温度は373K (100℃)，絶対湿度は0.01 kg/kg-乾き空気 である．いま熱風の温度を上げて，乾燥処理量を15% 高めたい．このときの熱風温度を求めよ．ただし，熱風温度の上昇にともなう空気物性ならびに平衡含水率の変化は無視できるものとする．

7・16** 粒径0.3mm の湿潤粒子を流動層により乾燥する．熱風温度373K (100℃)，絶対湿度0.02 kg/kg-乾き空気，風速0.3 m/s である．（ⅰ）伝熱係数を求めよ．ただし空気の熱伝導率 k=0.10 kJ/(m·h·K)，粘度 $2×10^{-5}$ Pa·s とする．（ヒント(7·22)式を用いる）．（ⅱ）伝熱容量係数を求めよ．ただし空隙率 $\varepsilon=0.6$ とする．（ヒント $a=6(1-\varepsilon)/d$）．（ⅲ）湿球温度 t_w は何℃か．（ⅳ）流動層高100mm とするとき恒率乾燥速度 [kg/(m²·h)] を求めよ．

7・17** 直径5mm の湿潤球を質量速度3000kg/(m²·h)，773K (500℃) の熱風で乾燥する．熱風として空気を用いた場合と過熱蒸気を用いた場合について，恒率乾燥期間の対流伝熱速度 $h×\varDelta T$ を比較せよ．伝熱係数 h は(7·19)式から求められる．各物性値は境膜内温度（熱風と材料表面の平均温度）における値を用いるものとし，その値は表のとおりである．

物性値\熱風	過熱空気	過熱蒸気
熱風温度 [K]	733	773
材料表面温度 [K]	339	373
境膜内温度 [K]	556	673
熱伝導率 [W/(m·K)]	0.045	0.042
粘度 [Pa·s]	$2.83×10^{-5}$	$2.0×10^{-5}$
Prantdl 数 [—]	0.67	0.95

7・18** 乾量基準含水率8％の粉粒体材料を乾燥して0.3％（乾量基準）の含水率にしたい．処理量は10t(乾物)/h である．並流式回転乾燥装置を用いる．吹き込みガスの温度は673K (400℃)，絶対湿度は0.03kg/kg-乾き空気 で，ガスの比熱および水蒸気の比熱はそれぞれ1.085kJ/(kg・K)，1.95kJ/(kg・K)である．無水材料の比熱は1.25kJ/(kg・K)である．一方，排気ガスの温度は130℃，排気ガスの比熱は1.003kJ/(kg・K)，水蒸気の比熱は1.92kJ/(kg・K)である．材料投入時の品温は293K (20℃)，製品温度は375.5K (102.5℃)である．ここで，回転円筒器内のガス流速は4000kg/(m^2・h)，熱容量係数は800kJ/(m^3・h・K)である．なお，平衡含水率は無視できるものとして，次の問に答えよ．（ⅰ）所要風量と排気湿度を求めよ．（ⅱ）材料の予熱期間に熱風の温度は何度まで下がるか．（ⅲ）全蒸発水分は材料の表面で蒸発するのもとして，装置の径と長さを求めよ．

第8章 粉粒体操作

8.1 粒子の性質

(1) 粒子径と粒子径分布 粉粒体[*]を扱う場合，粒子の大きさは最も基本的な物性の一つである．粒子の形状が球あるいは立方体のような単純な形状の場合，粒子の大きさはそれぞれ直径あるいは辺の長さで一意的に指定できる．しかしながら，一般的な形状の粒子の大きさの決め方には，任意性がある．球の直径や非球形粒子の短軸径のように1次元の数値を用いて粒子の大きさを表すとき，これを代表径（代表粒子径）という．表8・1に代表径の例[**]を示す．

表8・1 粒子の代表径の例

分類	名称	定義
	短軸径	b
	長軸径	l
	厚さ（高さ）	t
平均径	二軸平均径	$(b+l)/2$
	三軸平均径	$(b+l+t)/3$
	二軸幾何平均径	$(b \cdot l)^{1/2}$
	三軸幾何平均径	$(b \cdot l \cdot t)^{1/3}$
	二軸調和平均径	$2/(b^{-1}+l^{-1})$
	三軸調和平均径	$3/(b^{-1}+l^{-1}+t^{-1})$
統計的径	定方向接線径	粒子をはさむ2本の平行線間の距離（Feret径）
	定方向面積等分径	投影面積を2等分する線分の長さ（Martin径）
相当径	面積円相当径	$(4A/\pi)^{1/2}$ （Heywood径） A：投影面積
	体積球相当径	$(6v/\pi)^{1/3}$ v：体積
	表面積球相当径	$(s/\pi)^{1/2}$ s：表面積
有効径	Stokes（沈降）径	粒子がストークスの法則（第9章参照）にしたがって沈降するとき，これと同じ速度で沈降する密度が同じ球形粒子の直径

[*] 粒子に作用する重力は，粒子径の3乗に比例し，一方，粒子間の付着力は粒子径のおよそ1乗に比例する．したがって，粒子径が小さくなる程，付着力の影響が無視できなくなる．付着力と重力の大きさが同程度となるサイズ以下の粒子を粉体，これ以上のサイズを粒体とする提案（神保元二名大名誉教授）がある．多くの場合，この境界は数十μm程度である．

[**] 表8・1の平均径は1個の粒子を対象とした名称であり，後述の平均粒子径は粒子群全体の代表値である．

8.1 粒子の性質

　粒子径分布の測定には，種々の原理に基づく装置が用いられている．幾何学的な大きさを測定する方法として，顕微鏡法とふるい分け法がある．拡大した個々の粒子の大きさを測定して粒子径分布を求める方法が顕微鏡法であり，拡大投影機，光学顕微鏡，走査型電子顕微鏡，透過型電子顕微鏡が用いられる．ふるい分け法は，JIS8801で目開きが規定された網ふるいを用い，比較的大きな粒子を対象とするが，マイクロシーブを用いると3μm程度の小さい粒子まで測定できる．沈降法は，粒子の終末沈降速度（第9章参照）から粒子径を求めるものであり，重力沈降法と遠心力沈降法に大別される．粒子濃度の検出の仕方によって，ピペット法，天秤法，比重計法，比重天秤法，差圧法，光透過法，X線透過法，一斉沈降法（ラインスタート法）などがある．レーザー回折散乱法では，粒子にレーザー光を当てたときの回折／散乱光の強度パターンが粒子の大きさに依存することを利用している．粒子径の計算には，試料粒子の屈折率のデータが必要である．電気的検知法では，液中に懸濁した粒子が細孔を通過する際，電気抵抗がパルス的に変化することを利用し，細孔を通過する粒子の体積と個数を電気的に検知している．コールタカウンタという商品が有名である．その他，光子相関法，慣性法，拡散法，静電分級法，クロマトグラフィー法などの測定法がある．

　粒子径のそろった粉粒体は単分散であるといい，一方，粒子径に分布があるものは多分散であるという．多分散の粉粒体を記述する方法には，粒子径分布を表・グラフまたは数式で表現する方法と，適当な代表値を平均粒子径として用いる方法がある．粒子径 x に分布があり，その最大値を x_{max}，最小値を x_{min}，粒子径 x の粒子の量を $y(x)$ であるとすると，粒子径が x より小さい粒子の総量が粉粒体全体に対して占める割合 $Q(x)$ は，次式で表される．

$$Q(x) = \int_{x_{min}}^{x} y(x) dx \Big/ \int_{x_{min}}^{x_{max}} y(x) dx \qquad (8\cdot1)$$

$y(x)$ として粒子個数または粒子質量を用いる．以前は，粒子径分布の測定がふるい分けで行われることが多かったので，上記の積算分布 $Q(x)$ は，ふるい下（積算）分布と通称されている．また，次式で定義される分布を頻度分布（密度分布）という．

$$q(x) = \frac{dQ(x)}{dx} \qquad (8\cdot2)$$

積算分布の単位は無次元［－］であるが，［％］で表示される場合も多い．頻度分布の単位は［μm^{-1}］，［％μm^{-1}］などで表される．粒子径が x より大なる粒子の総量が粉粒体全量に対して占める割合 $R(x)$ をふるい上（積算）分布という．

$$R(x) = 1 - Q(x) = \int_x^{x_{\max}} y(x) \mathrm{d}x / \int_{x_{\min}}^{x_{\max}} y(x) \mathrm{d}x \tag{8・3}$$

頻度分布 $q(x)$，ふるい下分布 $Q(x)$，ふるい上分布 $R(x)$ の間には次の関係がある．

$$\int_{x_{\min}}^{x_{\max}} q(x) \mathrm{d}x = 1 \tag{8・4}$$

$$Q(x) = \int_{x_{\min}}^{x} q(x) \mathrm{d}x \tag{8・5}$$

$$Q(x) + R(x) = 1 \tag{8・6}$$

$y(x)$ として粒子個数を用いた場合，個数（基準）分布といい，粒子量を用いた場合には，質量（基準）分布という．

粒子径分布をグラフ表示するときは，図8・1, 8・2に示すように，横軸に粒子径を x で，縦軸に分布を q_r, $\overline{q_r}$, Q_r で表示することが，ISO ならびに JIS で規定されている（$r=0$：個数分布，$r=3$：質量分布）．ここで，$\overline{q_r}$ は，ヒストグラムによる表示である．ただし，横軸が対数（$\ln x$ または $\log x$）の場合は頻度分布を q_r^*, $\overline{q_r^*}$ で表示する．

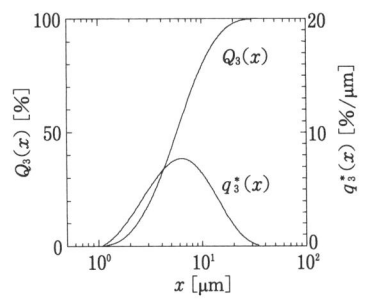

図8・1 粒子径分布（積算分布と頻度分布） 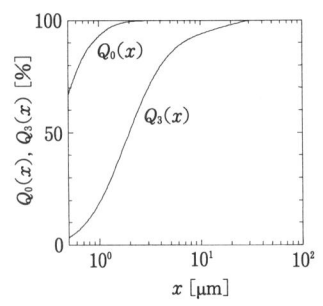　**図8・2** 同一試料の個数基準積算分布と質量基準積算分布（例題8・1）

粒子径分布が関数で近似できると，便利なことが多い．後述の気相合成法により生成された粒子をはじめ，多くの粉粒体について，粒子径 x の対数を正規分布式にあてはめた，次の対数正規分布が適用できる．

8.1 粒子の性質

$$Q(x)=\frac{1}{\sigma_x\sqrt{2\pi}}\int_{-\infty}^{\ln x}\exp\left\{-\frac{(\ln x-\mu_x)^2}{2\sigma_x^2}\right\}d(\ln x)$$

$$=\frac{1}{\sqrt{2\pi}\ln\sigma_g}\int_{-\infty}^{\ln x}\exp\left\{-\frac{(\ln x-\ln x_g)^2}{2(\ln\sigma_g)^2}\right\}d(\ln x) \quad (8\cdot 7)$$

ここで，σ_x は $\ln x$ の標準偏差で，μ_x は $\ln x$ の平均値である．$\sigma_g=\exp\sigma_x$ は粒子径 x の幾何標準偏差，$x_g=\exp\mu_x$ は粒子径 x の幾何平均径という．μ_x は $Q(x)=0.5$ となる値である．したがって x_g は積算分布の 50% を示す粒子径なので 50% 径とよぶ．（一般にある分布の 50% を与える粒子径を x_{50} または $x_{0.5}$ のように表記する．）粒子径 x が対数正規分布に従うとき，$Q(x)$ を x に対して対数（正規）確率紙[*]にプロットすると，図8·3 に示すような直線になる．対数正規分布の性質より，

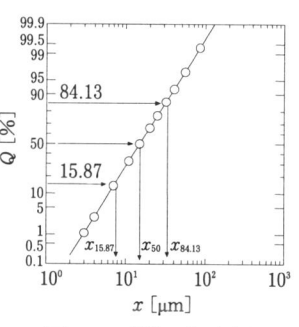

図8·3 対数正規確率紙

$$\sigma_g=x_{50}/x_{15.87}=x_{84.13}/x_{50}=(x_{84.13}/x_{15.87})^{0.5} \quad (8\cdot 8)$$

なる関係が得られるため，グラフ上から，σ_g の値を求めることができる．個数分布が対数正規分布に従う粉粒体は，質量基準でも対数正規分布に従い，その 50% 径 x'_{50}，幾何標準偏差 σ'_g は，個数基準のそれらを x_{50}，σ_g としたとき以下の Hatch の式[1] で与えられる．

$$x'_{50}=x_{50}\exp\{3(\ln\sigma_g)^2\},\quad \sigma'_g=\sigma_g \quad (8\cdot 9)$$

粉砕などで得られるような分布の幅が広い粉粒体は，(8·10) 式で表される Rosin-Rammler 分布（Weibull 分布）で近似できることが多い．

$$R(x)=1-Q(x)=\exp(-bx^n) \quad (8\cdot 10)$$

ここで，$b=x_e^{-n}$ とおけば，

$$R(x)=1-Q(x)=\exp\{-(x/x_e)^n\} \quad (8\cdot 11)$$

となり，n と x_e がこの分布式を決めるパラメータとなる．$x=x_e$ とおくと，

---

[1] Hatch, T.: *J. Franklin Inst.*, 215, 27-37 (1933). 誘導は以下に詳しい．三輪茂雄：粉体工学研究会誌, 9, 120-127 (1972)

[*] 対数正規確率紙の横軸は対数目盛，縦軸は (8·7) 式の x_g における傾きを有する直線に $Q(x)$ を割り振ったものである．

$R(x_e)=\exp(-1)=0.368$ となるので，x_e は分布の位置（ふるい上積算分布 $R(x)=36.8\%$，ふるい下積算分布 $Q(x)=63.2\%$）を表す一種の代表粒子径で，粒度特性数とよばれる．一方，n は分布の広がり具合を示す定数で，n が大きいほど分布が狭く，粒子径がそろっていることになるので，均等数という．この分布式に従う粉粒体は，図 8·4 に示す Rosin-Rammler 線図[*]で直線になる．

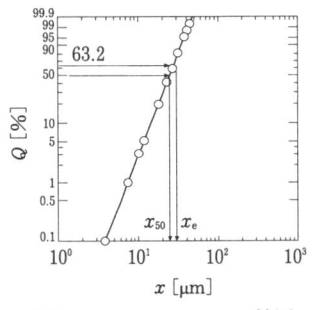

図 8·4 Rosin-Rammler 線図

粒子径 x に分布があるとき，その代表値として 50% 径やモード径がよく用いられる．

$$Q(x_{50})=0.5 \qquad x_{50}：50\%径（メディアン径） \qquad (8·12)$$

$$q(x_{\text{mode}})=q_{\max} \qquad x_{\text{mode}}：モード径（最頻度粒子径） \qquad (8·13)$$

ただし，x_{50}，x_{mode} などの値は測定する粒子量 y の種類（個数基準あるいは質量

表 8·2 平均粒子径（個数基準）の計算式

名　称	計　算　式	備　考
個数平均径	$\sum_{i=1}^{n}\dfrac{n_i}{N}x_i$	x の個数平均値　　N：総粒子個数
長さ平均径	$\sum_{i=1}^{n}n_ix_i^2\Big/\sum_{i=1}^{n}n_ix_i$	x の長さ平均値
面積平均径（体面積平均径）	$\sum_{i=1}^{n}n_ix_i^3\Big/\sum_{i=1}^{n}n_ix_i^2$	x の面積平均値
体積平均径	$\sum_{i=1}^{n}n_ix_i^4\Big/\sum_{i=1}^{n}n_ix_i^3$	x の体積（質量）平均値
平均表面積径	$\left(\sum_{i=1}^{n}\dfrac{n_i}{N}x_i^2\right)^{1/2}$	表面積の個数平均値を粒子径に換算
平均体積径	$\left(\sum_{i=1}^{n}\dfrac{n_i}{N}x_i^3\right)^{1/3}$	体積の個数平均値を粒子径に換算
長さ平均表面積径	$\left(\sum_{i=1}^{n}n_ix_i^3\Big/\sum_{i=1}^{n}n_ix_i\right)^{1/2}$	表面積の長さ平均値を粒子径に換算
幾何平均径	$\exp\left(\sum_{i=1}^{n}\dfrac{n_i}{N}\ln x_i\right)$	$\ln x$ の個数平均値を粒子径に換算
調和平均径	$1\Big/\sum_{i=1}^{n}\dfrac{n_i}{N}\dfrac{1}{x_i}$	$1/x$ の個数平均値を粒子径に換算

---

[*] Rosin-Rammler 線図の横軸は対数目盛，縦軸は二重対数目盛である．

8.1 粒子の性質

基準）によって変わる．したがって，個数基準50％径，質量基準モード径などと区別する必要がある．粒子径の代表値として最もよく用いられるのは平均粒子径である．粒子径 x_1, x_2, x_3, …, x_n の粒子が n_1, n_2, n_3, …, n_n 個づつあり，その総数が N 個であるとき，個数基準の各種平均粒子径を表 8・2 に示した．質量基準の平均粒子径を求めるには，粒子径 x_i の粒子の質量を m_i，全質量を M とすると，表 8・2 の n_i/N を m_i/M で置き換えればよい．

例題 8・1 以下の表はレーザー回折散乱法によるカオリン粒子の粒子径分布の測定結果である．
（ⅰ）粒子径軸を普通目盛とし，測定結果をヒストグラムで表せ．
（ⅱ）粒子径軸を対数目盛とし，測定結果をヒストグラムで表せ．
（ⅲ）質量基準で得られた測定結果を，個数基準に変換し，質量基準と個数基準の分布を積算分布で表せ．ただし，粒子径軸は対数目盛，積算値の軸は普通目盛とする．

x [μm]	0.32	0.55	0.96	1.45	2.19	3.31	5.01	8.71	30.2
Q_3 [%]	0.0	2.0	15.5	34.2	55.6	74.2	86.6	94.4	100

（解）（ⅰ），（ⅱ）粒子径を普通目盛あるいは対数目盛で表示する場合，ヒストグラムの高さ $\bar{q}(x_i)$, $\bar{q}^*(x_i)$ は次式で求めることができる．

$$\bar{q}(x_i) = \frac{Q(x_{i+1}) - Q(x_i)}{x_{i+1} - x_i} \quad \text{(a)}, \qquad \bar{q}^*(x_i) = \frac{Q(x_{i+1}) - Q(x_i)}{\log(x_{i+1}) - \log(x_i)} \quad \text{(b)}$$

（ⅲ）個数基準の積算分布の増分 ΔQ_{0i} は，次式で求めることができる．

$$\Delta Q_{0i} = n_i \Big/ \sum_{i=1}^{n} n_i = (\Delta Q_{3i}/x_i^3) \Big/ \sum_{i=1}^{n} (\Delta Q_{3i}/x_i^3) \quad \text{(c)}$$

ただし，(c) 式の x_i にはクラスの中央値を用いる．これらの式を用いて，$\bar{q}_{3i}$, $\bar{q}_{3i}^*$, Q_{0i}, を求めると次の表となる．Q_{0i} と Q_{3i} の比較を図 8・2 に示した．

x_i [μm]	x_{i+1} [μm]	ΔQ_{3i} [%]	Δx_i [μm]	$\Delta \log x_i$ [−]	$\bar{q}_{3i}$ [%/μm]	$\bar{q}_{3i}^*$ [%]	ΔQ_{0i} [%]	Q_{0i} [%]
0.32	0.55	2.0	0.23	0.235	8.9	8.7	34.49	34.29
0.55	0.96	13.5	0.41	0.240	33.2	56.2	43.96	78.45
0.96	1.45	18.7	0.49	0.180	38.2	104.0	15.06	93.51
1.45	2.19	21.4	0.74	0.180	28.8	118.8	4.97	98.48
2.19	3.31	18.6	1.12	0.180	16.6	103.5	1.25	99.73
3.31	5.01	12.4	1.70	0.180	7.3	68.9	0.24	99.97
5.01	8.71	7.8	3.70	0.240	2.1	32.5	0.03	100.00
8.71	30.20	5.6	21.49	0.540	0.3	10.4	0.00	100.00

(2) 密度，比表面積，形状　　粒子密度は，液相置換法か気相置換法により測定される．前者の代表的方法がピクノメータ法である．ピクノメータ法では，ガラス製の容器であるピクノメータに粉粒体を入れ，さらに密度 ρ の液体（通常は水）を入れ，容器内の空気を液体で置換する．容器の質量を m_1，容器に粉粒体を入れたときの質量を m_2，容器に粉粒体と液を満たしたときの質量を m_3，容器に液体のみを満たしたときの質量を m_4 とすると，粒子密度 ρ_s は以下の式で計算できる．

$$\rho_s = \frac{粉粒体の質量}{粉粒体の体積} = \frac{m_2 - m_1}{\dfrac{(m_4 - m_1) - (m_3 - m_2)}{\rho}} \tag{8・14}$$

気相置換法は，一定温度下で気体の体積と圧力は互いに逆比例するというボイルの法則を基礎にしたものである．ベックマン比重計とよばれる空気比較式密度計により測定される．

粉粒体の単位量に含まれる全粒子の表面積の総和を比表面積と称し，一般に単位質量の粉粒体のもつ全表面積 S_w [m²/kg] で表すが，単位体積当たりの全表面積 S_v [m²/m³] で表すこともある．比表面積の代表的測定法は，空気透過法と気体吸着法である．空気透過法では，粒子層を層流状態で空気が流れるときの，透過速度 u（体積流量/層断面積）と圧力損失 Δp の関係を測定する．これらの間には後述の Kozeny-Carman 式（8・36）が成立し，体積基準の比表面積 S_v は次式から求められる．

$$S_v = \sqrt{\frac{\Delta p \varepsilon^3}{kL\mu u(1-\varepsilon)^2}} \tag{8・15}$$

ここに，k は Kozeny 定数とよばれる実験定数であり，一般に 5.0 と置かれている．ε は空隙率であり，層高 L，層断面積 A，粉粒体質量 M，真密度 ρ_s を用いて，次式で与えられる．

$$\varepsilon = 1 - \frac{M}{\rho_s A L} \tag{8・16}$$

吸着法は，試料表面に大きさのわかった分子を吸着させて，その量から試料の比表面積を測定する方法である．Brunauer, Emett, Teller は，第 6 章で述べた Langmuir の単分子層吸着に対する考えを多分子層吸着に拡張していわゆる BET

式を導いた．すなわち，

$$\frac{p}{v(p_0-p)} = \frac{1}{v_m C} + \frac{C-1}{v_m C} \cdot \frac{p}{p_0} \tag{8・17}$$

ここに，v は圧力 p における吸着気体量，v_m は単分子吸着が完成したときの吸着量である．p_0 は飽和蒸気圧，C は吸着体，吸着質，温度によって変わる定数である．$p/\{v(p_0-p)\}$ と p/p_0 の関係が直線であれば，(8・17) 式に従う多分子層吸着であり，その勾配と切片から v_m と C が得られる．吸着分子1個が表面で占める面積 σ_m [m²] と v_m から，次式により試料の比表面積 S_w [m²/kg] が求められる．

$$S_w = v_m N_A \sigma_m \tag{8・18}$$

上式の N_A はアボガドロ数，v_m は粉粒体1kg 当たりの吸着分子 mol 数である．

球形粒子（直径 x_s [m]）の比表面積 S_v は $6/x_s$ で与えられるので，この関係を便宜的に非球形粒子に適用すると，次式から非球形粒子の平均粒子径を計算することができる．

$$x_s = 6/S_v = 6/(\rho_s S_w) \tag{8・19}$$

このようにして求めた粒子径 x_s を比表面積径とよんでおり，粒子の大きさを表す一つの代表値として用いられている．

例題 8・2 断面積 2cm² の空気透過用セルに，小麦粉 1g（密度 1400 kg/m³）を 9mm の厚さで充填した．1kPa の圧力差で 20℃ の空気（粘性係数 1.809×10^{-5} Pa・s）を 20cm³ 透過させたとき，透過時間は 13s であった．この小麦粉の比表面積径を求めよ．

(解) (8・16) 式より，充填率は $\varepsilon = 1 - 1\times10^{-3}/\{(1400)(2\times10^{-4})(9\times10^{-3})\} = 0.603$
透過流速　$u = 20\times10^{-6}/\{(2\times10^{-4})(13)\} = 7.69\times10^{-3}$ m/s
したがって，(8・15) 式より　比表面積 S_v は

$$S_v = \sqrt{\frac{(1\times10^3)(0.603)^3}{(5.0)(9\times10^{-3})(1.809\times10^{-5})(7.69\times10^{-3})(1-0.603)^2}} = 4.71\times10^5 \text{ m}^2/\text{m}^3$$

(8・19) 式より，比表面積径 x_s は，　$x_s = 6/4.71\times10^5 = 1.27\times10^{-5}$ m = 12.7 μm
空気透過法では，種々の ε で S_v を求め，その最大値を比表面積の真の値とする．

粒子の形状は，粒子径と並んで粒子の最も基本的な特性である．個別粒子の形状の表現方法として，最も一般的なものが，以下に述べる形状係数による表現法である．体積形状係数 ϕ_v と表面積形状係数 ϕ_s は，x を代表径，v を1個の粒子

の体積, S を 1 個の粒子の表面積としてそれぞれ次式で定義される.

$$v = \phi_v \cdot x^3 \tag{8·20}$$

$$S = \phi_s \cdot x^2 \tag{8·21}$$

球なら $\phi_v = \pi/6$, $\phi_s = \pi$, 立方体なら $\phi_v = 1$, $\phi_s = 6$ となる. 固体体積基準の比表面積 S_v は, ϕ_v および ϕ_s を用いると次のように書ける.

$$S_v = \frac{S}{v} = \frac{\phi_s}{\phi_v} \cdot \frac{x^2}{x^3} = \frac{\phi_s}{\phi_v} \cdot \frac{1}{x} = \frac{\phi}{x} \tag{8·22}$$

ここで, ϕ は比表面積形状係数, または, 単に形状係数とよばれる. 球に対しては $\phi = 6$, 不規則粒子では 6.5~8 くらいが普通である.

粉粒体層単位体積当たりの表面積（嵩体積基準ともいう）S_v' を考える. 直径 x の球形粒子からなる空隙率 ε の粉粒体層単位体積当たりの粒子数 N は, $N = 6(1-\varepsilon)/(\pi x^3)$ となる. したがって, S_v' は

$$S_v' = N\pi x^2 = 6(1-\varepsilon)/x \tag{8·23}$$

となる. この関係をもとに, 一般の粒子については

$$S_v' = \frac{6(1-\varepsilon)}{\phi_c x} \tag{8·24}$$

で表し, ϕ_c を表面係数または Carman の形状係数という. 球については $\phi_c = 1$ である. この係数を使えば, 任意の代表径 x を用いた体積基準の比表面積 S_v は

$$S_v = \frac{6}{\phi_c x} \tag{8·25}$$

となる. その他, 長短度（長径/短径）, 扁平度（短径/厚み）, 円形度（面積円相当径/周長円相当径）, 球形度（体積球相当径/表面積球相当径）などの形状の表現法がある.

例題 8·3 一辺が x の立方体の体積球相当径を x_v とする. 代表径に x_v を用いたときの比表面積形状係数 ϕ を求めよ.

（解） 立方体の体積を v, 表面積を S とすると, $v = x^3 = (\pi/6)x_v^3$ より

$$x = (\pi/6)^{1/3} x_v, \ S = 6x^2,$$

$$S_v = \frac{S}{v} = \frac{6x^2}{x^3} = \frac{6}{x} = \frac{6}{(\pi/6)^{1/3} x_v} = \frac{\phi}{x_v}$$

したがって, $\phi = 6/(\pi/6)^{1/3} = 7.44$

8.2 粉粒体層の性質

(1) 嵩密度,空隙率,空隙比　粉粒体層の平均的な充塡状態を表す量として,嵩密度 ρ_B,空隙率 ε,空隙比 e が用いられる.ρ_B と ε は,それぞれ,層単位体積当たりの質量および空隙体積である.一方,e は,固体単位体積当たりの空隙体積である.質量 M,真密度 ρ_s の粒子からなる粒子層の体積が V であるとき,ε は (8・16) 式で,ρ_B および e は以下の式で与えられる.

$$\rho_B = \frac{M}{V} = (1-\varepsilon)\rho_s \tag{8・26}$$

$$e = \frac{\varepsilon}{1-\varepsilon} \tag{8・27}$$

なお,均一な球の最疎充塡構造と最密充塡構造における空隙率の値は,それぞれ $\varepsilon = 0.4764$ および 0.2595 である.

(2) 粉粒体層の流動性と剪断強さ　粉粒体の流動性を反映した工学的指標として図 8・5 に示す安息角 ϕ_r がある.図のようにして形成された堆積層の斜面では,重力と粉粒体の摩擦力が釣り合っており,安息角が小さいほど流動性はよいといえる.安息角の大きな粉粒体を貯蔵する場合,液体の場合と異なりロス体積を考慮した貯槽容積が必要となる.

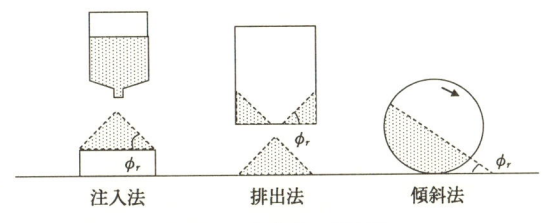

図 8・5　安息角の測定法

粉粒体層の剪断強度を調べるには,図 8・6 に示す一面剪断試験機を用いる.すなわち,垂直荷重 W を加えた断面積 A の粉粒体層に,水平方向に剪断力 F を与えると粒子層がすべりを生ずる瞬間,垂直応力[*]

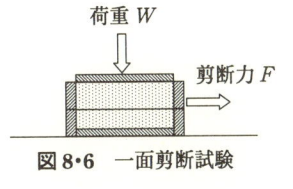

図 8・6　一面剪断試験

$\sigma(=W/A)$ と剪断応力(剪断強度)$\tau(=F/A)$ との間には,多くの粉粒体でほぼ直線関係が成立し,次式のように表される.

$$\tau = \sigma \tan \phi_i + C \tag{8・28}$$

---

[*] 層内部の任意の単位面積を通して,その両側の物質が互いに相手に及ぼす力をその面に関する応力という.

ここで，ϕ_i は内部摩擦角，C は粉粒体層単位断面積当たりの付着力である．このように τ 対 σ の関係（すなわち破壊包絡線）が直線で表されるものを Coulomb 粉体，そうでないものを非 Coulomb 粉体という．

粉粒体層内の圧力は，流体の場合とはまったく異なった様相を示す．流体では任意の場所の圧力はすべての方向に同一であるが，粉粒体では，加えられた圧力より小さい圧力が他の方向に生じ，直角方向で最小になる．また，静止流体ではみられない剪断力が発生し，この値が(8・28)式の τ 以上になると剪断破壊され，すべりが生じる．図 8・7 に示すような 2 次元の粉粒体層が左右に σ_1，上下に σ_2 の圧縮圧力（応力）を受けている場合を考える（$\sigma_1 > \sigma_2$ とする）．図中の微小要素の傾斜面に作用する圧縮応力 σ と剪断応力 τ は，力の釣り合いより，

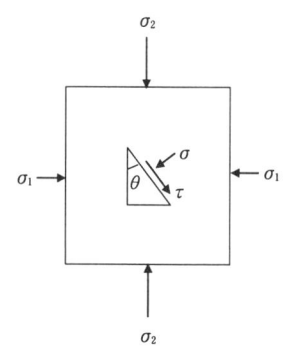

図 8・7 粉粒体層内の応力

$$\sigma = \frac{(\sigma_1 + \sigma_2)}{2} + \frac{(\sigma_1 - \sigma_2)\cos 2\theta}{2} \quad (8\cdot 29)$$

$$\tau = \frac{(\sigma_1 - \sigma_2)\sin 2\theta}{2} \quad (8\cdot 30)$$

となる．(8・29)式より，$\theta = 0, \pi/2$ の面では，剪断応力 τ は 0 であり，$\sigma = \sigma_1$ および $\sigma = \sigma_2$ となる．これらの面を主応力面とよび，σ_1 および σ_2 をそれぞれ最大主応力，最小主応力という．(8・29) および (8・30) 式を組み合わせると

$$\left(\sigma - \frac{\sigma_1 + \sigma_2}{2}\right)^2 + \tau^2 = \left(\frac{\sigma_1 - \sigma_2}{2}\right)^2 \quad (8\cdot 31)$$

となる．(8・31)式は，τ を縦軸，σ を横軸にとったとき，粉粒体層内の τ と σ の関係が，半径が $(\sigma_1 - \sigma_2)/2$，中心が $((\sigma_1 + \sigma_2)/2, 0)$ の円上にあることを意味している（図 8・8）．この円を Mohr の応力円という．σ_1, σ_2 の値を変えていくと種々の大きさの Mohr 円が描けるが，この円が (8・28) 式で与えられる

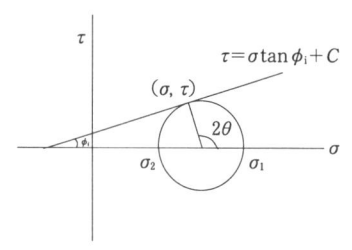

図 8・8 Mohr の応力円と Coulomb の破壊基準

Coulomb の破壊基準と一致したとき，粉粒体層は塑性平衡状態となる．さらに Mohr 円を大きくするように σ_1, σ_2 の値を変えると，粉粒体層は剪断破壊されすべりが生ずる．

次に，水平な自由表面をもつ粉粒体層を考える．表面から h の深さにおける垂直応力 σ_v は $\rho_B h g$ であり，これはこの点における主応力である．粉粒体層が塑性平衡にあるとすると，σ_v

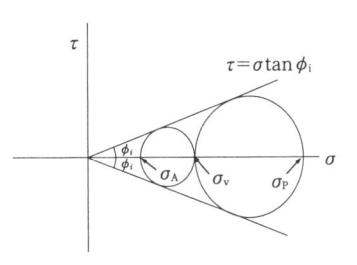

図 8・9 主動および受動状態における Mohr 円

を一つの主応力とする Mohr 円は破壊線（付着力 $C=0$ とする）に接しなければならないので，図 8・9 に描いた 2 つの円のいずれか一つである．水平主応力が σ_A の状態は，粉体層が横に広がろうとするのを摩擦力が支えている状態でこれを主動状態という．一方，水平主応力が σ_P の状態は，何らかの力が作用して粉粒体層が隆起しようとしている状態であり，これを受動状態という．

（3）貯槽内の粉粒体圧力 　直径 D の円筒容器内の粉粒体圧力は，水圧の場合と異なり，粉粒体層高が直径の 2～3 倍以上になると，底に伝わらなくなりほぼ一定値となる．いま，図 8・10 のような円筒状の貯槽内の圧力伝播を考える．①深さ h における鉛直方向の圧力 p_v はその水平方向において均一であり，②深さ h における器壁の単位面積当たりの摩擦力は器壁に働く水平方向の粉粒体圧 $p_h = K p_v$ に比例する，と仮定する．

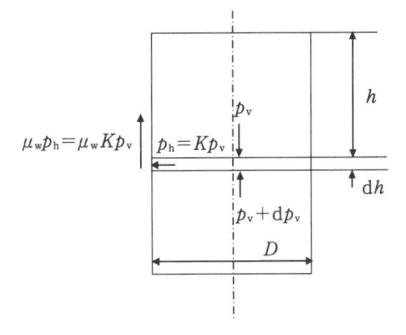

図 8・10 円筒容器内の粉粒体圧の釣り合い

h と $h + \mathrm{d}h$ の深さの間にある水平粉粒体層の力のバランスを考える．粉粒体の嵩密度を ρ_B，壁との摩擦係数を μ_w として

$$\frac{\pi}{4} D^2 \rho_B g \mathrm{d}h + \frac{\pi}{4} D^2 p_v = \frac{\pi}{4} D^2 (p_v + \mathrm{d}p_v) + \pi D \mu_w K p_v \mathrm{d}h \tag{8・32}$$

これを整理すると，

$$\frac{dp_v}{dh} + \frac{4K\mu_w}{D}p_v = \rho_B g \tag{8·33}$$

この微分方程式を $h=0$ において $p_v=0$ として解くと，

$$p_v = \frac{D\rho_B g}{4K\mu_w}\left\{1 - \exp\left(-\frac{4K\mu_w}{D}h\right)\right\} \tag{8·34}$$

となる．この式は「Janssen の式」として知られている．加圧力 p が作用するときは，

$$p_v = \frac{D\rho_B g}{4K\mu_w}\left\{1 - \left(1 - \frac{4K\mu_w p}{D\rho_B g}\right)\exp\left(-\frac{4K\mu_w}{D}h\right)\right\} \tag{8·35}$$

となる．(8·34)，(8·35) 式とも，p_v の値は h の増大とともに一定値 $D\rho_B g/(4K\mu_w)$ に収束することが分かる．以上の関係は，粉粒体層が静的状態にあるときはよく成立するが，粉粒体を排出するときには，粉粒体の運動量に起因する動的な応力が加わり，瞬間的，局部的に上記の式より大きな圧力が発生する．

例題 8·4 非付着性 Coulomb 粉体（$C=0$）の一面剪断試験を行ったところ，圧縮応力（垂直応力）σ が 9.8 kPa のとき，剪断応力が 8.8 kPa で剪断された．この粉体を直径 1.5 m の貯槽に層高 5 m，嵩密度 214 kg/m³ になるように充填した．層内の最大粉体圧を求めよ．ただし，粉体は主動状態にあり $K=(1-\sin\phi_i)/(1+\sin\phi_i)$（Rankin 定数という）で与えられるものとする．また，壁面摩擦係数 $\mu_w=0.625$ とする．

(解) (8·28) 式より，内部摩擦角 $\phi_i = 42°$ となるので，$K=0.198$ である．
(8·34) 式より，$p_v = \dfrac{(1.5)(214)(9.8)}{(4)(0.198)(0.625)}\left[1-\exp\left\{-\dfrac{(4)(0.198)(0.625)(5)}{1.5}\right\}\right] = 5.13\,\text{kPa}$

8.3 粒子・流体系の性質

粒子層の底部から気体を流して粒子層の圧力損失 Δp を測定し，それを気体の空塔速度（＝気体流量/断面積，見掛け流速）u に対してプロットすると，図 8·11 に示すような挙動を示す．低流速では固定層の状態が保たれ Δp は u に比例して増大する．u がある値になると，粒子は浮遊して粒子層は膨張する．これが流動化の始まりであり，そのときの流速が流動化開始速度 u_{mf}

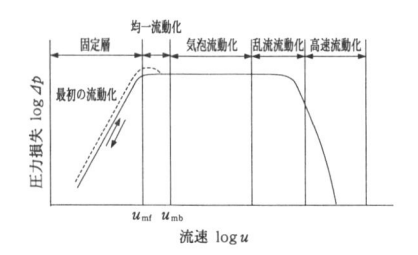

図 8·11 粒子層の圧力損失

である. 流動層では, 層内の温度が均一になるので, 厳密な温度制御を必要とする操作に適しており, 多くの触媒反応や乾燥操作に用いられている.

（1） 固定層　比表面積 S_v の粒子からなる層高 L, 空隙率 ε の粒子層を, 粘度 μ の流体が流動する場合の圧力損失 Δp は, 流れが層流の場合, 以下の Kozeny-Carman 式により求められる.

$$\frac{\Delta p}{L} = \frac{kS_v^2(1-\varepsilon)^2}{\varepsilon^3}\mu u \tag{8・36}$$

粒子層の修正レイノルズ数 $Re' = u\rho/\{S_v\mu(1-\varepsilon)\}$ が 2 以上では, 流れが徐々に乱流に移行するため, (8・36) 式は成立しない. Ergun は層流から乱流領域にわたり成立する以下の式を提案した.

$$\frac{\Delta p}{L} = 150\frac{(1-\varepsilon)^2}{\varepsilon^3}\frac{\mu}{x_s^2}u + 1.75\frac{1-\varepsilon}{\varepsilon^3}\frac{\rho}{x_s}u^2 \tag{8・37}$$

ここで, x_s は比表面積径である.

（2） 流動層　流動化状態では, 粒子の重量は上向きに流れる気体の抵抗力, すなわち圧力損失 Δp と粒子の浮力の和と釣り合う. 流動化開始時の層高を L_{mf}, 層の空隙率を ε_{mf} とすると, 力の釣り合いより圧力損失 Δp は以下の式で与えられる.

$$\frac{\Delta p}{L_{mf}} = (1-\varepsilon_{mf})(\rho_s - \rho)g \tag{8・38}$$

ρ は気体密度である. 粗粒流動層では流動化が始まると直ちに気泡が発生するが, 微粉流動層では u_{mf} の10倍程度までは気泡が発生しない. u_{mf} と気泡発生開始速度 u_{mb} の間では層は均一に膨張した状態を保つ. u_{mb} 以上の流速では供給気体の大部分は気泡となって上昇し, 残りの気体は粒子間隙に分散する. 流速をさらに上げると乱流流動層の状態になり, 層から飛び出る粒子が増加する. さらに流速が大きくなると, 粒子が気流中に浮かんだ気流層になる. この他, 気泡が塔断面全体に広がるスラッギングや気体が層の一部を吹き抜けるチャネリングが生ずることもある.

例題 8・5　比表面積径が 80 μm, 密度 ρ_s が 2600 kg/m³ の砂を 20 ℃ の空気 (粘性係数 1.809×10^{-5} Pa·s, 密度 1.205 kg/m³) により流動化させたい. 流動化開始速度を求めよ. ただし, 層の空隙率は 0.550 とする.

(**解**) (8・37)式と(8・38)式の圧力損失を等置すると，

$$\frac{150(1-\varepsilon_{mf})}{\varepsilon_{mf}^3}(Re_{mf})+\frac{1.75}{\varepsilon_{mf}^3}(Re_{mf})^2=Ar$$

となる．ここで，$Re_{mf}=x_s\rho u_{mf}/\mu$ は粒子レイノルズ数，$Ar=x_s^3\rho(\rho_s-\rho)g/\mu^2$ はアルキメデス数である．上式に，$x_s=80\times10^{-6}$ m，$\rho_s=2600$ kg/m³，$\rho=1.205$ kg/m³，$\mu=1.809\times10^{-5}$ Pa·s，$\varepsilon=0.550$ を代入すると，$u_{mf}=0.022$ m/s となる．流動化開始速度の推算には，多くの実験式が提案されている．

8.4 粒子の生成

粒子を生成する方法には，固体に機械的なエネルギーを加えて粉砕・細分化する粉砕法（ブレイクダウン法）と，原子・分子の集合体を合体・成長させていく合成法（ビルドアップ法）がある．粉砕法は，鉱工業において大規模に実用されているのに対し，合成法は機能性材料の製造などに利用されている．

（1）粉砕法 粉砕による粒子生成は，①プロセスが単純，②多量の処理が可能，③製造コストが低い，という長所があるが，①不純物の混入を避けられない，②サブミクロン（<1μm）以下の粒子を作ることが難しい，という短所もある．粉砕に要する仕事を求める式として以下の式が知られている．

Kick は，砕料（粉砕の原料）に幾何学的に相似な変形を生じさせるために必要な仕事量 E_K [J/kg] は，砕料中の粒子の大きさに関係なく砕料中の粒子の全体積に比例するとした．これは固体内に蓄えられる弾性ひずみエネルギーに基礎をおく考えである．比較的粗い粒子を粉砕する場合には，Kick の法則が適用できるといわれている．

Kick の法則　　　　　　$E_K=C_K\ln\dfrac{x_f}{x_p}$ 　　　　　　(8・39)

Rittinger は，粉砕に消費された砕料単位質量当たりの仕事量 E_R [J/kg] は，新しく生成した表面積に比例すると考えた．微粉砕では Rittinger の法則が適用できるといわれている．

Rittinger の法則　　　$E_R=C_R'(S_p-S_f)=C_R\left(\dfrac{1}{x_p}-\dfrac{1}{x_f}\right)$ 　　　(8・40)

Bond は，粉砕の開始段階では，粒子に加えられたひずみエネルギーは粒子の

体積に比例するが,粒子内に亀裂が発生した後は生成した破断面積に比例するとし,砕料単位質量当たりの粉砕仕事量 E_B [J/kg] として (8・41) 式を提案した.

Bond の法則
$$E_B = C_B \left(\frac{1}{\sqrt{x_p}} - \frac{1}{\sqrt{x_f}} \right) \tag{8・41}$$

(8・39),(8・40),(8・41) 式において,x_f および x_p [m] は粉砕の前と後の比表面積径,S_f および S_p [m²/kg] は粉砕の前と後の質量基準の比表面積,C_K,C_R',C_R,C_B は,砕料によって定まる定数である.Bond は,(8・41) 式をもとに,粉砕に要する仕事量 W [kWh/t] を求める次式を提案している.

$$W = W_i \left(\sqrt{\frac{100}{x_{p80}}} - \sqrt{\frac{100}{x_{f80}}} \right) \tag{8・42}$$

ここで,x_{f80} [μm],x_{p80} [μm] はそれぞれ粉砕の前と後の 80% 通過粒子径である.W_i [kWh/t] は,仕事指数 (work index) とよばれ,1 t の砕料を $x_{p80}=100$ μm まで粉砕するのに必要な仕事量であり,種々の材料について求められている[*].

例題 8・6 粒子径分布が $Q(x) = 1 - \exp\{-(x/350)^{1.2}\}$ (x:粒子径 [μm]) である砕料を粉砕した結果,$Q(x) = 1 - \exp\{-(x/20)^{1.2}\}$ の分布をもつ粉体が得られた.Bond の法則が成立するときの粉砕仕事量を求めよ.仕事指数 W_i は 10.5 [kWh/t] とする.

(解) 題意より,$x_{f80}=520.4$ μm,$x_{p80}=29.7$ μm である.(8・42) 式より,

$$W = (10.5) \left(\sqrt{\frac{100}{29.7}} - \sqrt{\frac{100}{520.4}} \right) = 14.7 \, \text{kWh/t}$$

(2) 合成法 気相や液相において化学反応などにより生じた原子や分子が熱運動によって結合して結晶粒子が生成する.生成条件の制御,原料物質の選択などにより nm から μm オーダーの粒子を作ることができる.①非常に小さい結晶粒子(核)の生成と,②その成長の 2 つの過程から成る.核生成[**]には,均一核生成と不均一核生成とがあり,エネルギー的には後者が起こりやすい.

気相法 高い過飽和度を実現させて均一核生成を起こさせ,その成長を目的の段階で止める.蒸発凝縮法 (Physical vapor deposition, PVD) では,原料を高

---

[*] Bond の式 (8・42) の W,W_i は,1 short ton (=907 kg) 当たりの量であるが,1 metric ton 当たりに換算した W_i のデータが各種文献に公表されている.

[**] 気相あるいは液相において,原子や分子が過飽和状態となり,非常に小さく観察できないオングストロームオーダーのクラスター(すなわち核)が発生する現象を均一核生成という.一方,表面(界面)や異種物質粒子がすでに存在すると,これらが核となり,粒子が生成する.この現象は不均一核生成とよばれる.

温に加熱して蒸発させ，次に冷却して高い過飽和度とし，均一核生成により金属微粒子などを生成させる．気相反応法（Chemical vapor deposition, CVD）では，金属化合物蒸気の気相での化学反応により粒子を合成する．各種金属の酸化物，窒化物，ホウ化物などが得られる．

液相法　粒子の生成は，溶解している物質の化学反応などにより，粒子となる物質の濃度が上昇し，過飽和の状態になることから始まる．共沈法では，共沈により各成分が均一に混合した沈殿を熱分解して誘電・圧電材料である $BaTiO_3$ などを調製している．加水分解法では，金属塩溶液から加水分解によって水酸化物あるいは水和酸化物を沈殿させ，その熱分解によって Al_2O_3，TiO_2 などの酸化物粉体を得ている．酸化加水分解法では，磁気テープ用の $\gamma\text{-}Fe_2O_3$ 針状粒子が製造されている．還元法では，金属塩溶液から還元反応によって銀，金，白金，パラジウムなどの貴金属の粒子径 1 μm 以下の微粒子が得られる．凍結乾燥法では，金属塩水溶液を低温有機液体上に噴霧して液滴を瞬時に凍結し，低温減圧下の昇華による脱水の後，熱分解して粉体を得る．噴霧乾燥法では，溶液を小液滴として熱風中に噴霧し，急速に乾燥させる．噴霧熱分解法では，溶液を高温雰囲気中へ噴霧し，瞬間的に溶媒の蒸発と金属塩の熱分解を起こさせて 1 段の操作で酸化物粉体を得ている．

8.5　分　級

粉粒体を粒子径・形・密度などの違いに応じて二つ以上の部分に分けることを分級とよぶが，一般的には粒子径に応じて分けることを分級とよぶ．

（1）　分級結果の評価

部分分離効率・分離粒子径　分級では，分離したい粒子径 x を定めそれ以上の粗粉とそれ以下の細粉に分離することを目的とするが，一般的には希望する粒子径で完全には分離できないので，粗粉の中にも細粉が混入し細粉の中にも粗粉が混入する．そこで粒子径ごとの分級の評価指標として部分分離効率が用いられる．原料，細粉，粗粉の質量をそれぞれ F, P, R とし，その中に含まれる粒子径 x の粒子の分率をそれぞれ，$f(x), p(x), r(x)$ とすると以下の収支式が成立する．

8.5 分級

$$F = P + R \tag{8・43}$$

$$f(x)F = p(x)P + r(x)R \tag{8・44}$$

部分分離効率 $\eta(x)$ は，次式で表される．

$$\eta(x) = r(x)R/f(x)F \tag{8・45}$$

各粒子径 x に対し $\eta(x)$ をプロットすると図8・12に示す部分分離効率曲線を得る．$\eta(x)$ が50％となる粒子径を50％分離粒子径といい，x_{50} を中心として勾配が急なほど分級性能が良い．この分級性能の指標として四分偏差に相当する Terra 指数 E_p が用いられる．

$$E_p = (x_{75} - x_{25})/2 \tag{8・46}$$

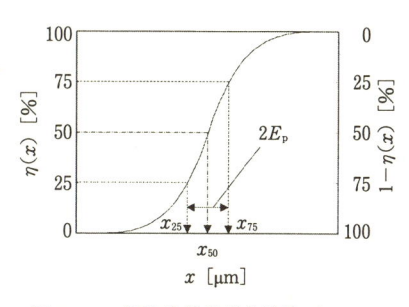

図8・12 部分分離効率曲線及び Terra 指数

また，粗粉中の細粉量と細粉中の粗粉量が等しくなるような粒子径を平衡粒子径とよぶ．

Newton 効率 任意の粒子径 x における総合的な分離効率を表す方法として Newton 効率がよく用いられる．原料中，細粉中，粗粉中に含まれる粒子径 x より小さな粒子の質量分率（有用質量分率）をそれぞれ f_F, f_P, f_R とすると細粉側の有用分回収率 η_1，細粉中の不用分残留率 η_2 は次式で与えられる．

$$\eta_1 = f_P P/f_F F \tag{8・47}$$

$$\eta_2 = (1-f_P)P/\{(1-f_F)F\} \tag{8・48}$$

η_1, η_2 より，Newton 効率 η_N は次式で定義される．

$$\eta_N = \eta_1 - \eta_2 = (f_F - f_R)(f_P - f_F)/\{f_F(f_P - f_R)(1 - f_F)\} \tag{8・49}$$

分級が理想的に行われた場合 　　　$f_P = 1, f_R = 0$　よって　$\eta_N = 1$
原料がすべて粗粉側へ移動する場合　$f_R = f_F, f_P = 0$　よって　$\eta_N = 0$
原料がすべて細粉側へ移動する場合　$f_P = f_F, f_R = 0$　よって　$\eta_N = 0$

Newton 効率を計算する場合，分離粒子径は目的に応じて任意にとることができるが50％分離粒子径や平衡粒子径がよく用いられる．

例題8・7 ある分級機に160kg/hで原料を供給し100kg/hの粗粉を得た．次の表は原料と粗粉の粒子径分布である．分離粒子径と Terra 指数を求めよ．

ふるい目開き [μm]	30	50	70	90	110
粗粉積算分布 [%]	3	16	52	86	100
原料積算分布 [%]	12.5	34.4	65.7	90.7	100

（解）　$F=160\,{\rm kg}$, $R=100\,{\rm kg}$ で上のデータと (8・45) 式より下表を作る．

ふるい目開き [μm]	30	50	70	90	110
粒子径 [μm]	0〜30	30〜50	50〜70	70〜90	90〜110
x [μm]	15	40	60	80	100
粗粉積算分布 [%]	3	16	52	86	100
原料積算分布 [%]	12.5	34.4	65.7	90.7	100
$r(x)$ [%]	3	13	36	34	14
$f(x)$ [%]	12.5	21.9	31.3	25.0	9.3
$Rr(x)$ [kg]	3	13	36	34	14
$Ff(x)$ [kg]	20	35	50	40	15
$\eta(x)$ [-]	0.15	0.37	0.72	0.85	0.93

右図は $\eta(x)$ 対 x のプロットで，これより分離粒子径 $x_{50}=46\,\mu{\rm m}$ を得る．

また $x_{75}=63\,\mu{\rm m}$, $x_{25}=30\,\mu{\rm m}$ であるから $E_{\rm p}=(63-30)/2=16.5\,\mu{\rm m}$ となる．

（2）乾式分級　乾式分級はふるい分けと風力分級に大別される．風力分級は分級原理に応じて以下の3種類に分類できる．

a．**重力分級**　粒子の沈降速度の相違を利用している．主に粗粒子の分級を対象としている．

b．**慣性力分級**　気流の変化に対する粒子の追随性が粒子径によって異なることを利用している．インパクターが代表的装置である．

c．**遠心力分級**　粒子に働く遠心力と流体抗力の差によって分級するものである．サイクロンが最も一般的な装置である．

図 8・13 に示すサイクロンの分級原理を説明する．入口部より流入した空気はサイクロン内で強制的に旋回流となり中心部に位置する内筒部分から排気さ

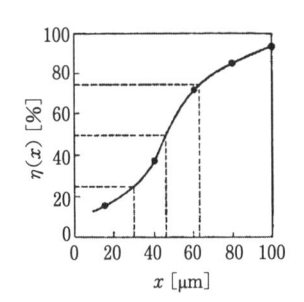

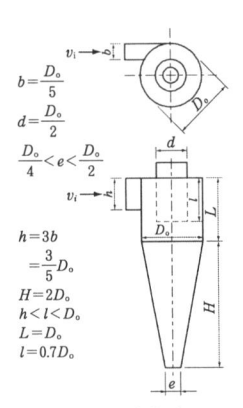

図 8・13　接線流入型サイクロン

$b=\dfrac{D_0}{5}$
$d=\dfrac{D_0}{2}$
$\dfrac{D_0}{4}<e<\dfrac{D_0}{2}$
$h=3b=\dfrac{3}{5}D_0$
$H=2D_0$
$h<l<D_0$
$L=D_0$
$l=0.7D_0$

れる．この旋回流に同伴する粒子は周方向流れにより遠心力を受けると同時に半径方向流れからは向心力を受ける．

両方の力が釣り合う粒子径を x_{pc} とすると，次式が書ける．

$$\frac{\pi}{6}\rho_s x_{pc}^3 \frac{u_\theta^2}{r} = C_D \frac{\pi}{4} x_{pc}^2 \frac{1}{2}\rho u_r^2 \tag{8·50}$$

よって

$$x_{pc} = \frac{3}{4} C_D \frac{\rho}{\rho_s} \left(\frac{u_r}{u_\theta}\right)^2 r \tag{8·51}$$

ここで，u_r, u_θ は気流の半径方向および接線方向速度成分である．この平衡粒子径よりも小さい粒子は気流に同伴して中心部の内筒から排出されるが，大きな粒子はサイクロンの円筒コーン部を下部に向かって旋回しながら分離されるのでこの平衡粒子径 x_{pc} が分離限界粒子径となる．図 8·13 は接線流入型の標準的な寸法比を示したものであり，圧力損失係数 F と圧力損失 ΔP は次式で与えられる．（記号は図 8·13 を参照）

$$F = 30bhD_o^{0.5}/\{d^2(L+H)^{0.5}\} \tag{8·52}$$

$$\Delta P = F(\rho v_i^2/2) \tag{8·53}$$

また，図 8·14 に標準サイクロンの直径 D_o と分離限界粒子径 x_{pc} の推定例を示す．

例題 8·8 密度 2000 kg/m³ の粉体の分離限界粒子径が 6 μm であるサイクロンを設計せよ．ただし，空気の流入速度 $v_i = 15$ m/s とする．

（解） 図 8·14 の $\rho = 2000$ kg/m³ の計算線を用いると，$D_o = 1.1$ m と求まる．図 8·13 の寸法比を参照して

$b = D_o/5 = 1.1/5 = 0.22$ m,
$H = 2D_o = (2)(1.1) = 2.2$ m,
$d = D_o/2 = 1.1/2 = 0.55$ m,
$l = 0.7D_o = (0.7)(1.1) = 0.77$ m,
$e = 0.4D_o = (0.4)(1.1) = 0.44$ m,
$L = D_o = 1.1$ m,
$h = 3D_o/5 = (3)(1.1)/5 = 0.66$ m

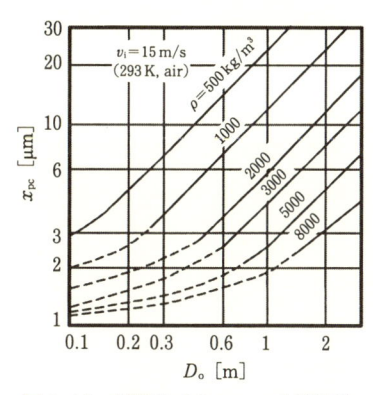

図 8·14 標準サイクロンの分離限界粒子径とサイクロン外径の一推定例

圧力損失は

$$F=(30)(0.22)(0.66)(1.1)^{0.5}/\{(0.55)^2(1.1+2.2)^{0.5}\}=8.31$$
$$\varDelta P=(8.31)(1.2)(15)^2/2=1122\,\mathrm{Pa}$$

図8・15に示すSturtevant型風力分級機は，分級精度は低いが大量処理できるのでセメント工業などで利用されている．上部原料供給口より投入された原料は機械的回転により内側ドラム内に分散され，主翼とエアベインによって生じる旋回上昇気流によって分級される．上昇した微粉のうち補助翼間を通り抜けた粒子が精粉として回収される．

数μm以下の粒子の分級に利用されている高速回転遠心分離機（ターボクラシファイヤ）を図8・16に示す．上部供給口から投入された原料は分散羽根によって分散され，分級羽根入口部に発生する遠心力と流入空気による抗力の釣り合いによって分級される．粗粉は流入空気の抗力にさからって運動するので粗粉取り出し口より回収され，微粉は分級ローター，バランスローター内を通過して気流とともに回収される．

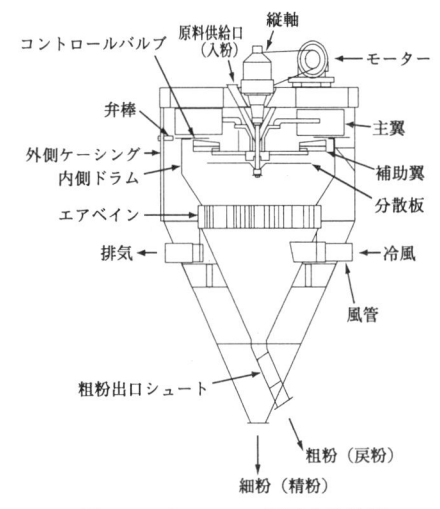

図8・15 Sturtevant型風力分級機

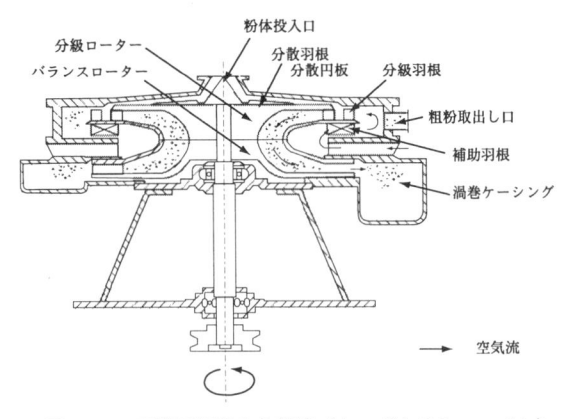

図8・16 高速回転遠心分離機（ターボクラシファイヤ）

8.6 集　　　塵

集塵装置は，大気汚染を防止するための粒子（ダスト）の回収・除去装置として位置づけられている．重力分級装置，慣性力分級装置，遠心力分級装置は集塵装置としても用いられるが，濾過技術を利用したバグフィルタが主流で，他に静電気力を利用した電気集塵機なども利用されている．

(1) 集塵性能の評価

出口ダスト濃度　集塵機の出口より大気に放出される出口ダスト濃度は大気汚染防止法で定められた濃度以下にしなければならない極めて重要な評価指標である．最近では排気中のダストが視認できない状態にまで清浄化することが要求されている．

集塵効率　集塵機の入口，出口で同時測定したダスト流量をそれぞれ w_i, w_o [kg/s]，また標準状態のダスト濃度をそれぞれ c_i, c_o [kg/m³] とするとき，集塵効率（捕集効率）η は次式で定義される．

$$\eta = (w_i - w_o) \times 100 / w_i \quad [\%] \quad \text{（風量の増減がない場合）} \tag{8・54}$$

$$= (c_i - c_o) \times 100 / c_i \quad [\%] \tag{8・55}$$

圧力損失　バグフィルタでは，濾布でダストが濾過され濾布表面にダストのケーク層が生成される．このため時間とともに集塵効率は向上するが圧力損失も増大することになる．圧力損失は，その増大が処理風量の低下を招くため，重要な管理指標である．経済運転するための適正な圧力損失は，ダストの物性や濾過速度，ダスト払い落とし方式とその頻度，濾布の材質，経時変化などを考慮して決定される．通常，1500～2500 Pa 以下になるよう運転されている．

例題 8・9　ある集塵機の入口ガス，出口ガスを同時にサンプリングした．入口ガスは温度 543 K，圧力 105.0 kPa，ダスト濃度 9.5×10^{-3} kg/m³，出口ガスは温度 504 K，圧力 101.3 kPa，ダスト濃度 7.0×10^{-6} kg/m³ であった．集塵効率 η を求めよ．

（**解**）標準状態に換算して (8・55) 式を用いる．

入口濃度　$c_i = (9.5 \times 10^{-3})(543/273)(101.3/105.0) = 18.2 \times 10^{-3}$ kg/m³$_N$

出口濃度　$c_o = (7.0 \times 10^{-6})(504/273)(101.3/101.3) = 0.013 \times 10^{-3}$ kg/m³$_N$

集塵効率　$\eta = (18.2 - 0.013)/18.2 = 0.999 = 99.9\%$

(2) 集塵装置
代表的な集塵装置としてバグフィルタと電気集塵機について説明する．

バグフィルタ 最も広く利用されているパルスジェット型バグフィルタを図8・17に示す．含塵ガスは濾布支持枠（通称リテーナあるいはケージ）付の円筒濾布外面から内面へと濾過される．濾過過程において濾布外表面にはダストが堆積し，ケーク層が成長するにしたがって圧力損失が上昇するので，通常圧力損失が1500～2500 Pa以下となるようにダストの払い落とし操作をおこなう．濾布外表面に生成した

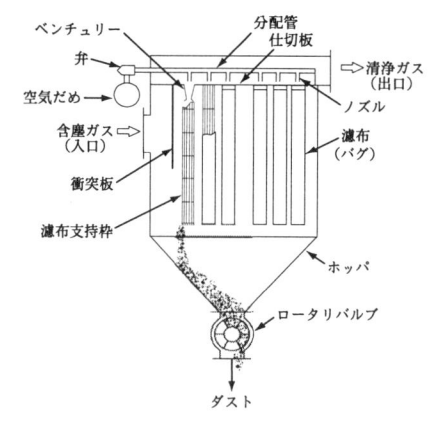

図8・17 パルスジェット型バグフィルタ

ダストケーク層は清浄側上部に配置されたノズルより圧縮空気を円筒濾布に向けて噴射することで払い落とされる．圧縮空気の噴射時間は100～300 msのごく瞬時であるが，圧縮空気の圧力波が円筒濾布内面を上から下へと伝播する間に圧力波の衝撃による濾布の変形と濾布内面から外面へ向かう逆気流（逆洗）によって払い落とされるので，パルスジェット方式とよばれる．

パルスジェット方式では，1列ずつ次々と瞬時に払い落とされるので，ほとんど連続的に集塵できるのが特徴である．濾布の圧力損失は，払い落とし操作をおこなっても濾布に残留するダストケーク層と濾布自体の通気抵抗で合成された圧力損失 ΔP_0（払い落とし直後の圧力損失）とその上に順次積層されるダストケーク層による圧力損失 ΔP_d の和で表され，一般的にバグフィルタの圧力損失 $\Delta P [\mathrm{Pa}]$ は次式で示される．

$$\Delta P = \Delta P_0 + \Delta P_d = (\zeta + m\alpha)\mu u \tag{8・56}$$

ここで，$\zeta [\mathrm{m}^{-1}]$ は汚れ濾布抵抗，$m [\mathrm{kg/m^2}]$ は堆積ダスト負荷，$\alpha [\mathrm{m/kg}]$ は堆積ダストの比抵抗，$\mu [\mathrm{Pa \cdot s}]$ はガスの粘性係数，$u [\mathrm{m/s}]$ は濾過速度である．一方，ガス流量を $Q [\mathrm{m^3/s}]$，濾過面積を $A [\mathrm{m^2}]$，入口ダスト濃度を $c_i [\mathrm{kg/m^3}]$，堆積ダスト層の払い落としまでの集塵時間を $t [\mathrm{s}]$ とすれば，m は次式で表される．

$$m = \eta c_i u t = \eta c_i Q t / A \tag{8・57}$$

8.6 集塵

実際のバグフィルタの設計にあたっては，許容圧力損失を設定し，ダストの抵抗値，入口濃度およびダスト払い落としサイクル時間によって濾過速度を算出して濾過面積が決定される．

例題 8・10 入口ダスト濃度 $c_i=5\times10^{-3}\,\mathrm{kg/m^3}$ の高温含塵ガス（373 K，101.3 kPa）を $Q=1\,\mathrm{m^3/s}$ で処理している．10 分後の圧力損失 $\varDelta P$ が 2.2 kPa となる濾過面積を求めよ．ただし，ダスト層比抵抗 $\alpha=5\times10^9\,\mathrm{m/kg}$，汚れ濾布抵抗 $\zeta=2.5\times10^9\,\mathrm{m^{-1}}$，ガス粘度 $\mu=2.2\times10^{-5}\,\mathrm{Pa\cdot s}$，集塵効率 $\eta\fallingdotseq1$ とする．

(解) (8・57) 式より $m=\eta c_i ut=1.0\times5\times10^{-3}\times(10\times60)\times u=3u$ を (8・56) 式に代入して　　$2200=(2.5\times10^9+3u\times5\times10^9)\times2.2\times10^{-5}u,\quad u=0.0333\,\mathrm{m/s}$
$u=Q/A$ より　$A=30\,\mathrm{m^2}$

電気集塵機　　EP（electrostatic precipitator）は圧力損失が 50～500 Pa とバグフィルタより低く，サブミクロン粒子まで高い集塵効率が得られ，火力発電所の大規模集塵機や民生用の空気清浄器として広く利用されている．工業用水平流電気集塵機を図 8・18 に示す．平行平板状の集塵電極間に針金状の放電極が配置されており，両電極間に直流高電圧を印加するとコロナ放電により周囲のガスが負にイオン化され，集電極板に向かって泳動する．これらのイオンがダスト粒子に衝突することにより，ダスト粒子は負に帯電し，両極間の電界 E により Coulomb 力の作用で集電極へ移動し捕集される．Coulomb 力 F [N] は電界強度 E [V/m]，電気素量 $e(=1.602\times10^{-19}\,\mathrm{C})$，粒子 1 個当たりの荷電数 N [-] を用いて，$F=eNE$ と表せる．この電気力と流体抗力の釣り合いによって粒子の移動速度 v [m/s] が求められる．粒子は Stokes 領域にあるとし，微小粒子に対する Cunningham の補正係数を C [-] とするとき，

$eNE=(3\pi\mu vx)/C$ より

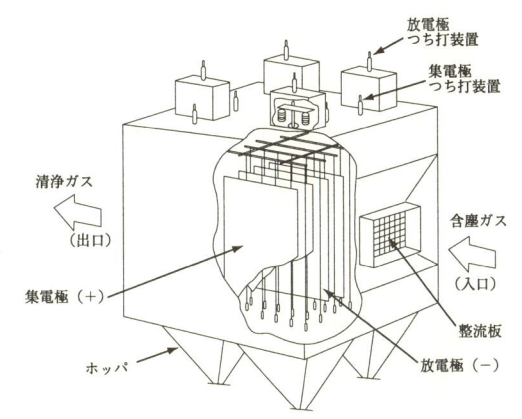

図 8・18 水平流式乾式電気集塵機

$$v = (CeNE)/(3\pi\mu x) \qquad (8\cdot58)$$

また粒子径別の集塵効率 η は，ガス流量を Q [m³/s]，集塵面積を A [m²] とすると，次の Deutsch の式で表される．

$$\eta = 1 - c_o/c_i = 1 - \exp(-Av/Q) \qquad (8\cdot59)$$

使 用 記 号

A：面積　　[m²]
C：BET 式の定数　　[−]
C：付着力　　[Pa]
C：Cunningham の補正係数　　[−]
C_D：抵抗係数　　[−]
c_i, c_o：入口，出口のダスト濃度　　[kg/m³]
E：粉砕エネルギー　　[J/kg]
E：電界強度　　[V/m]
E_p：Terra 指数　　[μm]
F：原料量　　[kg]
$f(x)$：原料中の粒子径 x の分率　　[−]
e：空隙比　　[−]
K：Rankin 定数　　[−]
k：Kozeny 定数　　[−]
L：粉粒体層厚さ　　[m]
M：質量　　[kg]
m：堆積ダスト負荷　　[kg/m²]
n：均等数　　[−]
P：細粉量　　[kg]
p：圧力　　[Pa]
$p(x)$：細粉中の粒子径 x の分率　　[−]
Q：積算ふるい下分布　　[%]
Q：ガス流量　　[m³/s]
q：頻度分布　　[%/μm]
R：積算ふるい上分布　　[%]
R：粗粉量　　[kg]
r：半径方向の座標　　[m]
$r(x)$：粗粉中の粒子径 x の分率　　[−]

S_v：比表面積（体積基準）　　[m²/m³]
S_w：比表面積（質量基準）　　[m²/kg]
t：時間　　[s]
u：流速，速度　　[m/s]
u_{mf}：流動化開始速度　　[m/s]
v：吸着量　　[m³], [mol]
W：質量　　[kg]
W：粉砕仕事　　[kWh/t]
W_i：Bond の仕事指数　　[kWh/t]
w_i, w_o：入口，出口のダスト流量　　[kg/s]
x：粒子径　　[m]
x_{50}：メディアン径　　[m]
x_{50}：50% 分離粒子径　　[m]
x_e：粒度特性数　　[m]
x_g：幾何平均径　　[m]
x_{pc}：サイクロンの分離限界粒子径　　[m]
x_s：比表面積径　　[m]
α：堆積ダスト比抵抗　　[m/kg]
ε：空隙率　　[−]
ζ：汚れ濾布抵抗　　[m⁻¹]
η：部分分離効率，集塵効率　　[−]
η_N：Newton 効率　　[−]
μ：粘度　　[Pa·s]
μ_w：壁面摩擦係数　　[−]
ρ：流体密度　　[kg/m³]
ρ_B：嵩密度　　[kg/m³]
ρ_s：固体密度　　[kg/m³]

$\sigma, \sigma_1, \sigma_2$: 圧縮応力　　[Pa]

σ_g : 幾何標準偏差　　[－]

τ : 剪断応力　　[Pa]

ϕ : 比表面積形状係数　　[－]

ϕ_c : 表面係数, Carman の形状係数　　[－]

ϕ_i : 内部摩擦角　　[－]

ϕ_r : 安息角　　[－]

ϕ_s : 表面積形状係数　　[－]

ϕ_v : 体積形状係数　　[－]

演 習 問 題

8・1 直径が x の球と一辺の長さが x の立方体では，体積基準の比表面積 S_v が，ともに $6/x$ となることを示せ．

8・2* 粒子の終末沈降速度 u_t は，粒子の周りの流れが層流状態の時，Stokes 則 $u_t=(\rho_s-\rho)gx^2/(18\mu)$（第9章参照）で与えられる．粒子が，この条件で深さ h だけ沈降するのに時間 t を要するとき，粒子径 x の計算式を導け．

8・3* 20℃の水中での終末沈降速度が $0.1\,\mathrm{mm/s}$ の石灰石粒子（密度 $2650\,\mathrm{kg/m^3}$）の沈降速度球相当径を求めよ．粒子の沈降は Stokes 則（第9章参照）に従う．

8・4 個数基準でメディアン径が $10\,\mu\mathrm{m}$，幾何標準偏差が 1.5 の対数正規分布に従う粒子径分布を，質量基準の分布に変換した場合のメディアン径，幾何標準偏差を求めよ．

8・5 次の表に示すふるい分析の結果を正方眼紙上にヒストグラム表示せよ．

ふるい目開き [mm]	0.053	0.106	0.212	0.300	0.500	1.00	2.00	3.35	5.60
Q_3 [%]	0	4	15	25	47	72	85	92	100

8・6 密度が $1560\,\mathrm{kg/m^3}$ で，比表面積が $10^4\,\mathrm{m^2/kg}$ の粉体の比表面積径を求めよ．

8・7** 気体吸着法により求めた比表面積が，空気透過法による比表面積の測定結果と比較して過大な値となった．この結果を考察せよ．

8・8 直径と高さが等しい円柱粒子の体積形状係数，表面積形状係数を求めよ．ただし，円の直径 x を粒子の代表径とする．

8・9 密度 $2600\,\mathrm{kg/m^3}$，比表面積形状係数 8，粒子径 $1\,\mathrm{mm}$ の砂を容器に入れたとき，空隙率は 0.45 であった．質量基準の比表面積，体積基準の比表面積，粒子層単位体積当たりの比表面積を求めよ．

8・10 密度 $3150\,\mathrm{kg/m^3}$ の粉体 $5.5\,\mathrm{g}$ を断面積 $2\,\mathrm{cm^2}$ の空気透過用セルに充填し，層高 $1.7\,\mathrm{cm}$ とした．圧力差 $980\,\mathrm{Pa}$ で $20.0\,\mathrm{cm^3}$ の 20℃ の空気を通過させるのに $25.5\,\mathrm{s}$ を要した．この粉体の比表面積を体積基準と質量基準で求めよ．

8・11 密度 $1400\,\mathrm{kg/m^3}$ の小麦粉を容積 $500\,\mathrm{cm^3}$ の円筒容器一杯に充填したところ，$320\,\mathrm{g}$ となった．粉体層の嵩密度，空隙率，空隙比を求めよ．

8・12 ある粉体試料の一面剪断試験をしたところ，垂直応力が $50\,\mathrm{MPa}$，剪断応力が $28.9\,\mathrm{MPa}$ で，すべりが生じた．粉体は非付着性 Coulomb 粉体（$C=0$）として，内部摩擦角を求めよ．

8・13 最小および最大主応力が 10, $20\,\mathrm{MPa}$ のとき，Mohr 円を求めよ．

8・14* 内径 $50\,\mathrm{cm}$，深さ $1\,\mathrm{m}$ の円筒容器に密度 $1400\,\mathrm{kg/m^3}$ の小麦粉を $90\,\mathrm{kg}$ 充填し

たら，容器が一杯になった．容器底面にかかる粉体圧はどれだけか．また，粉体層重量の何%が側壁によって支えられているか．ただし側壁摩擦係数を 0.25，Rankin 定数 K を 0.3 とする．

8・15*** 破壊基準が $\tau=\sigma\tan\phi_i+C$ で表される付着性 Coulomb 粉体で，粉体層が流動しない応力状態を求めよ．

8・16 問題 8・11 の小麦粉を流動化させるために必要な層の圧力損失を求めよ．ただし，容器断面積は $10\,cm^2$ であり，流動化には $20℃$ の空気を用いるものとする．

8・17** 問題 8・11 の小麦粉の粒子径が $15\,\mu m$ のとき，この粉体層の流動化開始速度を Ergun 式により求めよ．

8・18 平均粒子径 $25\,mm$ の原料粉体を平均粒子径が $8\,mm$ となるまで粉砕するのに $10\,kJ/kg$ のエネルギーを要した．この粉体を $25\,mm$ から $4\,mm$ に粉砕するのに必要なエネルギーを a) Rittinger の法則，b) Kick の法則，c) Bond の法則 にしたがってそれぞれ計算せよ．

8・19* 次の表は石灰石をボールミルで粉砕した後ふるい分級した結果である．製品とする細粉 $14.5\,kg$ と粗粉 $41.6\,kg$ を得た．原料，細粉，粗粉の積算分率および部分分離効率曲線を求めよ．

粒子径 [mm]	0〜0.4	0.4〜0.5	0.5〜0.6	0.6〜0.7	0.7〜0.8	0.8〜1.0	1.0〜1.4	1.4〜
細粉残分 [%]	13.1	7.5	20.8	34.8	22.5	1.3	0	0
粗粉残分 [%]	0	0.1	0.3	2.9	15	27.2	54.5	0

8・20* 問題 8・19 の 50% 分離粒子径を求めよ．

8・21* 50% 分離粒子径を分離粒子径として問題 8・19 の Newton 効率を求めよ．

8・22 分級機から $16\,t/h$ の細粉（製品）を得ている．$88\,\mu m$ ふるい残分は原料 5.7%，細粉 0.5%，粗粉 15.6% であった．この分級機の Newton 効率を求めよ．

8・23* ある発塵源を $300\,m^3_N/min$ で吸引するとガス温度が $393\,K$ であった．集塵機の濾過速度を $1.0\,m/min$ として，濾過面積を求めよ．また，ダストの払い落し周期を $2400\,s$ としたときの最大圧損と払い落し時の最低圧損を求めよ．ただし，ガスの粘度は $2.255\times 10^{-5}\,Pa\cdot s$，入口濃度 $2\,g/m^3$，汚れ濾過抵抗 $0.2\times 10^{10}\,10\,m^{-1}$，ダスト比抵抗 $0.6\times 10^{10}\,m/kg$，$\eta=1$ として計算せよ．

8.24 問題 8・23 の集塵機において，払い落し周期の最大圧損を $1500\,Pa$ 以内にするに必要な濾過面積を求めよ．

8・25 $20℃$ の空気中に存在する $0.3, 1, 3, 10\,\mu m$ の球形ダストを電気集塵機で処理したい．それぞれの電荷数を $20, 100, 200, 1000$ として，各粒子径における移動速度を求めよ．また，集塵極面積 $500\,m^2$，電界強度 $1\times 10^6\,V/m$, 空気流量を $20\,m^3/s$ とする

とき集塵効率を求めよ．ただし Cunningham 係数は次式で示されるものとする．また電気素量を 1.6×10^{-19} C とする．

$$C = 1 + 1.23(\lambda/r) + 0.41(\lambda/r) \cdot \exp(-0.88 \cdot r/\lambda)$$

$\lambda = 6.5 \times 10^{-8}$ m, r は粒子半径である．

第9章 固液分離

9.1 沈降分離

沈降分離は，懸濁液中の粒子を沈降させ清澄層と沈澱濃縮層とに分ける操作である．大別して，希薄スラリーから清澄液を得る清澄操作と，比較的高濃度のスラリーをさらに濃縮する沈澱濃縮操作とがある．

（1） 沈降速度　スラリーの固体濃度が低い場合，懸濁粒子は自由沈降する．濃度が高いと粒子の沈降は周りの他の粒子の影響を受け，その沈降速度は自由沈降の場合より小さくなる．これを干渉沈降という．濃度が十分に高いと，粒子全体が一群となって沈降し，粒子懸濁液層と清澄液層との間に明瞭な界面が観察される．これを集合沈降という．

自由沈降　粒子が自由沈降するとき，粒子には重力，浮力および抵抗力が作用するので，運動方程式は次式で書き表せる．

$$\left(\frac{\pi}{6}\right)d_p^3\rho_s\left(\frac{du}{d\theta}\right) = \left(\frac{\pi}{6}\right)d_p^3\rho_s g - \left(\frac{\pi}{6}\right)d_p^3\rho g - R \tag{9・1}$$

R は粒子が液体から受ける抵抗力であり，次式で表せる．

$$R = C_D A_p \rho\left(\frac{u^2}{2}\right) = C_D\left(\frac{\pi d_p^2}{4}\right)\rho\left(\frac{u^2}{2}\right) \tag{9・2}$$

C_D は抵抗係数といい，粒子 Reynolds 数 $Re(=d_p u\rho/\mu)$ の関数として次のように与えられる．

$$\left.\begin{aligned} &Re \leq 2: & &C_D = 24/Re \\ &2 \leq Re \leq 500: & &C_D = 10/\sqrt{Re} \\ &500 \leq Re \leq 10^5: & &C_D = 0.44 \end{aligned}\right\} \tag{9・3}$$

終末沈降速度 u_t は，(9・1) 式で $(du/d\theta)=0$ とおき，(9・3) 式を代入して求められる．$Re \leq 2$ の Stokes 域では，終末沈降速度は次式となる．

$$u_t = \frac{(\rho_s - \rho)g d_p^2}{18\mu} \tag{9・4}$$

例題 9・1 密度 $2.0\,\mathrm{g/cm^3}$, 直径 $100\,\mu\mathrm{m}$ の単一球形粒子が $30\,^\circ\mathrm{C}$ の水中を沈降する. 終末沈降速度を求めよ.

（解） $d_\mathrm{p}=100\,\mu\mathrm{m}=10^{-4}\,\mathrm{m}$, $\rho_\mathrm{s}=2.0\times10^3\,\mathrm{kg/m^3}$, $\rho=0.996\times10^3\,\mathrm{kg/m^3}$, $\mu=0.802\times10^{-3}\,\mathrm{Pa\cdot s}$ に注意する. $Re\leqq2$ の範囲であると仮定すると, （9・4）式より

$$u_\mathrm{t}=\frac{(2.0\times10^3-0.996\times10^3)(9.8)(10^{-4})^2}{(18)(0.802\times10^{-3})}=0.682\times10^{-2}\,\mathrm{m/s}$$

Re を計算すると

$$Re=(10^{-4})(0.682\times10^{-2})(0.996\times10^3)/(0.802\times10^{-3})=0.847$$

Re は仮定の範囲内であり, 得られた沈降速度 $0.682\times10^{-2}\,\mathrm{m/s}$ が採用できる.

干渉沈降 粒子濃度が高いと, 干渉沈降が生じる. この場合, 他の粒子の影響を受けることを考慮して, 沈降速度は次のように修正される.

$$u_\mathrm{h}=u_\mathrm{t}/F(\varepsilon) \tag{9・5}$$

$F(\varepsilon)$ は空間率関数といい, 次式で表せる.

$$\left.\begin{array}{ll} 0.55\leqq\varepsilon\leqq1.0: & F(\varepsilon)=\varepsilon^{-4.65} \\ 0.30\leqq\varepsilon\leqq0.75: & F(\varepsilon)=6(1-\varepsilon)/\varepsilon^3 \end{array}\right\} \tag{9・6}$$

集合沈降 濃厚スラリーを沈降容器に入れ静置すると, やがて上澄液と懸濁液との間に明瞭な界面が現れる. この境界面の高さ h_L を時間 θ に対してプロットすると図 9・1 のように回分沈降曲線を得る. この曲線は, 初期には直線関係（定速区間）を示す.

以下の Kinch の方法を用いると, 回分沈降曲線から種々の濃度 c_L に対応した

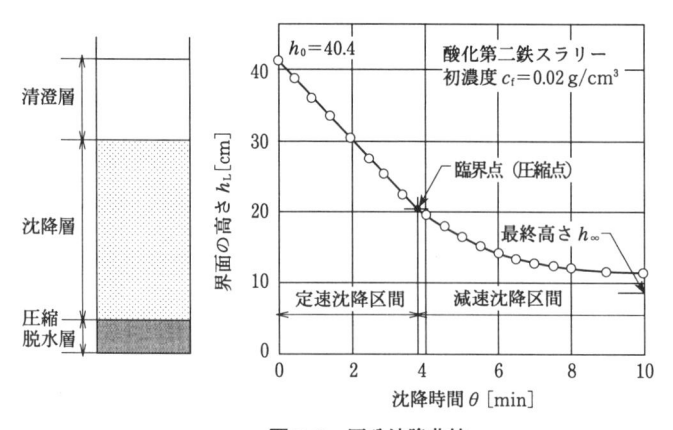

図 9・1 回分沈降曲線

9.1 沈降分離

沈降速度 u_L を推定することもできる．沈降層の任意断面の固体濃度は時間とともに変化する．一定濃度の断面に着目すると，その位置は次第に上昇する．いま，ある一定濃度 c_L の面が層底 $h=0$ から界面 h_L まで上昇する時間を θ_L とすれば，上昇速度は $U_L=h_L/\theta_L$ となる．一方，沈降速度 u_L は，濃度 c_L の断面が界面に到達した瞬間（時刻 θ_L）における界面の下降速度に等しい．すなわち，回分沈降曲線における時刻 θ_L での接線勾配に等しいので，図 9・2 より沈降速度 u_L は次式で表される．

$$u_L = (h_i - h_L)/\theta_L \qquad (9・7)$$

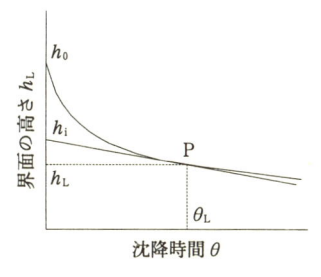

図 9・2 沈降速度の決定法

ところで，濃度 c_L の断面が層底 $h=0$ から界面 h_L まで上昇する間に，この c_L の断面を通過して沈降する全固体質量は

$$Ac_L\theta_L(U_L+u_L)$$

であり，これは最初に存在していた全粒子量 (Ac_fh_0) に等しいはずである．すなわち

$$c_L\theta_L(U_L+u_L) = c_f h_0$$

なる関係が得られ，これから U_L と u_L を消去すると結局次式を得る．

$$c_L = c_f h_0/h_i \qquad (9・8)$$

したがって，回分沈降曲線上の任意の点 P において接線を引き，その切片 h_i を求めると，(9・7)，(9・8) 式より濃度 c_L と沈降速度 u_L の関係を決定できる．

例題 9・2 固体濃度が $0.183\,\mathrm{g/cm^3}$ のスラリーについて沈降界面高さの変化を求め，次表の結果を得た．固体濃度と沈降速度の関係を推定せよ．

沈降時間 [min]	0	15	30	60	105	180	285	720	1200	∞
界面高さ [cm]	36.0	32.4	28.5	21.0	14.7	12.4	11.6	9.8	8.8	7.7

（**解**）測定データより回分沈降曲線を描く．ついで，任意の点 $P(\theta_L, h_L)$ において，図 9・2 のように接線を引き h_i を求める．沈降速度 u_L は (9・7) 式から，濃度 c_L は (9・8) 式を用いて，次表のように計算できる．

θ_L [s]	h_L [m]	h_i [m]	u_L [m/s]	c_L [kg/m³]
1800	0.285	0.360	4.17×10^{-5}	183
3600	0.210	0.360	4.17×10^{-5}	183
5400	0.158	0.242	1.55×10^{-5}	272
7200	0.137	0.192	0.764×10^{-5}	343
10800	0.124	0.144	0.185×10^{-5}	458
14400	0.118	0.129	0.0763×10^{-5}	511

(2) **遠心沈降速度** 遠心力場で沈降を行うと,微少な粒子も短時間で分離できる.回転半径 r,角速度 ω で回転している質量 M の物体には $Mr\omega^2$ の遠心力が作用する.重力場では同じ物体に Mg の重力が作用するので,次式のように遠心力の大きさを遠心力と重力との比で表す.

$$Z = r\omega^2/g \tag{9・9}$$

ここで,Z を遠心効果という.また,遠心力の大きさを表すのに次式のように単位質量当たりの遠心力を用いることもある.

$$c = r\omega^2 = Zg \tag{9・10}$$

ここで,c は遠心加速度である.遠心力場で粒子を沈降させる操作を行う場合には,遠心加速度は重力加速度に比べて著しく大きいのが普通であるので,重力の影響を無視して遠心力の方向のみの沈降を考えて差し支えない.また,遠心沈降の対象となる粒子は,重力沈降速度が極めて小さく,粒子径が微小であるので,Stokes 域に属すると考えられる.半径 r,角速度 ω で回転している流体中で懸濁粒子が同一速度で回転しているとすると,遠心沈降における終末速度 u_e は,(9・4) 式の重力加速度 g の代わりに遠心加速度 $r\omega^2$ を用いればよく,次式で表される.

$$u_e = \frac{(\rho_s - \rho) r\omega^2 d_p^2}{18\mu} = \frac{r\omega^2}{g} u_t = Z u_t \tag{9・11}$$

上式から明らかなように,終末速度 u_e は半径 r に比例するので,遠心沈降では沈降に伴い終末速度が増大することに注意が必要である.

(3) **清 澄** 希薄スラリーの懸濁粒子を図 9・3 のような水平流型沈降槽で沈降分離する.沈降槽に流入した懸濁粒子は,流体とともに水平方向に一定速度 v で移動すると同時に,粒子径に依存した固有の速度 u で沈降するので,理想的

には図のような直線軌跡を示す．高さ H の位置に流入した着目粒子を分離除去するためには，流出端へ流れていく間に槽底面まで沈降させる必要があり，沈降時間 (H/u) を水平移動時間 (L/v) より小さくしなければならない．すなわち，

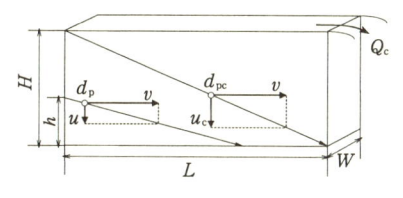

図9·3 水平流型沈降槽

$$H/u \leq L/v \tag{9·12}$$

沈降面積を $A(=LW)$，溢流量 $Q_c(=vWH)$ [m³/s] とすると，上式の関係から次式を得る．

$$u \geq v(H/L) = Q_c/(WL) = Q_c/A \tag{9·13}$$

ここで，L，W はそれぞれ沈降槽の長さと幅である．$Re \leq 2$ が成立する場合には，(9·4) 式を (9·13) 式に代入して，分離できる限界の粒子径 d_{pc} を次式で与えることができる．

$$d_{pc} = \sqrt{\frac{18\mu}{(\rho_s - \rho)g} \cdot \left(\frac{Q_c}{A}\right)} \tag{9·14}$$

分離限界粒子径 d_{pc} より小さい粒子（直径 d_p）でも，底部に近い位置に供給されたものは分離除去される．このような小さな粒子が流入口全面に一様に供給され，そのうち h 以下の高さから流入したものだけが槽底に到達するとすれば，この大きさの粒子が分離除去される割合，すなわち部分分離効率 η_p は次のように表される．

$$\eta_p = \frac{h}{H} = \left(\frac{d_p}{d_{pc}}\right)^2 = \frac{u}{u_c} = \left(\frac{u}{Q_c/A}\right) \tag{9·15}$$

ここで，u_c は分離限界粒子の沈降速度である．一般に，懸濁粒子は粒度分布があり，この粒度分布を考慮すると，沈降槽に流入する粒子全体の分離効率 η は次式で与えられる．

$$\eta = (1 - P_c) + \int_0^{P_c} \eta_p \, dP \tag{9·16}$$

ここで，P は通過累積率（質量基準），P_c は d_{pc} に対応した P の値である．

例題9·3 長さ 35 m，幅 15 m，高さ 3 m の水平流型沈降槽を用いて，希薄スラリー（濃度 105 mg/l，粒子密度 3.65 g/cm³，温度 20 ℃）を処理する．懸濁粒子の粒度

分布は表のとおりであり，スラリーは槽断面内を水平に 4.2 cm/min の一様な流速で流動する．溢流液の固体濃度を求めよ．

粒子径 $d_p [\mu m]$	2	4	6	8	10	12	14	16	18	20	22
通過累積% $P[-]$	2	7	15	26	39	54	66	76	81	91	95

（解）　溢流量　$Q_c = vWH = (4.2 \times 10^{-2}/60)(15)(3) = 3.15 \times 10^{-2}$ m³/s

　　　　沈降面積　$A = LW = (35)(15) = 5.25 \times 10^2$ m²

これらの値を (9・14) 式に代入して分離限界粒子径を求める．

$$d_{pc} = \sqrt{\frac{(18)(10^{-3})(3.15 \times 10^{-2})}{(3.65 \times 10^3 - 0.998 \times 10^3)(9.8)(5.25 \times 10^2)}} = 6.45 \times 10^{-6}\text{ m}$$

(9・15) 式を (9・16) 式に代入すると，分離効率 η について次式を得る．

$$\eta = (1 - P_c) + (1/d_{pc}^2)\int_0^{P_c} d_p^2 dP \quad (9 \cdot 17)$$

上式より η を推定するため，まず粒度分布表から d_p^2 対 P の関係を求め，図9・4に示す．図より，d_{pc} に対する P_c を求め，また図積分により積分値を求める．
すなわち，

$$P_c = 0.175$$

$$\int_0^{P_c} d_p^2 dP = 3.65 \times 10^{-12}\text{ m}^2$$

$$\therefore \eta = (1 - 0.175) + (3.65 \times 10^{-12})/(6.45 \times 10^{-6})^2$$
$$= 0.825 + 0.088 = 0.913$$

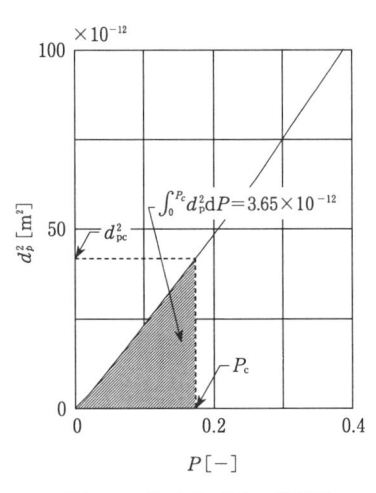

よって，溢流液濃度 $= (1 - \eta)c_f$
$$= (1 - 0.913)(105 \times 10^{-3})$$
$$= 9.14 \times 10^{-3}\text{ kg/m}^3$$

図 9・4　(9・17) 式中の図積分

（4）沈澱濃縮　連続シックナーの内部には，清澄層，沈降層，濃縮層の三つの層域が現れる．濃縮層は，粒子自重によって圧縮され，粒子間の液体が上部に排出される．

シックナーの所要断面積　図9・5のように，スラリーはフィードウェルを通って流入し，やがて上昇し始める．清澄な溢流液を得るには，液上昇速度が粒子の沈降速度 u より小さくなるように，$(Q_c/A) < u$ とおき，断面積 A を定める．

スラリーの供給流量を Q_f，溢流量を Q_c，排出流量を Q_u とすると，物質収支より

9.1 沈降分離

$$Q_\mathrm{f} = Q_\mathrm{c} + Q_\mathrm{u} \qquad (9 \cdot 18)$$

また，溢流液の固体濃度を 0 とし，流入および流出する固体と液体についての収支より次式を得る．

$$Q_\mathrm{f} c_\mathrm{f} = Q_\mathrm{u} c_\mathrm{u} \qquad (9 \cdot 19)$$

$$Q_\mathrm{f}(\rho_\mathrm{f} - c_\mathrm{f}) = Q_\mathrm{c}\rho + Q_\mathrm{u}(\rho_\mathrm{u} - c_\mathrm{u}) \qquad (9 \cdot 20)$$

さらに，ρ_f，ρ_u と c_f，c_u との間に次の関係が成り立つ．

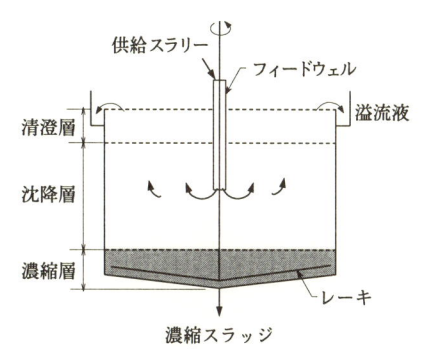

図 9・5 シックナー

$$\rho_\mathrm{f} = (1 - c_\mathrm{f}/\rho_\mathrm{s})\rho + c_\mathrm{f} \ ; \quad \rho_\mathrm{u} = (1 - c_\mathrm{u}/\rho_\mathrm{s})\rho + c_\mathrm{u} \qquad (9 \cdot 21)$$

(9・19)，(9・20) 式より Q_u を消去し，(9・21) 式を用いて変形すると，次式を得る．

$$Q_\mathrm{c} = Q_\mathrm{f} c_\mathrm{f} \left(\frac{1}{c_\mathrm{f}} - \frac{1}{c_\mathrm{u}} \right) \qquad (9 \cdot 22)$$

これと沈降分離条件 $(Q_\mathrm{c}/A) < u$ から，結局次式を得る．

$$A > \left(\frac{Q_\mathrm{f} c_\mathrm{f}}{u} \right) \left(\frac{1}{c_\mathrm{f}} - \frac{1}{c_\mathrm{u}} \right) \qquad (9 \cdot 23)$$

シックナー内部の沈降層の固体濃度 c_L は，供給液濃度 c_f と排出液濃度 c_u との間の値をとり，沈降速度 u の値には，c_L に対応した値 u_L を使用する必要がある．このため，濃度 c_L，流量 $Q_\mathrm{L}(= Q_\mathrm{f} c_\mathrm{f}/c_\mathrm{D})$ のスラリーが仮に供給されると考え，(9・23) 式に代えて次式で沈降面積 A を決定する．

$$A > \left(\frac{Q_\mathrm{f} c_\mathrm{f}}{u_\mathrm{L}} \right) \left(\frac{1}{c_\mathrm{L}} - \frac{1}{c_\mathrm{u}} \right) \qquad (9 \cdot 24)$$

Q_u が既知の場合は，$Q_\mathrm{c} = Q_\mathrm{L} - Q_\mathrm{u} = Q_\mathrm{f}(c_\mathrm{f}/c_\mathrm{L}) - Q_\mathrm{u}$ なる関係を用いて，断面積 A は次式で決定できる．

$$A > \left(\frac{Q_\mathrm{c}}{u_\mathrm{L}} \right) = \left(\frac{Q_\mathrm{f} c_\mathrm{f}}{c_\mathrm{L}} - Q_\mathrm{u} \right) \left(\frac{1}{u_\mathrm{L}} \right) \qquad (9 \cdot 25)$$

例題 9・4 例題 9・2 の濃度 183 g/l のスラリーを連続シックナーへ供給して濃度 520 g/l まで濃縮する．スラリー中の供給固体量は 50 t/h である．シックナーの所要断面積を求めよ．

(解) 題意より，$c_f=183\,\text{g}/l=183\,\text{kg}/\text{m}^3$，$c_u=520\,\text{g}/l=520\,\text{kg}/\text{m}^3$ であり，また，供給固体量は $Q_f c_f=50\,\text{t/h}=13.9\,\text{kg/s}$ である．例題9・2で得た推定値 u_L 対 c_L を (9・24) 式に代入し，次表のように断面積 A が計算できる．

$c_L\,[\text{kg/m}^3]$	$u_L\,[\text{m/s}]$	$(1/c_L-1/c_u)$	$A\,[\text{m}^2]$
183	4.17×10^{-5}	3.54×10^{-3}	1.18×10^3
272	1.55×10^{-5}	1.75×10^{-3}	1.57×10^3
343	7.63×10^{-6}	0.992×10^{-3}	1.81×10^3
458	1.85×10^{-6}	0.260×10^{-3}	1.95×10^3
511	7.63×10^{-7}	0.0339×10^{-3}	0.617×10^3

たとえば，$c_L=183\,\text{kg/m}^3$ の場合は，$A=(13.9)(3.54\times10^{-3})/(4.17\times10^{-5})=1.18\times10^3\,\text{m}^2=1180\,\text{m}^2$ となる．

上記の A 対 c_L をプロットすると，図9・6のように最大面積を求めることができ，それを所要断面積とすればよい．したがって，$A=2020\,\text{m}^2$ が求めるべき値である．

図9・6 最大面積の決定

9.2 濾 過

濾過は，濾布，濾紙，金網，膜，粒子層等の濾材によりスラリーを湿潤固体と液体とに分ける操作である．スラリーの固体濃度が1 vol %以上の場合には，濾材面上に濾過ケークが形成され，その後の濾過において濾材の役目をする．この種の濾過をケーク濾過といい，固体，液体，またはその両者を得ることを目的とする．ケーク濾過では，ケークの成長につれ，濾過速度は次第に減少するため，スラリーを濾過面と平行に高速で流動させてケークを濾材面からできる限り掃流し，その成長を阻止するクロスフロー濾過も行われる．0.1 vol %以下の希薄スラリーでは，粒子は濾材層内部で捕捉され，濾過が進行しても濾材面上には濾過ケークはほとんど形成されない．この種の濾過を濾材濾過，または内部濾過とよび，清澄液の回収が主目的となる．

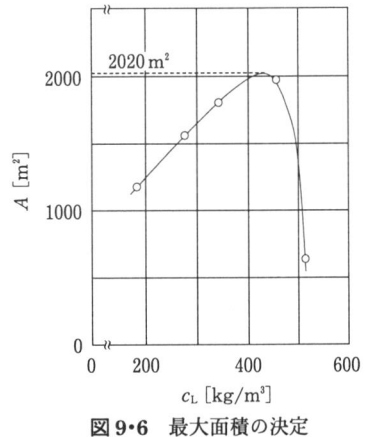

（1）濾過速度 一定の圧力を作用させる濾過操作を定圧濾過，濾過速度が

一定の濾過操作を定速濾過，圧力と速度の両者が濾過の進行とともに変化する濾過操作を変圧変速濾過という．定圧濾過は一定の圧縮空気圧，圧縮ガス圧や真空圧を作用させた場合，定速濾過は定容量型吐出ポンプ，また変圧変速濾過はうず巻きポンプを使用した場合の濾過型式である．

まずはじめに，濾過速度と濾過圧力との関係について考える．スラリーを濾過すると，濾液がケークと濾材を通過して流出し，濾材面上に固体粒子が堆積する．液体が一定の厚さの粒子層を通過して層流で流動する場合には，濾過速度 q は次式のように濾過圧力 p に関係づけられる．

$$q \equiv \frac{Q}{A} = \frac{k_0}{\mu} \cdot \frac{p - p_m}{L} = \frac{k_0}{\mu} \cdot \frac{p}{L + L_m} \tag{9・26}$$

上式で $R_c \equiv L/k_0$，$R_m \equiv L_m/k_0$ とおけば，これらはそれぞれ粒子層と濾材の流動抵抗を意味する．一定厚さの粒子層では R_c の値は時間に無関係に一定であるが，濾過操作では，図9・7のように濾過ケークが次第に成長するために，ケーク抵抗 R_c [m^{-1}] は濾過ケークの固体質量 W_c [kg] に比例して増加する．したがって，[濾過されたスラリー質量(W_c/s)=濾液質量(ρV)+湿潤ケーク質量(mW_c)] の物質収支を用いて，R_c は次のように書ける．

$$R_c = \alpha \cdot \frac{W_c}{A} = \alpha \cdot \frac{\rho s}{1 - ms} \cdot \frac{V}{A} \tag{9・27}$$

ここで，α [m/kg] はケークの平均濾過比抵抗，s [kg/kg] はスラリーの固体質量濃度，m [−] はケークの湿乾質量比であり，次式で定義される．

$$m = 1 + \varepsilon \rho / \{\rho_s (1 - \varepsilon)\} \tag{9・28}$$

ただし，ε [−] はケークの平均空隙率である．濾材抵抗 R_m を，固体質量 W_m をもつ仮想濾過ケークの抵抗値とすると，R_m に関しても（9・27）式と同様な関係が成り立つので，（9・26）式にこれらの関係を代入すると，濾過速度 q は次のように表せる．

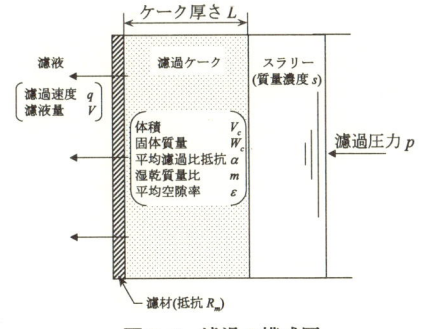

図9・7 濾過の模式図

$$q \equiv \frac{1}{A} \cdot \frac{dV}{d\theta} = \frac{A(1-ms)(p-p_m)}{\mu \rho s \alpha V} = \frac{A(1-ms)p}{\mu \rho s \alpha (V+V_m)} \quad (9 \cdot 29)$$

ただし，V_m [m^3] は濾材抵抗 R_m に相当する仮想濾液量，p_m [Pa] は濾材面での液圧であり，$p_m = \mu R_m q$ となる．α, ε, m の値は濾過圧力とともに変化し，α は，通常，次の実験式で表せる．

$$\alpha = \alpha_0 + \alpha_1 (p-p_m)^n \fallingdotseq \alpha_0 + \alpha_1 p^n \quad (9 \cdot 30)$$

ここで，α_0, α_1, n は実験定数である．特に，n はケークの圧縮性指数という．$\alpha_0 = 0$ と近似できることが多く，この場合を Sperry 型の実験式という．α が 10^{11} m/kg 程度のものは濾過が容易であり，$10^{12} \sim 10^{13}$ 程度のものは中程度，10^{13} 以上のものは難濾過性といえる．

（2）定圧濾過 定圧濾過では，濾過ケークの平均比抵抗値 α や湿乾質量比 m が濾過期間中一定となるので，濾液量 V は (9・29) 式を積分して次式で与えられる Ruth の定圧濾過式で表せる．

$$\left. \begin{array}{l} \left(\dfrac{V}{A} + \dfrac{V_m}{A}\right)^2 = K(\theta + \theta_m) \\ K \equiv 2p(1-ms)/(\mu \rho s \alpha) \end{array} \right\} \quad (9 \cdot 31)$$

ここで，K [m^2/s] は Ruth の定圧濾過係数といい，濾過の難易を示す特性値である．θ_m [s] は仮想濾液量 V_m を得るのに必要な仮想濾過時間で，$\theta_m = V_m^2/(A^2 K)$ となる．

ある時刻 θ_1 で定圧濾過操作に移行した場合，(9・29) 式を (θ_1, V_1) と (θ, V) との間で積分して，V は次式で与えられる．

$$(V^2 - V_1^2) + 2(V - V_1)V_m = A^2 K(\theta - \theta_1) \quad (9 \cdot 32)$$

例題 9・5 一定圧力を作用させて CaCO$_3$ スラリーの濾過試験を行い，以下の測定結果を得た．濾過試験器の濾過面積は 0.026 m^2，濾過圧力は 0.276 MPa，スラリー濃度は 7.23 wt%，CaCO$_3$ 粒子の真密度は 2930 kg/m^3，濾液は温度 20 ℃ の水，濾過ケークの単位体積当たりの質量は，1600 kg/m^3 である．平均濾過比抵抗 α，空隙率 ε，濾材抵抗 R_m を求めよ．

濾液量 V [m^3]×10^3	0.2	0.4	0.6	0.8	1.0	1.2	1.4	1.6	1.8	2.0	2.2	2.4	2.6
濾過時間 θ [s]	1.8	4.2	7.5	11.2	15.4	20.5	26.7	33.4	41.0	48.8	57.7	67.2	77.3

(**解**) ケークの固体質量 W_c は，ケーク体積 V_c と次の関係をもつ.

$$W_c = (1-\varepsilon)V_c\rho_s \tag{9・33}$$

したがって，ケークの平均空隙率 ε は,

$$\varepsilon = 1 - W_c/(\rho_s V_c) = 1 - 1600/2930 = 0.454$$

(9・28) 式で，ケークの湿乾質量比 m を計算すると,

$$m = 1 + \frac{(0.454)(998)}{(2930)(1-0.454)} = 1 + \frac{453.1}{1600} = 1.28$$

α, R_m は (9・29) 式を書き改めた次式で求める.

$$\frac{d\theta}{dV} = \frac{\mu\rho s \alpha}{A^2(1-ms)p}(V+V_m) = \frac{2}{KA^2}(V+V_m) \tag{9・34}$$

測定結果より $\Delta\theta/\Delta V$ を計算すると，つぎの表になる.

V [m³]×10³	0.2	0.4	0.6	0.8	1.0	1.2	1.4	1.6	1.8	2.0	2.2	2.4	2.6
$\Delta\theta$ [s]	1.8	2.4	3.3	3.7	4.2	5.1	6.2	6.7	7.6	7.8	8.9	9.5	10.1
$\Delta\theta/\Delta V$ [s/m³]×10⁻⁴	0.90	1.20	1.65	1.85	2.10	2.55	3.10	3.35	3.80	3.90	4.45	4.75	5.05

$\Delta\theta/\Delta V$ 対 V のプロットを Ruth プロットといい，図9・8のように直線関係を示すので，その勾配が (9・34) 式右辺の係数，V 軸切片が V_m の値を与える.

直線勾配の値を用いて

$$\alpha = (17.7\times10^6)\cdot\frac{A^2p(1-ms)}{\mu\rho s}$$

$$= \frac{(17.7\times10^6)(0.026)^2(2.76\times10^5)(1-1.28\times0.0723)}{(1.0\times10^{-3})(998)(0.0723)} = 4.25\times10^{10}\,\text{m/kg}$$

V 軸切片の値から，$V_m = 4.0\times10^{-4}\,\text{m}^3$，したがって，濾材抵抗 R_m は

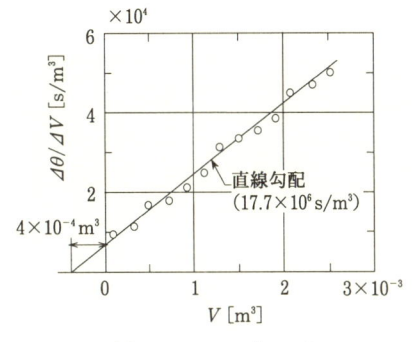

図9・8 Ruth プロット

$$R_{\mathrm{m}} = \alpha \cdot \frac{W_{\mathrm{m}}}{A} = \frac{\alpha \rho s}{1-ms} \cdot \frac{V_{\mathrm{m}}}{A}$$

$$= \frac{(4.25 \times 10^{10})(998)(0.0723)(4.0 \times 10^{-4})}{(1-1.28 \times 0.0723)(0.026)} = 5.20 \times 10^{10}\,\mathrm{m}^{-1}$$

種々の濾過圧力で実験すると，圧力 p による α や ε の変化を求めることができ，両対数グラフを用いて実験式（9・30）が決定できる．

(3) **バッチ式定圧濾過**　濾過では，濾材や濾過ケークを通して濾液を流すために重力，加圧，真空圧が利用され，それぞれ重力濾過，加圧濾過，真空濾過という．加圧濾過ではプランジャーポンプやうず巻きポンプの吐出し圧，真空濾過ではナッシュポンプ，往復動ポンプ，回転ポンプが減圧用に使用される．加圧濾過器はバッチ式，真空濾過器は連続式が多い．最近では，濾過ケークの高度な脱水のために圧搾機能をもつものが広く用いられている．

バッチ式は圧濾器と葉状濾過器に大別できる．圧濾器には板枠型（図9・9）と凹板型の機種がある．板枠型圧濾器では，側面に濾布を張った濾枠と濾板を交互に並べて締め付け，スラリーを濾枠の中にポンプで圧入して濾過する．濾枠が濾過ケークで充満したら，ケークの洗浄，装置の分解，ケークの排出，再組み立てを行い，次の濾過サイクルに移る．凹版型では凹状の濾板の間に濾布を張って締め付け，各濾板で形成される濾室へスラリーを圧入する．圧濾器は最も広く利用されており，新しい機種には全自動式装置がある．加圧葉状型は，円筒容器に濾過面を垂直または水平に設置した濾過器である．濾過面（濾葉）にケークがある程度堆積したら，濾過を中止してケークを除去する．

定圧操作では，濾液量は濾過時間に対して放物線状に増加するので，その増加割合は濾過の進行とともに次第に減少していく．したがって，バッチ式加圧濾過器では，操作能率の向上のために，濾過速度がある程度減少したら濾過を中止し

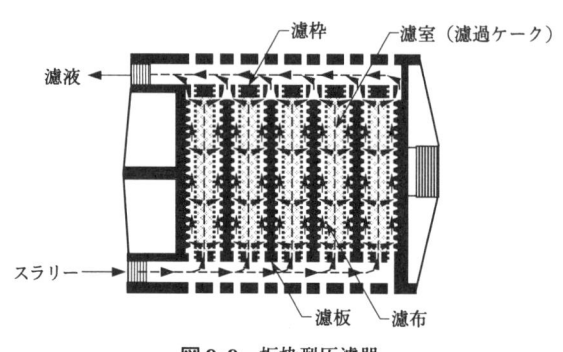

図9・9　板枠型圧濾器

て，必要ならケークの洗浄・脱水などを行い，ケークを排出した後，再び濾過を始めるのが普通である．この1サイクル当たりの最適濾過時間は，濾材抵抗が無視できる場合には，次のようになる．

濾過時間を θ，ケークの洗浄，装置の分解，ケークの排出，再組み立てに要する濾過休止時間を θ_d とすると，1サイクル当たりの平均濾過速度 $\bar{q}$ [m/s] は次のようになる．

$$\bar{q} = \frac{V/A}{\theta + \theta_d} = \frac{V/A}{V^2/(A^2 K) + \theta_d} \quad (9 \cdot 35)$$

$\bar{q}$ が最大となる操作条件は，$d\bar{q}/dV = 0$ とおくことによって，次式で与えることができる．

$$\theta_d = V^2/(A^2 K) = \theta \quad (9 \cdot 36)$$

すなわち，最適濾過時間は濾過休止時間 θ_d に等しくなる．

例題 9・6 例題 9・5 の $CaCO_3$ スラリーを濾枠数が 20 の板枠型圧濾器で定圧濾過する．濾枠は 0.75×0.75 m の正方形で厚さは 0.06 m，各濾枠の濾過面積は 0.87 m²，濾過圧力は 0.275 MPa である．濾枠にケークが充満するまでスラリーを濾過する．処理できるスラリー量と所要濾過時間を求めよ．

（解） 題意より，$\varepsilon = 0.454$，$\alpha = 4.25 \times 10^{10}$ m/kg，$V_m = 4.0 \times 10^{-4}$ m³，$m = 1.28$ となる．一つの濾枠の両側に濾板があるため，各濾枠の断面積は濾過面積の 1/2 となるので，

全濾枠容積（ケーク体積 V_c）= $(0.87/2)(0.06)(20) = 0.522$ m³
濾過ケーク固体質量 $W_c = (1 - 0.454)(0.522)(2930) = 835$ kg
全スラリー質量 = $W_c/s = 835/0.0723 = 1.15 \times 10^4$ kg

スラリーの体積を算出するため，スラリーの密度 ρ' を求めると，

$$\rho' = 1 \Big/ \left(\frac{s}{\rho_s} + \frac{1-s}{\rho} \right) = 1 \Big/ \left(\frac{0.0723}{2930} + \frac{0.928}{998} \right) = 1.05 \times 10^3 \text{ kg/m}^3$$

よって，処理可能なスラリー体積 = $(1.15 \times 10^4)/(1.05 \times 10^3) = 10.95$ m³
$(9 \cdot 31)$ 式より，$\theta_m = V_m^2/(A^2 K)$ であるので，濾過時間 θ は次式で計算できる．

$$\theta = (V^2 + 2V_m V)/(A^2 K)$$

上式に次の値を代入する．

$$K = \frac{(2)(2.75 \times 10^5)(1 - 1.28 \times 0.0723)}{(1.0 \times 10^{-3})(998)(0.0723)(4.25 \times 10^{10})} = \frac{4.99 \times 10^5}{3.07 \times 10^9} = 1.63 \times 10^{-4} \text{ m}^2/\text{s}$$

$$A = 0.87 \times 20 = 17.4 \text{ m}^2$$

$$V = \frac{1-ms}{\rho s} \cdot W_c = \frac{(1-1.28\times 0.0723)(835)}{(998)(0.0723)} = 10.5 \text{ m}^3$$

したがって,

$$\theta = \frac{10.5^2 + (2)(4.0\times 10^{-4})(10.5)}{(1.63\times 10^{-4})(17.4)^2} = 2230 \text{ s} \quad (=37.2 \text{ min})$$

(4) 連続式定圧濾過 連続式には円筒型,垂直円板型,水平型がある.どの型式も濾過,ケーク洗浄,ケーク脱水,ケーク排出が周期的に行われる.円筒型は工業的に広く使用されている連続濾過装置であり,多くの種類がある.たとえば,多室円筒型のオリバー型濾過器においては,図9・10のように円筒の一部をスラリーに浸して N [s^{-1}] の速度で回転させながら真空濾過を行う.このような回転真空連続濾過器の場合も,濾過面の微小区間に着目すれば定圧濾過の連続となり,定圧濾過式の (9・31) 式が適用できる.円筒表面積 A に対するスラリーが浸漬している面積の比を浸液率 F とすると,実際の濾過面積は AF [m^2] である.1回転当たりの濾過時間 θ は,回転ドラムがスラリーに入ってから出てくるまでの時間であり,(9・31) 式を用いると,次式で表される.

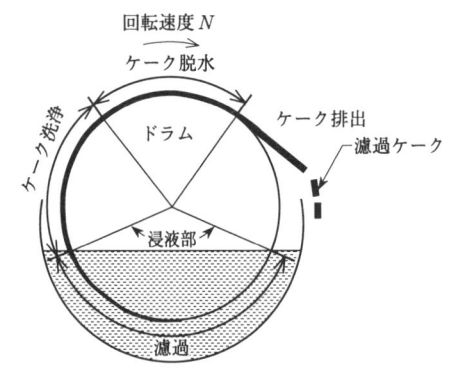

図9・10 回転真空連続濾過器

$$\theta = \frac{1}{(AF)^2 K}(V^2 + 2VV_m) \tag{9・37}$$

ここで,仮想濾液量 V_m は濾材抵抗 R_m と次の関係をもつ.

$$V_m = \frac{AF(1-ms)}{\rho s \alpha} R_m = \frac{AF\mu K}{2p} R_m \tag{9・38}$$

(9・38) 式を (9・37) 式へ代入すると,次式が書ける.

$$\theta = \frac{1}{K}\left(\frac{V}{AF}\right)^2 + \frac{\mu R_m}{p} \cdot \frac{V}{AF} \tag{9・39}$$

また,1回転当たりの濾過時間 θ は浸液率 F を回転速度 N で割ることにより求

9.2 濾 過

められるので，単位時間当たりに得られる濾液流量 $\bar{V}$ [m³/s] の関係式に改めるために，$\bar{V}$ と V の関係 $\bar{V} = V/\theta = V/(F/N)$ を (9・39) 式に代入すれば，次式が得られる．

$$\frac{F}{(\bar{V}/A)} = \frac{1}{KN}\left(\frac{\bar{V}}{A}\right) + \frac{\mu R_\mathrm{m}}{p} \quad (9・40)$$

例題 9・7　回転真空連続濾過器で，あるスラリーを定圧濾過する．円筒濾面の回転数は 0.2 rpm，浸液率は 0.3，濾過圧力は 66.7 kPa，濾液は 20.0℃ の水である．この濾過器を用いて濾液を 2.0 m³/h の流量で得たい．必要な濾過面積を求めよ．ただし，連続濾過に先立ち，バッチ式濾過器（濾過面積 8.0×10^{-3} m²）を使って同じ圧力で定圧濾過を行ったところ，濾過開始後 5 分間で 250 cm³，続く 5 分間で更に 150 cm³ の濾液を得た．

（解）（9・40）式の円筒濾過面積 A を決定するために，バッチ式の予備試験データから K と R_m を求める．定圧濾過式の (9・31) 式に二つの試験データを代入する．

$V^2 + 2VV_\mathrm{m} - A^2K\theta = (250 \times 10^{-6})^2 + (2)(250 \times 10^{-6})V_\mathrm{m} - (8.0 \times 10^{-3})^2(5 \times 60)K = 0$

$(400 \times 10^{-6})^2 + (2)(400 \times 10^{-6})V_\mathrm{m} - (8.0 \times 10^{-3})^2(10 \times 60)K = 0$

上式を解くと，$V_\mathrm{m} = 1.75 \times 10^{-4}$ m³，$K = 7.81 \times 10^{-6}$ m³/s を得る．

$$\therefore R_\mathrm{m} = \frac{\alpha \rho s}{1-ms}\cdot\frac{V_\mathrm{m}}{A} = \frac{2V_\mathrm{m}}{KA}\cdot\frac{p}{\mu} = \frac{(2)(175 \times 10^{-6})}{(7.81 \times 10^{-6})(8.0 \times 10^{-3})}\cdot\frac{p}{\mu} = 5602 \cdot \frac{p}{\mu} \text{ [m}^{-1}\text{]}$$

これらの値を (9・40) 式に代入する．

$$\frac{1}{KN}\left(\frac{\bar{V}}{A}\right)^2 + \frac{\mu R_\mathrm{m}}{p}\left(\frac{\bar{V}}{A}\right) - F$$
$$= \frac{(2/3600)^2}{(7.81 \times 10^{-6})(0.2/60)A^2} + \frac{(5602)(2/3600)}{A} - 0.3 = 0$$

整理すると，　$A^2 - 10.4 A - 39.5 = 0$

所要面積　$A = 13.4$ m²

（5）定速濾過　定速濾過は定容量型吐出ポンプを用いてスラリーを濾過器に圧入するか，定流量バルブで流入液体を制御して行い，広く利用されている．定速濾過では，濾過速度は一定であり，次式で表される．

$$q = \frac{1}{A}\cdot\frac{dV}{d\theta} = \frac{1}{A}\cdot\frac{V}{\theta} = \text{一定} \quad (9・41)$$

一方，濾過速度式 (9・29) 式は次式のように変形できる．

$$p = \frac{\mu\rho s\alpha}{1-ms}\left(\frac{V}{A}\right)q + \frac{\mu\rho s\alpha}{1-ms}\left(\frac{V_\mathrm{m}}{A}\right)q = \frac{\mu\rho s\alpha}{1-ms}\left(\frac{V}{A}\right)q + \mu R_\mathrm{m} q \quad (9・42)$$

したがって，(9・41)式の定速条件を(9・42)式に代入すると，次式が得られる．

$$p = \frac{\mu\rho s\alpha}{1-ms} \cdot q^2\theta + \mu R_m q \tag{9・43}$$

定速濾過では，濾過の進行に伴い，濾過圧力 p が増加する．圧力 p 対 平均濾過比抵抗 α，湿乾質量比 m の関係が与えられると，濾過圧力 p の増加は(9・43)式で推定できる．α 対 p の関係には(9・30)式が使用できる．m や α が p に無関係に一定値となり，非圧縮性ケークとみなせる場合は，(9・43)式から明らかなように，圧力 p は濾過時間 θ に対して直線的に増加する．

また，濾材抵抗が無視でき，かつ(9・30)式で $\alpha_0=0$ の場合には，(9・43)式は次式のようになる．

$$p^{1-n} = \frac{\mu\rho s\alpha_1}{1-ms} \cdot q^2\theta \tag{9・44}$$

このとき，圧力 p による m の変化が小さい場合には，p 対 θ の両対数プロットは直線関係を示し，その勾配から圧縮性指数 n が求まる．

(6) 変圧変速濾過　変圧変速濾過は，渦巻きポンプでスラリーを圧入する場合に行われる濾過型式であり，濾液量 V や濾過圧力 p の経時変化は，ポンプの特性曲線を利用して求められる．圧力 p による濾過比抵抗値 α の変化を考慮するため，α を(9・30)式で表し，濾過速度式の(9・29)式に代入すると，次式を得る．

$$q = \frac{A(1-ms)(p-p_m)}{\mu\rho s V\{\alpha_0 + \alpha_1(p-p_m)^n\}} \tag{9・45}$$

濾材抵抗 R_m と濾材面の液圧 p_m との関係 $p_m = \mu R_m q$ を代入して整理すると，次式が得られる．

$$\frac{\mu\rho s}{1-ms}\left(\frac{V}{A}\right) = \frac{p - \mu R_m q}{q\{\alpha_0 + \alpha_1(p-\mu R_m q)^n\}} \tag{9・46}$$

ポンプ圧力は濾過圧力 p として作用し，ポンプの吐出量が濾過器の濾液流量に等しくなるので，吐出量 Q [m³/s] 対 吐出圧 p の特性曲線から，濾過速度 q 対 p の関係が定まる．$(1-ms)$ の値を一定とすれば，この q 対 p の値を(9・46)式に代入して，V 対 p および V 対 q の関係が計算できる．濾過時間 θ は，次式から求められる．

9.3 晶析

$$\theta = \int_0^V \left(\frac{d\theta}{dV}\right) dV = \int_0^{V/A} \left(\frac{1}{q}\right) d\left(\frac{V}{A}\right) \quad (9\cdot47)$$

V 対 q の計算値を $(1/q)$ 対 (V/A) としてプロットし，図積分することによって濾過時間 θ が決定できるので，V, q および p の経時変化が推定できる．

例題 9・8 金属水酸化物スラリーを板枠型圧濾器で濾過する．濾枠数 20，各濾枠それぞれの濾過面積は $0.9\,\mathrm{m}^2$ であり，濾過面積の総計は $18\,\mathrm{m}^2$，ポンプの吐出特性は次表のとおりである．ポンプ圧が $0.20\,\mathrm{MPa}$ に達するまで濾過する．所要濾過時間を求めよ．ただし，濾過ケークの平均比抵抗 $\alpha = 5.91\times10^{10} + 7.00\times10^5(p-p_\mathrm{m})^{0.86}\,[\mathrm{m/kg}]$，濾液量とケーク固体質量との比は，$0.20\,\mathrm{MPa}$ の定圧濾過で $0.017\,\mathrm{m}^3/\mathrm{kg}$，濾材抵抗 $R_\mathrm{m} = 4.9\times10^{10}\,\mathrm{m}^{-1}$ である．

ポンプ圧力 [MPa]	0.001	0.05	0.10	0.15	0.20	0.22	0.24
吐出量 Q [m³/min]	0.186	0.182	0.175	0.158	0.114	0.078	0

（**解**）（9・45）式に従ってポンプ圧 p, 吐出量に対する V を計算する．

濾液量 $q(=Q/A)\,[\mathrm{m/s}]\times10^4$	1.72	1.69	1.62	1.46	1.06	0.722	0
$(p-\mu R_\mathrm{m}q)\,[\mathrm{Pa}]\times10^{-4}$	—	4.17	9.21	14.3	19.5	21.6	24.0
$\alpha\,[\mathrm{m/kg}]\times10^{-10}$	—	6.57	7.21	7.81	8.39	8.62	—
$V/A\,[\mathrm{m}]$	—	0.061	0.134	0.213	0.373	0.592	—
$1/q\,[\mathrm{s/m}]$	—	5920	6170	6850	9430	13900	—

ただし，$(1-ms)/(\rho s) = 0.017$ は p に無関係に一定とした．

図 9・11 のように，$(1/q)$ 対 (V/A) をプロットして $V/A = 0.373$ まで図積分すると，

$$\theta = 2620\,\mathrm{s}$$

を得る．

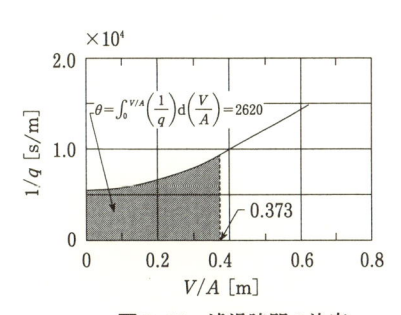

図 9・11 濾過時間の決定

9.3 晶　　析

晶析は，主として溶液の冷却または蒸発によって溶質を結晶として析出させ，分離・精製を行う操作であり，多くの系では純粋な結晶を得ることができる．晶析現象は，液相内における結晶核の発生とそれに続いて生じる結晶核の成長とからなり，この両現象は必ず過飽和状態で起きる．

(1) 過飽和と結晶核の発生　溶液の状態は図9・12に示すように未飽和状態と過飽和状態の二つに大別できる．過飽和状態は，飽和溶解度以上に溶質が過剰量溶けている状態のことであり，過飽和の度合いを表すには，1) 過飽和濃度(＝溶液濃度－飽和濃度)，2) 過飽和度(＝溶液濃度/飽和濃度)，3) 過冷却の温度などが使用される．図で未飽和領域における点 a の溶液を結晶の種を加えずに冷却していくと，溶解度曲線との交点である飽和点 b を超えて過飽和領域に入る．この場合，飽和点を超えるとただちに結晶核が発生するわけではなく，さらに冷却して点 c に至ってはじめて結晶核が発生する．この点 c の状態を種々の濃度について求めると，図のような過溶解度曲線が決定できる．実際には，この過溶解度曲線は冷却速度や攪拌の程度などによって大幅に変化する．たとえば，静止溶液中では結晶核が発生しない場合でも，この溶液を攪拌すると瞬間的に結晶核が発生する場合がある．溶解度曲線と過溶解度曲線に囲まれた比較的狭い領域を準安定領域とよび，この領域では結晶核の自然発生は少なく，溶液中にすでに存在する結晶の成長が支配的となる．また，過溶解度曲線を超えると急激に著しい結晶核の自然発生が起こる．このように溶液中に結晶をまったく含まない場合の核発生現象を1次核発生とよぶ．これに対して，結晶が溶液中に存在する場合にその結晶によって誘起される核発生を2次核発生という．通常の晶析操作の範囲においては，2次核発生速度は1次核発生速度より支配的な場合が多く，工業的見地からは2次核発生現象が重要となる．

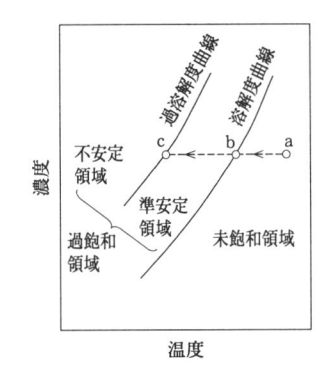

図9・12　溶液の状態図

(2) 結晶成長　過飽和溶液中における結晶の成長現象は，結晶化成分の溶質が溶液から結晶表面に移動する物質移動過程である拡散過程と，それに続いて溶質が結晶表面で結晶格子へ組み込まれる集積過程の二つの段階からなる．このような結晶の成長速度の表現法としては，質量成長速度 $R_g\,[\mathrm{kg/(m^2 \cdot s)}]\,(=(1/A)\mathrm{d}w/\mathrm{d}\theta)$ または線成長速度 $G\,[\mathrm{m/s}]\,(=\mathrm{d}L/\mathrm{d}\theta)$ が工学的にはよく用いられる．ここに，A は結晶表面積，w は結晶質量，θ は時間，L は結晶の代表粒径である．

9.3 晶析

図9·13には，過飽和溶液中に存在する結晶の表面近くの溶液濃度の分布を示す．結晶表面に接している溶液の濃度 C_i は一般に飽和濃度 C_s よりも高く，界面近くの液相中に厚さ δ の境膜を想定して，液本体の濃度 C [mol/m³-solvent] とこの界面濃度 C_i との差を推進力として溶質が結晶表面へ移動すると考えると，拡散過程は次式で表される．

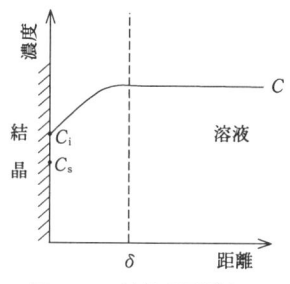

図9·13 結晶表面近くの濃度分布

$$R_g = k_d(C-C_i) = (D/\delta)(C-C_i) \tag{9·48}$$

ここに，k_d [kg/(m²·s·(mol/m³-solvent))] は拡散過程の物質移動係数，D [kg/(m·s·(mol/m³-solvent))] は拡散係数である．一方，表面集積過程では拡散現象によって界面に到達した溶質が結晶格子に組み込まれ，この過程を経て結晶が成長するわけであるが，この過程は r 次の表面反応とみなすことができ，その速度は次式で表される．

$$R_g = k_r(C_i - C_s)^r \tag{9·49}$$

ここに，k_r は表面集積過程の速度係数であり，温度の関数として Arrhenius 式で相関される．また結晶成長速度は，総括結晶成長速度係数 K_g を用いると，過飽和濃度 $\Delta C (= C - C_s)$ を推進力として工学的には次のように表すことができる．

$$R_g = (1/A)dw/d\theta = K_g(C-C_s)^g \tag{9·50}$$

一般に $r = g = 1$ とおける場合が多く，この場合には次の関係が導かれ，k_d，k_r が既知であれば，K_g が求められる．

$$1/K_g = (1/k_d) + (1/k_r) \tag{9·51}$$

溶液内の結晶の運動速度が大きく，$k_d \gg k_r$ の場合には表面集積過程が支配的となるが，溶液温度が高い場合，あるいは表面反応の活性化エネルギーが小さい場合には $k_d \ll k_r$ となって拡散過程が律速となる．結晶の質量 w と表面積 A は，密度を ρ_c，体積形状係数を k_v，面積形状係数を k_s とすると，それぞれ $w = k_v \rho_c L^3$，$A = k_s L^2$ で表されるので，結晶の線成長速度 G は (9·50) 式に基づき $g = 1$ とおいて次式で表される．

$$G = \frac{dL}{d\theta} = \frac{k_s K_g}{3\rho_c k_v}(C - C_s) \tag{9·52}$$

いま，$K_g(C-C_s)$ が一定の条件下で種々の大きさの結晶を成長させる場合には，(9·52) 式から結晶の線成長速度 $dL/d\theta$ が一定となることがわかる．したがって，$\varDelta\theta$ 時間内における結晶の代表径の増加量 $\varDelta L$ は結晶径 L に無関係に一定となる．この関係を $\varDelta L$ 法則という．$\varDelta L$ 法則は厳密には成立しないが，結晶が十分均一になるようによく攪拌されている場合や表面集積過程が支配的な場合には成立するとみなしてよい．この場合には，(9·52) 式を積分して次式を得る．

$$L_1 - L_0 = \frac{k_s K_g}{3\rho_c k_v}(C - C_s)(\theta_1 - \theta_0) \tag{9·53}$$

ここに，添字 0，1 はそれぞれ操作開始時，終了時を表す．

例題 9·9 操作過飽和濃度 $50\,\text{mol/m}^3\text{-H}_2\text{O}$ の過飽和溶液中で一辺の粒径が $0.1\,\text{mm}$ の結晶種を $0.8\,\text{mm}$ まで成長させるのに $2.5\,\text{h}$ を要した．この場合に，表面集積過程の速度係数を求めよ．ただし，拡散過程の物質移動係数は $4.75\times10^{-6}\,\text{kg}/(\text{m}^2\cdot\text{s}\cdot(\text{mol/m}^3\text{-H}_2\text{O}))$ である．また，結晶密度は $1.53\times10^3\,\text{kg/m}^3$，結晶形状は立方体である．

（解） 結晶形状が立方体であるので，$k_v=1$，$k_s=6$
(9·53) 式より

$$K_g = \frac{(3)(1.53\times10^3)(0.8\times10^{-3} - 0.1\times10^{-3})}{(6)(50)(2.5\times3600)}$$
$$= 1.19\times10^{-6}\,\text{kg}/(\text{m}^2\cdot\text{s}\cdot(\text{mol/m}^3\text{-H}_2\text{O}))$$

したがって，表面集積過程の速度係数 k_r は (9·51) 式より

$$1/(1.19\times10^{-6}) = 1/(4.75\times10^{-6}) + (1/k_r)$$

よって，

$$k_r = 1.59\times10^{-6}\,\text{kg}/(\text{m}^2\cdot\text{s}\cdot(\text{mol/m}^3\text{-H}_2\text{O}))$$

（3）晶析装置の種類と設計法 晶析操作において，どのような装置を採用すべきかは，一般にその溶解度特性に基づいて決定できる．図 9·14 の a のように冷却により急速に溶解度が減少する系（たとえば KNO_3）では冷却法が有利であるが，c のように溶解度の温度係数が小さい系（たとえば NaCl，Na_2SO_4）では，蒸発法がよい．また，b のように a と c の中間の系（たとえば KCl）では両者を併用した真空冷却法が好適である．

一般に，処理量が比較的小さい場合には，回分攪拌槽型晶析装置が広く用いら

9.3 晶　　析

れている．この装置では必要量の結晶種をあらかじめ添加しておき，溶液濃度は核発生が無視できる準安定領域の過飽和状態に保ち，必要とする粒径まで結晶を成長させて取り出す．よく攪拌されている場合には，$\varDelta L$ 法則がほぼ成立するので，粒径 L_1 の結晶種を添加して均一粒径 L_2 の結晶を速度 P [kg/s] で生産するのに必要な装置容積 V [m^3] は，次のようにして求めることができる．
結晶が L_1 から L_2 まで成長するのに要する時間 θ は，結晶の線成長速度 G を用いて，次式で与えられる．

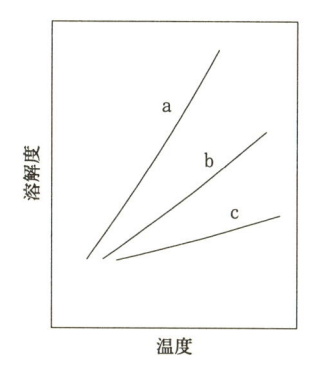

図 9・14 溶解度の温度依存性

$$\theta = (L_2 - L_1)/G \tag{9・54}$$

したがって，取り出し時の結晶質量 w_t [kg] は，原料の供給や結晶の取り出しなど，各回分間に要する時間を θ_1 とすると，次式で表される．

$$w_t = P(\theta + \theta_1) \tag{9・55}$$

ゆえに，必要な装置容積 V は，操作可能な最小空隙率を $\varepsilon_{\min}$ とすると，次式から算出できる．

$$V = \frac{w_t}{\rho_c (1 - \varepsilon_{\min})} \tag{9・56}$$

使　用　記　号

A：沈降面積，濾過面積，または結晶表面積　　[m^2]
C：溶液濃度　　[mol/m^3-solvent]
C_s：飽和濃度　　[mol/m^3-solvent]
c_f：供給スラリーの濃度（体積基準）　　[kg-solid/m^3-slurry]
c_u：シックナーの排出濃度（体積基準）　　[kg-solid/m^3-slurry]
d_p：粒子径　　[m]
d_{pc}：分離限界粒子径　　[m]

F：回転円筒濾過器の浸液率　　[−]
G：結晶の線成長速度　　[m/s]
g：重力加速度　　[m/s^2]
H：水平流型沈降槽の深さ　　[m]
h：高さ　　[m]
h_L：上澄液と沈降層との界面の高さ　　[m]
h_0：界面の初期高さ　　[m]
K：Ruth の定圧濾過係数　　[m^2/s]
k_0：透過率　　[m^2]

k_d：物質移動係数
　　　　$[kg/(m^2 \cdot s \cdot (mol/m^3\text{-solvent}))]$
K_g：総括結晶成長速度係数
　　　　$[kg/(m^2 \cdot s \cdot (mol/m^3\text{-solvent}))]$
k_r：表面集積過程の速度係数
　　　　$[kg/(m^2 \cdot s \cdot (mol/m^3\text{-solvent}))]$
L：水平流型沈降槽の長さ，ケーク厚さ，
　　　または結晶の代表径　　$[m]$
L_m：濾材抵抗に関する仮想ケーク厚さ
　　　　　　　　　　　　　$[m]$
m：濾過ケークの湿乾質量比　$[-]$
N：回転数　$[s^{-1}]$
n：圧縮性指数　$[-]$
P：通過累積率（質量基準）　$[-]$
　　または生産速度　$[kg/s]$
p：濾過圧力，またはポンプの吐出圧
　　　　　　　　　　　　　$[Pa]$
p_m：濾材面での圧力　$[Pa]$
Q：流量，またはポンプの吐出量
　　　　　　　　　　　　　$[m^3/s]$
Q_c：シックナーの溢流量　$[m^3/s]$
Q_f：シックナーへの供給流量　$[m^3/s]$
Q_u：シックナーの排出流量　$[m^3/s]$
q：濾過速度　$[m/s]$
$\bar{q}$：1サイクル当たりの平均濾過速度
　　　　　　　　　　　　　$[m/s]$
R_c：濾過ケークの抵抗　$[m^{-1}]$

R_g：結晶の質量成長速度　$[kg/(m^2 \cdot s)]$
R_m：濾材抵抗　$[m^{-1}]$
s：スラリー濃度（質量基準）
　　　　　　　　　　$[kg\text{-solid}/kg\text{-slurry}]$
u：沈降速度　$[m/s]$
V：濾液量，または装置容積　$[m^3]$
$\bar{V}$：回転円筒濾過器の濾液流量
　　　　　　　　　　　　　$[m^3/s]$
V_m：濾材抵抗に関する仮想濾液量
　　　　　　　　　　　　　$[m^3]$
v：水平流型沈降槽のスラリー流速
　　　　　　　　　　　　　$[m/s]$
W：水平流型沈降槽の幅　$[m]$
W_c：濾過ケークの固体質量　$[kg]$
w：結晶質量　$[kg]$
α：ケークの平均濾過比抵抗　$[m/kg]$
ε：空隙率，または空間率　$[-]$
η_p：部分分離効率　$[-]$
θ：時間　$[s]$
θ_d：1サイクル当たりの濾過休止時間
　　　　$[s]$
θ_m：濾材抵抗に関する仮想濾過時間
　　　　　　　　　　　　　$[s]$
μ：粘度　$[Pa \cdot s]$
ρ：液体の密度　$[kg/m^3]$
ρ_c：結晶密度　$[kg/m^3]$
ρ_s：粒子の真密度　$[kg/m^3]$

演 習 問 題

9・1 密度 $2.4\,\mathrm{g/cm^3}$ の球形粒子を，$25℃$ の水中で自由沈降させ，沈降速度 $3.2×10^{-2}$ cm/s という値を得た．粒子径を求めよ．

9・2 密度 $1.3\,\mathrm{g/cm^3}$ の液中で鋼球（直径 $8.0\,\mathrm{mm}$, 密度 $7.0\,\mathrm{g/cm^3}$）を落下させたところ，$20\,\mathrm{cm}$ の距離を沈降するのに $7.0\,\mathrm{s}$ を要した．液体の粘度を求めよ．

9・3 粒子径 $100\,\mu\mathrm{m}$（真密度 $2.5×10^3\,\mathrm{kg/m^3}$）と粒子径 $150\,\mu\mathrm{m}$（真密度 $3.0×10^3\,\mathrm{kg/m^3}$）との2種類の球形粒子を用いて，ある流体中にて沈降速度を測定したところ，それぞれ，$3.80\,\mathrm{mm/s}$ と $12.0\,\mathrm{mm/s}$ の値を得た．流体の粘度 μ と密度 ρ を求めよ．ただし，流体を Newton 流体と仮定せよ．

9・4 固体濃度が $175\,\mathrm{g/}l$ のスラリーの回分沈降試験を行い，次表の結果を得た．固体の密度は $2.63\,\mathrm{kg/}l$，液体の密度は $1.2\,\mathrm{kg/}l$ である．濃度と沈降速度の関係を求めよ．

時　　間 [min]	0	10	20	40	60	80	100	120	140
界面の高さ [cm]	176	139	99	74	57	42	34	26	22

9・5 水平流型沈降槽（幅 $3.5\,\mathrm{m}$, 深さ $2\,\mathrm{m}$）により，次表の粒度分布をもつ希薄スラリーを溢流量 $1.76\,\mathrm{m^3/min}$ にて処理する．粒子密度は $2.4\,\mathrm{g/cm^3}$, 水温は $20℃$ である．$20\,\mu\mathrm{m}$ 以上の粒子を完全に分離するには，沈降槽の長さはどの程度必要か．また，粒子全体の分離効率はいくらか．

粒　子　径 [μm]	10	15	20	25	30	35	40	45	50
通過累積重量 [%]	33	53	67	77	83	88	91	93	94.5

9・6* 濃度 $105\,\mathrm{mg/}l$ の希薄スラリーを円断面（直径 $4\,\mathrm{m}$）の上昇流型沈降槽で分離する．水温 $20℃$, 粒子密度 $3.65\,\mathrm{g/cm^3}$, 溢流量 $0.25\,\mathrm{m^3/min}$ として，

（ⅰ）分離限界粒子径を求めよ．

（ⅱ）懸濁粒子の粒度分布が問 9・5 と同じとして，溢流液の固体濃度を求めよ．

9・7 固体の密度 $2.00\,\mathrm{g/cm^3}$, 液体の密度 $1.00\,\mathrm{g/cm^3}$ の廃水を，シックナーにより，供給濃度 $0.13\,\mathrm{kg}$-固体/kg-廃水の3.3倍まで濃縮する．処理速度 $3000\,\mathrm{m^3}$-廃水/d のとき，シックナーの所要断面積を決定せよ．ただし，回分沈降試験の結果は次表のとおりである．

時　　間 [min]	0	10	20	30	50	75	100	150	200	250	∞
界面高さ [cm]	34.3	30.3	26.3	22.4	16.2	11.4	8.51	6.20	5.83	5.56	5.44

266　　　　　　　　　　　第9章　固　液　分　離

9・8 濃度 40 wt% のスラリー 1.0 kg を定圧濾過してケーク表面が乾き始める瞬間に濾過を終了したところ，得られた濾液量は 430 cm^3 であった．濾過ケークの平均空隙率 ε を求めよ．ただし，粒子真密度を 2.9×10^3 kg/m^3，濾液密度を 1.0×10^3 kg/m^3 とする．

9・9 濾過面積 0.026 m^2 の濾過器を用いてあるスラリーを定圧濾過したところ，最初の1分間で濾液量 1.50×10^{-3} m^3 が得られた．さらに濾過を続けて濾液量を2倍にするには，あと何秒必要か．ただし，仮想濾液量 V_m を 0.40×10^{-3} m^3 とする．

9・10 濃度 10.9 wt% のスラリーを用いて，濾過面積 324 cm^2，圧力 0.45 MPa にて定圧濾過を行い，次表の結果を得た．濾過終了後のケーク単位体積当たりの質量は 1.18 g/cm^3，ケークの湿乾質量比は 1.47 である．また，濾液は 24℃ の水である．平均濾過比抵抗，濾材抵抗および濾過終了時のケーク厚さを求めよ．

濾液量 [kg]	0.5	1.0	2.0	3.0	4.0	5.0	5.5
濾過時間 [s]	22.1	60.7	195.1	435.8	703.6	1058.7	1251.0

9・11 板枠型濾過器で問 9・10 のスラリーを同一圧力で濾過する．濾過面積は合計 14 m^2，1個の濾枠の厚さは 3.5 cm，濾枠数は10である．濾材抵抗とケーク単位体積当たりの質量も問 9・10 と同じとして，ケークが濾室を充満する濾過時間，濾液量および平均濾過速度を求めよ．ただし，ケーク排出などに要する時間は 30 min である．

9・12 スラリーを回転円筒濾過器で定圧濾過する．スラリー濃度，濾液粘度，平均濾過比抵抗，ケーク湿乾質量比，濾材抵抗は問 9・10 と同じとする．圧力は 0.1 MPa，回転速度は 0.17 rpm，浸液率は 35% である．単位時間当たりに得られる濾液量 V が問 9・11 の濾過器の平均濾過速度と同じになるように円筒濾過面積を決定せよ．

9・13 連続回転円筒濾過器の操作能率の向上のために，操作条件の変更を検討する．
　　　　a. 濾過圧力，b. 浸液率，c. 回転速度，d. スラリー濃度
のそれぞれを3倍にしたとき，単位時間当たりに生成されるケーク量は何倍となるか．ただし，濾過ケークは非圧縮性であり，濾材抵抗は無視できる．

9・14 非圧縮性ケークを生じるスラリーについて，圧濾器で定圧濾過試験を行い，濾過圧力 0.4 MPa，濾過時間 30 min のとき濾液量 10 m^3 を得た．同じスラリーを同じ濾過器で濾液流量 0.4 m^3/min にて定速濾過を行う．濾材抵抗が無視できるとして，濾液量が 1.0，5.0，10 m^3 となるときの濾過圧力を求めよ．

9・15 濾過面積 28.3 cm^2 の濾過器で，圧力 0.15 MPa にて定圧濾過試験を行ったところ，$A^2(\theta/V)$ 対 V は直線となり，勾配が 1800 s/m^2，V 軸切片が 3.85×10^{-3} m^3 となった．このスラリーを，工業用加圧濾過器（濾過面積 10 m^2）を用いて圧力が 0.8 MPa に達するまで濾過速度 $q=6.5\times10^{-4}$ m/s にて定速濾過を行い，引き続いて，圧力 0.8 MPa の定圧濾過を濾液量が 5.5 m^3 に達するまで行った．濾液は 25℃ の水である．濾過ケー

クを非圧縮性として，全濾過時間を求めよ．

9・16* ある種のスラリーを定速で 10 min 濾過して 2 m³ の濾液を得た後，その到達圧力のもとで引き続き 30 min の定圧濾過を行い，さらに 3 m³ の濾液を得た．濾過操作後の除滓および整備などに 20 min を要する．初めの 10 min の定速濾過の後，その到達圧力で定圧濾過が行われるものとすると，最大濾過能力を得るためには，1サイクルにおける濾過時間を何分間にすべきかを求めよ．また1日（24時間）におけるサイクル数とその濾液の全量を求めよ．ただし，濾材抵抗は無視できるものとする．

9・17** 円筒濾材の外面（半径 r_m）を濾過面として定圧濾過を行い，ケーク厚さが L となった瞬間の濾過速度を q_{c1} とする．また，濾過面が平面の場合について同一条件で定圧濾過を行い，同じケーク厚さが得られた瞬間の濾過速度を q_1 とする．ケーク厚さが $L=0.2 r_m$ となったとき，$q_{c1}=1.097 q_1$ となることを示せ．同様に，円筒濾材の内面にて濾過する場合は，$q_{c1}=0.896 q_1$ となることを示せ．ただし，濾過ケークは非圧縮性であるとする．（ヒント $q_r=(K/\mu)(\partial p/\partial r)$, $r q_r = r_m q_{c1}$ から出発し，関係式 $q_{c1}/q_1 = (L/r_m)/\ln(1+L/r_m)$ を求めるとよい．）

9・18** 球形濾材の外面（半径 r_m）を濾過面として定圧濾過を行った場合の濾過速度を q_{s1} とし，濾過面が平面の場合の濾過速度を q_1 とする．同じケーク厚さ L が得られた瞬間におけるそれぞれの濾過速度 q_{s1} および q_1 の間に関係式 $q_{s1}/q_1 = 1+(L/r_m)$ が成り立つことを示せ．ただし，濾過ケークは非圧縮性であるとする．（ヒント $q_r=(K/\mu)(\partial p/\partial r)$, $r^2 q_r = r_m^2 q_{s1}$ から出発するとよい．）

9・19 過飽和濃度 200 mol/m³-H₂O の過飽和溶液中で非常に小さな結晶種を 0.8 g まで成長させるのに要する時間を求めよ．ただし，拡散過程の物質移動係数と表面集積過程の速度係数は等しく，7.2×10^{-6} kg/(m²·s·(mol/m³-H₂O)) である．また，結晶の比重は 2.49，結晶形状は立方体である．

9・20 回分攪拌槽型晶析装置を用いて，粒径 0.2 mm の結晶種から均一粒径 0.8 mm の結晶を一日に 2×10^4 kg 生産する場合に必要な装置容積を求めよ．ただし，原料供給や結晶取り出しなどに要する時間は 1.5 h，結晶の線成長速度は 4×10^{-8} m/s，密度は 1.6×10^3 kg/m³，操作最小空隙率は 0.8 とする．

第10章 攪拌・混合

10.1 攪拌槽の構成

攪拌槽の最も基本的な構成を図 10・1 に示す．円筒槽の中心に攪拌翼を取り付け，モーターで翼を回転することにより槽内流体を攪拌するよう構成される．攪拌槽は通常円筒皿底または円筒平底であるが，ときには角型槽を用いることもある．ガス吹き込み攪拌の場合には，スパージャーを攪拌翼の下部に取り付けるのが普通である．攪拌翼の主要なものを図 10・2 に示す．パドル，タービン，プロペラ翼は主に低粘度液攪拌用として用いられる．パドル翼は翼径と槽径の比が 0.5〜0.9 と大きなところで用いられ，翼先端速度は 3 m/s 以下で使用されることが多い．ある程度の高粘度液にまで使用可能である．

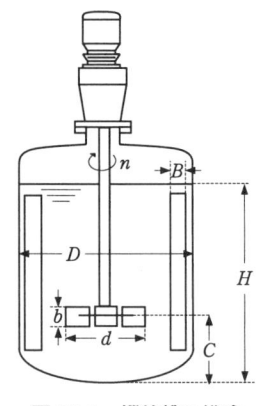

図 10・1 攪拌槽の構成

タービン翼は翼径と槽径の比が 0.3〜0.5 の範囲が普通で，翼先端速度は 8 m/s 以下が多い．気液系や液液系の攪拌に使用されることが多い．プロペラ翼は翼径と槽径の比が 0.2〜0.4 と小さく，翼先端速度で 10〜16 m/s で使用されることが多い．図 10・2 の中で，アンカー，ヘリカルリボン翼は主に高粘度液攪拌用として用いられる．他にも近年日本の各メーカーによって開発された，低動力で広い粘度範囲において適用可能な，2 枚羽根 2 段パドル翼を基本とした多種の攪拌翼があり，多品種少量生産に有効である．

攪拌における主要変数　攪拌槽の設計上主要な寸法は，攪拌翼径 d [m]，翼幅 b [m]，翼の羽根枚数 n_p，槽径 D [m]，液深さ H [m]，邪魔板幅 B [m]，邪魔板枚数 n_B である．また，操作条件としては，翼の回転数 n [s^{-1}] のみである．攪拌に関する物性値の主なものは攪拌液の密度 ρ [kg/m^3] と粘度 μ [Pa・s] である．

パドル　タービン　プロペラ　アンカー　ヘリカルリボン

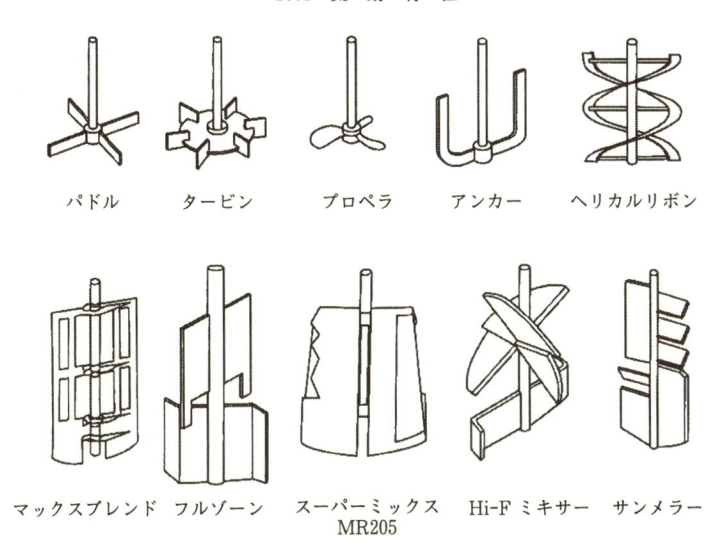

マックスブレンド　フルゾーン　スーパーミックス MR205　Hi-F ミキサー　サンメラー

図10・2　攪拌翼の種類

10.2　流　動　特　性

（1）　攪拌 Reynolds 数と Froude 数　攪拌系の代表寸法として攪拌翼径 d を用い，攪拌系の Reynolds 数と Froude 数を次のように定義する．

$$Re \equiv d(nd)\rho/\mu = nd^2\rho/\mu \tag{10・1}$$

$$Fr \equiv (nd)^2/dg = n^2d/g \tag{10・2}$$

ここで，(nd) は攪拌系の代表速度であり，g は重力加速度である．

（2）　層流と乱流　Re 数が小さいとき，攪拌槽内の流れは層流状態にあり，Re 数が大きいとき乱流状態にある．層流から乱流への遷移は，攪拌槽径と翼径の比 D/d によって異なるが，だいたい $Re = 10 \sim 10^2$ の範囲である．

（3）　旋回流速度分布と固体的回転半径　乱流条件下にある邪魔板なし攪拌槽内の旋回流速度 u_t [m/s] は，次式で近似される．

$$u_t = 2\pi nr \qquad (0 \leq r \leq r_c)$$

$$u_t = 2\pi nr_c(r_c/r)^m \qquad (r_c \leq r \leq D/2) \tag{10・3}$$

ここで，r_c は固体的回転半径とよばれ，槽中心からの距離 r が $r \leq r_c$ では旋回流の角速度は翼の回転角速度と同じであり，$r \geq r_c$ では $m = 0.8$ と近似されることが多い．固体的回転半径 r_c は翼寸法や Re 数によって変わる．r_c [m] の推算式

として永田による次式がある．

$$2r_c/d = 1.23\{0.57 + 0.35(d/D)\}$$
$$\times (b/D)^{0.036} n_p^{0.116} Re/(10^3 + 1.43 Re) \quad (10 \cdot 4)$$

Re 数が小さいとき，固体的回転部は消滅することがわかる．また，邪魔板付き攪拌槽では，乱流域でも固体的回転部は小さいか，ほとんど現れない．

（4）中心部液面低下と槽壁部液面上昇
邪魔板のない攪拌槽において，攪拌速度を大きくとると，中心部の自由液面は低下してガス吸い込みを起こしたり，槽壁部で液面上昇を起こして液が槽外にあふれ出ることがある．静止液面からの中心部液面低下量 ΔH_1 [m] と槽壁部液面上昇量 ΔH_2 [m] は，前項の旋回流速度分布 ($m=1$) を用いて，近似的に次式で表される．

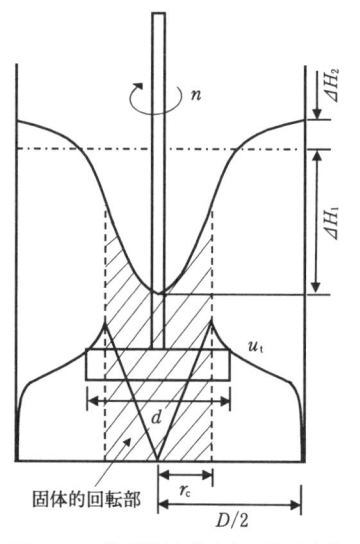

図10・3 旋回流速度分布と液面変位

$$\Delta H_1 = \pi^2 d \cdot Fr \cdot \left(\frac{2r_c}{d}\right)^2 \left[1 - \left(\frac{2r_c}{D}\right)^2 \left\{\ln\left(\frac{D}{2r_c}\right) + \frac{3}{4}\right\}\right] \quad (10 \cdot 5)$$

$$\Delta H_2 = \pi^2 d \cdot Fr \cdot \left(\frac{2r_c}{d}\right)^2 \left(\frac{d}{D}\right)^2 \left\{\ln\left(\frac{D}{2r_c}\right) + \frac{1}{4}\right\} \quad (10 \cdot 6)$$

ここで，液面形状は Fr 数に影響されることがわかる．

（5）循環流量と吐出流量 槽内にデッドスペースをなくし，流体を素早く混合するためには，攪拌液の適度な循環が必要である．循環流量 q_c [m³/s] は，後述する混合時間に関係深い循環時間 T_c [s] と次の関係にある．

$$q_c = V/T_c \quad (10 \cdot 7)$$

ここで，V [m³] は槽内の液体の体積である．無次元数としての循環流量数 N_{qc} は次式で定義される．

$$N_{qc} \equiv q_c/(nd^3) \quad (10 \cdot 8)$$

一方，攪拌翼先端から吐出される吐出流量 q_d [m³/s] は，循環流を引き起こす要因となる流量として重要であり，その無次元数である吐出流量数 N_{qd} は次式

10.2 流動特性

で定義される．

$$N_{qd} \equiv q_d/(nd^3) \tag{10・9}$$

N_{qd} の Re 数依存性の一例を図 10・4 に示す．

乱流条件下では，N_{qd} と N_{qc} の間に大略次の関係がある．

$$N_{qc} = N_{qd}[1+0.16\{(D/d)^2-1\}] \tag{10・10}$$

また，後述する動力数 N_P と N_{qd} の間に大略次の関係が成立する．

$$N_{qd} = 0.32(n_p^{0.7}b/d)^{0.25}(D/d)^{0.34}N_P^{0.5} \tag{10・11}*$$

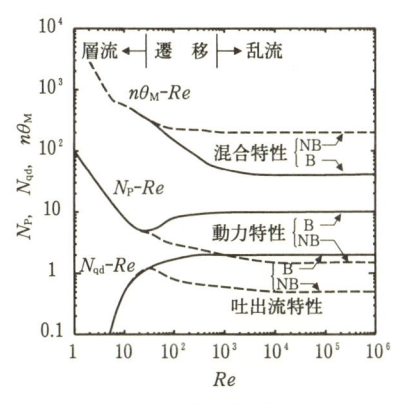

図 10・4　攪拌特性曲線

例題 10・1　内径 1.5 m の円筒槽内に，比重 1.0，粘度 0.02 Pa・s の液を入れ，翼径 0.4 m の 2 枚羽根パドル翼を用いて 60 rpm で攪拌したときの Re 数および Fr 数を求め，攪拌状態を判断せよ．

（解）$d = 0.4$ m，$\rho = 1000$ kg/m^3，$\mu = 0.02$ Pa・s，$n = (60/60) = 1$ s^{-1} を（10・1）式および（10・2）式に代入する．$Re = (1)(0.4)^2(1000)/(0.02) = 8 \times 10^3$，$Fr = (1)^2(0.4)/(9.8) = 0.04$，攪拌状態は Re 数が 8×10^3 であり，乱流である．

例題 10・2　内径 2 m の円筒槽内に常温の水を入れ，翼径 0.6 m，翼幅 0.2 m の 4 枚羽根パドル翼で 90 rpm で攪拌した場合の中心部液面低下量と槽壁部液面上昇量を求めよ．

（解）水の物性値は $\rho = 1000$ kg/m^3，$\mu = 0.001$ Pa・s とする．$Re = (90/60)(0.6)^2 \times (1000)/(0.001) = 5.4 \times 10^5$，$Fr = (90/60)^2(0.6)/(9.8) = 0.138$．固体的回転半径 r_c は（10・4）式より，

$$r_c = 1.23\left\{0.57+0.35\left(\frac{0.6}{2}\right)\right\}\left(\frac{0.2}{2}\right)^{0.036}(4)^{0.116}\frac{(5.4 \times 10^5)}{10^3+1.43(5.4 \times 10^5)} \times \frac{0.6}{2} = 0.188 \text{ m}$$

したがって，液面低下 ΔH_1，液面上昇 ΔH_2 は，（10・5）および（10・6）式より

$$\Delta H_1 = \pi^2(0.6)(0.138)\left(\frac{2 \times 0.188}{0.6}\right)^2\left[1-\left(\frac{2 \times 0.188}{2}\right)^2\left\{\ln\left(\frac{2}{2 \times 0.188}\right)+\frac{3}{4}\right\}\right] = 0.29 \text{ m}$$

$$\Delta H_2 = \pi^2(0.6)(0.138)\left(\frac{2 \times 0.188}{0.6}\right)^2\left(\frac{0.6}{2}\right)^2\left\{\ln\left(\frac{2}{2 \times 0.188}\right)+\frac{1}{4}\right\} = 0.055 \text{ m}$$

---

*) Hiraoka et al : *J. Chem.. Eng. Japan*, **36**, 187 (2003)

例題 10・3　内径 2 m の円筒槽内に液深さ 2 m まで水を張り，翼径 0.6 m，翼幅 0.12 m の 6 枚羽根パドル翼で 60 rpm で攪拌した場合の，液の循環流量および平均循環時間を求めよ．ただし，動力数 $N_P=6.7$ とする．

（解）　$D/d=2/0.6=3.33$, $H/D=2/2=1$, $n_p^{0.7}b/d=(6)^{0.7}(0.12)/0.6=0.70$,
(10・11) 式より，$N_{qd}=(0.32)(0.70)^{0.25}(3.33)^{0.34}(6.7)^{0.5}=1.14$,
循環流量数 N_{qc} は (10・10) 式より，$N_{qc}=(1.13)[1+(0.16)\{(3.33)^2-1\}]=2.98$,
したがって，循環流量 q_c および循環時間 T_c は (10・7), (10・8) 式より，

$$q_c=N_{qc}\cdot nd^3=(2.95)(60/60)(0.6)^3=0.64 \text{ m}^3/\text{s}$$
$$T_c=V/q_c=(\pi/4)(2)^2(2)/(0.64)=9.8 \text{ s}$$

10.3　攪拌所要動力

（1）攪拌所要動力と動力数　攪拌槽内に流れを引き起こすためのエネルギーは，モーターのトルクを攪拌翼に伝えることにより与えられる．攪拌翼が回転数 n [s^{-1}] で回転しているとき，単位時間当たり液に与えられるエネルギーすなわち攪拌所要動力 P [W] は，攪拌軸のトルク T [N・m] より次式で求められる．

$$P=2\pi nT \qquad (10\cdot12)$$

攪拌所要動力に関する無次元数 N_P は動力数とよばれ，次式で定義される．

$$N_P=P/(\rho n^3 d^5) \qquad (10\cdot13)$$

（2）動力特性　攪拌所要動力は，槽および翼の形状・寸法および攪拌される液の性質によって変わるが，一つの攪拌槽が与えられたとき，動力数 N_P は Re 数と Fr 数のみの関数として表すことができる．通常 Fr 数の影響は小さいので，N_P は Re 数のみの関数として表すことができる．図 10・4 に N_P-Re 曲線の一例を示す．低 Re 数域では N_P は Re 数に逆比例する．一方，高 Re 数域では，邪魔板のないとき (NB)，N_P は Re 数の増加とともにやや減少する傾向を示し，邪魔板付きのとき (B)，N_P は Re 数に関係なく一定値をとる．この N_P-Re 曲線は，どんな形状・寸法の攪拌槽についても類似の傾向を示す．

（3）完全邪魔板条件　高 Re 数域での攪拌において，邪魔板を挿入したとき，邪魔板の枚数 n_B と幅 B [m] を適当に選ぶことにより最大の攪拌所要動力を得る条件が与えられる．これを完全邪魔板条件とよび，その条件は次式を満足する．

$$(B/D)n_B^{0.8} = 0.27 N_{Pmax}^{0.2} \qquad (10\cdot14)^*$$

ここで，N_{Pmax} は完全邪魔板条件での動力数である．

（4） 攪拌所要動力の推算式　攪拌所要動力の推算式としてはパドル翼に関する永田の式がある．邪魔板なしの場合には

$$N_P = \frac{A}{Re} + B\left(\frac{10^3 + 1.2Re^{0.66}}{10^3 + 3.2Re^{0.66}}\right)^p \left(\frac{H}{D}\right)^{(0.35+b/D)} \qquad (10\cdot15)$$

ここで，
$$A = 14 + (b/D)\{670(d/D - 0.6)^2 + 185\}$$
$$B = 10^{\{1.3 - 4(b/D - 0.5)^2 - 1.14(d/D)\}}$$
$$p = 1.1 + 4(b/D) - 2.5(d/D - 0.5)^2 - 7(b/D)^4$$

羽根枚数 n_p が2以外の場合には，羽根枚数と羽根幅の積 $(n_p \cdot b)$ が同じである2枚羽根パドル翼，すなわち羽根幅 $b' = (n_p \cdot b)/2$ の2枚羽根パドル翼として (10・15) 式を用いて攪拌所要動力を求めることができる．この手法は2段翼についても用いることができる．ただし，b'/H が1を超えるような場合にはより正確な推算式を用いるよう注意が必要である．

完全邪魔板条件での動力数 N_{Pmax} は，次式で計算される．

$$N_{Pmax} = \begin{cases} 10(n_p^{0.7} b/d)^{1.3} & n_p^{0.7} b/d \leq 0.54 \\ 8.3(n_p^{0.7} b/d) & 0.54 < n_p^{0.7} b/d \leq 1.6 \\ 10(n_p^{0.7} b/d)^{0.6} & 1.6 < n_p^{0.7} b/d \end{cases} \qquad (10\cdot16)^*$$

緩い邪魔板条件から完全邪魔板条件まで任意の邪魔板付き攪拌槽の所要動力は次式で推算できる．

$$N_P = [(1 + x^{-3})^{-1/3}] N_{Pmax} \qquad (10\cdot17)^*$$
$$x = 4.5(B/D) n_B^{0.8}(H/D)/N_{Pmax}^{0.2} + N_{P0}/N_{Pmax}$$

ここで，N_{Pmax} は（10・16）式の完全邪魔板条件における動力数である．N_{P0} は邪魔板なしの場合の動力数である．ただし，この式で計算された N_P が N_{P0} より小さい場合は N_{P0} が邪魔板付き攪拌槽の動力数となる．

例題 10・4　内径3mの円筒槽に比重1.1，粘度0.2Pa·sの液体を4mの深さまで入れ，これを翼径1m，翼幅0.25mの6枚羽根タービン翼を上下2段に取り付けて60rpmで攪拌する場合の攪拌所要動力を，邪魔板なしの場合および完全邪魔板条件の場

---

*）亀井ら：化学工学論文集，**22**, 249（1996）

合について推算せよ.

(解) 相当羽根幅 $b' = (n_p \cdot b/2) \times (段数) = (6 \times 0.25/2) \times 2 = 1.5 \,\mathrm{m}$
邪魔板なしの場合の動力数は (10・15) 式より,

$$N_P = \frac{130}{5500} + 8.33 \left(\frac{10^3 + 1.2(5500)^{0.66}}{10^3 + 3.2(5500)^{0.66}} \right)^{2.59} \times \left(\frac{4}{3} \right)^{0.35+0.5} = 4.36$$

ただし
$$A = 14 + (0.5)\{670(0.333-0.6)^2 + 185\} = 130$$
$$B = 10^{\{1.3-4(0.5-0.5)^2-1.14(0.333)\}} = 8.33$$
$$p = 1.1 + 4(0.5) - 2.5(0.333-0.5)^2 - 7(0.5)^4 = 2.59$$

したがって,攪拌所要動力 P は (10・13) 式より,
$$P = N_P \cdot \rho n^3 d^5 = (4.36)(1100)(60/60)^3(1)^5 = 4800 \,\mathrm{W}$$

完全邪魔板条件の場合には (10・16) 式より,
$n_p^{0.7} b/d = (6)^{0.7}(0.25)/(1.0) = 0.88$ となり,$0.54 < 0.88 < 1.6$ であるので,
$$N_{P\max} = 8.3(n_p^{0.7} b/d) = (8.3)(0.88) = 7.3$$

2 段であるから,動力数は 2 倍となり $N_{P\max} = 14.6$,
$$P_{\max} = N_{P\max} \cdot \rho n^3 d^5 = (14.6)(1100)(1)^3(1)^5 = 16060 \,\mathrm{W} = 16.1 \,\mathrm{kW}.$$

例題 10・5 槽径の 1/10 の幅の邪魔板を 4 枚取り付けた内径 2 m の円筒槽に比重 1.0,粘度 0.2 Pa·s の液体を 2 m の深さまで入れ,これを翼径 1 m,翼幅 0.25 m の 6 枚羽根タービン翼を槽中心に取り付けて 60 rpm で攪拌する場合の動力数を推算せよ. ただし,邪魔板なしの場合の動力数 N_{P0} は 1.38 とする.

(解) (10・16) 式より,
$n_p^{0.7} b/d = (6)^{0.7}(0.25)/1.0 = 0.88$ となり,$0.54 < 0.88 < 1.6$ であるので,
$$N_{P\max} = 8.3(n_p^{0.7} b/d) = (8.3)(0.88) = 7.3$$
$N_{P0} = 1.38$, $B = 0.2 \,\mathrm{m}$, $D = 2 \,\mathrm{m}$, $H = 2 \,\mathrm{m}$, $n_b = 4$ であるので,(10・17) 式より,
$$x = 4.5(0.2/2)(4)^{0.8}(2/2)/(7.3)^{0.2} + 1.38/7.3 = 1.11$$
$$N_P = [\{1 + (1.11)^{-3}\}^{-1/3}](7.3) = 6.1$$

10.4 混合性能

(1) 混合時間 混合時間 θ_M [s] とは,攪拌槽に異種の流体を投入した後,目的に合った均一度に到達するまでに要する時間と定義される.無次元混合時間 $n\theta_M$ の値は層流域と乱流域では異なるが,攪拌系が与えられたとき,それぞれの領域でほぼ一定値を示す.ただし,Re 数が極端に小さいとき,槽内にデッドスペースができ,混合時間は無限大に近づく(図 10・4 参照).

(2) 混合時間の推算 乱流条件下での混合時間は,攪拌翼の循環流量(ま

たは吐出流量）と乱流状態によって影響される．混合時間に関する無次元相関式として次式がある．

$$\frac{1}{n\theta_\mathrm{M}} = 0.092\left\{\left(\frac{d}{D}\right)^3 N_\mathrm{qd} + 0.21\left(\frac{d}{D}\right)\left(\frac{N_\mathrm{P}}{N_\mathrm{qd}}\right)^{1/2}\right\}\{1-e^{-13(d/D)^2}\} \quad (10\cdot 18)$$

ここで，右辺第 1 項は循環流の混合作用，第 2 項は乱流による混合作用を意味している．

高粘度液の混合操作は層流域の操作となる．各種高粘度用攪拌翼の特性も含めて，層流域での混合時間の大略の値は図 10・5 より読みとることができる．ここで，基準値の推算式は次式で表される．

$$\frac{1}{n\theta_\mathrm{M}} = (9.8 \times 10^{-5})\left(\frac{d^3}{D^2H}\right)(N_\mathrm{P}\cdot Re) \quad (10\cdot 19)$$

例題 10・6 内径 2 m の円筒槽内に蒸留水を内径と等しい深さまで入れ，翼径 0.75 m，翼幅 0.15 m の 6 枚羽根タービン翼を用いて攪拌する．塩水溶液を少量投入して均一なる混合が 2 分 15 秒以内で完了するための攪拌機の回転数を求めよ．ただし，邪魔板付き攪拌槽であり，動力数 $N_\mathrm{P}=8.5$ とする．

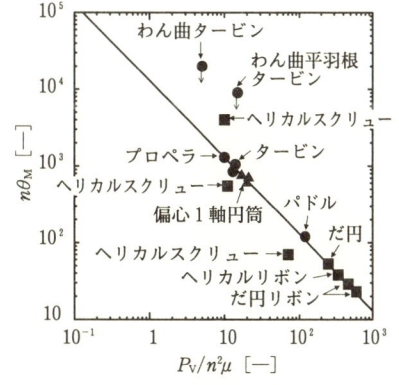

図 10・5 層流域の混合性能

（解） $D/d=2/0.75=2.67$, $H/D=2/2=1$, $n_\mathrm{p}^{0.7}b/d=(6)^{0.7}(0.15)/0.75=0.70$, したがって，(10・11) 式より，

$$N_\mathrm{qd} = (0.32)(0.70)^{0.25}(2.67)^{0.34}(8.5)^{0.5} = 1.19$$

無次元混合時間 $n\theta_\mathrm{M}$ は (10・18) 式より，

$$\frac{1}{n\theta_\mathrm{M}} = 0.092\left\{\left(\frac{0.75}{2}\right)^3(1.19) + 0.21\left(\frac{0.75}{2}\right)\left(\frac{8.5}{1.19}\right)^{1/2}\right\}\{1-e^{-13(0.75/2)^2}\} = 0.0211$$

したがって，$\theta_\mathrm{M}=135\,\mathrm{s}$（2 分15秒）の場合の攪拌速度は，

$$n = (n\theta_\mathrm{M})/\theta_\mathrm{M} = (1/0.0211)/135 = 0.351\,\mathrm{s}^{-1} \quad (=21\,\mathrm{rpm})$$

10.5 スケールアップ

小型のモデル槽の状態と同じ攪拌効果を，大型槽の実機で実現するための設計基準を得ることをスケールアップという．通常，小型槽と大型槽の幾何形状を同

一にしてスケールアップすることが多いので，ここでは2槽は相似形であり，すべての寸法比は一定とする．

(1) 力学的相似 大小2つの槽内の流動状態を同一に保つためには(10・1)式と(10・2)式で定義される Re 数と，Fr 数を一定に保たなければならない．すなわち，

$$\left.\begin{array}{l}Re_1 \equiv n_1 d_1^2 \rho_1/\mu_1 = n_2 d_2^2 \rho_2/\mu_2 \equiv Re_2 = 一定 \\ Fr_1 \equiv n_1^2 d_1/g = n_2^2 d_2/g \equiv Fr_2 = 一定\end{array}\right\} \quad (10\cdot20)$$

ここで，添字1および2はそれぞれ小型槽および大型槽を意味する．(10・20)式より大型槽と小型槽の回転数比および物性値の比は次式で与えられる．

$$\frac{n_2}{n_1} = \left(\frac{d_1}{d_2}\right)^{1/2}, \quad \frac{(\mu_2/\rho_2)}{(\mu_1/\rho_1)} = \left(\frac{d_2}{d_1}\right)^{3/2} \quad (10\cdot21)$$

これより，大小二つの槽に同一の攪拌液を用いるかぎり，力学的相似は実現されないことを意味している．

(2) P_V=一定 槽の大小にかかわらず，攪拌液の単位体積当たりに加えられる動力 P_V が同一のとき同一の攪拌効果が保たれる，という考えに基づいてスケールアップする．単位体積当たりの攪拌所要動力 P_V [W/m³] は次式で与えられる．

$$P_V = P/V = P/\{(\pi/4)D^2H\} \quad (10\cdot22)$$

ここで，V [m³] は攪拌液の全体積である．P_V=一定の条件の下で，大小二つの攪拌槽の攪拌所要動力の間には次式が成立する．

$$P_{V1} \equiv P_1/\{(\pi/4)D_1^2H_1\} = P_2/\{(\pi/4)D_2^2H_2\} \equiv P_{V2} = 一定 \quad (10\cdot23)$$

さらに，大小2つの槽が幾何学的相似であることを考慮すると，(10・23)式は次式に書き換えられる．

$$P_1/d_1^3 = P_2/d_2^3 \quad (10\cdot24)$$

簡単のために邪魔板付き攪拌槽を考える．このとき乱流条件下では図10・4より，動力数 N_P は Re 数に無関係に一定であるので，大小2つの槽の動力数の間には次式が成立する．

$$N_{P1} \equiv P_1/\rho_1 n_1^3 d_1^5 = P_2/\rho_2 n_2^3 d_2^5 \equiv N_{P2} = 一定 \quad (10\cdot25)$$

(10・24)式と(10・25)式より次式を得る．

$$n_2/n_1 = (d_1/d_2)^{2/3} \tag{10・26}$$

ここで，攪拌液は大小 2 つの槽とも同一と考えている．(10・26) 式より，大型槽では小型槽の回転数 n_1 の $(d_1/d_2)^{2/3}$ 倍の回転数で操作すればよいことになる．

例題 10・7 内径 0.3 m の円筒槽に，0.45 m の深さまで水を入れ，翼径 0.1 m，翼幅 0.03 m の 6 枚羽根タービン翼を 300 rpm で攪拌したテスト結果が良好であった．この結果を実装置 10 m³ の攪拌槽で同様な結果を出すための攪拌翼の回転数および翼形状を $P_V =$ 一定なる条件にて求めよ．

(解) テスト装置の幾何形状は，$d_1/D_1=1/3$，$H_1/D_1=1.5$，$b_1/D_1=0.1$，実装置の槽径は $V_2=(\pi/4)D_2^2 H_2$ より，$D_2=[V_2/(\pi/4)(H_2/D_2)]^{1/3}=[(10)/(\pi/4)(1.5)]^{1/3}=2$ m．したがって，実装置の寸法は次のようになる．翼径 $d_2=(2)(1/3)=0.667$ m，翼幅 $b_2=(2)(0.1)=0.2$ m，液深さ $H_2=(2)(1.5)=3$ m．回転数は (10・26) 式より

$$n_2 = n_1(d_1/d_2)^{2/3} = (300/60)(0.1/0.667)^{2/3} = 1.41 \text{ s}^{-1} = 85 \text{ rpm}$$

10.6 攪拌槽伝熱

攪拌槽内の流体を加熱または冷却するために，槽壁にジャケットを取り付けるかコイル管を挿入する方法がとられる．一般には槽壁にジャケットを取り付けることが多い．

(1) 攪拌槽壁伝熱係数 攪拌槽壁伝熱係数 h_j [W/(m²・K)] は次式で定義される．

$$Q = h_j A (T_b - T_w) \tag{10・27}$$

ここで，Q [W] は伝熱速度，A [m²] は伝熱面積（ジャケットが取り付けてある槽壁の面積），T_b および T_w [K] はそれぞれ攪拌液温度および槽壁温度である．

(2) 伝熱係数の相関式 乱流条件下にある攪拌槽の槽壁伝熱係数は次のような無次元式で整理される．

$$\left(\frac{h_j D}{\kappa}\right) = K \left(\frac{n d^2 \rho}{\mu}\right)^{2/3} \left(\frac{c_p \mu}{\kappa}\right)^{1/3} \left(\frac{\mu}{\mu_w}\right)^{0.14} \tag{10・28}$$

ここで，$h_j D/\kappa \equiv Nu$ は攪拌槽の Nusselt 数，$c_p \mu/\kappa \equiv Pr$ は攪拌液の Prandtl 数であり，κ [W/(m・K)] は液の熱伝導度，c_p [J/(kg・K)] は液の比熱，μ_w [Pa・s] は槽壁温度 T_w での液粘度である．μ_w 以外の物性値はすべて内部液体の温度 T_b における値を用いる．比例定数 K は攪拌翼形状によって変わるが，大略の値

は図10・6より読みとれる.

邪魔板無し撹拌槽が乱流域で操作されている場合,槽壁伝熱係数は単位体積当たりの撹拌所要動力 P_V を用いて概略次式で推算することができる.

$$h_j/\rho c_p = 0.13(P_V\mu/\rho^2)^{1/4}Pr^{-2/3} \quad (10\cdot29)^*$$

例題 10・8 内径 2 m のジャケット付き円筒槽に,内径と同じ深さに 20 ℃ の水を入れ,翼径 0.8 m,翼幅 0.13 m の 6 枚羽根タービン翼を上下 2 段に取り付けて,60 rpm で撹拌している.ジャケット側に加熱用温水を通した場合の伝熱速度を求めよ.ただし,槽壁温度は 50 ℃ とし,ジャケットの伝熱面積は 12 m² とする.

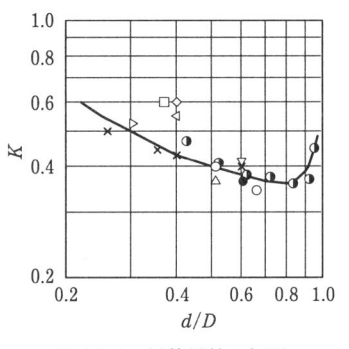

図 10・6 伝熱係数の相関

(解) 20 ℃ の水の物性は, $\rho=1000\,\text{kg/m}^3$, $\mu=0.001\,\text{Pa·s}$, $\kappa=0.60\,\text{W/(m·K)}$, $c_p=4200\,\text{J/(kg·K)}$ である.また,50 ℃ における水の粘度は $\mu_w=0.00055\,\text{Pa·s}$ であり, $\mu/\mu_w=(0.001)/(0.00055)=1.82$ となる.また, $d/D=(0.8)/(2.0)=0.4$ での比例定数 K の値は,図10・6より読みとると, $K=0.45$ を得る.これらの値を (10・28) 式に代入すると,

$$h_j = 0.45\left(\frac{(60/60)(0.8)^2(1000)}{0.001}\right)^{2/3}\left(\frac{(4200)(0.001)}{0.60}\right)^{1/3}(1.82)^{0.14}\times\frac{0.60}{2} = 2090\,\text{W/(m}^2\text{·K)}$$

したがって,伝熱速度 Q は (10・27) 式より, $Q=(2090)(12)(50-20)=7.52\times10^5\,\text{W}$

10.7 気液系の撹拌

気液系の撹拌は,通常,撹拌翼下方にガスを吹き込むことにより操作される.

(1) ガス吹き込み時の撹拌所要動力 ガス吹き込み時の撹拌所要動力(通気撹拌動力) $P_g\,[\text{W}]$ は,撹拌翼板背面にキャビティーが生じることによって撹拌作用の低下が起きるため,ガス吹き込みがない場合の撹拌所要動力 $P_0\,[\text{W}]$ に比して低下する.低下の割合は通気量 $Q_g\,[\text{m}^3/\text{s}]$ が多くなるほど大きくなるが,低下の傾向は撹拌翼の種類によって異なる. P_g/P_0 に対する無次元通気量 $N_A\equiv Q_g/(nd^3)$ の影響を図10・7に示す.通常は,通気支配になる(フラッディング)状態をさけて $P_g/P_0>0.6$ の範囲で操作される.

(2) ガス吹き込み時の物質移動容量係数 ガス吹き込み時の物質移動は,

---

*) Calderbank and MooYoung: *Chem. Eng. Sci*, **16**, 39 (1961)

10.7 気液系の攪拌

気液界面の液側の物質移動抵抗に支配される．タービン翼による水－空気系気液攪拌における物質移動容量係数 $K_L a$ [s^{-1}] は，常温で概略次式で表される．

$$K_L a = 2 \times 10^{-4} P_{aV}(P_{gV}/P_{aV} + 0.33)^{0.5} \quad (10 \cdot 30)^*$$

ここで，$P_{aV} (\equiv \rho_f g V_s)$ [W/m^3] は単位容積当たりの通気動力，P_{gV} [W/m^3] は通気時の単位体積当たりの攪拌所要動力，ρ_f [kg/m^3] は液の密度，V_s [m/s] は空塔ガス速度である．一方，培養液のような比較的粘度が高い液に対しては次式が使用できる．

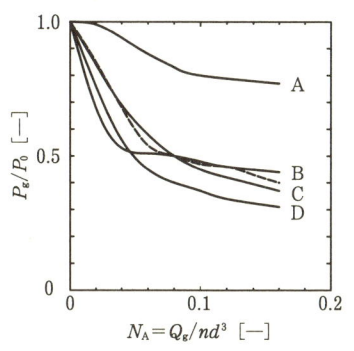

$$K_L a = (K_L a)_a + (K_L a)_g \quad (10 \cdot 31)^{**}$$
$$(K_L a)_a = 0.039 P_{aV} \mu^{-1/3} \sigma^{-2/3} D_L^{1/2}$$
$$(K_L a)_g = 0.12 P_{aV}^{0.12} P_{gV}^{0.70} \mu^{-0.25} \sigma^{-0.6} D_L^{1/2}$$

ここで，σ [N/m] は表面張力であり，D_L [m^2/s] は対象とする物質の液相拡散係数である．

A：コンケーブディスクタービン，B：傾斜ディスクタービン，C：カーブドディスクタービン，D：標準ディスクタービン，破線：標準ディスクタービン（2段）
装置条件：$d/D=0.3$, $H/D=1.5$, $n_p=6$, $V_{tip}=4.0$ m・s^{-1}
（化学工学会編：化学工学便覧改訂第6版より）

図10・7 気液攪拌での攪拌所要動力

例題10・9 内径1.5mの完全邪魔板条件の円筒槽に，25℃の水（密度1000 kg/m^3，粘度0.001 Pa・s）を槽径と等しい深さまで入れ，槽底部より空気を1 min当たり液容量の1/5吹き込み，翼径0.5m，翼幅0.1mの標準6枚羽根タービン翼で120 rpmで攪拌した場合の攪拌所要動力および酸素の吸収速度を求めよ．

(解) 攪拌液の体積 $V = (\pi/4)(1.5)^2(1.5) = 2.65$ m^3 より，

通気量　$Q_g = 2.65/5 = 0.530$ m^3/min $= 0.00884$ m^3/s,

無次元通気量　$N_A = (0.00884)/\{(120/60)(0.5)^3\} = 0.0353$.

図10・7の曲線Dより，$P_g/P_0 = 0.55$ であり，また無通気時の攪拌所要動力 P_0 は，$n_p^{0.7} b/d = (6)^{0.7}(0.1)/0.5 = 0.70$ となり，$0.54 < 0.70 < 1.6$ であるので，

$N_{Pmax} = 8.3(n_p^{0.7} b/d) = (8.3)(0.70) = 5.81$, $P_0 = (5.81)(1000)(120/60)^3(0.5)^5 = 1453$ W

を得る．

よって，$P_g = (0.55)(1453) = 799$ W．次に，単位体積当たりの通気攪拌所要動力 P_{gV}

---

*) 佐藤ら：化学工学論文集，**15**, 733（1989）
) Hiraoka et al：*J. Chem. Eng. Japan*, **36, 333（2003）

および通気動力 P_{aV} は

$P_{gV} = (799)/(2.65) = 301\,\mathrm{W/m^3}$, $P_{aV} = (1000)(9.8)\{(0.00884)/(\pi/4)(1.5)^2\} = 49.0\,\mathrm{W/m^3}$.

(10・30) 式より物質移動容量係数 $K_L a$ は,

$$K_L a = (2\times 10^{-4})(49.0)(301/49.0 + 0.33)^{0.5} = 0.0250\,\mathrm{s^{-1}}$$

空気の酸素分圧を $0.21\times 10^5\,\mathrm{Pa}$ として,第5章より酸素の平衡濃度 $C_{O_2}{}^*\,[\mathrm{mol/m^3}]$ を求めると,

$$C_{O_2}{}^* = \{(0.21\times 10^5)/(4.44\times 10^9)\}\{1000/(18\times 10^{-3})\} = 0.263\,\mathrm{mol/m^3}$$

したがって,攪拌液の酸素濃度を零として,吸収速度 $N_{O_2}\,[\mathrm{mol/s}]$ は

$$N_{O_2} = K_L a \cdot V \cdot C_{O_2}{}^* = (0.0250)(2.65)(0.263) = 0.017\,\mathrm{mol/s}$$

10.8 固液系の攪拌

(1) 固液系での攪拌所要動力 邪魔板付き攪拌槽での固液系攪拌の場合において,固体粒子濃度があまり大きくないとき,見掛け密度 $\rho_m\,[\mathrm{kg/m^3}]$ を用いることにより,均相系攪拌の攪拌所要動力推算式を用いることができる.

$$\rho_m = \phi \rho_s + (1-\phi)\rho_f \qquad (10\cdot 32)$$

ここで,ρ_s および $\rho_f\,[\mathrm{kg/m^3}]$ はそれぞれ固体粒子密度および液の密度であり,ϕ は固体粒子の容積分率である.

(2) 固液攪拌での粒子浮遊限界速度 固液攪拌において,固体粒子を完全に懸濁させるための必要最小限の回転数 n_c を予測する必要がある.$n_c\,[\mathrm{s^{-1}}]$ に関して Zwietering の相関式がある.

$$n_c = S\nu^{0.1} d_p^{0.2}(g\Delta\rho/\rho_f)^{0.45} X^{0.13} d^{-0.85} \qquad (10\cdot 33)$$

ここで,$\nu\,[\mathrm{m^2/s}]$ は液の動粘度,$d_p\,[\mathrm{m}]$ は粒子径,$g\,[\mathrm{m/s^2}]$ は重力加速度,$\Delta\rho \equiv \rho_s - \rho_f\,[\mathrm{kg/m^3}]$ は固体粒子と液の密度差,$\rho_f\,[\mathrm{kg/m^3}]$ は液の密度,X $[\mathrm{wt\%}]$ は固体粒子濃度,$d\,[\mathrm{m}]$ は翼径である.係数 S の値は,最も一般的な翼配置,すなわち,翼径 $d/D = 0.33$,翼と槽底の間隙 $C/D = 0.25$ に関して,タービン翼では 8 が,プロペラ翼では 6.6 が,また,$d/D = 0.5$ の 2 枚羽根パドル翼では 8 がそれぞれ与えられている.また,係数 S は翼径 d に概略逆比例する.

例題 10・10 槽径 1.2 m の円筒槽に,密度 $800\,\mathrm{kg/m^3}$,粘度 $0.002\,\mathrm{Pa\cdot s}$ の有機液体を 1.2 m の深さまで入れ,これを翼径 0.4 m のタービン翼を槽底より 0.3 m の位置に設置して,固体粒子 50 kg(粒子径 $60\,\mu\mathrm{m}$,密度 $4700\,\mathrm{kg/m^3}$)を懸濁させるために

必要な最小回転数を求めよ.

（解） $d/D=0.4/1.2=0.33$, $C/D=0.3/1.2=0.25$ であるから, (10・33) 式の係数に $S=8$ が与えられる. また, $\nu=0.002/800=2.5\times10^{-6}\,\mathrm{m^2/s}$,
$\Delta\rho=4700-800=3900\,\mathrm{kg/m^3}$, $X=50/\{50+800(\pi/4)(1.2)^2(1.2)\}=0.04=4\,\mathrm{wt\%}$
$n_\mathrm{c}=8(2.5\times10^{-6})^{0.1}(6\times10^{-5})^{0.2}\{(9.8)(3900)/(800)\}^{0.45}(4)^{0.13}(0.4)^{-0.85}=4.69\,\mathrm{s^{-1}}=281\,\mathrm{rpm}$

10.9 液液系の攪拌

（1） 液液系での攪拌所要動力　分散相のホールドアップがあまり大きくなく, 連続相に十分分散されている状態での攪拌所要動力は, 次式で計算される平均密度 $\rho_\mathrm{m}\,[\mathrm{kg/m^3}]$ と見掛け粘度 $\mu_\mathrm{a}\,[\mathrm{Pa\cdot s}]$ を用いることにより, 均相系の攪拌所要動力の推算法 (10・3 節) を用いて求めることができる.

$$\rho_\mathrm{m}=\phi\rho_\mathrm{d}+(1-\phi)\rho_\mathrm{c} \tag{10・34}$$

$$\mu_\mathrm{a}=\frac{\mu_\mathrm{c}}{1-\phi}\left(1-1.5\frac{\phi\mu_\mathrm{c}}{\mu_\mathrm{c}+\mu_\mathrm{d}}\right) \tag{10・35}$$

ここで, 添え字 d および c はそれぞれ分散相, 連続相を意味する. また, ϕ は分散相の体積分率である.

（2） Sauter 平均液滴径　Sauter 平均液滴径 (体面積平均径) d_{32} は, 液液系の接触界面積を推算するとき重要となる. 分散相のホールドアップがあまり大きくなく, 液滴分布が分散支配の状態にあるとき, $d_{32}\,[\mathrm{m}]$ はタービン翼について次式で推算することができる.

$$d_{32}/d=0.06(1+9\phi)We^{-0.6} \tag{10・36}$$

ここで, $We\,(=n^2d^3\rho_\mathrm{c}/\sigma)$ は Weber 数と呼ばれる無次元数であり, 回転数 n $[\mathrm{s^{-1}}]$, 翼径 $d\,[\mathrm{m}]$, 連続相の密度 $\rho_\mathrm{c}\,[\mathrm{kg/m^3}]$, 2 液相間の界面張力 $\sigma\,[\mathrm{N/m}]$ で構成される.

例題 10・11　テスト機で抽出試験を行うために, 槽径 30 cm の邪魔板付き円筒槽にトルエンの体積比が 1 ％の水－トルエン混合液を槽と同じ深さまで入れ, 翼径 15 cm, 翼幅 3 cm の 6 枚羽根タービン翼で 104 rpm で攪拌している. この場合の分散相の Sauter 平均液滴径および全液滴界面積を推算せよ. ここで, トルエン－水系の界面張力は 0.036 N/m である.

（解）　Weber 数は $We=(104/60)^2(0.15)^3(1000)/0.036=281$. したがって, (10・36) 式より, 平均液滴径は, $d_{32}=(0.06)\{1+(9)(0.01)\}(281)^{-0.6}(0.15)=3.33\times10^{-4}=333\,\mu\mathrm{m}$.

攪拌液単位体積当たりの界面積 $a\,[\mathrm{m^2/m^3}]$ は，トルエンの体積比 $\phi=0.01$ より，
$$a=\pi(d_{32})^2\phi/\{(\pi/6)(d_{32})^3\}=6\phi/d_{32}=(6)(0.01)/(3.33\times10^{-4})=180\,\mathrm{m^2/m^3}$$
したがって，全液滴界面積 $A_\mathrm{T}\,[\mathrm{m^2}]$ は，液体積を $V\,[\mathrm{m^3}]$ として
$$A_\mathrm{T}=aV=(180)\{(\pi/4)(0.30)^2(0.30)\}=3.82\,\mathrm{m^2}$$

使 用 記 号

A：伝熱面積　　[m²]
B：邪魔板幅　　[m]
b：翼幅　　[m]
c_p：比熱　　[J/(kg·K)]
C：翼取り付け高さ　　[m]
d：翼径　　[m]
d_p：粒子径　　[m]
d_{32}：Sauter 平均液滴径（体面積平均径）　　[m]
D：槽径　　[m]
D_L：拡散係数　　[m²/s]
Fr：Froude 数 $(\equiv n^2d/g)$
g：重力加速度　　[m/s²]
h_j：攪拌槽壁伝熱係数　　[W/(m²·K)]
H：液深さ　　[m]
$\varDelta H_1$：中心部液面低下量　　[m]
$\varDelta H_2$：槽壁部液面上昇量　　[m]
$K_\mathrm{L}a$：物質移動容量係数　　[s⁻¹]
n：翼回転数　　[s⁻¹]
n_B：邪魔板枚数　　[—]
n_c：粒子浮遊化限界回転数　　[s⁻¹]
n_p：羽根枚数　　[—]
N_A：通気流量数 $(\equiv Q_\mathrm{g}/nd^3)$
N_P：動力数 $(\equiv P/\rho n^3d^5)$
N_Pmax：完全邪魔板条件での動力数
N_qc：循環流量数 $(\equiv q_\mathrm{c}/nd^3)$
N_qd：吐出流量数 $(\equiv q_\mathrm{d}/nd^3)$
Nu：Nusselt 数 $(\equiv h_\mathrm{j}D/\kappa)$
P：攪拌所要動力　　[W]

P_g：ガス吹き込み時の攪拌所要動力　　[W]
P_V：単位体積当たりの攪拌所要動力　　[W/m³]
P_aV：単位体積当たりの通気動力　$(\equiv\rho_\mathrm{f}gV_\mathrm{s})$　　[W/m³]
P_gV：通気時の単位体積当たりの攪拌所要動力　　[W/m³]
Pr：Prandtl 数 $(\equiv c_\mathrm{p}\mu/\kappa)$
q_c：循環流量　　[m³/s]
q_d：吐出流量　　[m³/s]
Q：伝熱速度　　[W]
Q_g：通気量　　[m³/s]
r_c：固体的回転半径　　[m]
Re：攪拌 Reynolds 数 $(\equiv nd^2\rho/\mu)$
T：トルク　　[N·m]
T_b：攪拌液温度　　[K]
T_c：循環時間　　[s]
T_w：槽壁温度　　[K]
u_t：旋回流速度　　[m/s]
V：液体積　　[m³]
V_s：空塔ガス速度　　[m/s]
We：Weber 数 $(\equiv n^2d^3\rho_\mathrm{c}/\sigma)$
θ_M：混合時間　　[s]
κ：熱伝導率　　[W/(m·K)]
μ_w：槽壁温度 T_w での液粘度　　[Pa·s]
μ：粘度　　[Pa·s]
ν：液の動粘度　　[m²/s]
ρ：密度　　[kg/m³]
σ：表面張力および界面張力　　[N/m]

演 習 問 題

10・1 槽径 1.2 m の円筒槽に，比重 0.97, 粘度 0.03 Pa・s の液体を深さ 1 m まで入れ，翼径 0.4 m, 翼幅 0.1 m の 6 枚羽根パドル翼を用いて 150 rpm で回転させた場合，旋回流速の最大値および $r = 0.4$ m の位置での速度を求めよ．

10・2 槽径 20 cm の邪魔板無し円筒槽内に 20℃ の水を槽径と同じ深さまで入れ，翼径 10 cm, 翼幅 2 cm の 6 枚羽根パドル翼を用いて 210 rpm で攪拌した場合，槽中心部液面低下量と槽壁部液面上昇量を求めよ．

10・3 ある高分子溶液の攪拌操作において，攪拌翼速度が 2 m/s 以上あると分子破砕が起きるため，攪拌速度に制限がある．この操作において槽径 2 m, 液深さ 3 m で，粘度 0.2 Pa・s, 比重 1.4 の液を，翼径 1 m, 翼幅 0.15 m または翼径 0.5 m, 翼幅 0.15 m の 2 枚羽根パドル翼で攪拌したとき，各々の場合の攪拌所要動力および循環時間を求めよ．ただし，邪魔板はないものとする．

10・4 槽径 30 cm の円筒槽内に 20℃ の水を槽径と同じ深さまで入れ，翼径 15 cm, 翼幅 10 cm の 4 枚羽根パドル翼を用いて 180 rpm で攪拌したときの攪拌所要動力を邪魔板無しの場合と完全邪魔板条件の場合を計算し，数値を比較せよ．

10・5 槽径 1.2 m の円筒槽に，槽径の 1/10 の幅の邪魔板を 4 枚取り付け，比重 1.0, 粘度 1 mPa・s の水を槽径と同じ深さまで入れ，翼径 0.6 m, 翼幅 0.12 m の 6 枚羽根タービン翼を用いて 120 rpm で操作している．この場合の攪拌所要動力と混合時間を求めよ．

10・6 問題 10・4 の邪魔板無しの場合と完全邪魔板条件の場合の混合時間を求め，邪魔板挿入によって混合時間がどれほど短くなったか比較せよ．

10・7* 22 kW で 60 rpm で回転する攪拌機がある．槽径 2.4 m, 液深さ 2.4 m (完全邪魔板条件下) の攪拌槽に，翼径 1 m, 翼幅 0.25 m の 6 枚羽根タービン翼を上下 2 段に装着し，経時変化のある反応を行ったところ，電力記録計が最高 31 kW と過負荷状態を示した．過負荷をなくし，この攪拌機を用いて最も効率よく攪拌するための最適翼径を算出せよ．また，この場合羽根板をどれだけカットしたらよいか．ただし，機械効率は 80 % とする．

10・8* 翼径 $d = 1.62$ m, 翼高さ $h = 1.6$ m, 翼板幅 $w = 0.18$ m のアンカー翼 ($n_p = 2$) を使用し，粘度 100 Pa・s, 比重 1.3 の高粘度液を槽径 $D = 1.8$ m の円筒槽に深さ 2 m まで入れ，12 rpm で攪拌した場合の混合時間を計算せよ．ただし，アンカー翼の所要動力は次式で計算できるものとする．

$$N_p Re = 8n_p + 75.9 z n_p^{0.85}(h/d)/[0.157 + \{n_p \ln(D/d)\}^{0.611}]$$

ここで，$z = w/h + 0.684[n_p \ln\{d/(d-2w)\}]^{0.139}$

10・9* 槽径 0.4 m の円筒槽に，粘度 20 Pa·s，比重 1.2 の高粘度液を槽径と等しい高さまで入れ，翼径 $d = 0.38$ m，翼高さ $h = 0.38$ m，リボン幅 $w = 0.04$ m，ピッチ（リボンが 1 回転する高さ）$s = 0.38$ m のヘリカルリボン翼（$n_p = 2$）を使用し，$n = 0.5\,\text{s}^{-1}$ で攪拌した場合の攪拌所要動力を計算せよ．ただし，ヘリカルリボン翼の所要動力はアンカー翼と相似な次式で計算できるものとする．

$$N_P Re = 8n_p + 75.9z(n_p/\sin\alpha)^{0.85}(h/d)/[0.157 + \{(n_p/\sin\alpha)\ln(D/d)\}^{0.611}]$$

$z = 0.759[(n_p/\sin\alpha)\ln\{d/(d-2w)\}]^{0.139} + \{n_p \ln(D/d)\}^{0.182} n_p^{0.17}$, $\sin\alpha = \{1 + (\pi d/s)^2\}^{-0.5}$

10・10** 問題 10・9 のヘリカルリボン翼攪拌槽を用いて，同一条件で非ニュートン流体を攪拌した場合の攪拌所要動力を推算せよ．流体は指数モデルで表現でき，その特性曲線は $\tau = 500\gamma^{0.7}$ と表される．ここで，$\tau\,[\text{N/m}^2]$ は剪断応力，$\gamma\,[\text{s}^{-1}]$ は歪み速度である．また，本攪拌槽に対する平均剪断速度 γ_{av} は $\gamma_{av} = 40n$ で近似できるものとする．

10・11 実装置で槽径 2 m の円筒槽に翼径 1.8 m のパドル翼を使用し，比重 1.39，粘度 1 Pa·s の液を 30 rpm で攪拌する攪拌槽を設計した．しかし，実施に当たり槽内の流動状態の確認が必要になった．槽径 0.2 m の小型機を使用してテストするものとして，大型機と同様の流動状態を得るための回転数およびテスト液の物性を求めよ．

10・12 ある液液系攪拌操作において，槽径 30 cm，液深さ 30 cm のモデル槽に，翼径 10 cm，翼幅 2 cm の 6 枚羽根パドル翼を挿入して，120 rpm で操作したとき良好な結果を得た．この操作を槽径 1.5 m の実機までスケールアップしたい．$P_V = $ 一定としてスケールアップしたとき，実機の回転数を求めよ．

10・13* モデル実験を基にスケールアップを行うに当たり，$P_V =$ 一定とし，さらに翼先端速度も一定とする大型槽を設計したい．攪拌槽は邪魔板付きであり，乱流下にあるものとする．大型槽で用いる攪拌翼の翼径はモデル槽の翼径比と同じに設計するとき，その翼幅および回転数をどのように決定すればよいか示せ．ただし，完全邪魔板条件下での動力相関式は $N_{P\max} = A(n_p^{0.7} b/d)^m$ で表されるものとする．

10・14 槽径 1.7 m のジャケット付き円筒槽に，翼径 0.85 m，翼幅 0.17 m の 45 度に傾斜している 2 枚羽根ピッチドパドル翼が 2 段取り付けられている．この攪拌槽に 66℃ で反応する有機液体が液深さ 2 m まで満たされている．60 rpm で運転するものとして，この吸熱反応のために必要な熱量 1.5×10^6 kcal/h を与えて，液を 66℃ に保つために必要なジャケットスチームの温度を求めよ．ただし，この有機液体の物性値は水と同じとする．また，有効伝熱面積は 12 m² とする．

10・15 例題 10・8 を (10・28) 式を用いて計算し，(10・29) 式を用いた場合と比較せよ．

10・16** 槽径 1.6 m の円筒槽に，翼径 0.55 m，翼幅 0.1 m の 6 枚羽根タービン翼が 2 段取り付けられた攪拌機で，106 rpm で運転する場合，液深さ 2.5 m の液を 90℃ で反

応させるときに発生する熱量 2.0×10^5 kcal/h を除去するためのコイルの必要巻数を求めよ．ただし，汚れ係数を 0.001 m²·h·℃/kcal とし，コイルの管外径 60.5 mm，中心径 1340 mm，冷却水温度 28℃，反応液の物性は水と同じとする．

10・17* 内径 20 cm の円筒槽に槽径の 1/10 の幅の邪魔板を 4 枚付け，ニュートン流体と見なせるカルボキシメチルセルロース水溶液（密度 1000 kg/m³，粘度 46.9 mPa·s，界面張力 0.069 N/m）を槽径と等しい深さまで入れ，槽底部より空気を 1 min 当たり液容量の 1/2 吹き込み，翼径 10 cm，翼幅 2 cm の 6 枚羽根タービン翼で 120 rpm で攪拌した場合の通気攪拌所要動力および酸素の物質移動容量係数 $K_L a$ を求めよ．このときの酸素の液相拡散係数は $D_L = 2.47\times10^{-9}$ m²/s とする．

10・18* 固液攪拌における粒子表面の物質移動係数 K_L [m/s] は，熱移動と物質移動の相似性から，概略(10・29)式と相似な次式で推算できるという．

$$K_L = 0.13(P_V\mu/\rho^2)^{1/4}Sc^{-2/3}$$

微量の NaOH を含む 20℃ の水を槽径と同じ深さまで入れた槽径 30 cm の完全邪魔板条件の攪拌槽に翼径 15 cm，翼幅 3 cm の 2 枚羽根パドル翼を槽底より 7.5 cm の高さに取り付け，イオン交換樹脂粒子（粒子径 500 μm，密度 1210 kg/m³）200 g を入れてイオン交換する．粒子浮遊限界速度の 1.5 倍の回転数で攪拌したときの粒子表面での物質移動係数を推算せよ．ただし，NaOH の 20℃ の水中での拡散係数は 2.0×10^{-9} m²/s とする．

10・19* Sauter 平均液滴径 d_{32} は(10・47)式で Weber 数の -0.6 乗に比例する．この関係から，邪魔板付き攪拌槽では d_{32} は単位体積当たりの攪拌所要動力 P_V との間に $d_{32} \propto (\sigma^{0.6}/\rho^{0.2}P_V^{0.4})$ の関係が成立することを導け．

第 11 章 プロセス制御

11.1 プロセス制御とは

プロセス（Process）とは，物質の変化の過程あるいは原材料物質から特定の物質を製造する工程を示し，鉄鋼や石油・化学プラント，食品，下水道処理などの環境装置等，様々なプラントにおいて，その工程を「うまく動かす」ための技術がプロセス制御である．安全性の確保，品質の安定，省資源，省エネルギー，高効率，様々な変化への柔軟な対応など，いろいろな要求がプロセス制御に与えられる．

11.2 制御ループの構成

図 11・1 のプラントを例に，このような要求に応えるプロセス制御の設計例を示す．このプラントでは，触媒が充填された反応器に成分 B を過剰に投入することにより A+B→C の液相反応で，成分Aがほぼ全量反応する．精留塔で製品

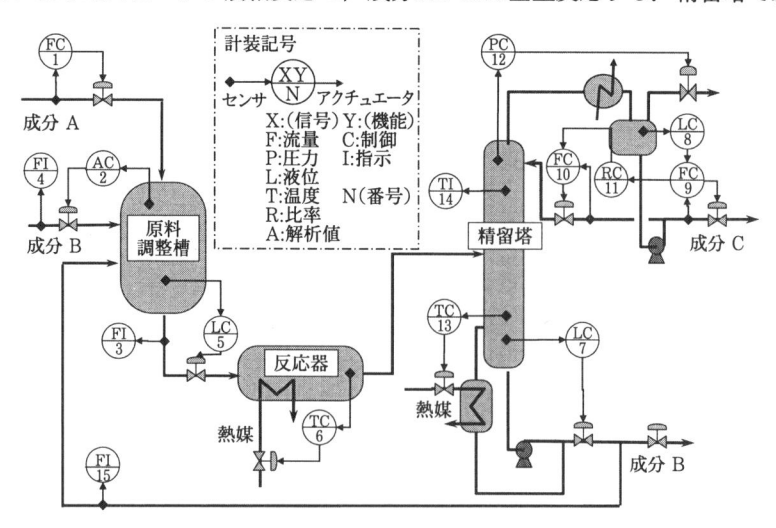

図 11・1　リサイクルが存在するプラントの例

C が分離され，残りの成分 B はリサイクルされる．

プロセス制御では，「成分 C の純度が 99.9 ％ 以上」等，品質や安全などの面から，不等号制約が与えられることが多い．コンピュータの著しい進歩によって，制約を満たす範囲で，利益を最大にするプラントの操作条件をオンラインで求めることが可能になり，その最適化計算と，計算結果の操作条件を実現するための大規模な多変数制御を同時に実行するモデル予測制御の適用例が増えてきているが，基本は，何を測って，何を操作して，「うまく動く」状態を確保するかである．

たとえば，図 11・1 の原料調整槽の場合，製造要求の変化で，原料流量やリサイクル流量が変化したり，反応器の圧力変化で，抜き出し量が変化したり，様々な原因で液面が変化するかもしれない．あふれたり空になったりすると，操業が持続できなくなるので，図 11・1 のプロセスでは，原料調整槽に液位のセンサを取り付け，抜き出しラインの弁を操作する方法がとられている．測定された液位が希望通りになるように，弁を操作しつづければ，変動原因の種類に関係なく，あふれたり空になったりすることなく，操業を持続できる．

プロセス制御では，基本的に，一つのセンサ（測定端）の情報で一つのアクチュエータ（操作端：前述の例では，弁）を操作するシングルループ・コントローラを複数用いることで，様々な変動が入っても，うまい状態を保つように，連動する制御系を構築する．処理量を上げる場合，ほとんどすべての流量を変更する必要があるが，図 11・1 のプロセスでは，成分 A の流量コントローラ（FC 1）にだけ，設定値変更として，その要求を伝えるだけで，すべてが連動して変化する．FC 1 の操作が，LC 5 に対する外乱となり，それを抑制するための LC 5 の操作が，TC 6 や LC 7 などの外乱になるというように，操作が他の外乱となり，新たな操作を生み出しながら，全体としてうまく連動するシステムが構築できる．

この制御系の構成問題の解は，一意に決まらないが，「うまく動く」状態を吟味していくと，望ましい制御構造を定めることができる．

例題 11・1 図 11・1 の精留塔の還流槽液位制御 LC 8 は，留出液流量制御 FC 9 の設定値を操作している．このような階層構造の制御をカスケード制御といい，LC 8 をマスタコントローラ，FC 9 をスレーブコントローラという．カスケード制御の長所・

短所を述べよ．

（解） カスケードにすると，スレーブコントローラのセンサで検出できる外乱は，マスタのセンサにその影響が大きく現れる前に，スレーブコントローラで抑制できる．図 11・1 の LC 8, FC 9 の例でいうと，出口側の圧力が変化しても，FC 9 が留出弁を操作し，流量を保つため，液位がほとんど変化せずに済むが，LC 8 で直接，弁を操作する場合には，出口側圧力変化により液位が変化して初めて弁が操作され，液位の動特性は遅いので，落ち着くのに時間がかかる．ただし，スレーブコントローラのセンサが検出できない種類のマスターコントローラへの外乱に対しては，マスターコントローラのセンサ値をスレーブコントローラのアクチュエータで直接制御するよりも，スレーブコントローラが間に入る分，カスケード制御の方が，遅くなる可能性は存在する．

例題 11・2 図 11・1 の RC 11 は，留出量に対して，還流量が特定の比率になるように制御している．このように特定の比率が成立するように制御することを比率制御という．原料調整槽の成分 A と成分 B の比を比率制御で実現する構成を示せ．

（解） 成分 A の流量の測定値に比率をかけて，成分 B の必要な流量を算出し，そこから，リサイクル流の成分 B の流量を引いて，補給成分 B の流量を算出する．その数値を，補給成分 B の流量コントローラに，設定値として送る．

11.3 ブロック線図による解析

制御の問題が，1 つのセンサと 1 つのアクチュエータの組に分割できると，制御問題は図 11・2 に示されるブロック線図で一般的に表現できる．

制御対象の変数は，どんなプロセスであれ，制御量 y（センサで監視する変量）と操作量 u（その制御量を変化させるアクチュエータの変量），外乱 d（操作量以外で制御量に影響するすべての変量およびその影響）に整理できる．

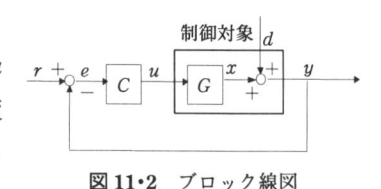

図 11・2 ブロック線図

ブロック線図では，信号は矢印で，信号の足し算は丸で，信号の増幅はブロックで表され，ブロック内には増幅の度合いを示す．図 11・2 では操作量 u の制御量 y への影響を x とし，その増幅の度合いを G としている．様々な外乱の影響を d として，制御量 y を x と d の和として表している．制御量 y には，設定値 r（reference あるいは set-point）が与えられ，その差 e に応じて，操作量 u を操作する．図 11・2 に示されるこれらの関係は，次式で表現される．

$$y = x + d \tag{11・1}$$
$$x = G \cdot u \tag{11・2}$$
$$u = C \cdot e \tag{11・3}$$
$$e = r - y \tag{11・4}$$

(11・1) 式に代入すると，以下のように，y を r と d で表現できる．
$$y = G \cdot u + d = G \cdot C \cdot e + d = G \cdot C(r - y) + d$$
$$\therefore (1 + GC)y = GC \cdot r + d$$
$$\therefore y = \frac{GC}{1 + GC} r + \frac{1}{1 + GC} d \tag{11・5}$$

シングルループ・コントローラの目的は，外乱の影響を除去し，制御量を設定値に一致させることといえるので，コントローラのパラメータ C の値を大きくすると，この目標を実現できることがわかる．
$$\lim_{C \to \infty} y = 1 \cdot r + 0 \cdot d \tag{11・6}$$

11.4　ON/OFF 制御と PID 制御（Proportional Integral Derivative Controller）

C の値を無限大にしたときには，小さな誤差に対しても大きな操作を発生する．実際の操作量には，弁の開度が 0 から 100 % に限られるように，上下限が存在する．操作量を増加させるべき誤差が発生すると上限値，逆の場合は下限値という操作を行う制御を ON/OFF 制御とよぶ．この制御は，最も速い補正を実現するが，補正動作の影響が検知されるまでに大きな遅れが存在する際には，不都合が生じる．シャワーの湯温を感じて，熱湯の蛇口を ON/OFF 制御で操作すると，冷水と熱湯が交互に出続ける地獄のシャワーになってしまう．

人間がシャワーの温度を調整する際には，温度が低いと熱湯の蛇口を少し開けて温度変化を観測し，まだ低いとさらに少し開ける．熱くなると熱湯の蛇口を少し戻す．この操作を繰り返すことにより希望の温度を得ることができる．この補正動作は，(11・3) 式ではなく，操作の増分を誤差で決める次式で表現できる．
$$\frac{du}{dt} = K_i \cdot e \tag{11・7}$$

この補正動作は，積分（Integral）制御と呼ばれる．プロセス制御で用いられて

いるコントローラの8割以上は，この積分制御に，比例（Proportional）制御，微分（Derivative）制御を加えた（11・8）式で表されるPID制御である．

$$u(t) = K_\mathrm{p}\left(e(t) + \frac{1}{T_\mathrm{i}}\int_0^t e(\tau)\mathrm{d}\tau + T_\mathrm{d}\frac{\mathrm{d}e}{\mathrm{d}t}\right) \quad (11\cdot 8)$$

調整パラメータ K_p, T_i, T_d は，比例ゲイン，積分時間，微分時間と呼ばれる．誤差 e が零になって安定したときには，比例制御と微分制御の出力は零になり，積分制御だけが残る．積分制御があると，誤差があるかぎり操作量が変化し続けるので，落ち着いた時には，調整パラメータ値に関わらず，必ず誤差がなくなる．積分項は，時間が経たないと大きくならないが，比例制御は時間と無関係に値をとり，微分制御では誤差が小さくても，誤差が大きくなろうとする傾向をつかまえて操作するので，速応性を向上できる．ただし，微分演算は観測ノイズを増幅させるので，プロセス制御では利用しないか控えめにすることが多い．

T_i を小さくしすぎたり，K_p を大きくしすぎたりすると，目標値を行き過ぎ，振動的になり，はては発散するという現象が生じる可能性があり，PID制御の調整には，様々な方法が提案されている．

11.5 伝達関数による動特性の解析

PID制御等の制御系の動特性解析には，この節で解説する伝達関数を用いる．伝達関数は，微分とラプラス変換が基本となるので，まず微分を用いた動特性表現から説明する．

（1） 微分方程式によるモデル表現　制御対象の微分方程式は，物質収支や運動方程式などに基づき求められるが，図11・3の貯水タンクの場合，物質収支より，次のように導出される．

$$A\frac{\mathrm{d}h}{\mathrm{d}t} = F_1 - F_2 \quad (11\cdot 9)$$

A は断面積 $[\mathrm{m}^2]$，h は水位 $[\mathrm{m}]$，F_1, F_2 はそれぞれ，流入量 $[\mathrm{m}^3/\mathrm{s}]$，流出量 $[\mathrm{m}^3/\mathrm{s}]$ とする．流入量 F_1 は弁開度 v_1 $[-]$ に比例するとして，$F_1 = k_1 v_1$ と表現

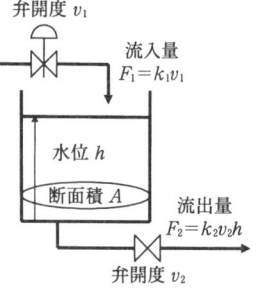

図11・3 貯水タンク

する．流出速度は水位が高いほど速くなり，弁開度が大きいほど速くなるので，$F_2 = k_2 v_2 h$ と表現すると，このシステムの微分方程式は，次のように表現できる．

$$\frac{dh}{dt} = \frac{k_1}{A} v_1 - \frac{k_2}{A} v_2 h \tag{11・10}$$

（2） ラプラス変換（Laplace Transformation）

ラプラス変換の定義式　　関数 $f(t)$ （$t \geq 0$）に対する積分

$$F(s) = \int_0^\infty f(t) e^{-st} dt \tag{11・11}$$

で定義された複素変数 s の関数 $F(s)$ を $f(t)$ のラプラス変換という．

表 11・1　ラプラス変換の基本的性質

t 領域	s 領域
$z(t) = a \cdot x(t) + b \cdot y(t)$ a, b は定数	$Z(s) = \int_0^\infty \{a \cdot x(t) + b \cdot y(t)\} e^{-st} dt = a \cdot X(s) + b \cdot Y(s)$
$y(t) = dx(t)/dt$	$Y(s) = \int_0^\infty \frac{dx}{dt} e^{-st} dt = sX(s) - x(0)$
$y(t) = \int_0^t x(v) dv$	$Y(s) = \int_0^\infty \int_0^t x(v) dv \cdot e^{-st} dt = \frac{1}{s} X(s)$
無駄時間遅れ $y(t) = x(t - \tau)$	$Y(s) = \int_0^\infty x(t - \tau) e^{-st} dt = e^{-s\tau} X(s)$
最終値定理	$\lim_{t \to \infty} x(t) = \lim_{s \to 0} s \cdot X(s)$

表 11・2　ラプラスによる信号の表現

t 領域	s 領域
単位インパルス $\begin{cases} u(0) = \infty \\ u(t) = 0 \quad (t > 0) \end{cases}$　$\int_0^\infty u(t) dt = 1$	$U(s) = 1$
単位ステップ $u(t) = 1 \quad (t > 0)$	$U(s) = \int_0^\infty e^{-st} dt = \frac{1}{s}$
単位ランプ $u(t) = t \quad (t > 0)$	$U(s) = \int_0^\infty t e^{-st} dt = \frac{1}{s^2}$
指数関数 $u(t) = e^{at} \quad (t > 0)$	$U(s) = \int_0^\infty e^{at} e^{-st} dt = \frac{1}{s - a}$
三角関数 $u(t) = \sin(\omega t) \quad (t > 0)$	$U(s) = \frac{1}{2i} \left(\frac{1}{s - i\omega} - \frac{1}{s + i\omega} \right) = \frac{\omega}{s^2 - \omega^2}$
指数関数 $u(t) = t^{k-1} e^{at} \quad (t > 0)$	$U(s) = \frac{1}{(s - a)^k}$

ラプラス変換,逆ラプラス変換は,それぞれ,次のように表記される.

$$F(s) = \mathcal{L}[f(t)], \quad f(t) = \mathcal{L}^{-1}[F(s)]$$

ラプラス変換による微分方程式の解法　$Y(s)$ に対応する時間変化の関数 $y(t)$ は,部分分数展開と基本の $1/(s-a) \Leftrightarrow e^{at}$ の組合わせで求められる.

【部分分数展開】

$$\frac{q(s)}{(s-p_1)\cdots(s-p_n)} = \frac{\alpha_1}{s-p_1} + \cdots \frac{\alpha_n}{s-p_n} \tag{11・12}$$

ここで,

$$\alpha_j = \frac{q(p_j)}{(p_j-p_1)\cdots(p_j-p_{j-1})(p_j-p_{j+1})\cdots(p_j-p_n)} \tag{11・13}$$

分子式の次数が,分母式の次数より小さい場合,上記のように分数の和に展開できる.ただし,重根がある場合には,$\alpha_1/(s-p_1)$, $\alpha_1'/(s-p_1)^2$ のように,べき乗の項が部分分数展開に含まれる.

【複素数の指数関数】　部分分数展開を逆ラプラス変換すると,$1/(s-p) \Leftrightarrow e^{pt}$ という関係より,指数関数の線形結合が得られる.多項式の解 p は複素数となる可能性がある.複素数 $r+i\omega$ の指数関数は,

$$e^{(r-i\cdot\omega)t} = e^{rt}\{\cos(\omega t) + i\cdot\sin(\omega t)\} \tag{11・14}$$

である.実部 $r=0$ の場合の複素数の指数関数を複素表示(横軸に実数軸 Re,縦軸に虚数軸 Im をとったもの)すると図11・4となる.$1/(s-p)$ を逆ラプラス変換した信号 e^{pt} は,p が実数のときには,単調減少か単調増加であり,p が複素数 $p=r+i\omega$ のときには,その複素共役(実部が同じで,虚数部の符号が逆,$r-i\omega$)の項が必ず存在し,その2項の和は,図11・5の例のように振幅が e^{rt}, 角周波数が ω の振動となる.実数であろうが複素数であろうが,実部 r が正で

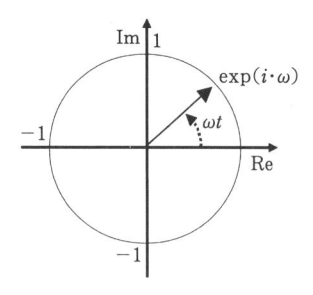

図11・4　複素数の指数関数

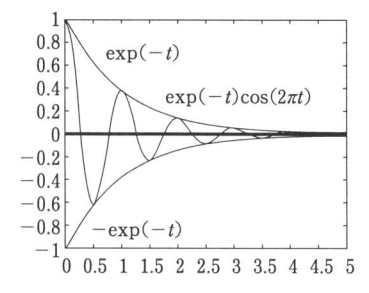

図11・5　減衰振動

あれば発散し，負であればゼロに減衰する．

例題 11・3　$F(s) = \dfrac{2s+3}{s^2+3s+2}$ の逆ラプラス変換を求めよ．

（解）　$F(s) = \dfrac{2s+3}{(s+1)(s+2)} = \dfrac{1}{s+1} \cdot \dfrac{2(-1)+3}{(-1)+2} + \dfrac{1}{s+2} \cdot \dfrac{2(-2)+3}{(-2)+1} = \dfrac{1}{s+1} + \dfrac{1}{s+2}$

と部分分数展開でき，それぞれを逆ラプラス変換することにより，次式が得られる．

$$f(t) = e^{-t} + e^{-2t}$$

（3）伝達関数（Transfer Function）　ラプラス変換により，微分方程式を変換すると，図 11・3 に示されている貯水タンクの動特性は，次のように表現できる．(11・10) 式より，v_2 を定数とした場合，

$$sH(s) - h(0) = \dfrac{k_1}{A} V_1(s) - \dfrac{k_2 v_2}{A} H(s) \tag{11・15}$$

が得られ，$H(s)$ でくくると，以下の伝達関数表現が得られる．

$$H(s) = \dfrac{K}{1+Ts} V_1(s) + \dfrac{T}{1+Ts} h(0) \tag{11・16}$$

ここで，

$$T = A/(k_2 v_2), \quad K = k_1/(k_2 v_2) \tag{11・17}$$

$K/(1+Ts)$ を流入弁の操作 $V_1(s)$ から水位 $H(s)$ への伝達関数とよび，弁操作が水位にどのように影響するかを示す．図 11・2 に示されるようなブロック線図のブロックに伝達関数を入れ，各矢印をラプラス変換された信号とすることで，s の式の四則演算により，連結システムの伝達関数を算出できる．

11.6　伝達関数と過渡応答

ステップ入力に対する応答をステップ応答という．ステップ入力は，実際のテスト入力として実現しやすいし，応答を把握しやすいので，動特性のテストによく用いられる．入出力関係を (11・18) 式のように伝達関数表現するとき，ステップ入力のラプラス変換は $U(s) = 1/s$ であり，その入力と伝達関数の積の逆ラプラス変換がステップ応答である．

$$Y(s) = G(s) U(s) \tag{11・18}$$

$$y(t) = \mathcal{L}^{-1}[Y(s)] = \mathcal{L}^{-1}\left[G(s) \dfrac{1}{s}\right] \tag{11・19}$$

11.7 システムの安定性,振動性と伝達関数の極

伝達関数は s の分数式で表現される.

$$G(s) = \frac{b_m s^m + b_{m-1} s^{m-1} + \cdots b_0}{s^n + a_{n-1} s^{n-1} + \cdots + a_0}$$

$$= \frac{b_m(s-z_1)(s-z_2)\cdots(s-z_m)}{(s-p_1)(s-p_2)\cdots(s-p_n)}, \quad m < n \quad (11 \cdot 20)$$

分母多項式 $=0$ の式を特性方程式(characteristic equation)とよび,その解を極(pole)とよぶ.分子多項式 $=0$ の解は零点(zero)とよぶ.出力は伝達関数と入力のラプラス変換の積で表されるので,伝達関数の極を p_i とすると,$1/(s-p_i)$ の項は,必ず出力のラプラス変換を部分分数展開した式に含まれる.

一つでも実部が正である極が存在すると,出力の時間変化の式に発散する項が含まれることになる.したがって,システムの安定性は極により次のように判定できる.また,極が虚数部を持たなければ,振動性が現れないこともわかる.図 11・6 に示すように,極の実部により減衰の速さ,虚数部により振動の速さが判断できる.

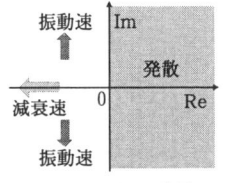

図 11・6 極の特性

【安定性の必要十分条件】

伝達関数のすべての極の実部が負である.

$\Updownarrow$

系が安定である.

11.8 伝達関数と周波数応答

システムの動特性を評価するのに,周波数に注目した方法もある.速い振動に対して,どの程度追従するか,あるいは,特定の振動に対して,強く増幅することはないか,などの解析を行うことも有用である.

正弦波に対する応答をラプラス変換すると,次式が得られる.

$$Y(s) = G(s) \frac{\omega}{s^2 + \omega^2} = G(s) \frac{1}{2i} \left(\frac{1}{s-i\omega} - \frac{1}{s+i\omega} \right) \quad (11 \cdot 21)$$

対象が安定であると,伝達関数の極の影響は,時間とともに減衰し,時間がたつと,出力には三角関数に対応する $1/(s+i\omega)$ と $1/(s-i\omega)$ の項の影響しか残ら

なくなる．$G(i\omega)$ を極座標で表現することにより，この持続振動は（11・22）式で表され，

$$y(t) = \mathcal{L}^{-1}\left[G(i\omega)\frac{1}{2i}\frac{1}{s-i\omega} - G(-i\omega)\frac{1}{2i}\frac{1}{s+i\omega}\right]$$

$$= \frac{1}{2i}(|G(i\omega)|e^{i\angle G(i\omega)}e^{i\omega t} - |G(-i\omega)|e^{-i\angle G(i\omega)}e^{-i\omega t})$$

$$= |G(i\omega)|\sin(\omega t + \angle G(i\omega)) \tag{11・22}$$

振幅が $|G(i\omega)|$ 倍，位相が $\angle G(i\omega)$ だけずれた正弦波になることがわかる．$|G(i\omega)|$ をゲイン，$\angle G(i\omega)$ を位相とよぶ．

複素数 $G(i\omega)$ を複素平面に角周波数 ω を変化させて描いた線図をベクトル軌跡，角周波数 ω を横軸に，ゲインと位相を縦軸に描いた線図をボード（Bode）線図とよび，周波数特性の解析に用いる．

11.9　閉ループ系の安定判別：ナイキスト（Nyquist）の安定判別法

ナイキストの（狭義の）安定判別法では，下図のような閉ループ系の安定性を，ループ上の伝達関数の積である一巡伝達関数（Loop Transfer Function）$Q(s) = G(s)C(s)H(s)$ の周波数応答を用いて判断する．

【仮定】

1．一巡伝達関数 $Q(s)$ は，分母の次数＞分子の次数であること．このことをプロパーであるという．

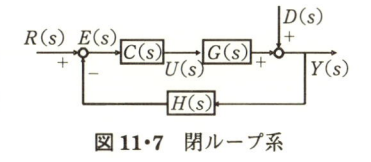

図11・7　閉ループ系

2．一巡伝達関数を構成する要素 $C(s)$, $H(s)$, $G(s)$ 自体には，実部正の極や零点がない．（この条件は，構成要素は，安定な最小位相系であるとも表現できる．）

閉ループ系が安定となるための必要十分条件は，閉ループ系の伝達関数のすべての極が正であることであるが，この条件は，複素関数論を用いることにより，図 11・8 に示す複素右半平面を取り囲む閉曲線上の s を代入した一巡伝達関数 $Q(s)$ を，図 11・9 に示すように複素平面上に描いた軌跡が $(-1+i0)$ のまわりをまわらないこととすることができる．図 11・8 の半径 ∞ の半円上の s を代入

した $Q(s)$ は，図 11・9 では原点となり，複素共役な s を代入すると，$Q(s)$ も複素共役となるので，図 11・9 では，実軸に関して鏡像になる．この複素平面上での $Q(i\omega)$ の $\omega=0$ から ∞ への部分をナイキスト軌跡とよび，閉ループ系が安定である条件は，ナイキスト軌跡が $\omega=0$ から ∞ へ進む際，$(-1+i0)$ の点を左に見ながら原点に移動することと表現できる．

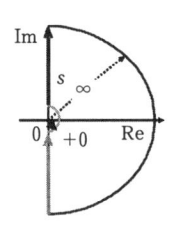

図 11・8 右半平面を囲む s の閉曲線

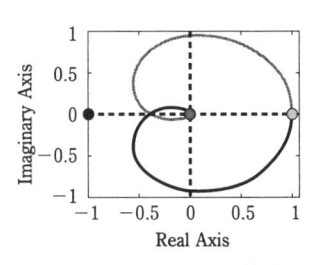

図 11・9 ナイキスト軌跡

ナイキスト軌跡のゲインが $(-1+i0)$ と同じ 1 となる周波数をゲイン交差周波数，同じ位相 $-180°$ となる周波数を交差周波数とよび，それぞれの周波数での位相，ゲインと $(-1,i0)$ との差を位相余裕，ゲイン余裕とよび，制御性能の指標とされる．

例題 11・4 図 11・7 の各伝達関数が，$G(s) = \dfrac{1}{s^3+4s^2+4s+1}$，$C(s) = 2\left(1+\dfrac{1}{2s}\right)$，$H(s)=1$ であるとき，一巡伝達関数のボード線図は，図 11・10 のように与えられる．ゲイン余裕と位相余裕を求めよ．

（解）$(-1+i0)$ の極座標表現は 0 db，-180 度である．図 11・10 の位相線図が -180 度となる交差周波数は，1.5 rad/s で，その周波数のゲインは，図 11・10 のゲイン線図より -12.1 db と求まる．db（デシベル）という単位は，$20\log_{10}(x)$ という演算を行った結果で，-12.1 db は $10^{(-12.1/20)} = 0.25$ である．したがって，ゲイン余裕は $1/0.25 = 4.0$ である．ゲイン線図が 0 db のゲイン交差周波数は，0.74 rad/s で，その周波数での位相は，図 11・10 より $-149°$ と求まる．したがって，

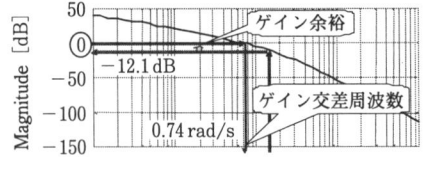

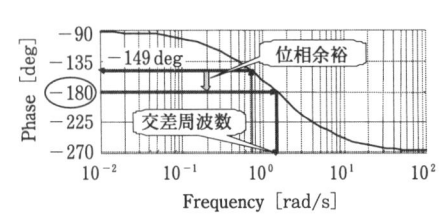

図 11・10 例題 11・4 のボード線図

位相余裕は $(-149)-(-180)=31°$ である.

11.10 基本要素のステップ応答と周波数応答

基本的な動的要素の伝達関数,ステップ応答,周波数応答の特徴を表11・3に示す.1次遅れ系は,前述のタンクの液位のような分母が s の1次式の伝達関数で表現されるシステムで,2次遅れ系は分母が2次の多項式である.2次遅れ系は,複素数の極を持ち得て,表11・3中に示される伝達関数表現において,減衰率 ζ が1以上の場合,極は実数で,1より小さいと複素数になり振動性が生じる.0では,持続振動となり,負では不安定となる.固有周期 τ が小さいほど応答が

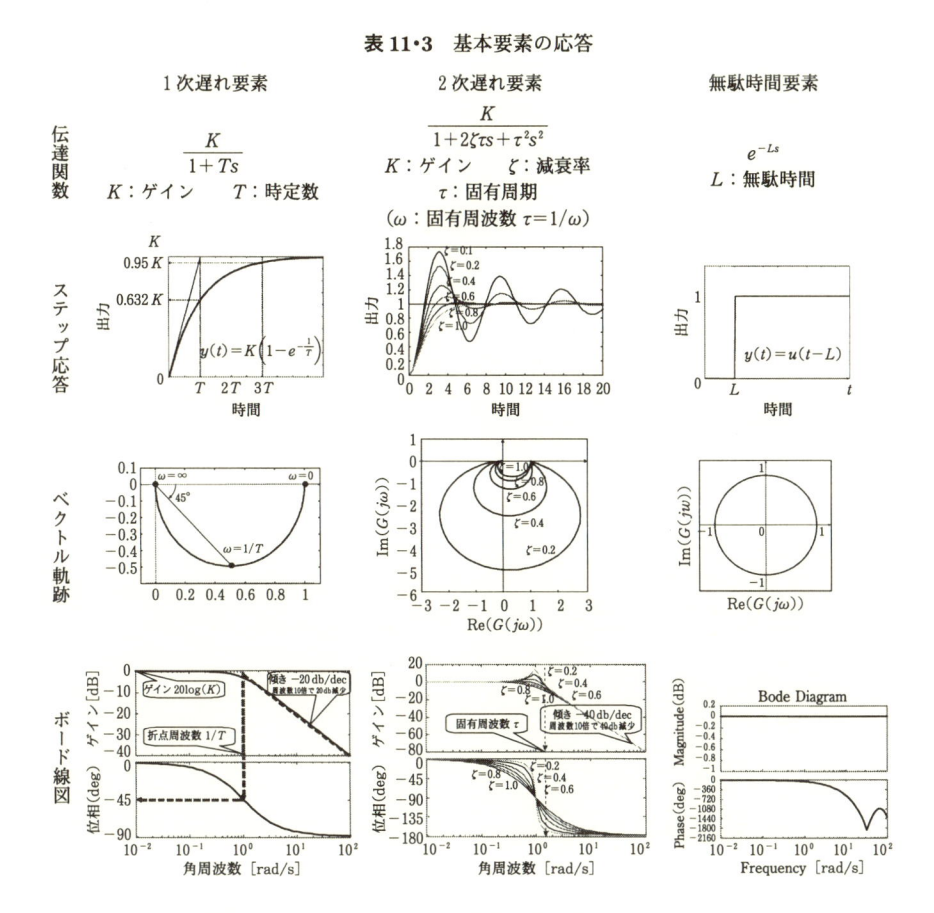

表11・3 基本要素の応答

	1次遅れ要素	2次遅れ要素	無駄時間要素
伝達関数	$\dfrac{K}{1+Ts}$ K:ゲイン T:時定数	$\dfrac{K}{1+2\zeta\tau s+\tau^2 s^2}$ K:ゲイン ζ:減衰率 τ:固有周期 (ω:固有周波数 $\tau=1/\omega$)	e^{-Ls} L:無駄時間
ステップ応答	$y(t)=K(1-e^{-\frac{t}{T}})$		$y(t)=u(t-L)$
ベクトル軌跡			
ボード線図			

速く，振動の周期が短くなる．無駄時間遅れは s の指数関数で表され，多項式で表現すると次数は無限大になる．無駄時間遅れが存在する場合の安定判別には，極の算出が不要であるナイキストの安定判別法が適している．

11.11 内部モデル制御（Internal Model Control）

（1）IMC の原理　ここでは，11・4 節で示した PID 制御の調整にも利用できるし，より複雑で高性能な制御の設計にも利用できる Internal Model Control（以後 IMC と略す）を解説する．まず，この制御では，目標値変更に対する制御量の希望の応答を図 11・11（1）に示すように伝達関数で表現する．応答速度や応答形状は，伝達関数の次数，係数で調整できる．ただし，制御量を目標値に一致させるために，目標値から制御量の希望応答モデルの定常ゲインは1とする．つぎに，制御対象の逆モデル（伝達関数の逆数）を用いて，図 11・11（2）に示すように，フィードフォワード制御を設計する．フィードフォワード制御とは，変動要因の信号を基に操作量を変化させる制御で，逆モデルが正しく設計されていれば，目標値からの応答が希望モデルと一致する操作を実現できる．しかし，モデル誤差や外乱があると，フィードフォワード制御では，希望通りの応答を得ることができない．そこで，制御量の信号を用いるフィードバック補償で，それらの影響を消去する．図 11・11（3）の構造は，逆モデル $M^{-1}(s)$ の算出に用いたモデル $M(s)$ に操作量を入れて得られる出力と実際の制御量 y を比較することにより，制御量に対する外乱とモ

1. 理想の応答を想定

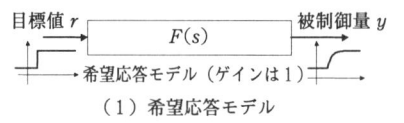

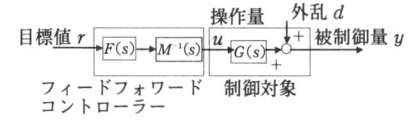

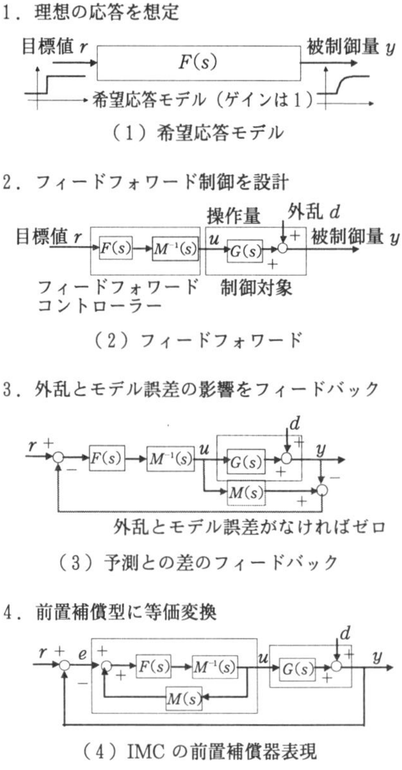

（1）希望応答モデル

2. フィードフォワード制御を設計

（2）フィードフォワード

3. 外乱とモデル誤差の影響をフィードバック

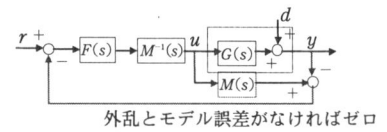

外乱とモデル誤差がなければゼロ
（3）予測との差のフィードバック

4. 前置補償型に等価変換

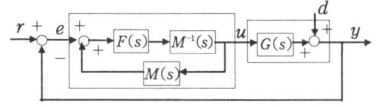

（4）IMC の前置補償器表現

図 11・11　IMC の原理

11.11 内部モデル制御 (Internal Model Control)

デル誤差の影響を抽出している．モデル誤差も外乱もなければ，この信号はゼロになる．IMC では，モデル誤差と外乱の影響を取り出した信号を，図 11・11 (3) に示すようにフィードバックする．

ここで，図 11・11 (3) のモデルの出力と制御量を別々にフィードバックする構造にブロック線図を書きなおすと，図 11・11 (4) のように変換できる．図 11・11 (4) 中のモデルを用いたループの部分は，ちょうど，図 11・2 に示した制御系の C に相当する．この前置補償器の伝達関数 C は次式で表される．

$$u = \frac{M^{-1} \cdot F}{1-F} e \qquad (11 \cdot 23)$$

図 11・11 (4) の形で，制御演算が実現されるが，遅れのあるシステムでは，逆モデル演算 M^{-1} には，未来値が必要になるので，単独での演算の実現は困難で，$M^{-1} \cdot F$ という伝達関数の積が実現可能になるように，F の遅れを設計することにより，制御対象のモデル M に無駄時間遅れや，実部正の零点があっても，IMC が適用可能になる．

この前置補償の部分の M と M^{-1} は，いずれもコントローラの設計者が決めるモデルであるので，ゲインの積が正しくキャンセルするように設定できる．F のゲインが 1 であるので，(11・23) 式から理解できるように，e から u のゲインは無限大になり，積分制御と同様に，定常偏差なし（オフセットフリー）を実現できる．

(2) IMC による PI 制御の調整　制御対象を，1 次遅れモデルで近似することによって，IMC により PI 制御を調整することもできる．まず，制御対象のステップ応答を求め，図 11・12 に示すように，ステップ応答が落ち着いたときの出力の変化幅 Δy とその変化幅の 63％程度の変化幅に達するのにかかった時間 T から，1 次遅れ近似モデル $M(s)$ のゲイン K と時定数 T を求める（1 次遅れの近似には，他の方法を用いてもよい）．

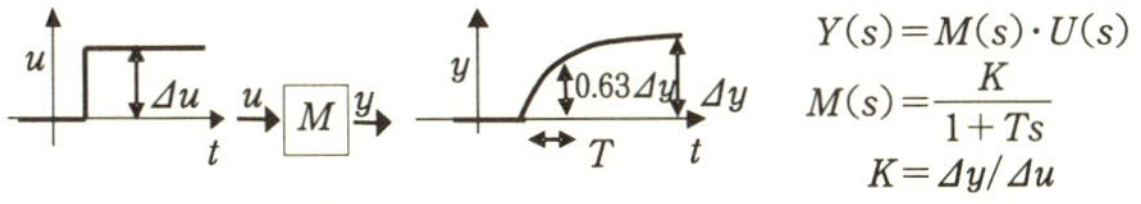

$$Y(s) = M(s) \cdot U(s)$$
$$M(s) = \frac{K}{1+Ts}$$
$$K = \Delta y / \Delta u$$

図 11・12　ステップ応答による 1 次遅れ近似

ここで，希望の応答も1次遅れモデルで表現する．ゲインは1と定まっているので，時定数だけがパラメータで，その時定数を T_f とする．

$$F(s) = 1/(1+T_f s) \qquad (11 \cdot 24)$$

このとき，コントローラの伝達関数 $C(s)$ は，(11・25) 式になり，(11・26) 式のように，比例ゲインと積分時間を定めた PI コントローラと一致する．

$$C(s) = \frac{F(s)}{M(s)\{1-F(s)\}} = \frac{T}{KT_f}\left(1+\frac{1}{T \cdot s}\right) \qquad (11 \cdot 25)$$

$$K_p = T/(KT_f) \qquad T_i = T \qquad (11 \cdot 26)$$

PI 制御の積分時間として，制御対象の時定数 T を選び，希望の応答を速くしたいときには，T_f を小さくする．その結果，比例ゲインが大きくなる．

例題 11・5 流出量が液位に影響されないタンクの液位は，積分システムとなる．伝達関数を $G(s) = \beta/s$ として，IMC により，PI 制御を求めよ．

(解) 積分システムは，時定数が無限大の1次遅れシステム $\beta/s = \lim_{T \to \infty} \frac{\beta T}{1+Ts}$ と考えられる．したがって，希望の1次遅れを (11・24) 式で表すとき，(11・26) 式より，$K_p = 1/(\beta T_f)$，$T_i = \infty$ が得られ，PI 制御は，積分制御のない P (比例) 制御となる．

11.12 モデル予測制御 (Model Predictive Control) による大規模システムの制御

つぎに，大規模システムの制御として，多くの導入実績があるモデル予測制御 (以後，MPC と略す) を解説する．MPC とは，モデルを用いて，有限期間の将来予測をサンプル時間ごとに行い，その有限期間での最適な操作量を算出する制御アルゴリズムの総称で，さまざまなものが開発されてきた．ここでは，基本的な MPC のアルゴリズムを紹介する．

（1） パルス応答モデルによる将来予測

MPC は，サンプル時間ごとに，操作量を変化させるので，その操作量は図 11・13 の上図に示されるように，サンプル時間幅のパルスのつながりとして表現される．一つのパルスに対する応答が得られると，各パルスへの応答は，その入力時刻から，同じ応答をパルスの高さに応

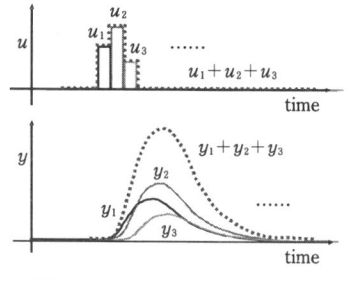

図 11・13 パルスのたたみ込み

11.12 モデル予測制御（Model Predictive Control）による大規模システムの制御

じて y 軸方向に伸縮して描くことにより得られる．パルス入力のつながりに対する応答は，各パルスに対する応答を足した信号として得られる．この演算をたたみ込みとよび，単位高さのパルス入力に対する応答の各サンプル時刻での値を g_j とすると，(11・27) 式で，任意の入力変化に対する出力を算出できる．

$$\text{パルス応答モデル}: \quad y(k) = \sum_{j=1}^{N} g_j \cdot u(k-j) \qquad (11\cdot27)$$

ここで，g_j はパルス応答列，N はパルス応答列長．

ステップ信号は，同じパルス信号がつながった信号と考えられるので，パルス応答は，ステップ応答をサンプル時間間隔で差分することによっても求められる．

$$g_j = y_s(t_j) - y_s(t_{j-1}) \qquad (11\cdot28)$$

ここで，$y_s(t_j)$ は，ステップ応答の j 番目のサンプル時刻の値．

現在値からの将来値予測 (11・27) 式では，操作量のみで制御量を表現するが，外乱の存在する環境では，現状を過去の操作量のみで表現することはできないので，現状からの変化をパルス応答モデルで予測する．(11・27) 式より，現状との差を計算すると次式が得られる．

$$y(k+1) = y(k) + \sum_{j=1}^{N} g_j \cdot \{u(k+1-j) - u(k-j)\}$$
$$\vdots$$
$$y(k+P) = y(k) + \sum_{j=0}^{P-1}\left\{\left(\sum_{i=0}^{P-1} g_{i+1}\right) \Delta u(k+j)\right\} + \sum_{j=1}^{N-1}\left\{\left(\sum_{i=j}^{\min(j+P-1,N-1)} g_{i+1}\right) \Delta u(k-j)\right\} \qquad (11\cdot29)$$

ここで，$\Delta u(k) = u(k) - u(k-1)$．

P 時刻先の出力は，(11・29) 式に示されるように，現状の出力と今後の操作の変化と過去の操作の変化の項で表現でき，図 11・14 に示すように，現在からのステップ変化の応答のたたみ込みと考えられる．

多入出力系でも各入力に対するステップ応答を求めると，各入出力間のパルス応答係数が求められる．現在値から出力がどのように変化するかは，多入出力系においても，(11・29) 式と

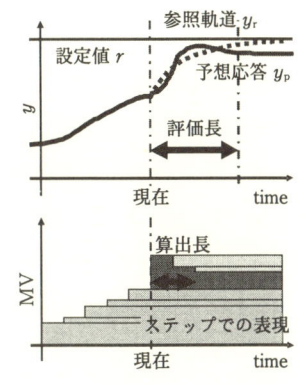

図 11・14 現在値からの変化の予測

同様に,パルス応答列により定まる定係数を持った操作量の差分の線形結合で予測できる.

(2) 将来予測値に対する希望の表現　すぐに出力を設定値に一致させようとすると,過激な操作になる可能性があるので,誤差の減衰率 α ($0<\alpha<1$) を指定して,現在値から設定値までの軌道(参照軌道とよぶ)を (11・30) 式に示すように逐次計算し,出力の目標にする場合もあるし,操作量の変化に制限を加えるように,各サンプル時刻での最適化の評価関数に,(11・31) 式に示すように,操作量の変化 Δu の 2 乗の項を用いる場合もある.

参照軌道の例
$$y_{\mathrm{r}}(t_{k+j}) = (1-\alpha^j)r(t_{k+j}) + \alpha^j y(t_k) \tag{11・30}$$

ここで,y_{r} は参照軌道,r は設定値,y は制御量.

評価関数の例
$$J(t_k) = \sum_{j=L}^{P} q_j \{y_{\mathrm{r}}(t_{k+j}) - y_{\mathrm{p}}(t_{k+j})\}^2 + \sum_{i=1}^{M} r_i \{\Delta u(t_{k+i})\}^2 \tag{11・31}$$

ここで,q_j,r_i は重み係数,y_{p} は予測される制御量.

最適フィードバック制御　(11・31) 式の最適化問題を解くと,制御対象の動的モデル(パルス応答)が一定であれば,最適な操作量を算出する制御則は,制御量の測定値と過去の操作量,目標値に対して,それぞれ一定の係数を掛けて足し合せる定係数フィードバックになる.この制御系設計法は,多入力多出力系に対しても全く同じように適用でき,三菱化学のエチレンプラントでは,600 制御量,200 操作量を同時に制御する大規模なものが稼動している[*].

制約条件のある MPC　プロセス制御では,操作量の上下限や,品質や安全性の制約などが存在する.MPC では,限界状態での運転で,生産量増大や省エネルギーなどの効率向上をめざすので,これらの制約を陽に取り扱う.この場合,定係数フィードバックではなく,制約を含めた 2 次計画法(QP)あるいは線形計画法(LP)をオンラインで解く.コンピュータの計算速度の著しい向上とともに,オンラインでの適用が可能になっている.

---

[*] 伊藤利昭編著:化学産業における制御,コロナ社 (2002)

使 用 記 号

- A：断面積　[m²]
- C：コントローラの伝達関数
- d：外乱
- e：制御誤差
- $F(s)$：IMC の希望応答モデル
- G：u から y への伝達関数
- g_j：パルス応答列
- $|G(i\omega)|$：ゲイン
- $\angle G(i\omega)$：位相　[rad/s]
- h：水位　[m]
- i：虚数の演算子 $\sqrt{-1}$
- IMC：内部モデル制御（Internal Model Control）
- K：ゲイン
- k_1：弁の流量係数　[m³/s]
- k_2：弁の流量係数　[m²/s]
- K_i：積分ゲイン
- K_p：比例ゲイン
- $\mathcal{L}$：ラプラス変換
- $\mathcal{L}^{-1}$：逆ラプラス変換
- $M(s)$：IMC のプラントモデル
- MPC：モデル予測制御（Model Predictive Control）
- N：パルス応答列長
- r：目標値，設定値
- s：ラプラス演算子
- t：時間　[s]
- T：時定数　[s]
- T_f：IMC の希望応答モデルの時定数　[s]
- T_i：積分時間　[s]
- T_d：微分時間　[s]
- u：操作量
- x：操作量 u の制御量 y への影響
- y：制御量
- y_r：MPC の参照軌道
- y_s：ステップ応答
- α：MPC の参照軌道の誤差の減衰率
- ω：角周波数　[rad/s]

演 習 問 題

11・1 図11・1のプラントの定性的な挙動について解説せよ．

（ⅰ）成分Aの流量コントローラFC1の設定値を増加させたときに，各コントローラが，どのように連動して，新たな定常状態に落ち着くか．

（ⅱ）反応器と精留塔で用いられている熱媒の温度が低くなった．流量を増加することにより回復できるが，一旦，反応器での成分Aの転化率が低下し，精留塔でも，温度が下がるとして，考察せよ．成分Aは成分Cよりも低沸であるとする．

11・2 図11・1のプロセスの原料調整槽を完全混合として，調整槽内の成分A濃度 $C_A\,[\mathrm{mol/m^3}]$ への原料成分Aの補給流量 $F_A\,[\mathrm{m^3/s}]$ の変化の影響を考察する．原料調整槽の微分方程式は，全体流量と成分に対する収支から，以下のように表せる．

$$\frac{\mathrm{d}(V\cdot C_A)}{\mathrm{d}t}=F_A C_{Af}-F_{\mathrm{feed}}C_A$$

$$\frac{\mathrm{d}V}{\mathrm{d}t}=F_A+F_B+F_{\mathrm{RB}}+F_{\mathrm{feed}}$$

ここで，V は容積 $[\mathrm{m^3}]$，C_{Af} は原料成分Aの濃度 $[\mathrm{mol/m^3}]$，F_{feed} は反応器への流出流量 $[\mathrm{m^3/s}]$，$F_B\,[\mathrm{m^3/s}]$，$F_{\mathrm{RB}}\,[\mathrm{m^3/s}]$ は，補給成分B，リサイクル成分Bの流量である．

（ⅰ）ラプラス変換は，変数の積をそのまま扱えないので，定常状態からの微小変化に着目して，変数間に線形関係が成立する表現にしてからラプラス変換を行う．定常値を＊をつけて表現し定常点からの偏差を $\varDelta$ で表す．

$$\frac{\mathrm{d}(V^*+\varDelta V)(C_A^*+\varDelta C_A)}{\mathrm{d}t}=(F_A^*+\varDelta F_A)(C_{Af}^*+\varDelta C_{Af})-(F_{\mathrm{feed}}^*+\varDelta F_{\mathrm{feed}})(C_A^*+\varDelta C_A)$$

偏差を微小として，偏差同士の積を無視することにより，定常状態からの微小変化に関する線形の微分方程式に変換せよ．

（ⅱ）ラプラス変換により，成分A原料流量 F_A から成分A濃度 C_A への伝達関数を求めよ．

（ⅲ）槽の容積 $V=2\,\mathrm{m^3}$，原料A濃度 $C_{Af}=2\times10^{-4}\,\mathrm{mol/m^3}$，定常状態が，$F_A=1\times10^{-3}\,\mathrm{m^3/s}$，$F_{\mathrm{feed}}=5\times10^{-3}\,\mathrm{m^3/s}$ であるとき，原料流量が $F_A=1.1\times10^{-3}\,\mathrm{m^3/s}$ へステップ変化したときの，成分Aのモル濃度変化 $C_A\,[\mathrm{mol/m^3}]$ の時間変化を求めよ．

11・3 図11・3に示す貯水槽の制御について，次の問いに答えよ．

（ⅰ）流出量が水圧により，

$$F_2=k_2\cdot d\cdot\sqrt{y}$$

と変化するときの，流入弁開度 u から水位 y への伝達関数を求めよ．

（ii）槽の断面積 $A=2\mathrm{m}^2$，弁の流量係数 $k_1=2\times10^{-2}$，$k_2=2\times10^{-2}$ で，定常状態が，$u=0.5$，$d=0.5$ であるとき，$d=0.6$ へステップ変化したときの，水位 $y\,[\mathrm{m}]$ の時間変化を伝達関数から求めよ．

（iii）比例制御 $u=k_p\cdot e$ を用いたときの，設定値 r から水位 y への伝達関数を求め，十分な時間が経過しても，y は r に一致しないことを確認せよ．この差のことを定常偏差またはオフセットという．

（iv）流出量がポンプにより水圧の影響を受けずに，次のように変化するとき，
$$F_2=k_2\cdot d \qquad \text{ここで，}d \text{はポンプ動力}$$
流入弁開度 u から水位 y への伝達関数が，積分系になることを確認せよ．

（v）この系に（iii）と同じコントローラを用いても，オフセットが生じないことを確認せよ．

11・4 図 11・15 に示されるように，1次遅れ系に PI 制御を用いた場合の解析を行う．ここで，時定数 T は正であるとする．

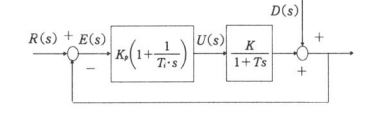

（i）閉ループの伝達関数表現を求めよ．

（ii）閉ループ系が安定であるための条件を示せ．

（iii）閉ループ系が振動性を有するための条件を求めよ．

（iv）閉ループ系の固有振動数が ω_0 になるように，PI コントローラを調整する条件を求めよ．

図 11.15 閉ループ系のブロック線図

11・5 系のステップ応答を求めると，図 11・16 のグラフが得られた．

（i）設定値に対する応答の時定数が，プラントの時定数の半分になるように，IMC により，PI 制御を設計せよ．

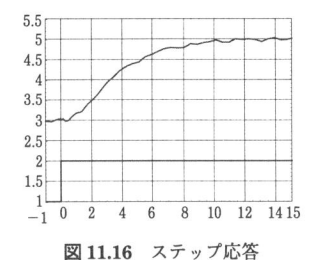

（ii）サンプル間隔 1 分でモデル予測制御を行う．パルス応答モデルを求めよ．

図 11.16 ステップ応答

（iii）ずっと，操作量は $u=1$ で一定であった．そこから，1分ごとに，$u=[1.5\ 2.0\ 1.8]$ と3回変化させて，1分たった．現在，$y=3.5$ である．このまま，操作量を一定にしたとき，5分後の y はどうなるか．

（iv）目標値は 10，現在の出力は 3.5，誤差の減衰率 $\alpha=0.8$ として，参照軌道を算出すると，5分後の参照軌道の値はいくらか．

（v）このとき，1回操作量を変化させて，後は，一定にするとして，5分後に，y を参照軌道と一致させるためには，現在の操作量を 1.8 からいくつに変化させればよい

か.

11・6 大きな無駄時間要素 e^{-Ls} をもつ制御対象の制御には，図 11・17 に示されるスミス予測器（Smith Predictor）が用いられることもある．スミス予測器では，遅れて現れる操作量の影響を観測値から除き，無駄時間遅れのない応答を代わりにフィードバックして，制御を行う．

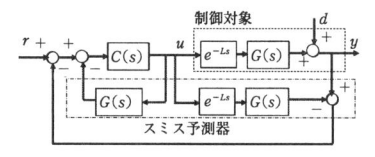

図 11.17 スミス予測器を用いた制御系

モデル誤差がないものとして，以下の問いに答えよ．
（i）r から u への伝達関数，および d から y への伝達関数を求めよ．
（ii）図 11・2 中の C に対応する前置補償器型に，図 11・17 のブロック線図を等価変換して，誤差 $e=r-y$ から操作量 u への伝達関数を求めよ．

第12章 反応工学

　反応工学では，目的生成物を最も望ましい方法で生産するため，最適な反応器を設計し，操作方法を決定することが要求される．そのために，反応の速度式を把握し，反応器の設計式に適用する．本章では，代表的な反応器の設計式の導入と単純な反応系への適用例を概観し，バイオテクノロジーへの応用に触れる．

12.1 化学反応の量論と反応速度

　化学反応は原料と生成物の量的関係を量論式（化学反応式）で表現する．単純反応の場合は次式のように1つの量論式で表される．

$$\nu_A A + \nu_B B = \nu_R R + \nu_S S \tag{12·1}$$

ここで，左辺のAとBは反応物（原料），右辺のRとSは生成物であり，ν_iはi成分の量論係数である．複数の量論式で構成される反応は，複合反応と呼ばれ，代表的なものとして，次に示すような逐次反応および並発反応がある．

$$\text{逐次反応}\ ;\quad \nu_A A \rightarrow \nu_R R \rightarrow \nu_S S \tag{12·2}$$

$$\text{並発反応}\ ;\quad \nu_{A1} A \rightarrow \nu_R R,\ \nu_{A2} A \rightarrow \nu_S S \tag{12·3}$$

　化学反応の速度は，反応混合物の単位体積当たり，単位時間に生成するj成分の物質量として次式のように定義する．

$$r_j = (dm_j/dt)/V \quad [\text{mol}/(\text{m}^3 \cdot \text{s})] \tag{12·4}$$

反応系が不均一の場合，解析や設計が容易なように基準を選定する．たとえば，固体触媒を用いる場合には，次式の触媒質量当たりの反応速度を使用する．

$$r_{j,m} = (dm_j/dt)/W \quad [\text{mol}/(\text{kg-cat} \cdot \text{s})] \tag{12·5}$$

錯体触媒のように，触媒が反応液に溶解し分子として機能する場合は，触媒単位物質量当たりの反応速度として次式のターンオーバー数（TF）を使用する．

$$TF = (dm_j/dt)/m_{\text{cat}} \quad [\text{mol}/(\text{mol-cat} \cdot \text{s})] \tag{12·6}$$

　(12·1)式の反応の場合，各成分の反応速度には次式の関係がある．原料であるA，Bは時間を追って減少するため，マイナス符号をつけて正の値とする．

$$r=(-r_A)/\nu_A=(-r_B)/\nu_B=r_R/\nu_R=r_S/\nu_S \tag{12・7}$$

r は量論式に対する反応速度である．(12・7) 式は，単純反応の場合，ある成分についての反応速度がわかれば，他の成分は量論係数から求められることを示す．
複合反応では以下の例題のように各成分の反応速度は代数的関係となる．

例題 12・1　複合反応　　$A+2B \rightarrow 2R$ 　　 : r_1 　　(12・8)
　　　　　　　　　　　　　$2A+3R \rightarrow S$ 　　 : r_2 　　(12・9)
において，量論式に対する反応速度を r_1 と r_2 とし，各成分に対する反応速度を r_1 と r_2 で表せ．
(**解**)　(12・7) 式より，$r_A=-r_1-2r_2$, $r_B=-2r_1$, $r_R=2r_1-3r_2$, $r_S=r_2$

12.2　反 応 速 度 式

(1)　均一系の反応速度式　　化学反応の速度は，反応物や生成物の濃度および温度に依存する．これらの因子を数式の形で表現したものを反応速度式という．原料の A 成分の反応速度式は次のような関数になる．

$$(-r_A)=f(T, C_A, C_B, C_R, C_S, \cdots) \tag{12・10}$$

均一系反応の場合，関数としてべき数式がよく用いられる．

$$(-r_A)=k\,C_A^{n_A}C_B^{n_B} \tag{12・11}$$

(12・11) 式において，べき数 n を反応次数とよぶ．A 成分について n_A 次，B 成分について n_B 次であり，総括反応次数は (n_A+n_B) 次である．反応次数 n_A, n_B は素反応の場合を除いて，量論係数 ν_A, ν_B と同じとは限らない．
比例定数の k は反応速度定数と呼ばれ，反応温度の関数である．k と反応温度 T とは次のアレニウス式 (12・12) で関連づけられる．k_0 は頻度因子または前指数因子とよばれ，E は活性化エネルギーである．

$$k=k_0\exp(-E/R_gT) \tag{12・12}$$

(2)　擬定常状態の近似　　実際の反応は，いくつかの素反応により活性中間体（A^* と表記）を経由しながら複雑な機構で進行する．活性中間体となる物質（ラジカル，イオンなど）は，非常に反応性に富んでおり，生成した活性中間体は直ちに消費されるから，A^* の濃度は他の成分に比較してきわめて低い．このように，A^* の正味の反応速度 r_A^* は非常に小さく，零とみなすことができる．このような場合，擬定常状態の近似が成立するので，A^* の濃度の項を消去するこ

とができる．このようにして，一連の素反応の速度式から全体の反応速度式が導出される．

例題 12・2 反応
$$A+B+C \rightarrow R \tag{12・13}$$
に対して次の素反応機構を考える．

$$A+B \underset{k_1'}{\overset{k_1}{\rightleftarrows}} A^* \tag{12・14}$$

$$A^*+C \overset{k_2}{\longrightarrow} R \tag{12・15}$$

擬定常状態の近似により反応速度式を導出せよ．
　（解）　活性中間体 A^* の反応速度を零とする．
$$r_{A^*}=k_1C_AC_B-k_1'C_A^*-k_2C_A^*C_C=0 \quad \text{したがって,} \quad C_A^*=k_1C_AC_B/(k_1'+k_2C_C)$$
ゆえに，
$$r_R=k_2C_A^*C_C=k_1k_2C_AC_BC_C/(k_1'+k_2C_C) \tag{12・16}$$

（3）律速段階の近似　いくつかの素反応が逐次的に進行する反応では，ある素反応の速度が他に比べて非常に遅い場合，全体の反応速度はその遅い段階の素反応速度によって決定される．その素反応を律速段階と呼ぶ．それ以外の素反応は十分に速く，部分平衡にあると仮定する．このようにして，反応速度を決定する方法を律速段階の近似と称する．

例題 12・3　例題 12・2 の反応について律速段階の近似により反応速度式を誘導せよ．
　（解）　(12・14) 式が部分平衡にあるとする．
$$K_1=C_A^*/C_AC_B=k_1/k_1' \tag{12・17}$$
(12・15) 式を律速段階とすると
$$r_R=k_2C_A^*C_C=k_1k_2C_AC_BC_C/k_1' \tag{12・18}$$
これを擬定常状態の近似の (12・16) 式と比較すると，$k_1' \gg k_2C_C$ の条件で同じ式となる．

（4）固体触媒反応速度　固体触媒反応の速度を決定する際，律速段階の近似が有効である．固体触媒反応が進行するには，①反応物の，触媒細孔内表面への吸着，②触媒に吸着した反応物の表面反応，③生成物の脱離，などの素過程があり，そのいずれを律速段階とするかによって，速度式は異なった形をとる．しかし，これらの反応速度式は，すべて次の形式となっている．

$$\text{反応速度}=(\text{動力学項})(\text{ポテンシャル項})/(\text{吸着項})^n \tag{12・19}$$

動力学項は速度定数や吸着点の総濃度など触媒の活性を表す項，ポテンシャル項は濃度など反応の推進力を表す項，吸着項は反応物や生成物による吸着阻害を表

す項であり，律速段階に関与する活性点の数に関係したべき数 n を伴っている．(12・19)式を Langmuir-Hinshelwood 式（LH 式）と称する．

例題 12・4　シリカアルミナ触媒でのクメン分解により，下表の結果を得た．次の LH 式で表せることを確かめ，速度パラメーターを決定せよ．

$$(-r_{A,m}) = kK_A p_A/(1 + K_A p_A) \tag{12・20}$$

クメン分圧　$p_A \times 10^{-6}$ [Pa]	0.1	0.27	0.43	0.70	1.44
反応速度　$(-r_{A,m})$ [mol/(kg·s)]	1.2	1.8	2.0	2.1	2.3

（解）　(12・20)式を変形すると，

$$p_A/(-r_{A,m}) = 1/(kK_A) + (1/k)p_A$$

図 12・1 のように $p_A/(-r_{A,m})$ vs. p_A のプロットは直線になり，LH 式に合うことが分かる．この直線の傾きと切片より，k と K_A が決定できる．

$k = 2.4$ mol/(kg·s)，$K_A = 9.8 \times 10^{-6}$ Pa^{-1}

（5）不均一系の反応速度　不均一系の反応では，物質移動などの物理的現象も反応速度に影響を与えるため，反応速度式にこれらの影響を反映させなければならない．たと

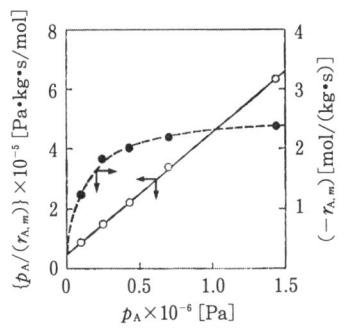

図 12・1　クメン分解反応のプロット

えば，固体触媒反応の場合，流体境膜と触媒外表面との間の境膜拡散と触媒粒子内での反応物の細孔内拡散が反応速度に影響を与える．境膜拡散が律速段階であれば境膜を通る反応物 A の物質移動量 N_A は，実測される反応速度 $(-r_A)_{obs}$ に等しく，次式で与えられる．

$$N_A = (-r_A)_{obs} = k_{C,A} a_m (C_{A,b} - C_{A,s}) \tag{12・21}$$

$k_{C,A}$ は境膜物質移動係数，a_m は触媒の外表面積，$(C_{A,b} - C_{A,s})$ は流体本体と触媒外表面の A の濃度差をあらわす．境膜物質移動係数は，球状に成形した無水フタル酸などの昇華，素焼の球に吸収させた水の蒸発などの実験から，無次元の相関式としてまとめられる．

触媒粒子内では反応物は細孔内を拡散しながら反応するので，触媒粒子の中心に近づくほど反応物濃度が減少する．したがって，触媒粒子内部では反応速度が小さくなって触媒全体としてのみかけの反応速度は，拡散の影響のないとき

(＝すべての活性席に外表面と同じ濃度の反応物が接触するとき)，に比べて小さくなる場合が多い．この比を触媒有効係数 E_f と呼び，次式で表す．

E_f＝(実際の反応速度)/(細孔内も外表面と同一条件としたときの反応速度)
球状触媒で1次反応のときには解析解が次式のように得られる．

$$E_f = \{1/\tanh(3m) - 1/(3m)\}/m \tag{12・22}$$

ここに，m は 一般化ティーレモデュラスと呼ばれる無次元量であり，反応速度と拡散速度の比を表す．任意の触媒形状ならびに A 成分の n 次反応に対して次式で与えられる．

$$m = (V_p/S_p)[(n+1)\rho_p k C_{A,s}^{n-1}/(2D_{e,A})]^{1/2} \tag{12・23}$$

さまざまな触媒形状や反応次数に対する E_f と m の関係を図 12・2 に示す．どの場合も，$m<0.2$ では $E_f=1$ となり反応律速であり，$m>10$ では $E_f=1/m$ となり粒子内拡散律速である．それらの中間領域では，次式で近似できる．

$$E_f = 1/(1+m^2)^{1/2} \tag{12・24}$$

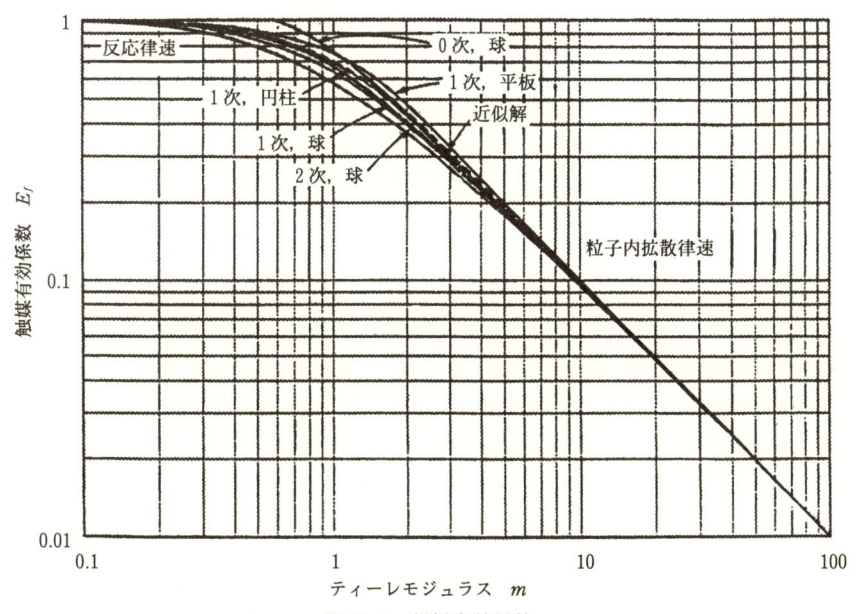

図 12・2 触媒有効係数

12.3 反応器の分類と特徴

反応工学では，対象が均一系反応であるか不均一系反応であるかによって，大きく取り扱いが異なる．後者の場合，相間の物質移動の影響を考えねばならないし，不均一系の固体触媒反応では，前項で述べたように，反応速度式自体が複雑になる．本章では，均一系の反応操作について扱うこととするが，不均一系でもマクロに見て均一に取り扱える場合は適用可能である．

（1）反応器の分類　本章では代表的な反応器として，回分反応器，流通槽型反応器，流通管型反応器の3種類を取り扱う．それぞれの反応器の略図とA＋B → R の反応が起きているときの濃度変化を図12・3に示す．

回分反応器では，反応物を仕込み，反応条件を整えて反応を進行させ，所定時間の後に生成物を取り出す．この間，反応器に物質の出入りはない．ただし，2種類以上の反応物を同時に加えると反応が激しすぎる場合は，反応物の一方を徐々に加えて反応速度を制御する．したがって，反応混合物の体積は次第に増加する．これを半回分操作という．気液反応で，仕込んだ一定量の液中にガスのみを流通させる操作も半回分操作であるが，この場合の体積はほぼ一定である．

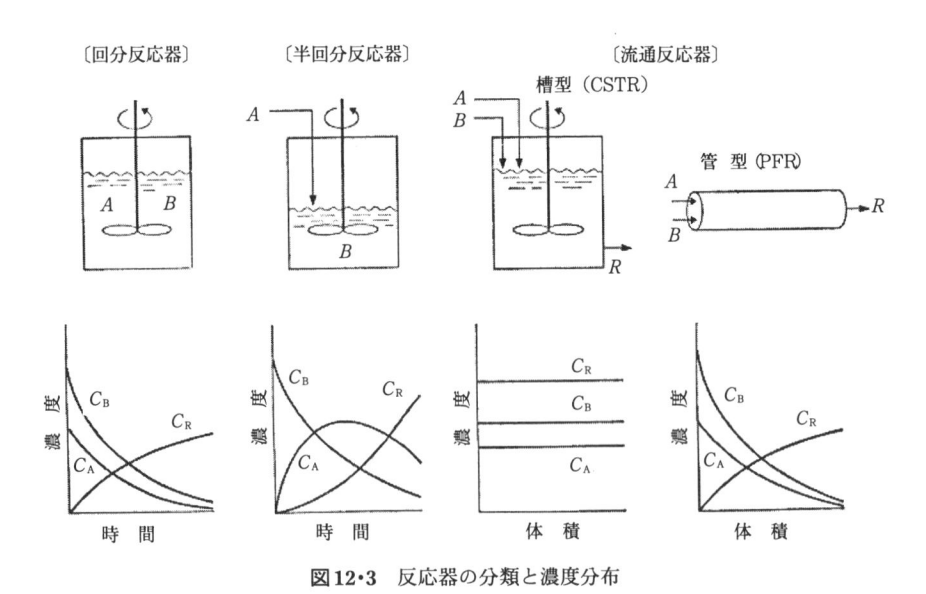

図12・3　反応器の分類と濃度分布

流通反応器では，一定量の原料を供給すると同時に他端から同量の反応混合物を取り出す．反応が定常的に進行していれば，出口濃度は操作時間に依存せず一定である．流通反応器には大きく分けて，槽型（continuous stirred tank reactor, CSTR と略）と管型（tubular reactor または plug flow reactor, PFR と略）の2種類がある．CSTR では理想的には，反応混合物が完全に混合されており，槽内は均一濃度になっている．他方，管型反応器の中でも栓流（plug flow）が仮定できる PFR では反応流体はピストンで押されるように管内を移動し，理想的には各流体要素はその前後の要素と混合しない．したがって，反応は入口から出口に向かって徐々に進行する．こうした流れの状態の違いは，反応器の性能に大きな差異を与える．実際の流通反応器では，理想化されたこれら2つの流動状態からずれるため，逆混合モデルや槽列モデルなどによる修正が提案されている．

（2）反応率と体積の変化　　化学反応の進行の度合いを示す尺度の一つとして，反応率（転化率）X_A を用いる．次式のように，原料中の A 成分の物質量に対する，反応した A 成分の物質量の割合で示す．

$$X_A = (m_{A,0} - m_A)/m_{A,0} \tag{12・25}$$

また，複合反応の場合は，複数の生成物のうち目的生成物を選択的に得ることが重要である．この指標として収率と選択率がある．収率は目的生成物が量論的に到達しうる最大生成量に対する実際の生成量の割合である．一方，選択率は反応物の反応した量に対する目的生成物へ変化した量の割合である．

化学反応が（12・1）式で進行するとき，原料系（左辺）と生成系（右辺）の量論係数の和が異なる場合，反応の前後で系の体積が変化する．こうした体積の変化は，反応率の1次関数となると考え，体積変化を次式のように表現する．

$$V = V_0(1 + \varepsilon_A X_A) \tag{12・26}$$

ここに，ε_A は体積増加率であり，定圧，等温の気相反応では次式となる．

$$\varepsilon_A = \delta_A y_{A,0} \tag{12・27}$$

δ_A は量論式の係数より得られ，反応が（12・1）式のときには，

$$\delta_A = \{(\nu_R + \nu_S) - (\nu_A + \nu_B)\}/\nu_A \tag{12・28}$$

反応中の体積の変化を考慮すると濃度と反応速度には以下の関係がある．

$$C_A = m_A/V = m_{A,0}(1-X_A)/\{V_0(1+\varepsilon_A X_A)\}$$
$$= C_{A,0}(1-X_A)/(1+\varepsilon_A X_A) \tag{12・29}$$

$$(-r_A) = -(\mathrm{d}m_A/\mathrm{d}t)/V$$
$$= C_{A,0}(\mathrm{d}X_A/\mathrm{d}t)/(1+\varepsilon_A X_A) \tag{12・30}$$

反応速度を濃度 $C_j(=m_j/V)$ を使って表すと次式となる．

$$r_j = \{\mathrm{d}(C_j V)\mathrm{d}t\}/V = \mathrm{d}C_j/\mathrm{d}t + C_j(\mathrm{d}V/\mathrm{d}t)/V \tag{12・31}$$

液相反応では，たとえ $\delta_A = 0$ でなくても反応混合物の密度の変化が無視できれば，$\varepsilon_A = 0$ とみなせる．このときを定容反応器と呼ぶ．定容反応器のとき，すなわち，反応時間中に反応混合物体積が変化しないときには (12・31) 式の右辺第 2 項は零となり，反応速度は濃度の時間微分で表すことができる．

12.4 回分反応器

(1) 回分反応器の設計式　(12・30) 式を変数分離し，積分すると次式を得る．

$$t = C_{A,0}\int_0^{X_A}[1/\{(-r_A)(1+\varepsilon_A X_A)\}]\mathrm{d}X_A \tag{12・32}$$

(12・32) 式は，指定された反応率を達成するのに必要な反応時間を与えるので，回分反応器の設計式という．$(-r_A)$ が簡単な速度式のときには，具体的な速度式を (12・32) 式に代入して積分し，積分反応速度式を得る．解析解が得られない場合は数値積分が必要となる．

例題 12・5　1 次および 2 次の不可逆反応に対する定容回分反応器 ($\varepsilon_A = 0$) の設計式を求めよ．

（解）　1 次反応のとき：　$(-r_A) = kC_A = kC_{A,0}(1-X_A)$ に対して，(12・32) 式より，

$$t = (1/k)\int_0^{X_A}\{1/(1-X_A)\}\mathrm{d}X_A = -\ln(1-X_A)/k \tag{12・33}$$

2 次反応のとき：　$(-r_A) = kC_A^2 = kC_{A,0}^2(1-X_A)^2$ に対しては，

$$t = \{X_A/(1-X_A)\}/(kC_{A,0}) \tag{12・34}$$

(2) 複合反応の設計式　単純反応の場合は (12・32) 式で濃度または反応率と反応時間の関係を計算することができるが，複合反応の場合は各々の反応について反応速度式を作り検討しなければならない．複合反応の典型例として，並発反応と逐次反応を検討する．

12.4 回分反応器

1次-1次並発反応： $A \xrightarrow{k_1} R$　　$(-r_A) = (k_1 + k_2)C_A$
　　　　　　　　　　$A \xrightarrow{k_2} S$　　$r_R = k_1 C_A,\ r_S = k_2 C_A$

初期条件：　　　　$t=0$ で $C_A = C_{A,0}$,
　　　　　　　　　$C_{R,0} = C_{S,0} = 0$（原料中には生成物は存在しない）

A 成分については,
$$C_A = C_{A,0} \exp\{-(k_1 + k_2)t\} \tag{12·35}$$

R 成分については, $r_R = dC_R/dt = k_1 C_A$ より
$$C_R = C_{A,0} k_1 [1 - \exp\{-(k_1 + k_2)t\}]/(k_1 + k_2) \tag{12·36}$$

S 成分については, (12·36) 式の k_1 と k_2 を置き換えればよい.

反応した A のうち, R へと変換された割合を選択率 (S) とすると,
$$S = (C_R - C_{R,0})/(C_{A,0} - C_A) = k_1/(k_1 + k_2) \tag{12·37}$$

したがって, k_1 が k_2 より大きいほど選択率は高くなる.

1次-1次逐次反応： $A \xrightarrow{k_1} R \xrightarrow{k_2} S$
　　　　　　　　　$(-r_A) = k_1 C_A,\ r_R = k_1 C_A - k_2 C_R,\ r_S = k_2 C_R$

初期条件：　　　　$t=0$ で $C_A = C_{A,0},\ C_{R,0} = C_{S,0} = 0$

A 成分については,
$$C_A = C_{A,0} \exp(-k_1 t) \tag{12·38}$$

R 成分については, (12·38) 式と $r_R = dC_R/dt = k_1 C_A - k_2 C_R$ より
$$dC_R/dt + k_2 C_R = k_1 C_{A,0} \exp(-k_1 t) \tag{12·39}$$

となる. これは線形1階常微分方程式であり, その解は次式となる.
$$C_R = C_{A,0} k_1 \{\exp(-k_1 t) - \exp(-k_2 t)\}/(k_2 - k_1) \tag{12·40}$$

S 成分については物質収支式, $C_S = C_{A,0} - C_A - C_R$ から得られる.

中間生成物の濃度 C_R には最大値が現れる. その最大となる時間 t_{max} およびそのときの濃度 $C_{R,max}$ は, $dC_R/dt = 0$ より, 次式となる.
$$t_{max} = \{\ln(k_2/k_1)\}/(k_2 - k_1) \tag{12·41}$$
$$C_{R,max} = C_{A,0} (k_2/k_1)^{-k_2/(k_2 - k_1)} \tag{12·42}$$

選択酸化反応のように, 逐次反応の中間生成物が目的物の場合, このようにし

て最適化を行うことができる．

12.5 連続攪拌槽型反応器（CSTR）

図 12・3 に示すような CSTR 内で単純反応が起きているときの反応物 A の物質収支を考える．定常状態を仮定すると蓄積項がゼロとなり次式が得られる．

$$v_0 C_{A,0} - v C_A - (-r_A) V = 0 \tag{12・43}$$
（流入量）（流出量）（反応量）　（蓄積項）

反応系が液体の場合，反応にともなう体積変化が無視できるとすると，$v = v_0$ である．そこで，(12・43) 式を変形すると次式となる．

$$\tau = (C_{A,0} - C_A)/(-r_A) = C_{A,0} X_A/(-r_A) \tag{12・44}$$

$\tau = V/v_0$ であり，反応器体積が単位時間当たりの処理量の何倍であるか，あるいは反応器体積に相当する原料を処理する時間を示すもので空間時間という．また，空間時間の逆数を空間速度（SV）と呼ぶ．(12・44) 式を CSTR の設計式と称する．

例題 12・6　n 次反応に対する CSTR の設計式を求めよ．
（解）　$-r_A = kC_A^n = kC_{A,0}^n (1-X_A)^n$ より

$$\tau = X_A / \{k C_{A,0}^{n-1} (1-X_A)^n\} \tag{12・45}$$

となり，1 次反応のときは，

$$\tau = X_A / \{k(1-X_A)\} \tag{12・46}$$

であり，2 次反応のときは，

$$\tau = X_A / \{k C_{A,0} (1-X_A)^2\} \tag{12・47}$$

例題 12・7　液相不可逆反応 A+B → R において，生成物 R は反応物 A と B の濃度に比例する速度で生成し，速度定数は，$k = 2.73 \times 10^{-4} \, \text{m}^3/(\text{mol} \cdot \text{s})$ である．容積 $0.127 \, \text{m}^3$ の CSTR を用い，A および B を含む溶液を各々 $1.57 \times 10^{-5} \, \text{m}^3/\text{s}$，$4.69 \times 10^{-5} \, \text{m}^3/\text{s}$ で別々に送入し，その濃度は $35.2 \, \text{mol/m}^3$，$23.8 \, \text{mol/m}^3$ である．A，B，R の出口濃度を求めよ．

（解）　入口の全流量　$(1.57 + 4.69) \times 10^{-5} = 6.26 \times 10^{-5} \, \text{m}^3/\text{s}$
　　　　A 成分の入口濃度　$C_{A,0} = 35.2 \times 1.57 \times 10^{-5}/(6.26 \times 10^{-5}) = 8.83 \, \text{mol/m}^3$
　　　　B 成分の入口濃度　$C_{B,0} = 23.8 \times 4.69 \times 10^{-5}/(6.26 \times 10^{-5}) = 17.8 \, \text{mol/m}^3$
　　　　空間時間　$\tau = 0.127/(6.26 \times 10^{-5}) = 2029 \, \text{s}$

$C_{A,0} - C_A = C_{B,0} - C_B = C_R$ より，$C_B = C_{B,0} - C_{A,0} + C_A = 8.97 + C_A$
$C_{A,0} - C_A = (-r_A)\tau = k C_A C_B \tau$ より，$8.83 - C_A = 2.73 \times 10^{-4} C_A (8.97 + C_A) \times 2029$

$0.554C_A^2 + 5.97C_A - 8.83 = 0$ の 2 次方程式を解いて,
$C_A = 1.32 \, \text{mol/m}^3$, $\quad C_B = 8.97 + 1.32 = 10.3 \, \text{mol/m}^3$, $\quad C_R = 8.83 - 1.32 = 7.51 \, \text{mol/m}^3$

12.6 流通管型反応器（PFR）

（1） PFR の設計式　図 12・4 に PFR 内の物質収支を示す．体積要素 dV における軸方向の A 成分の物質収支をとる．定常状態を仮定すると体積要素内の蓄積項がゼロとおけるので次式が得られる．

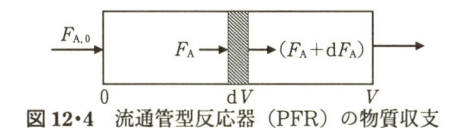

図 12・4 流通管型反応器（PFR）の物質収支

$$F_A - (F_A + dF_A) - (-r_A)dV = 0 \qquad (12 \cdot 48)$$

体積要素への：　流入量　　流出量　　体積要素中の反応量　　蓄積項

F_A は A のモル流量 [mol/s] であり, vC_A に等しい．反応率との関係は次式である．

$$F_A = F_{A,0}(1 - X_A) = v_0 C_{A,0}(1 - X_A) \qquad (12 \cdot 49)$$

(12・48) と (12・49) 式より

$$(-r_A) = -dF_A/dV = F_{A,0}dX_A/dV = v_0 C_{A,0} dX_A/dV \qquad (12 \cdot 50)$$

(12・50) 式の変数を分離して積分すると,

$$\tau = C_{A,0} \int_0^{X_A} \{1/(-r_A)\} dX_A \qquad (12 \cdot 51)$$

(12・51) 式が PFR の設計式である．

τ は V/v_0 であり, CSTR のときと同様に空間時間である．$V/F_{A,0}$ も空間時間に比例する量であり, 時間因子と称する．

例題 12・8　1 次および 2 次反応の PFR の設計式を導け．

（解） PFR は気相反応を扱うことが多いが, その場合は, 体積変化を伴うのが一般である．そこで, 体積変化のある n 次反応の PFR の設計式を検討する．

n 次反応の速度式は, $\quad (-r_A) = kC_A^n = kC_{A,0}^n \{(1 - X_A)/(1 + \varepsilon_A X_A)\}^n$
であり, PFR の設計式は (12・51) 式より,

$$\tau = \int_0^{X_A} \left(\frac{1 + \varepsilon_A X_A}{1 - X_A}\right)^n dX_A \Big/ (kC_{A,0}^{n-1})$$

となる．これに $n = 1, 2$ を代入すると次式となる．

$$n = 1: \quad \tau = [(1 + \varepsilon_A)\{-\ln(1 - X_A)\} - \varepsilon_A X_A]/k \qquad (12 \cdot 52)$$

$$n=2: \quad \tau=[(1+\varepsilon_A)^2 X_A/(1-X_A)$$
$$+2\varepsilon_A(1+\varepsilon_A)\ln(1-X_A)+\varepsilon_A^2 X_A]/(kC_{A,0}) \quad (12\cdot 53)$$

$\varepsilon_A=0$, すなわち, 体積変化のないときには (12・52), (12・53) 式は回分反応器に対する (12・33), (12・34) 式と同形 (τ を t におきかえたもの) になる.

例題 12・9 800 ℃, 5 気圧において, N_2O (A 成分) に不活性ガスを等モル加えて次の熱分解を行う.

$$2N_2O \rightarrow 2N_2 + O_2$$

この反応は 2 次不可逆で, 速度定数は $k=1.37\times 10^{-3} m^3/(mol\cdot s)$ である. 流通管形反応器を使って, A 成分の 12 kg/h を 98 % の反応率まで分解させるに必要な反応器容積を求めよ.

（解） $y_{A,0}=1/2$, (12・28) 式と同様に, $\delta_A=\{(2+1)-2\}/2=0.5$
(12・27) 式より, $\varepsilon_A=\delta_A y_{A,0}=0.25$

A の入口モル流量 $F_{A,0}=12\times 1000/(44\times 3600)=0.0758\,mol/s$ (N_2O の分子量は 44)

A の入口濃度 $C_{A,0}=p_{A,0}/(R_g T)=(5/2)/\{82.05\times 10^{-6}(800+273)\}=28.4\,mol/m^3$

A の入口体積流量 $v_0=F_{A,0}/C_{A,0}=0.0758/28.4=2.70\times 10^{-3}\,m^3/s$

(12・53) 式より

$$\tau=[(1+0.25)^2\times 0.98/(1-0.98)+2\times 0.25\times(1+0.25)\ln(1-0.98)+(0.25)^2\times 0.98]$$
$$/(1.37\times 10^{-3}\times 28.4)=1.91\times 10^3\,s$$

$$V=v_0\tau=2.70\times 10^{-3}\times 1.91\times 10^3=5.15\,m^3$$

（2） 非等温流通管型反応器 本章では, 反応器内は等温の場合を取り扱っているが, 一般には反応による熱の発生あるいは吸収が無視できない. とくに,

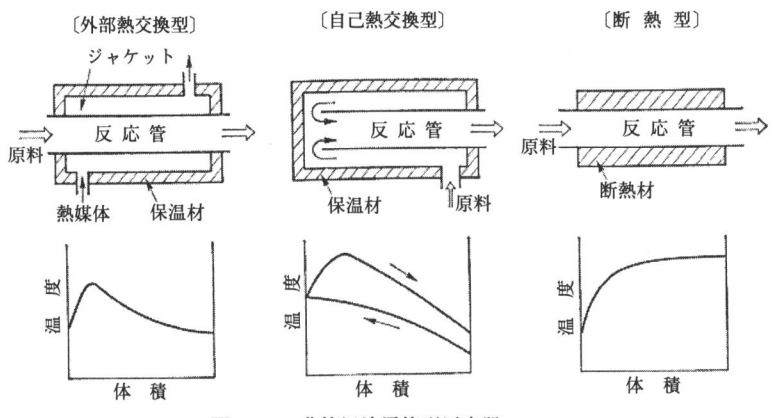

図 12・5 非等温流通管型反応器

流通管型反応器のときに問題となる．この反応熱の処理方法により，図 12・5 に示すように，外部熱交換型，自己熱交換型および断熱型に大別され，軸方向の温度分布も異なる．管径が太い場合には，半径方向の温度分布も無視できない．非等温流通管型反応器の設計式は，前項の物質収支式に加え，熱収支式を連立させることで導出できる．熱収支式は，流入する顕熱，流出する顕熱，反応熱に加え，外部からの加熱や冷却に対応する伝熱を加え，定常状態を仮定して蓄熱項をゼロとおいて得ることができる．断熱反応器の場合は，外部からの伝熱はゼロとなる．

12.7 反応器の比較

ここまで代表的な3種類の反応器の設計式を導入した．各反応器の性能を比較するため，所定の反応率を達成するための反応時間あるいは空間時間を比較する．体積変化のない場合（$\varepsilon_A=0$）を考え，回分反応器の設計式より得られる反応時間 t，CSTR の設計式からの空間時間 τ_m，および PFR の設計式からの空間時間 τ_p を比較したものが図 12・6 である．通常の反応速度では，反応物の濃度が減少するにつれて反応速度が減少するので，$C_{A,0}/(-r_A)$ の値は反応率 X_A の増加とともに大きくなる．(12・32) 式および (12・51) 式はこの値を積分したものであり，図 12・6 の曲線下部の格子部分の面積に相当し，t と τ_p は等しくなる．一方，(12・44) 式は斜線で示した長方形部分の面積に相当し，τ_m となる．τ_m の値は τ_p あるいは t より大きいので，同一の流量で同じ反応率まで反応させる反応器の容積は CSTR のときが大きくなり，効率が悪い．

例題 12・10 A → R の単純反応が1次反応で起きている．速度定数 k が $0.1\,\mathrm{s}^{-1}$ のとき反応率 X_A を 99% にするための空間時間を PFR と CSTR で比較せよ．

（解） (12・52) 式で $\varepsilon_A=0$ として，
$$\tau_p = \{-\ln(1-0.99)\}/0.1 = 46\,\mathrm{s}$$
(12・46) 式より，
$$\tau_m = 0.99/\{0.1(1-0.99)\} = 990\,\mathrm{s}$$
となり，大きな差がある．

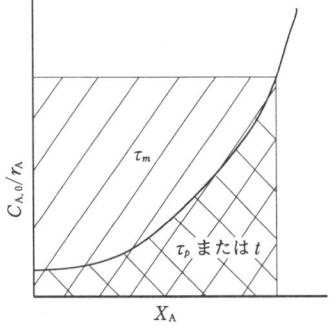

図 12・6 反応器の比較

12.8 反応速度式の決定

（1） 回分反応器　回分反応においては，濃度と時間の関係が実測できる．このデータを用いて反応速度を求めるには，微分法と積分法がある．

微分法では，(12.30) 式に従って図微分または数値微分をすれば良い．図微分は，C_A vs. t または X_A vs. $t/C_{A,0}$ をプロットし，反応速度を求めようとする濃度 C_A または X_A に対応する点で接線を引けば，その傾きが反応速度を与える．中でも，反応時間ゼロへの外挿で得られる速度を初速度と称する

積分法ではいろいろな反応速度式を仮定して，それらを (12・32) 式に代入して積分し，得られた値と実測値を比較して最適な速度式を探す．

例題 12・11　回分反応器を用いて，A→2R で表される液相反応を 325 K で行い，次表のデータを得た．反応速度 $(-r_A)$ を求めよ．A の初濃度を $14.3\,\mathrm{mol/m^3}$ とする．

時　間，t　[h]	0	1	2	5	10	20	∞
反応率　X_A　[－]	0	0.198	0.342	0.563	0.702	0.827	1.00
$k_{(1)}\times 10^5$　[1/s]	－	6.13	5.81	4.60	3.36	2.44	－
$k_{(2)}\times 10^6$　[m³/(mol·s)]	－	4.80	5.05	5.01	4.57	4.64	－

（解）　積分法で解く．長時間放置後の反応率が 100 % であることより，不可逆反応である．液相反応より，定容とみなせ，設計式の (12・32) 式の ε_A は零と置くことができる．1 次および 2 次反応を仮定する．(12・33) 式より，1 次の速度定数 $k_{(1)}$ は次式となる．

$$k_{(1)} = \{-\ln(1-X_A)\}/t \qquad (12\cdot 54)$$

また，(12・34) 式より 2 次の速度定数 $k_{(2)}$ は次式となる．

$$k_{(2)} = \{X_A/(1-X_A)\}/(C_{A,0}t) \qquad (12\cdot 55)$$

上表第 1 行の時間 [h] を 3600 倍し [s] に変換し，反応率 X_A とともに，(12・54) および (12・55) 式に代入して $k_{(1)}$ および $k_{(2)}$ の値を求める．その結果，上表第 3 行に示すように $k_{(1)}$ は時間の経過とともに減少し定数とみなせないことがわかる．一方，$k_{(2)}$ は第 4 行のとおり，ほぼ一定値であり，その平均値は $4.81\times 10^{-6}\,\mathrm{m^3/(mol\cdot s)}$ である．従って，求める反応速度式は 2 次反応であり，次式となる．

$$(-r_A) = 4.81\times 10^{-6} C_A^2\ \mathrm{mol/(m^3\cdot s)}$$

（2） CSTR　設計式に積分を含まないため，式 (12・44) を用い，空間時間と出口反応率との関係から，直接反応速度を求めることができる．種々の初濃度（＝原料濃度）で反応速度を評価し，濃度依存性を決定する．

（3） PFR　反応器出口でどのような反応率を与えるかにより，反応条件を，

微分反応条件と積分反応条件に大別する.

① 微分反応条件とは，反応器の出口と入口の反応率の差 $\varDelta X_A$ が小さく，次式の差分式で反応速度が得られる反応条件である．これは，回分反応器の初速度に相当する．この場合，精度よく反応率を測定できることが必要条件となる．

$$(-r_A) = \varDelta X_A / \varDelta (V/F_{A,0}) \quad (12\cdot 56)$$

② 積分反応条件とは，出口と入口の反応率の差が大きく，(12・56)式で近似できない場合である．この場合の速度解析は，回分反応器のときと同様に，微分法または積分法を用いる．原料流量を変化させる一連の実験を行い，X_A vs. $V/F_{A,0}$ のデータを得，微分法または積分法を用いて反応速度式を決定する．

12.9 バイオテクノロジー

食品，医薬品工業を中心に生物反応プロセスが使われている．生物反応プロセスは，細胞から精製して取り出した酵素を触媒として利用する酵素利用プロセスと，微生物を培養して物質生産をする微生物反応プロセスに分けられる．

12.10 酵素利用プロセス

酵素はタンパク質であり触媒である．常温，常圧で作用することが特徴であるが，化学合成で用いられる分子状触媒と異なるのは，基質結合部位，活性部位だけでなく，構造を保つためのアミノ酸残基が存在することである．このアミノ酸残基を使って担体に固定化することで，食品プロセスにも使用可能な酵素反応プロセスが開発されている．実施例として，冠血管拡張剤として市販されるジルチアゼムの前駆体 $(\pm)$-*trans*-3-(4-methoxyphenyl) glycidic acid methyl ester（$(\pm)$-MPGM）の光学分割がある．触媒として $(+)$-MPGM のみに作用する微生物由来のリパーゼを用いることで，ジルチアゼム製造工程が従来の9工程から5工程に減少した．この酵素反応では，図12・7に示すようなホローファイバーを使った膜型バイオリアクターが用いられた．リパーゼはホローファイバー表面のスポンジ層に吸着固定され，基質（酵素反応の原料）である $(\pm)$-MPGM を溶かしたトルエン溶液がシェル側を流れている．ルーメン側には生産物を溶解させやすい亜硫酸ナトリウム水溶液が少し低圧で流され，酵素反応で生成したメタノールと

アルデヒドがスポンジ層を通過して系外に持ち去られる．未反応の$(-)$-MPGM はトルエン層を濃縮することで，容易に結晶として回収できた．

このように，酵素利用プロセスでは使用する酵素の基質特異性だけでなく連続使用を考えた酵素の不溶化・固定化の方法，酵素の安定性，副反応の低

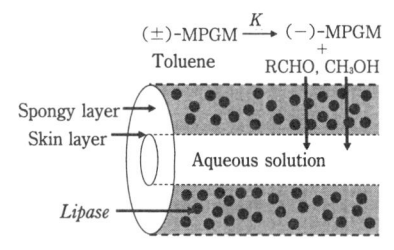

図12・7　ジルチアゼム前駆体生産のためのホローファイバー型反応器の模式図

減と転化率の向上，生成物の精製などについても十分に調べて製造プロセスを構築する必要がある．固定化方法については，①粒子状担体や上記の膜状担体に共有結合，イオン結合，物理的吸着などにより酵素を固定する担体結合法，②酵素分子同士をグルタルアルデヒドなど二官能性試薬で連結し巨大分子化する架橋法，③酵素を寒天やアルギン酸など高分子マトリックス中に埋め込む包括法，がある．

固定化方法の詳細は成書に譲る．本節では固定化酵素を利用した反応速度論について解説する．

（1）酵素反応　一種類の基質 A から一種類の生成物 R が酵素 E の触媒作用で生成する場合，次式のような酵素基質複合体（EA）を中間体とする二つの素反応を考える．

$$E+A \underset{k_1'}{\overset{k_1}{\rightleftarrows}} (EA) \overset{k_2}{\longrightarrow} E+R$$

酵素基質複合体の濃度は数十から数百 ms の前定常状態を経て酵素基質複合体（EA）の濃度が見かけ上変化しない定常状態に達するといわれており，酵素反応全体を考えると定常状態を近似しても実質的に問題はない．12・2 節で述べた擬定常状態の近似あるいは律速段階の近似により，一基質による酵素反応としてよく知られた Michaelis-Menten の式を容易に導くことができる．

酵素基質複合体（EA）の擬定常状態の近似より

$$dC_{EA}/dt = k_1 C_E C_A - (k_1' + k_2) C_{EA} = 0 \qquad (12 \cdot 57)$$

全酵素濃度を $C_{E,0}$ とし，酵素に関する物質収支から，

$$C_{E,0} = C_E + C_{EA} \qquad (12 \cdot 58)$$

(12・58) 式を (12・57) 式に代入し，C_{EA} について解くと

$$C_{EA} = C_{E,0} C_A / (K_m + C_A) \tag{12・59}$$

ここで，K_m を Michaelis 定数とよぶ．したがって，

$$(-r_A) = k_2 C_{EA} = k_2 C_{E,0} C_A / (K_m + C_A) \tag{12・60}$$

基質濃度 C_A が増加すると，反応速度は一定 $k_2 C_{E,0}$ に漸近する．これを最大反応速度 V_{max} とおくと，次の Michaelis-Menten の式が得られる．

$$(-r_A) = V_{max} C_A / (K_m + C_A) \tag{12・61}$$

C_A が K_m に等しいとき，反応速度は V_{max} の半分となる．

Michaelis-Menten の式は双曲線関数であり，K_m や V_{max} の値を決めるのは難しい．そこで，Michaelis-Menten 式の変形による図解法で，それらの値を決める．これらのうち $1/(-r_A)$ vs. $1/C_A$ プロット（両逆数プロット）が最もよく用いられ，X 軸切片が $-1/K_m$，Y 軸切片が $1/V_{max}$ となる．

例題 12・7 Michaelis-Menten の酵素反応速度式に従うとき次の問いに答えよ．
 i) 反応時間を t として，前定常状態における EA 複合体の経時変化は次式のように書けることを示せ．また定数 a を初発基質濃度 $C_{A,0}$，および各素反応の反応速度定数 k_1, k_1', k_2 を使って示せ．ただし，基質 A は酵素 E に比べ大過剰に存在し，前定常状態では $C_{A,0} \simeq C_A$ とみなせるものとする．

$$C_{EA} = \frac{k_1 C_{E,0} C_{A,0}}{k_1 C_{A,0} + k_1' + k_2} \{1 - \exp(-at)\}$$

 ii) $C_{A,0}$, k_1, k_1', k_2 がそれぞれ 10 mM, $10^5 \mathrm{M}^{-1}\mathrm{s}^{-1}$, $100\,\mathrm{s}^{-1}$, $10\,\mathrm{s}^{-1}$ であるとき，C_{EA} が定常状態の濃度の 90% に達するまでの時間を求めよ．

（解） i) 酵素基質複合体の濃度 C_{EA} の時間的変化を表す微分方程式 (12・57) において，定常状態を近似せずに解くと与式となる．ここで

$$a = k_1 C_{A,0} + k_1' + k_2$$

 ii) 与式に値を代入して，$\exp(-at) = 0.1$, $a = (0.01)(10^5) + 100 + 10 = 1110$ より $t = 0.0021\,\mathrm{s} = 2.1\,\mathrm{ms}$

（2）酵素反応の阻害剤 酵素のある特定の部分に結合して酵素反応速度を低下させる物質を阻害剤という．たとえば，基質や生成物さらに基質類似物による阻害などがその例である．一基質反応に限定すれば，阻害のある場合の速度式は一般的に次のように書ける．

$$(-r_A) = V_{max} C_A / \{K_m (1 + C_I / K_{is}) + C_A (1 + C_I / K_{ii})\} \tag{12・62}$$

ここで，C_I は阻害剤 I の濃度，K_{ii} および K_{is} は阻害定数である．$K_{ii} \to \infty$ の場合を拮抗阻害，$K_{ii} = K_{is}$ の場合を非拮抗阻害，$K_{is} \to \infty$ の場合を不拮抗阻害という．

阻害の形式を決める場合にも，両逆数プロットが用いられる．拮抗阻害のときには V_{max} が変化せず，見かけの K_m が阻害剤濃度に依存して変化する（Y 軸切片が阻害剤の濃度に無関係に一定）．逆に，非拮抗阻害では K_m が変化せず，見かけの V_{max} が阻害剤濃度に依存して変化する（X 軸との交点が一定）．

（3）固定化酵素を使った反応器 担体（酵素を固定するための基材）に結合させた固定化酵素では，酵素のうちの何割が実際に反応に携わるかが重要である．固定化したときの酵素自体の変性の有無も重要であるが，基質の拡散移動速度と反応速度の比によっては，固定化担体の表面しか反応しない条件（拡散律速）や担体内部まで十分に拡散して反応する条件（反応律速）が存在する．これは通常の化学触媒と同様であり，12・2 節で述べた触媒有効係数で整理される．

例題 12・8 上記のホローファイバー型反応器でのジルチアゼム前駆体の光学分割では，トルエン溶液に溶解した 1.0 M の (±)-MPGM が 500 ml/min でシェル側に供給され，ファイバー表面で (+)-MPGM のみが加水分解された．次の表はそのときの反応速度定数（Velocity constant）に及ぼす固定化酵素量（Loaded activity）の影響を調べた結果である．固定化量が 1.6×10^{-5} units/m^2 で反応速度定数が最大になり，2.4×10^{-5} units/m^2 で低下する理由について考察せよ．

反応速度定数に及ぼす固定化酵素量の影響

Loaded activity ($\times 10^{-5}$ units/m^2)	Loaded protein (mg/m^2)	Velocity constant k (h^{-1})
0.12	80	0.08
0.37	240	0.16
0.8	570	0.23
1.6	1100	0.25
2.4	1700	0.13

（解） 固定化量が 1.6×10^{-5} units/m^2 で反応速度定数が最大になったのは，固定化酵素量が多くなることで，反応律速から拡散律速に変化したと考えられる．2.4×10^{-5} units/m^2 で低下したのはファイバー表面にタンパク質（Loaded protein）がたくさん固定化されたことによる反応生成物の移動抵抗により，生成物阻害で反応速度が低下したことによると思われる．

（4）酵素反応装置の設計方程式 もっともよく使われる反応器として

CSTR と PFR を取り上げ，酵素反応の設計方程式を導出する．

CSTR の場合　物質収支式から

$$FC_{A,0} = FC_A + E_f(1-\varepsilon)V(-dC_A/dt) \tag{12·63}$$

ここで ε は空隙率（固定化酵素がリアクターに添加されたときの空隙の割合であり，空隙体積は溶液体積に等しい），$V(1-\varepsilon)$ はリアクター中の固定化酵素の割合，E_f は触媒有効係数（反応律速であれば1）である．Michaelis-Menten 式を仮定すると，

$$(V/F)(1-\varepsilon)E_f V_{\max} = (C_{A,0}-C_A) + (K_m/C_A)(C_{A,0}-C_A) \tag{12·64}$$

PFR の場合　u を PFR 中での溶液の線速度とすると物質収支から

$$uC_A\varepsilon A - \{uC_A + d(uC_A)\}\varepsilon A = E_f(1-\varepsilon)(-dC_A/dt)Adz \tag{12·65}$$

$$u(dC_A/dz) + E_f\{(1-\varepsilon)/\varepsilon\}(-dC_A/dt) = 0 \tag{12·66}$$

ここで，A はリアクターの断面積である．L を充填層の長さとすると，$V=AL$，体積流量は $v=u\varepsilon A$ となり，式 (12·66) は，次の式となる．

$$dz/(u\varepsilon) = (V/Lv)dz = -dC_A/[E_f(1-\varepsilon)(-dC_A/dt)] \tag{12·67}$$

Michaelis-Menten 式を仮定すると，

$$(V/Lv)dz = -[(K_m + C_A)/\{E_f(1-\varepsilon)V_{\max}C_A\}]dC_A \tag{12·68}$$

積分すると，任意の位置 z（そのときの基質濃度は C_A）での式が得られる．

$$z = \{vL/V(1-\varepsilon)E_f V_{\max}\}\{(C_{A,0}-C_A) + K_m \ln(C_{A,0}/C_A)\} \tag{12·69}$$

例題 12·9　ある酵素の酵素反応速度は，Michaelis-Menten 型の反応様式であり，最大酵素反応速度 $V_{\max}$ は $0.05\,\text{mM/min}$，Michaelis 定数 (K_m) は $5\,\text{mM}$ である．この酵素を直径3mmの球状粒子に固定化し，カラム型リアクターを作成する．粒子中での基質の拡散係数 D_s は $10^{-6}\,\text{cm}^2/\text{s}$ として，次の問に答えよ．

ⅰ）　濃度範囲から1次反応を仮定して，固定化酵素の触媒有効係数 E_f を求めよ．

ⅱ）　この担体を断面積 $50\,\text{cm}^2$ のカラムに空隙率 ε は 0.4 で充填し，長さ100cmの酵素反応装置を作成した．10mMの基質溶液を供給し，出口での基質濃度1mMを達成するためには，流量をいくつにすべきか．ただし，触媒有効係数 E_t はカラム内の場所によらずⅰ）で得られた値で一定と見なせるとする．

（解）ⅰ）1次反応と仮定できる場合，球状固定化担体の触媒有効係数は，次式で求められる．

$$E_f = (1/m)\{(1/\tanh 3m) - (1/3m)\}$$

ただし，ティーレモジュラス m は $m = (D_p/6)(V_{\max}/K_m D_s)^{1/2}$，$D_p$ は粒子状担体の直径

を示す.

$$m = (0.3/6)\{0.05/(5\times 10^{-6}\times 60)\}^{1/2} = 0.645$$
$$\tanh 3m = (e^{3m}-e^{-3m})/(e^{3m}+e^{-3m}) = 0.959$$
$$E_f = (1/0.645)\{(1/0.959)-(1/1.94)\} = 0.815$$

ⅱ) (12・69)式で $z=L$ とおくと

$$(V/v)(1-\varepsilon)E_f V_{\max} = (C_{A,\text{in}}-C_{A,\text{out}}) + K_m \ln(C_{A,\text{in}}/C_{A,\text{out}})$$
$$(50\times 100/v)(1-0.4)0.815\times 0.05 = (10-1) + 5\times \ln(10/1)$$
$$(5000/v)\times 0.0245 = 20.5$$
$$v = 5.96\,\mathrm{m}l/\min$$

12.11 微生物反応速度論

食品工業,特に清酒やみそ,醤油などの伝統的な発酵工業を中心に,工業的に有用な微生物が利用されている.医薬品工業で生産される抗生物質や抗がん剤においても,微生物の培養,発酵操作により生産されるものも少なくない.こういったプロセスでの物質生産を運転管理するためには微生物反応速度論が役に立つ.動植物細胞を用いた医薬品製造も,微生物反応速度論が基本である.

(1) 微生物とその代謝　微生物には大腸菌など細菌類,カビ,酵母などの高等微生物がある.これらの微生物の多くは単細胞からなり,pH,温度,栄養素などの環境条件を整えれば大規模な培養と物質生産が可能である.エタノール発酵,有機酸や抗生物質,アミノ酸や核酸の生産などが発酵生産されている.

多くの工業上有用な微生物は,糖やアミノ酸などの有機物を炭素源(栄養源のうち微生物の炭素成分を補う栄養源のこと)かつエネルギー源として利用する.水溶液中に溶けている溶存酸素分子を上手に利用して,糖やアミノ酸を酸化分解してエネルギーを獲得し(異化),またその一部から生合成反応を経て細胞内の構成成分を合成する(同化).

発酵とは微生物の嫌気的な代謝であり,逆に好気的条件での完全酸化は呼吸と呼ばれる.酵母による嫌気的なエタノール発酵では,細胞内の構成成分の生合成がほとんど進まないため,微生物の増殖はほとんど起こらず,見かけ上,微生物を触媒として取り扱うことができる.一方,好気的条件では酸素を利用して糖やアミノ酸が分解されて二酸化炭素を放出し,微生物は増殖する.非常に複雑で,物質収支をとることは通常困難であるが,グルコースを唯一の炭素源にする成分

の少ない合成培地（一方，たんぱく質加水分解物や酵母エキス，魚肉エキスなど，天然成分由来で含有物を逐一特定できない物質を培地成分として用いる培地を天然培地と呼ぶ）で増殖できる微生物では化学量論式をたてて解析できる場合もある．通常の微生物反応では，物質収支にはこだわらず，後述するように，糖などの炭素源の消費に対する菌体の生成量（菌体収率）や生産物の生産量（生産物収率）などを基準に考えることが多い．

例題 12・10 好気的条件下でエタノールを炭素源として酵母 *Saccharomyces cerevisiae* を培養したところ，次のような結果を得た．酸素消費に対する炭酸ガス生成のモル比（呼吸商）が 0.66 である場合，係数 a, b, c, d, e を求めよ．

$$C_2H_5OH + aO_2 + bNH_3 \rightarrow cCH_{1.704}N_{0.149}O_{0.408}（菌体）+ dCO_2 + eH_2O$$

（解）$d/a = 0.66$ なので，各元素の収支は，C: $2 = c + 0.66a$，N: $b = 0.149c$，H: $6 + 3b = 1.704c + 2e$，O: $1 + 2a = 0.408e + 2 \times 0.66a + e$．これらを解いて，$a = 2.91$，$b = 0.0109$，$c = 0.0730$，$d = 1.93$，$e = 2.95$

(2) 微生物の増殖 多くの微生物は 2 分裂により増殖する．微生物菌体量が 2 倍になるのに要する時間（倍加時間）は最も速い細菌で約 10 分，大腸菌で 30 分，パン酵母やカビで 2〜5 時間程度である．図 12・8 に示すように微生物の増殖は，誘導期，対数増殖期，減速期，定常期，および死滅期に分けることができる．

(3) 微生物の生育パラメーター 微生物濃度を C_X として，規格化した増殖速度である比増殖速度 μ は以下のように定義される．

$$\mu = (dC_X/dt)_{growth}/C_X \quad (12 \cdot 70)$$

である．ここで，$(dC_X/dt)_{growth}$ は菌の増殖速度である．

対数増殖期では比増殖速度 μ は一定値であり，倍加時間 t_d は次式となる．

$$t_d = \ln 2/\mu \quad (12 \cdot 71)$$

培養に用いた培地中の栄養源 S（基質とよぶ）に対して，菌体 X がどれくらいできたかを菌体収率 $Y_{X/S}$

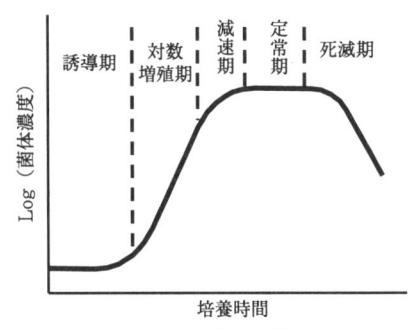

図 12・8 微生物の増殖曲線

で表す.

$$Y_{X/S} = \Delta C_X / (-\Delta C_S) \quad (12 \cdot 72)$$

グルコースを好気的環境で利用する場合などでは,菌体収率はおおむね0.5 g/g である.

一方,基質濃度 C_S と μ の関係は,酵素反応における Michaelis-Menten の式と類似の Monod の式で表されることが多い.

$$\mu = \mu_{max} C_S / (K_S + C_S) \quad (12 \cdot 73)$$

微生物培養に使われる培地は数十種類の成分が含まれる.この式ではその中の1種類の成分のみに着目し,他の成分は増殖に影響を与えない程度に十分に存在するという仮定に基づいている.唯一増殖に影響を及ぼす成分を,とくに,増殖制限基質(growth-limiting substrate)とよぶ.この式で,μ_{max} は最大比増殖速度,K_S は飽和定数と呼ばれる.同じ微生物でも,利用する基質が異なれば違った K_S を示す.糖類やイオン類,ガス状基質では概ね数十 μM のオーダーであり,アミノ酸やビタミン類を基質とする場合は,さらに小さい値をとる.K_S 値が小さいとは,その微生物がその基質に対して高い親和性を示すことを意味する.Monod の式は実験式が,実際の培養経過をうまく近似できるので多用される.

(4) 増殖阻害と物質生産 微生物の増殖が生産物で阻害される場合がある.乳酸菌の代謝産物は乳酸である.乳酸菌は非解離の乳酸濃度によって強く阻害され,その阻害様式は乳酸濃度の増加に対してほぼ直線として近似できる.そのため,基質濃度に対する Monod の式に組み合わせて次の式で表される.

$$\mu = \mu_{max} [C_S / (K_S + C_S)](1 - q C_P) \quad (12 \cdot 74)$$

酵母は嫌気状態ではエタノールを生産するが,エタノールによる酵母の増殖阻害も式(12・74)で表される.しかし,酵母のエタノール発酵では,酵母がエタノールの蓄積に適応するため最終的にエタノール濃度が15%を超えることもある.

例題 12・11 グルコースを炭素源とした培地で乳酸菌の増殖特性を調べたところ次表のような結果を得た.

ⅰ) Monod の式に従うとして表1のデータからグルコース濃度に関する増殖速度式を求めよ.

ii) 表2の結果を乳酸濃度に対する増殖初速度として略図に示し，乳酸による増殖阻害の様式を決め，増殖阻害を考慮した増殖速度式を提案せよ．
iii) 乳酸濃度 $15\,\mathrm{g}/l$，グルコース濃度 $4\,\mathrm{g}/l$ のときの比増殖速度を求めよ．

表1 グルコース濃度の影響
（ただし，乳酸濃度は $0\,\mathrm{g}/l$）

グルコース濃度 $[\mathrm{g}/l]$	増殖初速度 $[\mathrm{h}^{-1}]$
2	0.120
5	0.171
10	0.200
20	0.218

表2 乳酸濃度の影響
（ただし，グルコース濃度は $10\,\mathrm{g}/l$）

乳酸濃度 $[\mathrm{g}/l]$	増殖初速度 $[\mathrm{h}^{-1}]$
2	0.184
5	0.160
10	0.120
20	0.040

(**解**) i) 両逆数プロットより，$1/\mu = 8.33(1/C_\mathrm{S}) + 4.17$．したがって
$$\mu = 0.24 C_\mathrm{S}/(2.0 + C_\mathrm{S})$$
よって $K_\mathrm{S} = 2.0\,\mathrm{g}/l,\ \mu_{\max} = 0.24\,\mathrm{h}^{-1}$
ii) 作図より乳酸濃度に対して直線的な阻害であることがわかる．
$\mu = \mu_{\max}[C_\mathrm{S}/(K_\mathrm{S} + C_\mathrm{S})](1 - qC_\mathrm{P}) = 0.24 \times [10/(2.0 + 10)] \times (1 - 0.04 C_\mathrm{P})$
iii) $\mu = 0.24 \times 4/(2.0 + 4) \times (1 - 0.04 \times 15) = 0.064\,\mathrm{h}^{-1}$

(5) 培養操作 化学プロセスでは通常は連続操作が行われる．一方，微生物反応プロセスでの培養操作は，工業的には回分操作および半回分操作で行われることが多い．連続操作の方が運転コストは低いが，目的とする微生物のみを純粋に培養することを前提に考えると，①培養が長期化するため遺伝的な変異がおきやすく，目的の生産物をあまり生産しない菌株に置き換わってしまう危険があり，②長期化すると雑菌やファージなどの汚染を受けやすいという欠点がある．活性汚泥法による廃水処理プロセスは，活性汚泥という微生物菌叢で集団としての機能を発揮するため，変異や汚染の影響を受けにくい．このような場合，およびある程度の期間だけに限定する場合には，連続操作が用いられる．

図12・9にそれぞれの操作における培養中の基質濃度の変化，および菌体濃度変化について示す．回分培養とは，培養前に培養槽に仕込まれた培地をそのまま利用する培養操作である．このため，基質濃度は微生物濃度の増加とともに単調に減少する．連続培養は培地を連続的に供給・流出させる培養操作である．半回分培養は，その中間であり，培養途中にグルコースのような基質を培地中に供給するが，目的生成物は培養終了時まで抜き取らない培養操作と定義される．この

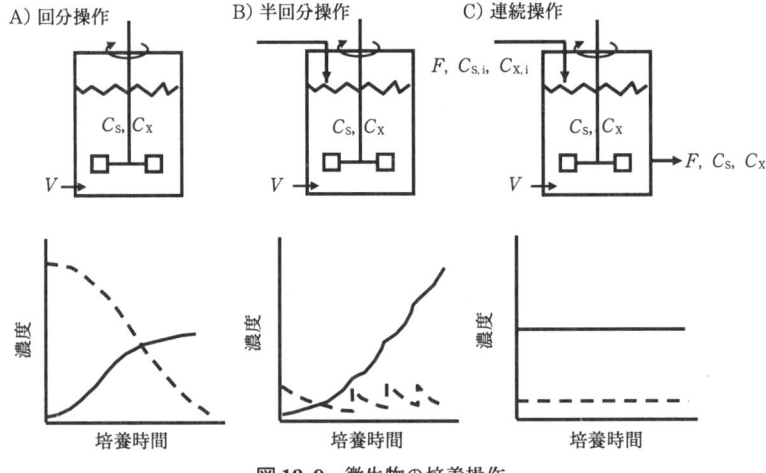

図12·9 微生物の培養操作

ように培地成分の供給という点を強調するため，この操作を特に流加培養とも呼ぶ．

(6) 連続培養 発酵槽に連続的に培地を供給し，それと同量の培養液が流出するような連続培養ではしばしば菌体，基質，生産物濃度の定常状態が得られる．たとえばケモスタットとよばれる培養法では，供給した基質のうちのひとつが瞬時に微生物により消費され，欠乏するため(制限基質)，定常状態が得られる．CSTR を考え，物質収支をとると，

$$V(dC_X/dt) = -v_0 C_X + V(dC_X/dt)_{growth} \quad (12·75)$$

希釈率を $D = v_0/V$ と定義する（12.5節で述べた空間速度に相当する）．定常状態で (12·75) 式は以下のように変形できる．

$$DC_X = (dC_X/dt)_{growth} \quad (12·76)$$

(12·76) 式の両辺を C_X で割ると，

$$D = (dC_X/dt)_{growth}/C_X = \mu \quad (12·77)$$

すなわち，単槽連続培養で定常状態が得られたときは $D = \mu$ が成立する．

希釈率 D を大きくしていくと，ある値以上では培養槽の菌がすべて洗い流されてしまう（wash out）．いいかえると，その菌の最大比増殖速度 μ_{max} より大きい D では連続培養は成立しない．μ_{max} より大きい D で操作するために，流れ出

した菌の一部を回収し発酵槽に戻す菌体循環型のバイオリアクターが開発されており，廃水処理などで用いられている．

例題 12・12 単槽連続培養で，Monod の式が成り立つとき，wash out になるときの希釈率 D はほぼ最大比増殖速度 μ_{max} に等しい（すなわち μ_{max} より大きい D では連続培養は成立しない）ことを示せ．

（解） $D = \mu_{max} C_{S,out}/(K_S + C_{S,out})$. Wash out になるときは，$C_X = 0$ なので $C_{S,out} = C_{S,in}$. したがって，$D = \mu_{max} C_{S,in}/(K_S + C_{S,in})$. $K_S \ll C_{S,in}$ であれば，ほぼ $D = \mu_{max}$ である．

使 用 記 号

a_m : 比表面積　　[m²/kg]
C_j : j 成分の濃度　　[mol/m³]
D : 希釈率(空間速度), v_0/V　　[s⁻¹]
$D_{e,A}$: 有効拡散係数　　[m²/s]
E : 活性化エネルギー　　[J/mol]
E_f : 触媒有効係数　　[−]
F_j : j 成分のモル流量　　[mol/s]
K : 平衡定数　　[−]
K_d : 飽和定数　　[mol/m³]
K_m : Michaelis 定数　　[mol/m³]
k : 反応速度定数　　[(m³/mol)ⁿ⁻¹/s]
$k_{c,A}$: 境膜物質移動係数　　[m/s]
m_j : j 成分のモル数　　[mol]
N_A : 質移動速度　　[mol/(kg·s)]
n : 反応次数　　[−]
p_j : j 成分の分圧　　[Pa]
q : 増殖阻害の式中のパラメーター　　[m³/kg]
R_g : 気体定数　　[J/(mol·K)]
r_j : j 成分の反応速度　　[mol/(m³·s)]
S : 選択率　　[−]
S_p : 触媒粒子外表面積　　[m²]
T : 温度　　[K]
t : 反応時間　　[s]
TF : ターンオーバー数　　[mol/(mol-cat·s)]

V : 反応器体積　　[m³]
V_p : 触媒粒子体積　　[m³]
v_0 : 入り口流量　　[m³/s]
W : 触媒量　　[kg]
X_A : 反応率または転化率　　[−]
$Y_{X/S}$: 菌体収率　　[g-cells/g-substrate]
$y_{A,0}$: A 成分の原料モル分率　　[−]
δ_A : 量論係数の比　　[−]
ε_A : 体積増加率　　[−]
ν_j : j 成分の量論係数　　[−]
ρ_p : 粒子密度　　[kg/m³]
τ : 空間時間, V/v_0　　[s]
k_0 : 頻度因子
μ : 比増殖速度　　[h⁻¹]
μ_{max} : 最大比増殖速度　　[h⁻¹]

添字

A, B, I, R, S : 各成分
b : 流体本体
j : j 成分
m : 質量基準
0 : 初期値
obs : 実測値
p : 触媒粒子基準
s : 外表面

演習問題

12·1
$$2A + B \rightarrow 2R \quad : r_1$$
$$A + 3B \rightarrow 2S + 2T \quad : r_2$$
$$2R + 5B \rightarrow 3S + 4T \quad : r_3$$

で表される複合反応において、量論式に対する反応速度を r_1, r_2, r_3 とするとき、各成分に対する反応速度を表す式を求めよ。

12·2 回分反応器を用いて、反応式 $A+2B \rightarrow C+2D$ で表される液相反応を行う。反応液の密度は変化せず、定容系と考えてよい。初期濃度 $C_{A0}=2000\,\mathrm{mol/m^3}$, $C_{B0}=5000\,\mathrm{mol/m^3}$, $C_{C0}=0\,\mathrm{kmol/m^3}$, $C_{D0}=4000\,\mathrm{mol/m^3}$ である。反応終了時における成分 A の反応率 X_A が 60% のとき、各成分の濃度を求めよ。

12·3** EDC（2塩化エチレン）を加熱分解して、VCM（塩化ビニル）と塩化水素を得る反応を気相の管型反応器で行う。供給条件は、$T=250\,°C$, $F=10{,}000\,\mathrm{kg/h}$, EDC 100% ガス とし、反応温度は反応器出口で $450\,°C$ とする。各成分の比熱は温度に依存せず、それぞれ EDC $1.2\,\mathrm{kJ/(kg\cdot K)}$, VCM $1.4\,\mathrm{kJ/(kg\cdot K)}$, HCl $0.9\,\mathrm{kJ/(kg\cdot K)}$ とする。

（i）反応式を構成せよ。

（ii）反応熱を $\Delta H_f = 19\,\mathrm{kcal/mol}$（吸熱）とし、EDC の反応率を 40% とする時、入口、出口のエンタルピー差を算出せよ。

（iii）反応器全体を加熱するために都市ガスを使用するとき、必要流量（$\mathrm{m^3_N/h}$）を算出せよ。ただし、都市ガスの（低位）発熱量を $41.6\,\mathrm{MJ/m^3_N}$ とし、熱の有効利用率を 80% とする。

12·4*
$$A + B \rightarrow R \qquad (1)$$

で表される反応に対して、次の素反応機構を考えるとする。

$$B \underset{k_1'}{\overset{k_1}{\rightleftarrows}} 2B_1^* \qquad (2)$$

$$B_1^* + B \underset{k_2'}{\overset{k_2}{\rightleftarrows}} B_2^* \qquad (3)$$

$$A + B_2^* \xrightarrow{k_3} R + B_1^* \qquad (4)$$

（i）擬定常状態の近似により（1）式の反応速度式を導出せよ。

（ii）（2），（3）式は平衡にあり，（4）式が律速段階として，（1）式の反応速度式を導出せよ。

12·5 ある反応速度式がアレニウス型の式で表されている。

（ⅰ）活性化エネルギーが 60 kJ/mol であるとき，温度 50℃ と 60℃ の反応速度の比を求めよ．温度が 10℃ 上昇すると，反応速度は何倍となるか？

（ⅱ）40℃ における反応速度が 30℃ における値の約 1.5 倍であることが実験で確認された．この反応速度式の活性化エネルギーを求めよ．

12・6 多孔性固体触媒を用いた気相反応の反応速度を測定する実験を行った．反応条件が「反応律速である」場合と「拡散速度が無視できない」場合について，実験結果の取り扱いはどのように異なるか議論せよ．

12・7** 半径 R の球状粒子の多孔性触媒を用いた 1 次の気相反応を考える．触媒有効係数 (E_f) を用いて，反応速度が $r = E_f k C$ で表されるとき，次の考察を行え．

拡散係数：$D = 3.0 \times 10^{-7}$ m²/s，反応速度定数：$k = 5.0$ s^{-1}

（ⅰ）粒子の半径が 1.0 mm であるとき，ティーレモデュラス (m) と触媒有効係数 (E_f) を求めよ．ただし，触媒のみかけ密度 $\rho = 1000$ kg/m³ とする．

（ⅱ）触媒粒子半径が $R = 0.5, 1.0, 1.5, 2.0$ mm と変化したときの粒子半径，ティーレモデュラス，触媒有効係数，反応速度式を求めよ．ただし，触媒粒子のみかけ密度 ρ は変化しないものとする．触媒粒子半径が 2.0 mm の反応速度は 1.0 mm の時の何倍か？

12・8** 1 次可逆反応 $A \underset{k'_1}{\overset{k_1}{\rightleftarrows}} R$ に対する回分反応器の設計式を求めよ．

12・9* CSTR と PFR をそれぞれ単段で採用する場合，次の視点から比較し，どちらが有利か議論せよ．

（ⅰ）液相反応に要する滞留時間が不確かであり，（平均）滞留時間の微調整を行いたい．

（ⅱ）反応熱の除熱を行うために，外部から冷却を行う．大きな伝熱面積が必要である．

（ⅲ）危険な物質の漏洩を避けるため，反応器に回転機を設置したくない．

（ⅳ）高価な触媒を使用するので，供給した触媒成分をある一定時間滞留させたい．

12・10* 流通管型反応器を用いて，反応式 A+2B+0.5C → D+E で表される気相反応を行う．反応時の体積変化を無視できないが，反応器入口，および器内は等温・定圧条件とする．反応時には成分Fが不活性ガス（反応に寄与しない成分）として含まれている．初期濃度 $C_{A0} = 15.0$ mol/m³，$C_{B0} = 19.0$ mol/m³，$C_{C0} = 5.7$ mol/m³，$C_{D0} = 0$ mol/m³，$C_{E0} = 0$ mol/m³，$C_{F0} = 23.6$ mol/m³ である．反応器出口における成分 A の反応率 X_A が 90% のとき，各成分の出口濃度を求めよ．

12・11 液相 2 次反応（A+B → C+D）を回分反応器で行う．反応における密度変化はなく，定容系と考えてよい．初期濃度は $C_{A0} = 2000$ mol/m³，$C_{B0} = 2500$ mol/m³，$C_{C0} = 0$ mol/m³，$C_{D0} = 0$ mol/m³ である．反応速度式は $(-r_A) = kC_A^2$ で表され，$k = 1.0 \times 10^{-3}$

/mol·s である.
（i）目標の反応率 X_A を 90% とする時，反応に要する時間を求めよ．
（ii）反応時間が 1 時間であるとき，反応率 X_A を求めよ．

12·12* 液相 1 次反応（A+B → R）を流通反応器（体積 $V=2\,m^3$）で行う．反応速度は $(-r_A)=kC_A$, $k=0.1\,h^{-1}$ で表される．密度は $1000\,kg/m^3$ であり，反応による密度変化は無視できる．供給条件は $v_0=0.50\,m^3/h$, $C_{A0}=1.0\,mol/l$ である．CSTR と PFR の 2 種類の反応器に関する次の考察を行え．
（i）CSTR と PFR の場合の，それぞれの出口濃度を求む．
（ii）それぞれの体積が $V=2\,m^3$ である流通反応器を以下のように直列に接続した場合，反応器の出口濃度を求めて比較せよ．
　　　　　　　（1）PFR → CSTR,　（2）CSTR → PFR
（iii）体積が $V=1\,m^3$ である CSTR を 2 段並べた場合と，体積 $V=2\,m^3$ の CSTR 1 段の場合で，出口濃度を比較せよ．

12·13 反応式が 2A → C+D で表される液相反応について，回分反応器による実験を行い，次表のデータを得た．ただし，A の初期濃度は $8\,mol/m^3$ であり，反応は定容系とみなせる．

時間 [s]	0	300	600	900	1200	1500
反応率 [%]	0	8.8	16.1	22.4	27.7	32.4

（i）時間と反応率の関係をグラフに描き，反応速度式の次数を検討せよ．
（ii）反応速度式を 2 次（$-r_A=-kC_A^2$）であると仮定した場合の反応速度定数 k を算出せよ．
（iii）さらに活性化エネルギーを求める場合には，どのような追加実験が必要か．

12·14 酵素反応阻害剤 I が酵素とのみ相互作用する拮抗阻害の式
$$-r_A=V_{max}C_A/\{K_m(1+C_I/K_{is})+C_A\}$$
を導出せよ．

12·15 ある酵素反応において，阻害剤なしのときおよび 1 mM 存在するときに酵素反応速度 [mM/s] を調べたところ下のような結果が得られた．

基質濃度 [mM]	0.33	0.50	1.00
阻害剤なし	0.40	0.50	0.66
阻害剤あり (1.00 mM)	0.25	0.33	0.50

（i）阻害剤がない場合のデータから，Michaelis 定数 K_m および最大反応速度 V_{max} を求めよ．
（ii）阻害剤が存在する場合のデータから，阻害定数を求めよ．

（ⅲ）この酵素反応で，ある濃度の阻害剤存在下での見かけの Michaelis 定数を実験で求めたところ，阻害剤がないときの3倍であった．このときの阻害剤の濃度を求めよ．

12・16 ある Michaelis-Menten 型の酵素反応は阻害剤Ⅰで拮抗阻害をうける．最大酵素反応速度 V_{max} は 10 mM/min, Michaelis 定数 K_m は 2 mM, 阻害定数 K_{is} は 3 mM である．基質濃度が 4 mM のとき，次の問に答えよ．
（ⅰ）阻害剤がないときの酵素反応速度を求めよ．
（ⅱ）酵素反応速度が $V_{max}/2$ になるときの阻害剤濃度を求めよ．

12・17 ある酵素を固定化し，小さな粒子状とした．これを断面積 20 cm² のカラムに充填し，長さ 50 cm の酵素反応装置を作成した．空隙率 ε は 0.4 であり，この固定化担体による酵素反応速度は Michaelis-Menten 式に従い，Michaelis 定数 K_m は 10^{-2} mol/l, 最大反応速度 V_{max} は 0.2 mol/(l・min) である．触媒有効係数は1とみなせる．流れは押し出し流れと考えて良い．
（ⅰ）1 mol/l ($C_{A,in}$) の基質溶液を供給し，出口での基質濃度 ($C_{A,out}$) を 0.01 mol/l にしたい．流量を求めよ．
（ⅱ）同じ反応を CSTR で行う．$V_{max}, K_m, C_{A,in}, C_{A,out}, v_0$ は同じだとすると，固定化酵素量 $V(1-\varepsilon)$ は何倍になるか．

12・18 ある微生物を，$(NH_4)_2SO_4$ を唯一の窒素源，グルコースを唯一の炭素源とする合成培地で培養する．主要成分の濃度および菌体収率は次の表で与えられる．

培地成分	分子量	1l 当たりの添加量	収率（g-菌体/g-成分）
グルコース	180.16	20 g	0.36
$(NH_4)_2SO_4$	132.14	6.6 g	8.1
	(NH_3 として	1.7 g	31.0)
KH_2PO_4	136.09	0.2 g	45.0
$MgSO_4・7H_2O$	246.48	1 g	180
$CaCl_2$	110.98	0.5 g	360

（ⅰ）菌体収率は培養を通してほぼ一定と仮定する．制限基質は何か．
（ⅱ）有機酸の生成がほとんどないとき，$(NH_4)_2SO_4$ 中のアンモニアイオンが消費され，pH は酸性に移行する．グルコースと NH_3 水の混合液をつくって pH スタット法で流加したい．混合液中のグルコースと NH_3 の重量比を求めよ．
（ⅲ）グルコースとアンモニアが過不足なく供給されるとき，増殖が停止する原因として何が考えられるか．理由とともに述べよ．

12・19 ある微生物を，グルコースを炭素源とする培地で回分培養する．この微生物はグルコースから増殖阻害物としてある有機酸を生産し，生産物収率 $Y_{P/S}$ は 0.05 g-有機酸/g-グルコースである．増殖阻害は (12・74) 式で与えられる．グルコースは十分

量存在し，グルコース濃度の低下は増殖速度に影響を及ぼさないとして，菌体濃度が 16 g/l に達するまでの培養時間，そのときの有機酸濃度を求めよ．ただし，μ_{max} は 0.1 h^{-1}，q は 2 l/g，グルコースに対する菌体収率 $Y_{X/S}$ は 0.3 g-菌体/g-グルコース，初期菌体濃度は 0.1 g/l である．

12・20 酢酸を基質として酵母 *Candida utilis* を培養すると，酢酸濃度 (C_S) が高くなると増殖阻害が認められ，増殖速度式は次式で表せることがわかった．また，C_S が 0.5, 1, 20 g/l の場合には μ はそれぞれ 0.153, 0.234, 0.292 h^{-1} であった．

$$\mu = \frac{\mu_{max} C_S}{(K_1 + C_S)(1 + K_2 C_S)}$$

（i）μ_{max}, K_1, K_2 を求めよ．まず K_2 は小さいので，第一次近似として0と考え，C_S が 0.5, 1 g/l のときのデータを使って，μ_{max}, K_1 を算出せよ．μ_{max}, K_1 は有効数字 2 桁，K_2 は有効数字 1 桁でよい．

（ii）比増殖速度の最大値とそのときの酢酸濃度を求めよ．

12・21 ある培地で 2 種類の微生物を培養する．増殖速度式はどちらも Monod の式に従い，最大比増殖速度はそれぞれ，0.30 h^{-1}（微生物 A），0.15 h^{-1}（微生物 B），基質に対する飽和定数はそれぞれ 2.0 mM および 0.50 mM である．また A と B はお互いに干渉しない性質とする．

（i）回分培養において，制限基質は十分にあるとし，初期菌体濃度が同じだとすると，2 時間後に 2 種類の菌の比率はどのようになっているか．

（ii）5.0 mM の制限基質を含む培地を連続供給して，単一の完全混合培養槽を用いたケモスタット培養を行う．微生物 B が優勢になるのは希釈率をいくつにしたときと予想されるか．理由とともに記述せよ．

演習問題解答

第1章

1・1 （ⅰ）0.01013 MPa, （ⅱ）0.24 MPa, （ⅲ）0.01 N/m, （ⅳ）73.0 N/m, （ⅴ）4.6×10⁻⁹ m²/s, （ⅵ）732.4 kg/(m²·s), （ⅶ）4190 J/(kg·K), （ⅷ）16.2 W/(m·K), （ⅸ）233 W/(m²·K) **1・2** （ⅰ）0.888 atm, （ⅱ）0.956 cal/(g·℃), （ⅲ）10 P, （ⅳ）7.17×10⁻³ cal/(cm·s·℃), （ⅴ）15.8 Btu/(ft²·h·℃) **1・3** 8.313 Pa·m³/(K·mol) **1・4** $h' = 1.075(\Delta t'/d')^{0.25}$ **1・5** $h' = (19.9T' - 3950)(u')^{0.8}/(D')^{0.2}$ **1・6** $k' = \mu'(c_p' + 10.38)/M'$ **1・7** $hD/\lambda = k(Du\rho/\mu)^\alpha (C_p\mu/\lambda)^\beta$ **1・8** $V/d_N^3 = k(\sigma/d_N^2 \rho g)^d (\Delta\rho/\rho)^c$ **1・9** $(H_L L/\mu) = k(\rho D/\mu)^{a4}$ **1・10** $k_f/u = k\varepsilon^{a1}(\rho u d_p/\mu)^{a5}(\rho D/\mu)^{a6}$ **1・11** $P/(\rho n^3 d^5) = \phi[d^2 n\rho/\mu, dn^2/g, b/d, h/d, D/d, H/d]$ **1・12** （ⅰ）32.8 kg/m³, （ⅱ）50.3 kg/m³, （ⅲ）52.8 kg/m³ **1・13** 実在気体とした場合 70.8 kg, 理想気体とした場合 24.8 kg **1・14** 6.12 m³ **1・15** 留出液量 201.1 kg/h（エタノール 191.0 kg/h, 水 10.1 kg/h）, 缶出液量 298.9 kg/h（エタノール 9.0 kg/h, 水 289.9 kg/h） **1・16** 留出液量 33.3 mol, 留出液中のメタノール組成 75.2 mol% **1・17** 抽出液量 89.6 kg, 抽剤量 41.8 kg **1・18** 40 kg, 6 wt% **1・19** NaCl の生成量 91.4 kg/h, H₂O₂ の消費量 26.3 kg/h **1・20** （ⅰ）204.5 MJ/h, （ⅱ）1.36×10⁴ kg/h **1・21** （ⅰ）ア：1.9, イ：8.0, ウ：0.6, エ：0.1, オ：99.2, ポリマービーズの損失率 1.69%, （ⅱ）製品量 258.4 kg, 揮発分量 25.6 kg, （ⅲ）

	乾燥製品		揮発分	
	[kg]	[wt%]	[kg]	[wt%]
ポリマービーズ	255.6	98.9	0.0	0.0
スチレン	2.2	0.9	3.1	12.1
分散剤	0.3	0.1	0.0	0.0
水	0.3	0.1	22.5	87.9
計	258.4	100.0	25.6	100.0

1・22 20.4 MJ **1・23** −103 kJ/mol **1・24** 225 kg/h **1・25** 0.0393 kg·s **1・26** 9.07 m³_N **1・27** 燃料ガス 10 m³ 当たりの乾き燃焼ガス量 317 m³, 燃料ガス 10 m³ 当たりの低位発熱量 881 MJ **1・28** 7.74 m³/kg **1・29** 0.17 vol%, 21 m³_N/h, 60 kg/h **1・30** CO_2 濃度 14.6 vol%, SO_2 濃度 6.92×10⁻² vol% **1・31** N_2 76.7 wt%, CO_2 20.2 wt%, O_2 2.3 wt%, CO 0.4 wt%, SO_2 0.4 wt% **1・32** 2426 K **1・33** 1595 K **1・34** 250 ℃

第2章

2・1 $Re=4000$ となる平均流速は，（i）1.18 m/s，（ii）0.0675 m/s **2・2** 同じ Re 数にするには，（i）$Q_1=Q/10$，（ii）$Q_2=17.5Q$ **2・3** （i）(2・19)式において，$\Delta P=\rho gh$，平均流量 $V/t=\pi D^2 U/4$，$R=D/2$ とおく．$\mu/\rho=\pi D^4 ght/128LV=kt$，（ii）$1.19\times 10^{-3}$ Pa・s **2・4** $R=D_1/2$，$\kappa=D_2/D_1$，$\Delta P=p_1-p_2-\rho gL$，平均速度を U とおく．

（i）$u=\dfrac{R^2 \Delta P}{4\mu L}\left\{1+\dfrac{1-\kappa^2}{\ln(1/\kappa)}\ln\left(\dfrac{r}{R}\right)-\left(\dfrac{r}{R}\right)^2\right\}$

（ii）$u_{\max}=\dfrac{R^2 \Delta P}{4\mu L}\left[1+\dfrac{1-\kappa^2}{2\ln(1/\kappa)}\left\{\ln\dfrac{(1-\kappa^2)}{2\ln(1/\kappa)}-1\right\}\right]$

（iii）$\Delta P=\dfrac{8\mu L U}{R^2}\left\{1+\kappa^2-\dfrac{1-\kappa^2}{\ln(1/\kappa)}\right\}^{-1}$ **2・5** （i）0.0900 m/s，（ii）5.55×10^{-5} m，（iii）3.33×10^{-4} m **2・6** （i）1.159×10^3 Pa/m，（ii）1.118×10^3 Pa/m 市販の鋼管の圧損が平滑管に比べて 3.67％ 大きい．**2・7** （i）1.31 m³/s，（ii）512 W **2・8** 2次方程式 $(f_C+2)U^2+(64\nu L/D^2)U-2gH=0$ の根 U がパイプ出口速度 **2・9** （i）2.99×10^3 Pa，（ii）89.7 W **2・10** （i）1.13 m/s，（ii）0.927 m/s，（iii）9.48×10^{-3} m³/s，（iv）乱流 **2・11** （i）0.247 m，（ii）1.29×10^{-2} m³/s **2・12** （i）相当長さの係数が 30 となるよう 3/4 から少し開いた状態，（ii）272 W **2・13** 69.9 kW **2・14** 略 **2・15** 25.7 kW **2・16** 使用不可 **2・17** $\Delta T=10^{-3}(H\times g/C_p)(100/\eta-1)$，1.3℃ **2・18** 約 3100 rpm **2・19** ϕ336 mm，ϕ294 mm **2・20** 1.87 m/s **2・21** 187 J/kg **2・22** （i）0.0535 m，（ii）4.53×10^{-3} m²，（iii）8.33×10^{-4} m³/s，（iv）0.823 kg/s，（v）182 kg/(m²・s)，（vi）0.184 m/s，（vii）1.77×10^4，（viii）6.85×10^{-3}，（ix）8.57 Pa/m **2・23** $y_0/D=0.008$ **2・24** 略 **2・25** （i）4.02 m/s，5.68 m/s，8.98 m/s，12.7 m/s，（ii）12.4〜13.0 m/s，（iii）少なくとも 5 m/s 以上が必要 **2・26** 363 W **2・27** （i）$Q_A=51.43$ m³/h，$Q_B=8.57$ m³/h，（ii）$Q_A=44.2$ m³/h，$Q_B=15.8$ m³/h **2・28** 体積流量比=1.53，質量流量比=0.42 **2・29** （i）30.1 kJ/kg，（ii）-40.4 kJ/kg

第3章

3・1 施工前 820 W/m²，施工後 517 W/m²，37％減 **3・2** 59.1 W，2.84×10^{-5} kg/s **3・3** 0.554 m **3・4** 0.031 m **3・5** 15.1 kW，0.036 kg/s **3・6** コイル外表面=1034 K，サヤ外表面=426 K，使用可 **3・7** 778 W，1364 K，1107 K **3・8** 0.064 W/(m・K) **3・9** 200 W/m²，10 mm **3・10** （i）4630 W/(m²・K)，（ii）56.3 W，（iii）57.2％減 **3・11** ヒント：球表面の静止空気層で伝導伝熱量と対流伝熱量が等しいものと考える **3・12** （T [K]，q_c [W/m²]，q_r [W/m²]），(323, 153, 160)，(373, 536, 544)，(423, 980, 1119)，(473, 1440, 1944) **3・13** 挿入しないとき=Q，挿入したとき=Q' とすると，1枚では

演習問題解答   339

$Q'/Q=0.034$ (3.4%), n 枚では $Q'/Q=1/(28.7n+1)$ **3・14** $(T_a-T_c)=h_r(T_c-T_w)/h_c$, $h_r=\phi_{c\to w}\sigma(T_c^2+T_w^2)(T_c+T_w)$ **3・15**   773 K, 0.95   **3・16**   凍る (270 K)   **3・17**   ヒント：λ で微分し 0 とおく   **3・18**   ヒント：角関係, $F_{1\to 1}=F_{2\to 2}=0$, $F_{1\to 2}=F_{2\to 1}=1$, 面 1 からの射出エネルギー $=E_1$ [W/m^2], $Q_{1\to 2}/A_1=\varepsilon_2 E_1+\varepsilon_2(1-\varepsilon_1)(1-\varepsilon_2)E_1+\varepsilon_2(1-\varepsilon_1)^2(1-\varepsilon_2)^2 E_1=\cdots$ **3・19**   ヒント：角関係 $F_{1\to 1}=0$, $F_{1\to 2}=1$, $F_{2\to 1}=A_1/A_2$, $F_{2\to 2}=1-(A_1/A_2)$, i 面から射出される放射エネルギー量（射度）$=R_i$ [W/m^2], i 面へ入射する放射エネルギー量（照度）$=H_i$ [W/m^2], $Q_i=A_i(R_i-H_i)$, $R_i=\varepsilon_i\sigma T_i^4+(1-\varepsilon_i)H_i$, $Q=Q_1-Q_2$ **3・20** $0.707A\sigma(T_1^4-T_3^4)$ **3・21**   327.3 K   **3・22**   1.13 kW, 590 kW   **3・23**   5.53 m^2 **3・24**   並流型 16.9 m, 向流型 14.0 m   **3・25**   実績の総括熱伝達係数 57.7 W/(m^2・K) で設計能力を満たす   **3・26**   高温流体 374.4 K, 冷却水 320.9 K, 1.19 倍   **3・27**   318 K   **3・28**   (ⅰ) 813 W/(m^2・K), (ⅱ) 834 W/(m^2・K), (ⅲ) 699 W/(m^2・K)   **3・29**   排ガス 786.5 K, 空気 665.2 K, (逆) 排ガス $=760.8$ K, 空気 $=701.1$ K   **3・30**   (ⅰ) 886 kW, 563.4 K, (ⅱ) 管内 1350 W/(m^2・K), 管外 82.1 W/(m^2・K), 総括 38.1 W/(m^2・K), (ⅲ) 95.0 m^2, 66 本   **3・31**   1.33 MW   **3・32**   23.7 m^2 **3・33**   1505 K, 0.63 m^3_N/s, 37%   **3・34**   沸点 60.4 ℃, 純水沸点 56.4 ℃, 沸点上昇 4 ℃   **3・35**   0.923 kg/s   **3・36**   59.1 m^2, 3.49 kg/s   **3・37**   6.73 kg/s, 117 m^2 **3・38**   91.7 m^2, 3.02 kg/s

第 4 章

4・1   ベンゼン 331.9 K, 水 354.5 K   **4・2** $A=15.8744$, $B=2773.779$, $C=220.07$ **4・3**〜**4・8**   略   **4・9**   留出液平均組成 0.754, 缶残液組成 0.373   **4・10**   略   **4・11**   蒸気組成 0.68, 液組成 0.32   **4・12**   留出液量 0.397, 缶出液量 0.603 (kmol/h)   **4・13**   最小還流比 0.61, 最小理論段数 3.7 段   **4・14**   最小還流比 0.406, 0.848   **4・15**   最小理論段数 44.6 段, 所要理論段数 $N_R=59$, $N_S=13$ **4・16**   略   **4・17**   所要理論段数 9 段   **4・18** $\Lambda_{12}=0.2814$, $\Lambda_{21}=0.3745$ **4・19**   所要理論段数 9 段, 最小還流比 0.808   **4・20**   塔径 0.727 m   **4・21**   塔径 0.736 m, 所要充填高さ 10.5 m

第 5 章

5・1 $C_A=(10^6/18)x$ **5・2** $y_1=0.487$, $y_2=0.458$, $y_3=0.055$ **5・3** $p_{Ai}=8508$ Pa   **5・4**   (5.23), (5.24) 式より $\gamma=2.84$, $\beta=\gamma/\tanh\gamma=2.86$ **5・5**   塔内で水に吸収される量は, 104.2 kmol/h, 排ガス中の HCl% $=21.7$%   **5・6** $(L'_M)_{min}\cdot S=8844.8$ mol/s, 必要最小液流量 $=(L'_M)_{min}(10\times 18^{-3})(3600)\cdot S=5.73\times 10^5$ kg/h   **5・7** $L_i\cdot x_1=38.33(0.0870-0.0101)=2.945$, $L_i=2.945/0.0960=30.67$ kg-mol/h   **5・8** $N_{OG}=5.49$ **5・9** $Z=2.97$ m   **5・10** $H_G=0.256$, $Z=(0.256)(16.2)=4.15$ m   **5・11**   図 5・17 より, ローディング点の縦軸の値 $G'^2_L(a_t/\varepsilon^3)(\mu_L/\mu_W)^{0.2}/g\rho_G\phi_L=0.050$, 表 5・9 より 1 in ラシヒリングでは a_t

$=190, \varepsilon=0.74, G_L=1.13\,\text{kg}/(\text{m}^2\cdot\text{s})$, $S=0.175$, $D_r=0.472\,\text{m}$ **5・12** $H_{OG}=0.780+(0.877)(0.296)=1.04\,\text{m}$ **5・13** $L_1=11.27\,\text{kmol/h}$, 必要な洗浄油量は $5072\,\text{kg}$, $N_{OG}=3.95$ **5・14** 充填物は $1\frac{1}{2}$ in のラシヒリングを使い, 塔径は $0.73\,\text{m}$ とする **5・15** $H_G=0.530\,\text{m}$, $H_L=0.629\,\text{m}$, 塔高 $Z=N_{OG}\cdot H_{OG}=(1.18)(3.49)=4.12\,\text{m}$ **5・16** (10℃の場合) $N_{OG}=5.16$, $H_G=0.489\,\text{m}$, $H_L=0.427\,\text{m}$, $Z=N_{OG}\cdot H_{OG}=(5.16)(0.547)=2.82\,\text{m}$, (30℃の場合) $H_G=0.487\,\text{m}$, $H_L=0.294\,\text{m}$, $H_{OG}=0.592\,\text{m}$, $Z=(6.46)(0.592)=3.82\,\text{m}$ **5・17** 1 in ラシヒリング $H_G=0.358\,\text{m}$, $H_L=0.377\,\text{m}$, $H_{OG}=0.409\,\text{m}$, $Z=N_{OG}\cdot H_{OG}=(5.16)(0.409)=2.11\,\text{m}$, 2 in ラシヒリング $H_G=0.579\,\text{m}$, $H_L=0.477\,\text{m}$, $H_{OG}=0.644\,\text{m}$, $Z=N_{OG}\cdot H_{OG}=(5.16)(0.644)=3.32\,\text{m}$ **5・18** 流束は, キャリア全濃度 C_{Ct} と成分 S の界面濃度差に比例する **5・19** $C_{M^+,I}<C_{M^+,II}$ の濃縮操作には, $N>0$ の条件に加えて, $C_{H^+,II}/C_{H^+,I}>C_{M^+,II}/C_{M^+,I}>1$ の条件が必要である **5・20** $N=25\times10^{-10}\,\text{mol}/(\text{m}^2\cdot\text{s})$, $D=2.5\times10^{-13}\,\text{m}^2/\text{s}$ **5・21** $C_{2s,o}=20$, 透析液の出口濃度は $2\,\text{wt}\%$ である **5・22** $W=UA\{(C_{1,i}-C_{2,i})-(C_{1,o}-C_{2,o})\}/\ln\{(C_{1,o}-C_{2,o})/(C_{1,i}-C_{2,i})\}$ **5・23** $47.47\,\text{m}^2$ **5・24** 見かけの排除率 $R_{obs}=0.647$ **5・25** 見かけの排除率 $R_{obs}=0.097$, $39.6\,\text{m}^2$ が必要面積であり, 336 本 **5・26** $N_2=-N_1/2$ で Cu^{2+} と H^+ は反対方向に輸送される.

第6章

6・1 $4.65\times10^{-2}\,\text{kmol/m}^3$, $\xi=0.0233$, 1000 倍希釈では $1.76\times10^{-3}\,\text{kmol/m}^3$, $\xi=0.882$ **6・2** $y=0.21$, $E=517\,\text{kmol/h}$, $x=0.325$, $R=73.8\,\text{kmol/h}$, $\xi=0.872$, 3 回抽出の場合 $E_1=215\,\text{kmol/h}$, $y_1=0.34$, $R_1=112\,\text{kmol/h}$, $x_1=0.445$, $E_2=178\,\text{kmol/h}$, $y_2=0.182$, $R_2=65.1\,\text{kmol/h}$, $x_2=0.278$, $E_3=149\,\text{kmol/h}$, $y_3=0.081$, $R_3=47.8\,\text{kmol/h}$, $x_3=0.129$, $\xi=0.946$ **6・3** 4 段, $E_1=420\,\text{kmol/h}$, $R_n=43.6\,\text{kmol/h}$, $\xi=0.999$ **6・4** 略 **6・5** $18.2\,\text{kmol/h}$ **6・6** $E_1=52.2\,\text{kmol/h}$, $R=84.2\,\text{kmol/h}$, 6.8 段 **6・7** $\varepsilon=0.335$ **6・8** $K_F a_v=0.317\,\text{s}^{-1}$ **6・9** (i) $q_s=0.723\,\text{kg/kg-活性炭}$, $K=2.23\,\text{m}^3/\text{g}$ (ii) $9.2\times10^{-3}\,\text{m}$ (iii) $K_F a_v=91.0\,\text{s}^{-1}$ **6・10** 250 h **6・11** $11\,\text{m}^3$, 層高/層径=1 では径 $2.41\,\text{m}$, $u=1.21\,\text{m/h}$, 層高/層径=2 では径 $1.91\,\text{m}$, $u=1.92\,\text{m/h}$ **6・12** 直線関係となり傾きはエチレングリコールで 0.63, NaCl で 0.15 となる. **6・13** (i) $1.62\,\text{kmol/m}^3$, 総吸着量 $3.62\,\text{mol}$ (ii) $3.46\,\text{kmol/m}^3$, $2.17\,\text{kmol/m}^3$, $1.10\,\text{kmol/m}^3$, 総吸着量$=1.76+1.38+1.00=4.14\,\text{mol}$ (iii) 略 **6・14** (i) $b=44.6$, $q_m=0.177\,\text{g/g}$, (ii) $388\,\text{m}^2/\text{g}$

第7章

7・1 $m=59.113\,\text{kg}$, 水蒸気量$=0.887\,\text{kg}$, モル絶対湿度$=0.0242\,\text{kmol-H}_2\text{O/kmol-dry air}$ **7・2** $H_s=0.0147\,\text{kg-H}_2\text{O/kg-dry air}$, $H=0.0102\,\text{kg-H}_2\text{O/kg-dry air}$, $\phi=69.4\%$ **7・3** $i_s=57.4\,\text{kJ/kg-dry air}$, $i_{70\%}=46.0\,\text{kJ/kg-dry air}$ **7・4** (i) 絶対湿度 $H=$

演習問題解答　　　　　　　　　　　　　　　　341

0.019 kg-H₂O/kg-dry air（ii）比較湿度 $\phi=20\%$（iii）関係湿度 $\phi=24.4\%$（iv）$t_d=$ 24℃（23℃）（v）$v_H=0.942\,\mathrm{m^3/kg\text{-}dry\ air}$（vi）$C_H=1.04\,\mathrm{kJ/kg\text{-}dry\ air}$（vii）$i=99.6\,\mathrm{kJ/kg\text{-}dry\ air}$　**7・5**　凝縮量$=0.0044\,\mathrm{kg\text{-}H_2O/kg\text{-}dry\ air}$　**7・6**（i）$H_1=0.0075\,\mathrm{kg\text{-}H_2O/kg\text{-}dry\ air}$（ii）出口空気の $H_2=0.022\,\mathrm{kg\text{-}H_2O/kg\text{-}dry\ air}$（iii）$G'=69\,\mathrm{kg\text{-}dry\ air}$（iv）3516 kJ（v）2460 kJ　**7・7**（i）2690 kJ/kg（ii）2676 kJ/kg（iii）2676 kJ/kg　**7・8**（i）$t_d=48.8℃$（ii）$H=0.028\,\mathrm{kg\text{-}H_2O/kg\text{-}dry\ air}$（iii）除湿量$=4.82\,\mathrm{kg}$　**7・9**（i）$t_s=31℃$　$H_s=0.03$（ii）$Z=1.87\,\mathrm{m}$　**7・10**　$\theta_c=4$, $\theta_d=5.77$, $\theta_c+\theta_d=9.77\,\mathrm{h}$　**7・11**（i）$h=129\,\mathrm{W/(m^2\cdot K)}$（ii）$h=189\,\mathrm{W/(m^2\cdot K)}$　**7・12**　$h=22.8\,\mathrm{W/(m^2\cdot K)}$, $k'=0.0223\,\mathrm{kg/(m^2\cdot s\cdot \Delta H)}$　**7・13**　174200 s$=48.4$ h　**7・14**　3.23 時間　**7・15**　$t=112℃$　**7・16**（i）29 kJ/(m²・h・K)（ii）$ha=232000\,\mathrm{kJ/(m^3\cdot h\cdot K)}$（iii）$t_w=39℃$（iv）26.1 kg/(m²・h)　**7・17**　伝熱速度$=35240\,\mathrm{W/m^2}$　**7・18**（i）$G=9680\,\mathrm{kg/h}$, $H_2=0.1095\,\mathrm{kg\text{-}H_2O/kg\text{-}dry\ air}$（ii）$t=343℃$（iii）材料予熱期間 $V_1=2.41\,\mathrm{m^3}$, 製品加熱期間 $V_3=10.96\,\mathrm{m^3}$, 蒸発期間 $V_2=12.25\,\mathrm{m^3}$, $V_1+V_2+V_3=2.41+12.25+10.96=25.7\,\mathrm{m^3}$, $D=1.76\,\mathrm{m}$, $L=10.6\,\mathrm{m}$

第8章

8・1　略　**8・2**　$x=\sqrt{\dfrac{18\mu}{(\rho_s-\rho)g}\dfrac{h}{t}}$　**8・3**　$10.6\,\mu\mathrm{m}$　**8・4**　$x'_{50}=16.4\,\mu\mathrm{m}$, $\sigma'_g=1.5$　**8・5**　頻度分布 $\bar{q}_{3i}$ は

x_i	x_{i+1} [mm]	$\bar{q}_{3i}$ [%/mm]	x_i	x_{i+1} [mm]	$\bar{q}_{3i}$ [%/mm]
0.053	0.106	75.5	0.500	1.00	50.0
0.106	0.212	103.8	1.00	2.00	13.0
0.212	0.300	113.6	2.00	3.35	5.2
0.300	0.500	110.0	3.35	5.60	3.6

8・6　$x_s=0.385\,\mu\mathrm{m}$　**8・7**　気体吸着法の比表面積が空気透過法に比べ小さいということは，大きな内部表面積をもっていることを意味している．測定粒子が多孔質体もしくは顆粒状粒子の場合，このような結果になる．**8・8**　$\phi_v=\pi/4$, $\phi_s=1.5\pi$　**8・9**　$S_v=8000\,\mathrm{m^2/m^3}$, $S_w=3.08\,\mathrm{m^2/kg}$, $S'_v=4400\,\mathrm{m^2/m^3}$　**8・10**　$S_v=2.66\times 10^5\,\mathrm{m^3/m^2}$, $S_w=84.6\,\mathrm{m^2/kg}$　**8・11**　$\rho_B=640\,\mathrm{kg/m^3}$, $\varepsilon=0.543$, $e=1.19$　**8・12**　$\phi_i=\pi/6$　**8・13**　中心の座標（15 MPa, 0 MPa），半径 5 MPa　**8・14**　3380 Pa, 24.8%　**8・15**　$(\sigma_1-\sigma_2)/(\sigma_1+\sigma_2+2C/\tan\phi_i)\leq\sin\phi_i$　**8・16**　1704 Pa　**8・17**　$u_{mf}=4$

ふるい分布図

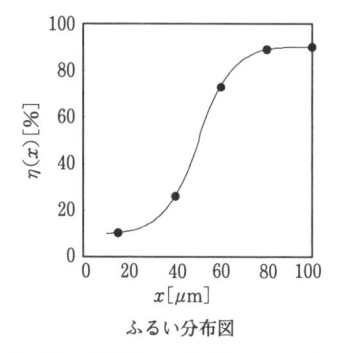

$\times 10^{-4}$ m/s **8・18** a) $E_R=24700$ J/kg, b) $E_K=16100$ J/kg, c) $E_B=19500$ J/kg **8・19**

粒子径 [mm]	0〜0.4	0.4〜0.5	0.5〜0.6	0.6〜0.7	0.7〜0.8	0.8〜1.0	1.0〜1.4
x [mm]	0.2	0.45	0.55	0.65	0.75	0.90	1.20
細粉積算分布 [%]	13.1	20.6	41.4	76.2	98.7	100.0	100.0
粗粉積算分布 [%]	0.0	0.1	0.4	3.3	18.3	45.5	100.0
原料積算分布 [%]	3.4	5.4	11.0	22.1	39.1	59.6	100.0
η [-]	0.00	0.04	0.04	0.19	0.66	0.98	1.00

8・20 0.72 mm **8・21** 64.7% **8・22** 63.4% **8・23** 濾過面積 432 m², 最低圧力損失 753 Pa, 最大圧力損失 934 Pa **8・24** 293 m² **8・25**

粒子径 [μm]	0.3	1	3	10
C [-]	1.56	1.16	1.05	1.02
v [m/s]	0.097	0.109	0.066	0.095
$\eta(x)$ [%]	91.2	93.4	80.7	90.8

第 9 章

9・1 $d_p=19.4\mu$m **9・2** $\mu=6.94$ Pa・s **9・3** $\mu=1.78\times10^{-3}$ Pa・s, $\rho=1.26\times10^3$ kg/m³ **9・4** たとえば, $\theta_L=60$ min のとき $u_L=1.0\times10^{-4}$ m/s, $c_L=331$ kg/m³ **9・5** $L=27.4$ m, $\eta=0.546$ **9・6** (i) $d_{pc}=15.1\mu$m (ii) 55.7×10^{-3} kg/m³ **9・7** $A=506$ m² **9・8** $\varepsilon=0.552$ **9・9** 139 s **9・10** $\alpha=1.71\times10^{11}$ m/kg, $R_m=1.37\times10^{11}$ m⁻¹, $L=0.0187$ m **9・11** $\theta=629$ s, $V=2.24$ m³, $q=9.26\times10^{-4}$ m/s **9・12** $A=11.2$ m² **9・13** 約 3 倍 **9・14** $V=1$ m³ のとき $p=0.096$ MPa, $V=5$ m³ のとき $p=0.481$ MPa, $V=10$ m³ のとき $p=0.9611$ MPa **9・15** 1.62 h **9・16** 28.5 min, 30 回, 124 m² **9・17, 9・18** 略 **9・19** $\theta=3.28$ h **9・20** $V=14.8$ m³

第 10 章

10・1 $(u_t)_{max}=1.98$ m/s, $(u_t)_{0.4}=0.79$ m/s **10・2** $\Delta H_1=4.8$ cm, $\Delta H_2=2.0$ cm **10・3** (278 W, 39.9 s), (156 W, 30.9 s) **10・4** 邪魔板無 1.49 W, 邪魔板有 28.8 W (19.3 倍) **10・5** 2.93 kW, 15.9 s **10・6** 邪魔板無 19.6 s, 完全邪魔板 7.3 s **10・7** $d=9.3$ cm, 先端を 3.5 cm カットする. **10・8** $N_P Re=193$, $\theta_m=417$ s **10・9** 235 W **10・10** 984 W **10・11** $n=1.58$ s⁻¹, $\nu=2.28\times10^{-5}$ m²/s **10・12** 41.0 rpm **10・13** $n_2/n_1=D_1/D_2$, $b_2/b_1=(D_2/D_1)^{(m+1)/m}$ (スケールアップ比によっては 2 段翼が必要となる.) **10・14** 114℃ **10・15** 7.31×10^5 W **10・16** 6.2 巻 **10・17** $P_{gv}=47.3$ W/m³, $K_La=1.85\times10^{-3}$ s⁻¹ **10・18** $n_c=3.04$ s⁻¹, $P_V=788$ W/m³, $K_L=6.13\times10^{-5}$ m/s **10・19** $n\propto(P_V/\rho_c d^2)^{1/3}$ として, We 数より n を消去する.

第11章

11・1 （i）FC1→AC2→LC5→TC6, LC5→TC13→PC12→LC8→RC11, LC5→LC7→AC2 というように，影響がプラント内をめぐりながら，一定状態に漸近する．（ii）熱媒の温度低下で，反応転化率が減少し，成分Aが蒸留塔へ流出．蒸留塔の熱媒も温度低下し，塔頂の蒸気量が減り，留出量と還流量が下がり，留出に成分Aが混入し，成分Cは減少，リサイクルされるBが増加し，原料調整槽に補給される成分Bが減少するという現象が生じる．しかし，TC6 と TC13 により反応器の温度，蒸留塔の温度が回復し，熱媒の流量だけが，以前より増加し，他流量は元に戻る．

11・2 （i）$V^* \cdot \dfrac{d\varDelta C_A}{dt} = -F_{\text{feed}}^* \cdot \varDelta C_A + (C_{Af}^* - C_A^*)\varDelta F_A - C_A^*(\varDelta F_B + \varDelta F_{RB}) + F_A^* \cdot \varDelta C_{Af}$

（ii）$\dfrac{C_{Af}^* - C_A^*}{V^* s + F_{\text{feed}}^*}$．　（iii）$C_A = 4 \times 10^{-5} + 3.2 \times 10^{-6}(1 - e^{-400t})$ [mol/m^3]

11・3 （i）$\dfrac{k_1}{A \cdot s + 0.5 k_2 d^* y^{*-0.5}}$．（ii）$y(t) = 0.5 + 0.4(1 - e^{-400t})$．（iii）定常ゲイン＝

$\displaystyle\lim_{s \to 0} G(s) = \lim_{s \to 0} \dfrac{\dfrac{0.02}{2s + 0.005} K_p}{1 + \dfrac{0.02}{2s + 0.005} K_p} = \dfrac{1}{1 + \dfrac{0.25}{K_p}}$　となり，K_p が無限大でないかぎり，オフ

セットが生じる．（iv）$F_2 = k_2 \cdot \varDelta d$ より，u から y への伝達関数は $Y(s) = \dfrac{k_1}{A \cdot s} U(s)$

となり，積分系．

（v）$\displaystyle\lim_{t \to \infty} y(t) = \lim_{s \to 0} s \left\{ \dfrac{\dfrac{0.02}{2s} K_p}{1 + \dfrac{0.02}{2s} K_p} \cdot \dfrac{r(\infty)}{s} - \dfrac{\dfrac{0.02}{s}}{1 + \dfrac{0.02}{2s} K_p} \cdot \dfrac{d(\infty)}{s} + \dfrac{2}{1 + \dfrac{0.02}{2s} K_p} \varDelta y(0) \right\} =$

$1 \cdot r(\infty) - 0 \cdot d(\infty) + 0 \cdot \varDelta y(0)$　となり，オフセットが生じない．

11・4 （i）

$Y(s) = \dfrac{K \cdot K_p}{T \cdot T_i \cdot s^2 + T_i(1 + K \cdot K_p)s + K \cdot K_p} R(s) + \dfrac{T_i s(1 + Ts)}{T \cdot T_i \cdot s^2 + T_i(1 + K \cdot K_p)s + K \cdot K_p} D(s)$

（ii）$K \cdot K_p > 0$ かつ $T_i > 0$，あるいは，$0 \geq K \cdot K_p > -1$ かつ $T_i < 0$．（iii）$K \cdot K_p > 0$ かつ $0 < T_i < \dfrac{4K \cdot K_p \cdot T}{(1 + K \cdot K_p)^2}$　あるいは $0 \geq K \cdot K_p > -1$ かつ $0 > T_i > \dfrac{4K \cdot K_p \cdot T}{(1 + K \cdot K_p)^2}$　（iv）$\omega_0^2 = \dfrac{K \cdot K_p}{T \cdot T_i}$

11・5 （i）近似した一次遅れは，ゲイン2，時定数3.4，$K_p = 1$，$T_i = 3.4$．（ii）ステップ応答を [0.2 0.5 0.9 1.3 1.5 1.6 1.7 1.8 1.9 1.95 2.0] と読み取り，パルス応答系列は，[0.2 0.3 0.4 0.4 0.2 0.1 0.1 0.1 0.1 0.05 0.05]．（iii）4.27 （iv）7.099 （v）3.686

11・6 （i）r から u への伝達関数は，$\dfrac{C}{1 + CG}$，d から y への伝達関数は

$\dfrac{GC(1-e^{-LS})+1}{1+CG}$. (ii) 前置補償器の形式に書き換えた図が下図で，誤差 e から操作量 u への伝達関数は，$\dfrac{C}{1+CG(1-e^{-Ls})}$.

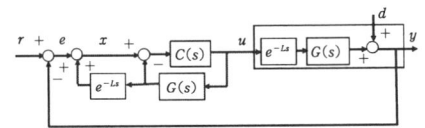

第12章

12・1 $r_A=-2r_1-r_2$, $r_B=-r_1-3r_2-5r_3$, $r_R=2r_1-2r_3$, $r_S=2r_2+3r_3$, $r_T=2r_2+4r_3$ **12・2** A：800 mol/m³，B：2600 mol/m³，C：1200 mol/m³，D：6400 mol/m³ **12・3** （ⅰ）C2H4Cl2→CH3Cl+HCl （ⅱ）4347 MJ/h （ⅲ）131 m³ₙ/h **12・4** （ⅰ）$r_R=(2k_1/k_1')^{1/2}k_2k_3C_AC_B^{3/2}/(k_2'+k_3C_A)$ （ⅱ）$r_R=(2k_1/k_1')^{1/2}(k_2/k_2')k_3C_AC_B^{3/2}$ **12・5** （ⅰ）約2.0倍，（ⅱ）32 kJ/mol **12・6** 略 **12・7** （ⅰ）$m=43.03$, $E_f=0.0232$ （ⅱ）0.5倍 **12・8** $t=[(C_{A,0}+C_{R,0}-C_{A,e})/\{k_1(C_{A,0}+C_{R,0})\}]\ln\{(C_{A,0}-C_{A,e})/(C_A-C_{A,e})\}$ **12・9** （解としては記述なし） **12・10** A：7.7 mol/m³，B：1.0 mol/m³，C：1.5 mol/m³，D：11.5 mol/m³，E：11.5 mol/m³，F：30.1 mol/m³ **12・11** （ⅰ）2303秒 （ⅱ）$X_A=0.973$ **12・12** （ⅰ）CSTR：$C_A=0.714$ mol/l，PFR：$C_A=0.670$ mol/l，（ⅱ）PFR→CSTR：$C_A=0.479$ mol/l，CSTR→PFR：0.479 mol/l，（ⅲ）CSTR 2段：$C_A=0.694$ mol/l，CSTR 1段：$C_A=0.714$ mol/l **12・13** （ⅱ）$k=4.0\times 10^{-5}$，（ⅲ）温度を変えた実験が必要 **12・14** 略 **12・15** （ⅰ）$V_{max}=1$ mM/s，$K_m=0.5$ mM，（ⅱ）拮抗阻害 $K_{is}=1$ mM，（ⅲ）$C_I=2$ mM **12・16** （ⅰ）$(-r_A)=6.6$ mM/min，（ⅱ）$C_I=3$ mM **12・17** （ⅰ）$(V/v_0)(1-\varepsilon)E_tV_{max}=(C_{A,in}-C_{A,out})+K_m\ln(C_{A,in}/C_{A,out})$ より $(1/F)(1-0.4)(1)(0.2)=(1-0.01)+(0.01)\ln(1/0.01)$，$v_0=0.116$ l/min （ⅱ）$(V/v_0)(1-\varepsilon)\eta E_tV_m=(C_{A,in}-C_{A,out})+(K_m/C_{A,out})\times(C_{A,in}-C_{A,out})$ より，$(V/0.116)(1-\varepsilon)1(0.2)=(1-0.01)+(0.01/0.01)(1-0.01)$，$V(1-\varepsilon)=1.148l$ これはPFR($=0.6l$)より約1.9倍多い．このように通常，PFRのほうがCSTRより効率の良いリアクターといえる． **12・18** （ⅰ）グルコース，（ⅱ）グルコース：NH3＝86：1，（ⅲ）1l あたりの添加量と収率の積からリン酸が欠乏することが予想できる． **12・19** $t=61.4$ h，$C_p=2.65$ g/l **12・20** （ⅰ）ヒント：K_2 は小さいので，第1次近似として0と考えてμ_{max}，K_1 を算出し，順次修正する．C_S が小さいときのデータから$\mu_{max}=0.5$ h⁻¹，$K_1=1.1$ g/l，C_S が大きいデータから$K_2=0.03(-)$，（ⅱ）ヒント：C_S で微分する．$d\mu/dC_S=(d/dC_S)\{K_1/(K_1+C_S)-1/(1+K_2C_S)\}\{1/(K_1K_2-K_1)\}=\{-K_1/(K_1+C_S)^2+K_2/(1+K_2C_S)^2\}\{1/(K_1K_2-K_1)\}$，分子$=0$ より $C_S=6.1$ g/l　$\mu=0.36$ g/l **12・21** （ⅰ）Aの微生物が1.35倍多い，（ⅱ）0.1 h⁻¹ よりも小さい希釈率で操作したとき．

付　録

付表1　単位換算表

（1）長さ

m	cm	in	ft
1	100	39.37	3.281
0.01	1	0.3937	0.03281
0.02540	2.540	1	0.08333
0.3048	30.48	12	1

（2）質量

kg	g	メートル ton	lb
1	1000	0.001	2.205
0.001	1	1×10^{-6}	0.002205
1000	1×10^{6}	1	2205
0.4536	453.6	4.536×10^{-4}	1

（3）力または重量

N	dyn	Kg	Lb
1	1×10^{5}	0.1020	0.2248
1×10^{-5}	1	1.020×10^{-6}	2.248×10^{-6}
9.807	9.807×10^{5}	1	2.205
4.448	4.448×10^{5}	0.4536	1

（4）圧力

Pa または N/m²	bar または 10^{6}dyn/cm²	Kg/cm²	Lb/in²	atm	水銀柱(0℃) m	水銀柱(0℃) in
1	1×10^{-5}	1.020×10^{-5}	1.450×10^{-4}	9.869×10^{-6}	7.501×10^{-6}	2.953×10^{-4}
1×10^{5}	1	1.020	14.50	0.9869	0.7501	29.53
9.807×10^{4}	0.9807	1	14.22	0.9678	0.7356	28.96
6.895×10^{3}	0.06895	0.07031	1	0.06805	0.05172	2.036
1.013×10^{5}	1.013	1.033	14.70	1	0.7600	29.92
1.333×10^{5}	1.333	1.360	19.34	1.316	1	39.37
3386	0.03386	0.03453	0.4912	0.03342	0.02540	1

（5）仕事，エネルギーおよび熱量

J	Kg·m	Lb·ft	kW·h	PS·h	kcal	Btu
1	0.1020	0.7376	2.778×10^{-7}	3.777×10^{-7}	2.389×10^{-4}	9.478×10^{-4}
9.807	1	7.233	2.724×10^{-6}	3.704×10^{-6}	0.002342	0.009295
1.356	0.1383	1	3.766×10^{-7}	5.122×10^{-7}	3.238×10^{-4}	0.001285
3.6×10^{6}	3.671×10^{5}	2.655×10^{6}	1	1.360	859.9	3412
2.648×10^{6}	2.700×10^{5}	1.953×10^{6}	0.7355	1	632.4	2510
4187	426.9	3088	0.001163	0.001582	1	3.968
1055	107.6	778.2	2.930×10^{-4}	3.986×10^{-4}	0.2520	1

(6) 工率および動力

kW	PS	HP	Kg·m/s	Lb·ft/s	kcal/s
1	1.360	1.341	102.3	737.6	0.2388
0.7355	1	0.9863	75	542.5	0.1757
0.7457	1.014	1	76.04	550	0.1781
0.009807	0.01333	0.01315	1	7.233	0.002342
0.001356	0.001843	0.001818	0.1383	1	3.238×10^{-4}
4.187	5.692	5.615	426.9	3088	1

付表 2 空気, 水のおもな物性値 (0〜100℃)

乾燥空気 (101.325 kPa における)					水					
温度 ℃	密度 kg/m³	粘度 μPa·s	定圧比熱 kJ/(kg·K)	熱伝導率 W/(m·K)	温度 ℃	密度 kg/m³	粘度 mPa·s	定圧比熱 kJ/(kg·K)	熱伝導率 W/(m·K)	表面張力 mN/m
0	1.2928	17.1	1.000	0.0238	0	999.87	1.7887	4.2173	0.569	75.62
10	1.2467	17.6	1.001	0.0249	10	999.73	1.3061	4.1918	0.592	74.20
20	1.2042	18.09	1.003	0.0257	20	998.23	1.0046	4.1817	0.602	72.75
30	1.1645	18.57	1.004	0.0265	30	995.68	0.8019	4.1784	0.618	71.15
40	1.1273	19.04	1.006	0.0272	40	992.25	0.6533	4.1784	0.632	69.55
50	1.0924	19.51	1.007	0.0280	50	988.07	0.5497	4.1805	0.642	67.90
60	1.0596	19.98	1.009	0.0287	60	983.24	0.4701	4.1842	0.654	66.17
70	1.0287	20.44	1.010	0.0295	70	977.81	0.4062	4.1893	0.664	64.41
80	0.9996	20.89	1.012	0.0303	80	971.83	0.3556	4.1960	0.672	62.60
90	0.9721	21.33	1.014	0.0311	90	965.34	0.3146	4.2048	0.678	60.74
100	0.9460	21.76	1.015	0.0318	100	958.38	0.2821	4.2156	0.682	58.84

付表 3 重要数値

1. 重力の加速度　$g = 9.807 \text{ m/s}^2$
　　　　　　　　$= 1.27 \times 10^8 \text{ m/h}^2$
2. 理想気体の 0 ℃, 標準大気圧 (≈ 0.1013 MPa) における分子容積 $= 22.41 \times 10^{-3} \text{ m}^3/\text{mol}$
3. 熱力学温度　$T[\text{K}] = t[\text{℃}] + 273.15$
4. ガス定数　$R = 8.314 \text{ J/(mol·K)}$
　　　　　　$= 1.986 \text{ cal/(mol·K)}$
　　　　　　$= 8.206 \times 10^{-5} \text{ m}^3\cdot\text{atm/(mol·K)}$
5. 空気の平均分子量 $= 28.97 \text{ g/mol}$
　　　　　　　　　$= 28.97 \times 10^{-3} \text{ kg/mol}$
6. アボガドロ定数　$N = 6.022 \times 10^{23} \text{ mol}^{-1}$
7. ボルツマン定数　$k = R/N = 1.3806 \times 10^{-23} \text{ J/K}$
8. プランク定数　$h = 6.626 \times 10^{-34} \text{ J·s}$

付表 4　飽和水蒸気表

温度 t [℃]	圧力 p [kPa]	エンタルピー i [kJ/kg]	蒸発潜熱 λ [kJ/kg]	温度 t [℃]	圧力 p [kPa]	エンタルピー i [kJ/kg]	蒸発潜熱 λ [kJ/kg]
0	0.6108	2502	2502	110	144.3	2691	2230
4	0.8129	2509	2492	115	169.1	2699	2216
8	1.072	2516	2483	120	198.5	2706	2202
12	1.401	2524	2473	125	232.1	2713	2188
16	1.817	2531	2464	130	270.1	2720	2174
20	2.337	2538	2454	140	361.4	2733	2144
24	2.982	2545	2445	150	476.4	2745	2113
28	3.778	2553	2435	160	618.1	2757	2081
32	4.753	2560	2426	170	792.0	2767	2048
36	5.940	2567	2417	180	1003	2776	2013
40	7.375	2574	2407	190	1255	2784	1977
44	9.100	2582	2397	200	1555	2791	1939
48	11.16	2589	2388	210	1908	2796	1899
50	12.33	2592	2383	220	2320	2800	1856
55	15.74	2601	2371	230	2798	2801	1812
60	19.92	2610	2359	240	3348	2801	1765
65	25.01	2618	2346	250	3978	2800	1715
70	31.16	2627	2334	260	4694	2796	1662
75	38.55	2635	2321	270	5506	2790	1605
80	47.36	2644	2309	280	6420	2780	1544
85	57.80	2652	2296	290	7446	2768	1478
90	70.11	2660	2283	300	8593	2751	1406
95	84.53	2668	2270	320	11290	2704	1241
100	101.3	2676	2257	340	14610	2626	1031
105	120.8	2684	2244	360	18680	2486	721

索　引

ア　行

圧縮応力　224
圧縮係数　11
圧縮性指数　252
圧力損失　139
アルキメデス数　228
アレニウス式　308
安息角　223
安定性　295

イオン交換樹脂　182
イギリス制単位　1
位相余裕　296
板枠型圧濾器　254
1次遅れ系　297
一巡伝達関数　295
移動単位数（NTU）　148
移動単位高さ（HTU）　148
インターナル　131

液液抽出　172
液液平衡　172
液相法　230
遠心力分級　232
エンタルピー　194
エントレーナー　129
オフセットフリー　299
オリフィスメーター　51
ON/OFF制御　289
温度効率　95

カ　行

階段作図　125, 177
回転真空連続濾過器　256
回分精留　123
回分単蒸留　120
回分沈降曲線　244
回分培養　329
回分反応器　312, 320

外乱　288
角関係(形態係数)　88
核の発生　260
攪拌所要動力　272
攪拌槽吸着法　184
攪拌 Reynolds 数　269
嵩密度　223
カスケード制御　287
ガス塊の有効厚さ　103
ガス定数　10
活量係数　117
過飽和　260
乾き燃焼ガス　27
関係湿度　194
関係蒸気圧　105
乾式分級　232
干渉沈降　244
含水率　203
慣性力分級　232
完全邪魔板条件　272
乾燥　202
乾燥装置　206
還流液　123
還流比　123

気液平衡　117, 137
幾何標準偏差　217
幾何平均伝熱面積　76
幾何平均径　217
擬似移動層　188
基質　327
希釈溶媒　172
気相法　229
擬定常状態の近似　308
基本単位　1
逆浸透　161
逆モデル　298
キャビティー　278
キャビテーション　59
球形度　222

350　　　　　　　　　索　　引

吸収装置　138
吸収速度　138
吸着剤　180
吸着質　180
吸着帯　185
吸着等温式　180
吸着等温線　180
吸着平衡　180
吸着容量　180
強制対流　71
共沸混合物　117
共沸剤　129
共沸蒸留　129
共沸点　117
境膜拡散　310
極　294
許容蒸気速度　131
均一系反応　312
菌体　327
均等数　218

空間時間　316
空間速度　316
空間率関数　244
空気過剰係数　26
空気透過法　220
空気比　26
空隙比　223
空隙率　220
クロマトグラフ法　184

形状係数　222
ゲイン　295
ゲイン交差周波数　296
ゲイン余裕　296
ケーク濾過　250
結晶成長　260
限界成分　127
限界電流　165
限外濾過　161
減衰率　297
限定物質　18
顕熱　20
顕微鏡法　215
減率乾燥速度　205

工学単位系　1
交換平衡式　182
交差周波数　296
合成法　229
酵素　321
高発熱量　24
高沸限界成分　127
恒率乾燥速度　204
向流多段抽出　176
国際単位系　1
個数（基準）分布　216
50％径　217
固定化酵素　324
固定層　185
固有周期　297
固有周波数　297
混合時間　274
コンデンサー　130

　　　　サ　行

サイクロン　232
細孔内拡散　184
最小位相系　295
最小還流比　127
最小主応力　224
最小抽剤量　177
最小理論段数　127
最疎充填構造　223
最大主応力　224
最低共沸混合物　129
最頻度粒子径　218
最密充填構造　223
三角線図　172
参照軌道　302

シーブトレイ　130
時間因子　317
軸動力　56
次元解析　8
次元式　9
仕事指数　229
指数法則　42
自然（自由）対流　71
湿球温度　196
シックナー　248

索　引

実在気体　10
実在溶液　119
湿度図表　198
実揚程　55
質量（基準）分布　216
時定数　299
湿り空気　194
湿り比熱　194
湿り比容　194
自由含水率　203
集合沈降　244
集塵効率　235
修正レイノルズ数　227
充填塔　139
充填物　139
終末沈降速度　243
収率　313
重力換算係数　1
重力単位系　1
重力分級　232
主応力　224
主動状態　225
受動状態　225
昇華熱　20
蒸気圧　118
蒸気空塔速度　131
晶析　259
状態方程式　10
蒸発熱　20
触媒有効係数　311
所要動力　153
浸透圧　163
真比重　180

吸込比速度　59
水蒸気蒸留　130
スケールアップ　275
図積分　149
ステップ応答　293
スラッギング　227

制御量　288
制限基質　328
清澄　246
精留塔　123

積算分布　215
積分時間　290
積分制御　289
積分法　320
絶対湿度　194
絶対単位系　1
設定値　289
接頭語　3
z 線図　12
全還流　126
選択率　313
剪断応力　35, 223
剪断強度　223
前置補償器　298, 299
潜熱　20
全揚程　55

層空隙率　180
操作線　124, 146, 177
操作点　176
操作量　288
増殖阻害　328
相対揮発度　118
相当径　214
相当直径　38
相当熱伝導度　77
促進輸送　157

タ　行

ターボクラシファイヤ　234
第 3 Virial 係数　11
対数正規分布　217
対数平均伝熱面積　76
対数法則　42
体積形状係数　221
体積増加率　313
第 2 Virial 係数　11
代表径　214
タイライン　130, 173
対流伝熱　71
対流熱伝達係数　80
対臨界圧力　12
対臨界温度　12
ダウンカマー　131
多回抽出　175

多孔板塔　179
たたみ込み　301
脱離操作　184
多分散　215
単位インパルス　291
単位記号　3
単位ステップ　291
単位ランプ　291
段効率　131
短軸径　214
単純反応　307
単蒸留　120
単色射出率　85
単抽出　173
段塔　131
断熱増湿操作　200
断熱飽和温度　196
単分散　215

逐次反応　307, 314
チャネリング　227
抽剤　172
抽質　172
抽出　130, 172
抽出平衡定数　175
抽出率　174
抽料　173
長軸径　214
調湿装置　199
長短度　222
貯槽　225
沈降　243
沈殿濃縮　248

通気攪拌動力　278
通気量　278

定圧濾過　252
定圧濾過係数　252
定速濾過　257
低沸限界成分　127
定容回分反応器　314
ティーレモデュラス　311
デカンター　130
てこの原理　173

転移熱　20
電気集塵機　237
電気透析　164
伝達関数　290, 294
伝導伝熱　71

透過係数　162
塔径　131
統計的径　214
塔効率　131
透析　160
動粘度　36
動力数　272
特性方程式　294

ナ　行

ナイキスト軌跡　296
ナイキストの安定判別法　295
内部摩擦角　224
内部モデル制御　298

2次遅れ系　297
二重境膜説　142

熱交換器　130
熱収支　124
熱抵抗　75
熱伝導度（熱伝導率）　72
熱流束　72
燃焼　24
粘性の法則　35
粘度　35

能動輸送　157
濃度分極　162

ハ　行

ハーゲン・ポアズイユの法則　40
配管抵抗曲線　57
培地　327
π定理　8
破壊基準　225
破過曲線　185
破過時間　185
発熱反応　21

索引   353

八田数　145
バッチ吸着　184
払い落とし　236
パルス応答モデル　301
バルブトレイ　130
半回分操作　312
半回分培養　329
反応　130
反応吸収　144
反応係数　144
反応速度　307, 308
反応速度定数　308
反応熱　19
反応率　313

比較湿度　194
非拮抗阻害　324
ヒストグラム　216
微生物　326
ピトー管　51
非 Newton 流体　36
比熱　6
比表面積　180
比表面積径　221
比表面積形状係数　222
微分時間　290
微分制御　290
微分法　320
微分方程式　291
標準生成熱　22
標準燃焼熱　22
表面拡散　184
比例ゲイン　290
比例制御　290
頻度分布　215

フィードバック　299
フィードフォワード　298
フガシティー　117
不均一系の反応　310
複合反応　307, 314
物質移動容量係数　148
物質収支　13
沸点　19
沸点曲線　117

沸騰　19
部分分離効率　230
部分平衡　309
フラッシュ蒸留　121
フラッディング　152
ふるい下（積算）分布　215
ふるい分け法　215
ブロック線図　288
プロパー　295
分圧　118
分級　230
粉砕　228
分縮器　126
分配係数　175
分離係数　159, 175
分離限界粒子径　233
粉粒体　214

平均径　214
平均粒子径　219
平衡含水率　203
平衡吸着量　187
平衡蒸留　121
並発反応　307, 314
ベクトル軌跡　295
ベルヌーイの定理　46
変圧変速濾過　258
扁平度　222

放射伝熱　71
泡鐘トレイ　130
ボード線図　297
ホールドアップ　152
補助単位　2
ポンプ効率　56
ポンプ性能曲線　57

マ　行

膜分離　156
膜分離モジュール　157
マクロ孔　181
摩擦係数　43

見掛け比重　180
ミキサーセトラー　179

ミクロ孔　181
密度　220

無次元数　8
無駄時間遅れ　291

メートル制単位　1
メカニカルシール　62
メディアン径　218

モード径　218
モデル誤差　298
モデル予測制御　300

ヤ 行

融解　19
融解熱　20
有効径　214
融点　19

溶解拡散モデル　158
溶解度曲線　130, 176
予熱器　122

ラ 行

ラプラス変換　292

理想気体　10
理想溶液　118
律速段階の近似　309
リボイラー　126
流加培養　330
粒子径　215
粒子径分布　215
粒子内拡散　311
粒子の空隙率　183
粒子浮遊限界速度　280
流通槽型反応器　312
流通反応器　313
流動化開始速度　226
流動性　223
流動層　227
粒度特性数　218
粒内拡散　183
理論空気量　26

理論酸素量　26
理論段　126
理論燃焼温度　28

冷却減湿操作　199
零点　294
連続精留　123
連続の式　39
連続培養　330

ローディング　152
濾過　250
濾過速度　250
濾過比抵抗　251
濾材　250
濾材抵抗　251
露点　196
露点曲線　117

欧 文

ASOG 式　119
BET 式　181, 220
Bingham 流体　36
Bond の法則　229
Coulomb 粉体　224
CSTR　313, 316
C_v 値　62
Deutsch の式　238
Donnan 平衡　164
Dühring 線図　105
Ergun　227
Fellinger　150
Fenske の式　128
Fick の法則　141
Fourier の熱伝導法則　72
Freundlich 式　181
Gilliland の相関　128
Hatch の式　217
Henry の法則　118, 137
Hess の法則　21
HETP　131
Janssen の式　226
Kick の法則　228
Knudsen 拡散係数　183
Knudsen 流れ　158

索　引

Kozeny-Carman 式　220
Lambelt の余弦法則　87
Langmuir 式　181
Leva の式　153
LH 式　310
McCabe-Thiele　125
Michaelis-Menten の式　323
Mohr 円　224
Monod の式　328
Moody チャート　44
Newton 効率　231
Newton の冷却法則　80
NPSHr　57
NTU 法　94
PFR　313
PID 制御　289
Plank の法則　85
PSA　184
Rankin 定数　226
Raoult の法則　105
Rayleigh の式　121

RDC（rotated disk contactor）　179
Redlich-Kwong の状態方程式　11
Reynolds 数　37
Rittinger の法則　228
Rosin-Rammler 分布　217
Schack の式　103
Sherwood　150
SI 単位　2
Stefan-Boltzmann 定数　85
Stefan-Boltzmann の法則　85
Sturtevant 型風力分級機　234
Terra 指数　231
Underwood　128
UNIFAC 式　119
UNIQUAC 式　119
van dar Waals の状態方程式　10
Virial の状態方程式　11
Weber 数　281
Weibull 分布　217
Wien の変位則　85
Wilson 式　119

化学工学（改訂第 3 版）
―解説と演習―

定価はカバーに表示

2008 年 3 月 25 日　初版第 1 刷
2010 年 2 月 25 日　　　第 4 刷

監　修　社団法人　化学工学会
編著者　多　田　　　豊
発行者　朝　倉　邦　造
発行所　株式会社　朝倉書店

東京都新宿区新小川町 6-29
郵便番号　　162-8707
電　話　03（3260）0141
FAX　03（3260）0180
http://www.asakura.co.jp

〈検印省略〉

© 社団法人　化学工学会　2008
〈無断複写・転載を禁ず〉

協友社・渡辺製本

ISBN 978-4-254-25033-6　C 3058　　Printed in Japan

千葉大 山岡亜夫編著
応用化学シリーズ3
高 分 子 工 業 化 学
25583-6 C3358　　　　A5判 176頁 本体2800円

上田充・安中雅彦・鵜田昌之・高原茂・岡野光夫・菊池明彦・松方美樹・鈴木淳史著
21世紀の高分子の化学工業に対応し，基礎的事項から高機能材料まで環境的側面にも配慮して解説した教科書。

慶工大 柘植秀樹・横国大 上ノ山周・群馬大 佐藤正之・農工大 国眼孝雄・千葉大 佐藤智司著
応用化学シリーズ4
化 学 工 学 の 基 礎
25584-3 C3358　　　　A5判 216頁 本体3400円

初めて化学工学を学ぶ読者のために，やさしく，わかりやすく解説した教科書。〔内容〕化学工学の基礎（単位系，物質およびエネルギー収支，他）／流体輸送と流動／熱移動（伝熱）／物質分離（蒸留，膜分離など）／反応工学／付録（単位換算表，他）

古崎新太郎・石川治男編著　田門肇・大嶋寛・後藤悌宏・今駒博信・井上義朗・奥山喜久夫他著
役にたつ化学シリーズ8
化　　学　　工　　学
25598-0 C3358　　　　B5判 216頁 本体3400円

化学工学の基礎について，工学系・農学系・医学系の初学者向けにわかりやすく解説した教科書。〔内容〕化学工学とその基礎／化学反応操作／分離操作／流体の運動と移動現象／粉粒体操作／エネルギーの流れ／プロセスシステム／他

安保正一・山本峻三編著　川崎昌博・玉置純・山下弘巳・桑畑進・古南博著
役にたつ化学シリーズ1
集 合 系 の 物 理 化 学
25591-1 C3358　　　　B5判 160頁 本体2800円

エントロピーやエンタルピーの概念，分子集合系の熱力学や化学反応と化学平衡の考え方などをやさしく解説した教科書。〔内容〕量子化エネルギー準位と統計力学／自由エネルギーと化学平衡／化学反応の機構と速度／吸着現象と触媒反応／他

川崎昌博・安保正一編著　吉澤一成・小林久芳・波田雅彦・尾崎幸洋・今堀博・山下弘巳他著
役にたつ化学シリーズ2
分 子 の 物 理 化 学
25592-8 C3358　　　　B5判 200頁 本体3600円

諸々の化学現象を分子レベルで理解できるよう平易に解説。〔内容〕量子化学の基礎／ボーアの原子モデル／水素型原子の波動関数の解／分子の化学結合／ヒュッケル法と分子軌道計算の概要／分子の対称性と群論／分子分光法の原理と利用法／他

太田清久・酒井忠雄編著　中原武利・増原宏・寺岡靖剛・田中廣裕・今堀博・石原達己他著
役にたつ化学シリーズ4
分　　析　　化　　学
25594-2 C3358　　　　B5判 208頁 本体3400円

材料科学，環境問題の解決に不可欠な分析化学を正しく，深く理解できるように解説。〔内容〕分析化学と社会の関わり／分析化学の基礎／簡易環境分析化学／機器分析法／最新の材料分析法／これからの環境分析化学／精確な分析を行うために

水野一彦・吉田潤一編著　石井康敬・大島巧・太田哲男・垣内喜代三・勝村成雄・瀬恒潤一郎他著
役にたつ化学シリーズ5
有　　機　　化　　学
25595-9 C3358　　　　B5判 184頁 本体2700円

基礎から平易に解説し，理解を助けるよう例題，演習問題を豊富に掲載。〔内容〕有機化学と共有結合／炭化水素／有機化合物のかたち／ハロアルカンの反応／アルコールとエーテルの反応／カルボニル化合物の反応／カルボン酸／芳香族化合物

戸嶋直樹・馬場章夫編著　東尾保彦・芝田育也・圓藤紀代司・武田徳司・内藤猛章・宮田興子著
役に立つ化学シリーズ6
有 機 工 業 化 学
25596-6 C3358　　　　B5判 196頁 本体3300円

人間社会と深い関わりのある有機工業化学の中から，普段の生活で身近に感じているものに焦点を絞って説明。石油工業化学，高分子工業化学，生活環境化学，バイオ関連工業化学について，歴史，現在の製品の化学やエンジニヤリングを解説

宮田幹二・戸嶋直樹編著　高原淳・宍戸昌彦・中條善樹・大石勉・隅田泰生・原田明他著
役にたつ化学シリーズ7
高　　分　　子　　化　　学
25597-3 C3358　　　　B5判 212頁 本体3800円

原子や簡単な分子から説き起こし，高分子の創造・集合・変化の過程をわかりやすく解説した学部学生のための教科書。〔内容〕宇宙史の中の高分子／高分子の概念／有機合成高分子／生体高分子／無機高分子／機能性高分子／これからの高分子

村橋俊一・御園生誠編著　梶井克純・吉田弘之・岡崎正規・北野大・増田優・小林修他著
役にたつ化学シリーズ9
地 球 環 境 の 化 学
25599-7 C3358　　　　B5判 160頁 本体3000円

環境問題全体を概観でき，総合的な理解を得られるよう，具体的に解説した教科書。〔内容〕大気圏の環境／水圏の環境／土壌圏の環境／生物圏の環境／化学物質総合管理／グリーンケミストリー／廃棄物とプラスチック／エネルギーと社会／他

上記価格（税別）は 2010 年 1 月現在